新编
农药科学使用技术

纪明山　主编

化学工业出版社

·北京·

本书在简述农药作用于靶标后导致的生理生化功能变化、农药化学结构类型及其特点等知识的基础上，按照农药品种的作用机制或作用靶标分类，详细介绍了各农药品种的作用特点、防治对象和使用方法，重点注明了大部分有效成分在不同作物上的安全间隔期、每季最多使用次数和最高残留限量。

本书适合具有一定农药学基础和较丰富生产实践经验的农药企业产品开发人员、农药经销商、新型种植者和农业技术推广人员等使用，也可供植保、农学、园艺、林学等专业的师生参考。

图书在版编目（CIP）数据

新编农药科学使用技术/纪明山主编. —北京：化学
工业出版社，2019.2
ISBN 978-7-122-33400-8

Ⅰ.①新… Ⅱ.①纪… Ⅲ.①农药施用 Ⅳ.①S48

中国版本图书馆 CIP 数据核字（2018）第 283176 号

责任编辑：刘　军　冉海滢　　　　　　文字编辑：向　东
责任校对：王素芹　　　　　　　　　　装帧设计：关　飞

出版发行：化学工业出版社（北京市东城区青年湖南街 13 号　邮政编码 100011）
印　　刷：三河市航远印刷有限公司
装　　订：三河市宇新装订厂
710mm×1000mm　1/16　印张 22½　字数 512 千字　2019 年 5 月北京第 1 版第 1 次印刷

购书咨询：010-64518888　　售后服务：010-64518899
网　　址：http://www.cip.com.cn
凡购买本书，如有缺损质量问题，本社销售中心负责调换。

定　　价：58.00 元

本书编写人员名单 >>>>

主　　编　纪明山

副主编　毕亚玲　边　强　车午男　王　凯

编写人员（按姓名汉语拼音排序）

白雪婧　白雪松　毕亚玲　边　强　车午男　陈仕红

程　功　代保清　杜　颖　郭红霞　纪明山　姜　震

李　京　刘　琳　祁之秋　尚　涛　孙中华　滕露露

王　凯　王维静　王　振　臧晓霞　张竞雯　赵铂锤

左平春

前 言 >>>>

农药的作用机制主要是干扰病原菌、害虫、杂草等有害生物体内靶标的生理功能。这里的靶标是指酶、受体、通道、生物膜等。农药有效成分与靶标结合或相互作用，对有害生物造成伤害或使其失去竞争能力。不同化学结构类型的农药往往作用于同一靶标：如有机磷酸酯类和氨基甲酸酯类杀虫剂均作用于害虫的乙酰胆碱酯酶；磺酰脲类、咪唑啉酮类、嘧啶水杨酸类、三唑并嘧啶类和磺酰氨基羰基三唑啉酮类除草剂均作用于乙酰乳酸合成酶。靶标结构的改变是有害生物对农药产生抗药性的重要途径，这称作靶标抗药性。作用于同一靶标的不同化学结构类型的农药，往往具有交互抗药性。因此，将农药按照作用靶标分类，对在使用过程中合理选择农药品种、高效复配混合和延缓或克服抗药性意义重大。

本书共分七章。第一章农药使用基础知识，重点讲述农药使用相关的基本概念和基础理论，包括农药分类、毒性、剂型、作用方式、混用原则和施用方法等，是实现农药科学使用的最基础知识。第二章至第七章，分别介绍杀虫剂、杀螨剂、杀菌剂、除草剂、杀线虫剂和植物生长调节剂。各类农药均按照作用机制或作用靶标进行了分类，概要介绍了农药作用于靶标后导致的生理生化功能变化、化学结构类型及该类农药的通性。农药品种均以中文通用名称作标题，除介绍英文名称、其他名称、化学结构式和主要制剂外，紧紧围绕科学使用详细归纳总结了各农药品种的作用特点、防治对象、使用技术和注意事项。使用技术中大部分注明了农药有效成分在不同作物上的安全间隔期、每季最多使用次数和最高残留限量。

本书适合具有一定农药学基础和较丰富生产实践经验的农药企业产品开发人员、农药经销商、新型种植者和农业技术推广人员等使用，也可供植保、农学、园艺、林学等专业的师生参考。因我国地域辽阔，各地栽培模式、气候条件、用药习惯各异，书中所列农药品种，应首先在当地进行田间试验，之后再大面积推广应用。

本书由沈阳农业大学农药学学科带头人、博士研究生导师纪明山教授，组织部分教师及研究生共同编写。由于学识所限，书中不足之处在所难免，敬请广大读者不吝指正。

纪明山

2018 年 12 月

目 录 >>>>

第三章 杀螨剂 / 101

第四章 杀菌剂 / 113

第六章　杀线虫剂 / 315

第七章　植物生长调节剂 / 323

参考文献 / 337

索引 / 338

第一章 >>>>

农药使用基础知识

农药的基本概念和基础理论是农药科学使用的基础。农药生产者、销售者、使用者，乃至农产品的广大消费者，都应在掌握了农药的基础知识之后，再生产、经营和推广应用，以及再对农药进行评价。本章介绍农药的定义、分类、毒性、剂型、作用方式、混用原则和施用方法。

一、农药的定义

农药是指用于预防、控制危害农业、林业的病、虫、草、鼠和其他有害生物以及有目的地调节植物、昆虫生长的化学合成或者来源于生物、其他天然物质的一种物质或者几种物质的混合物及其制剂。

农药的作用是预防、控制或调节。农药应用的场所包括农业、林业、家居、仓储、加工场所、河流堤坝、铁路、码头、机场、建筑物等。农药预防和控制的对象包括：植物病原真菌、卵菌、细菌、病毒、线虫和寄生性种子植物；有害昆虫、蜱、螨；杂草；有害软体动物；害鼠；害鸟和害兽。

农药要与医药、兽药、鱼药、食品饲料添加剂等相区分。

二、农药的分类

为便于认识和使用农药，按照主要成分、防治对象、作用方式进行分类。

（1）按主要成分分类

① 无机农药　农药中有效成分属于无机物的品种，主要由天然矿物原料加工、配制而成，又称矿物源农药。早期使用的无机农药如砷制剂、氟制剂因毒性高、药效差、对植物不安全，已逐渐被有机农药取代；目前使用的无机农药主要有铜制剂和硫制剂，铜制剂有波尔多液、硫酸铜等，硫制剂有石硫合剂、硫黄等。

② 有机农药　农药中有效成分属于有机化合物的品种，多数可用有机的化学合成方法制得。目前所用的农药绝大多数属于这一类，具有药效高、见效快、用量少、用途广、可适应各种不同需要等优点。有机农药根据其来源及性质又可分为植物性农药（用天然植物加工制造的，所含有效成分是天然有机化合物，如烟碱、鱼藤酮、印楝）、微生物农药（用微生物及其代谢产物制成，如苏云金芽孢杆菌、阿维菌素、井冈霉素等）和有机合成农药（即人工合成的有机化合物农药）。

（2）按防治对象分类

① 杀虫剂　用于防治有害昆虫的药剂。

② 杀菌剂　能够直接杀死或抑制病原菌生长、繁殖，或削弱病菌致病性以及通过调节植物代谢提高植物抗病能力的药剂。

③ 除草剂　用于防除杂草的药剂。

④ 杀螨剂　用于防治有害蜱、螨类的药剂。

⑤ 杀鼠剂　用于毒杀有害鼠类的药剂。

⑥ 杀线虫剂　用于防治植物病原线虫的药剂。

⑦ 植物生长调节剂　对植物生长发育有控制、促进或调节作用的药剂。

⑧ 杀软体动物剂　用于防治有害软体动物的药剂。

（3）按作用方式分类

① 杀虫剂按作用方式分类

a. 胃毒剂　通过昆虫取食而进入消化系统引起昆虫中毒死亡的药剂。

b. 触杀剂　通过体壁或气门进入昆虫体内引起昆虫中毒死亡的药剂。

c. 内吸剂　被植物的根、茎、叶或种子吸收进入植物体内，并在植物体内传导运输到其他部位，使昆虫取食或接触后引起中毒死亡的药剂。

d. 熏蒸剂　以气体状态通过呼吸系统进入昆虫体内引起昆虫中毒死亡的药剂。

e. 拒食剂　使昆虫产生厌食、拒食反应，因饥饿而死亡的药剂。

f. 驱避剂　通过其物理、化学作用（如颜色、气味等）使昆虫忌避或发生转移，从而达到保护寄主植物或特殊场所目的的药剂。

g. 引诱剂　通过其物理、化学作用（如光、颜色、气味、微波信号等）可将昆虫引诱到一起集中消灭的药剂。

h. 不育剂　药剂进入昆虫体内，可直接干扰或破坏昆虫的生殖系统，使昆虫不产卵或卵不孵化或孵化的子代不能正常生育。

i. 昆虫生长调节剂　扰乱昆虫正常生长发育，使昆虫个体生活能力降低而死亡或种群数量减少的药剂，包括几丁质合成抑制剂、保幼激素类似物、蜕皮激素类似物等。

② 杀菌剂按作用方式分类

a. 保护性杀菌剂　在植物发病前（即当病原菌接触寄主或侵入寄主之前），施用于植物可能受害部位，以保护植物不受侵染的药剂。

b. 治疗性杀菌剂　在植物被侵染发病后，能够抑制病原菌生长或致病过程，使植物病害停止扩展的药剂。

c. 铲除性杀菌剂　对病原菌有强烈的杀伤作用的药剂。因作用强烈，有的不能在植物生长期使用，有的需要注意施药剂量或药液的浓度。多用于休眠期的植物或未萌发的种子，或处理植物或病原菌所在的环境（如土壤）。

③ 除草剂按作用方式分类

a. 触杀性除草剂　不能在植物体内传导，只能杀死所接触到的植物组织的药剂。

b. 内吸性除草剂　药剂施用于植物体或土壤，通过植物的根、茎、叶等部位吸收，并在植物体内传导至敏感部位或整个植株，使杂草生长发育受抑制而死亡。

三、农药的毒性

农药的毒性是指农药所具有的在极少剂量下就能对人体、家畜、家禽及有益动物产生直接或间接的毒害，或使其生理功能受到严重破坏作用的性能。即农药对人、养殖业动物、野生动物、农业有害生物的天敌、土壤有益微生物等有毒，均属于"毒性"范畴。

农药毒性主要受农药化学结构、理化性质影响，还与其剂型、剂量、接触途径、持续时间、有机体种类、性别、可塑性、蓄积性及在体内代谢规律等密切相关。农药毒性大小常通过产生损害的性质和程度表示，可分为急性毒性、慢性毒性、迟发性神经毒性、致畸作用、致癌作用、致突变作用等。生产实践过程中与人类关系密切的主要是急性毒性和慢性毒性。

急性毒性是指供试动物经口或经呼吸道吸入或经皮肤等途径，一次进入较大量有毒药剂，在24～48h内出现中毒症状，如肌肉痉挛、恶心、呕吐、腹泻、视力减退及呼吸困难等。有半数受试动物死亡时所需的药剂有效剂量，常以致死中量 LD_{50}（mg/kg）或致死中浓度 LC_{50}（mg/L）表示。不同国家对农药急性毒性有不同的分级标准，我国暂用的分级标准见表1-1。

表 1-1　我国农药急性毒性分级标准

毒性指标	剧毒	高毒	中等毒	低毒	微毒
经口（LD_{50}）/（mg/kg）	≤5	>5～50	>50～500	>500～5000	>5000
经皮（LD_{50}）/（mg/kg）	≤20	>20～200	>200～2000	>2000～5000	>5000
吸入（LD_{50}）/（mg/m³）	≤20	>20～200	>200～2000	>2000～5000	>5000

慢性毒性是指动物长期（1年以上）连续摄取一定剂量药剂，缓慢表现出的病理反应过程，多发生于长时间、反复接触小剂量农药的情况下，如长期食用农药残留超标的果蔬或饮用水等。常以毒性试验结果来衡量。将微量农药长期掺入饲料中饲育动物，观察实验期内所引起的慢性反应，如致畸、致癌、致突变等，找出最大无作用量、最小中毒量。农药慢性毒性大小，一般用最大无作用量或每日允许量（ADI）表示。最大无作用量是指根据完全没有作用的最大浓度计算出的供试动物每千克体重相应的药剂质量（mg）。ADI是指将动物试验终生，每天摄取也不发生不利影响的剂量，其数值大小是根据最大无作用量乘100乃至几千的安全系数算出来的量，单位是 mg/kg 体重。具有严重慢性毒性问题的农药品种，一经证实，将立即禁用。

新农药是向低毒性方向发展的，但完全无毒的农药几乎不存在。为避免农药毒性引起的危害，从事农药生产、营销、运输、贮存、使用等各环节都要严格按照农药管理规定执行，农药研究、生产、营销及使用人员都要了解和重视农药毒性问题，从安全角度出发，采取有效措施避免农药中毒。高毒农药的使用原则是尽量不用或少用，以药效相近的低毒品种替代；必须使用时，要注意其限用范围，如收获前禁用期、某些高毒农药不可作茎叶喷雾、施药后的农田在规定时间内禁止人及畜禽进入。

四、农药的剂型

农药剂型是具有一定组分和规格的农药加工形态，如粉剂、可湿性粉剂、乳油等。每种剂型都有对应的代码，如乳油的代码是 EC。一种剂型可以加工成不同含量不同用途的产品，这个产品叫农药制剂。在实际应用中，一种农药可能加工的剂型中，究竟选择哪一种或几种进行生产，主要依据其用途、施药方法上的必要性、安全性和经济上的可行性。常见农药剂型如下。

（1）粉剂（DP）　适于喷粉或撒布含有效成分的自由流动粉状制剂。由原药、填料、助剂经混合—粉碎—混合而成。此制剂加工方便、成本低，施用时无须用水作载体。但由于其药效不如液剂，加之易污染环境，故此剂型日趋减少。

（2）颗粒剂（GR）　具有一定粒径范围可自由流动含有效成分的粒状制剂。由农药原药、载体和助剂混合加工而成。具有持效期长、使用方便、操作安全、粉尘飞扬少、对环境污染小、对天敌和益虫安全、可控制释放速度、延长持效期及应用范围广等众多优点。

（3）可溶粒剂（SG）　有效成分在水中形成真溶液的粒状制剂，可含不溶于水的惰性成分。

（4）可溶片剂（ST）　有效成分在水中形成真溶液的片状制剂，可含不溶于水的惰性成分。

（5）水分散粒剂（WG）　在水中崩解、有效成分分散成悬浮液的粒状制剂。即由农药原药、分散剂、润湿剂、崩解剂、黏结剂和填料等加工而成的粒状剂型，加水后能迅速崩解并分散成悬浮液。兼有可湿性粉剂和悬浮剂所具有的悬浮性、分散性、稳定性好的特点，使用时粉尘量少，包装便宜，易于处理和计量，不含有机溶剂，不易聚结，但生产设备较昂贵。

（6）可分散片剂（WT）　在水中崩解、有效成分分散成悬浮液的片状制剂。即由农药原药、分散剂、润湿剂、崩解剂、黏结剂和填料等加工而成的片状剂型，加水后能迅速崩解并分散成悬浮液。

（7）可湿性粉剂（WP）　有效成分在水中分散成悬浮液的粉状制剂。由农药原药、填料和湿润剂经混合粉碎而成的粉状剂，易被水润湿并能在水中分散悬浮。具有湿润性能好、贮存运输较安全、使用方便等特点。但一般不能贮存时间过长，否则易产生结块而影响药效。

（8）可溶粉剂（SP）　有效成分在水中形成真溶液的粉状制剂，可含有不溶于水的惰性成分。可溶粉剂由易溶于水的农药和少量填料混合粉碎而成，有的加入少量表面活性剂。使用时加水稀释后，有效成分溶于水形成真溶液，喷雾使用。

（9）可溶液剂（SL）　用水稀释成透明或半透明含有效成分的液体制剂，可含有不溶于水的惰性成分。水中呈微溶状态的农药原药配以大量亲水性极性溶剂，在辅以助溶剂和乳化剂后所制得的一种在使用时能在水中溶解的农药剂型。许多原来很难制成液体剂型的原药，通过可溶液剂剂型能溶于水，并能呈分子状，具有很强的穿透性，通常用于特定的防治对象。

（10）乳油（EC）　用水稀释分散成乳状液含有效成分的均相液体制剂。由农药原药、溶剂、乳化剂经溶解混合而成的均匀透明的油状液体。有的还加入少量助溶剂和稳定剂，具有药效高、施用方便、性质稳定、不易分解、耐贮藏等特点。但由于含有大量有机溶剂，怕高温，怕明火，产品运输、贮存不安全，使用后易污染环境。

（11）油剂（OL）　用有机溶剂稀释（或不稀释）成均相含有效成分的液体制剂。对人畜较安全，黏附性高，耐雨水冲刷。

（12）水乳剂（EW）　有效成分（或其有机溶液）在水中形成乳状液体制剂。有效成分溶于有机溶液中，并以微小的液珠分散在连续相水中，形成非均相乳状液制剂，具有有机溶剂使用量低、产品不易飘移、低毒、高效、高稳定性等优点，但生产成本相对较高，不适合于所有农药成分，可能对高、低温敏感。

（13）微乳剂（ME） 有效成分在水中成透明或半透明的微乳状液体制剂，直接或用水稀释后使用。特点是不易燃易爆，生产、贮运和使用安全；不用或少用有机溶剂，环境污染小；粒子比通常的乳油粒子小，对植物和昆虫细胞有良好渗透性，吸收率高；水为基质，产品成本低。

（14）悬浮剂（SC） 悬浮剂是农药原药和载体及分散剂混合，利用湿法进行超微粉碎而成的黏稠可流动的悬浮体。由不溶或微溶于水的固体原药借助某些助剂，通过超微粉碎比较均匀地分散于水中，形成一种颗粒细小的高悬浮、能流动的稳定的液固态体系。悬浮剂通常由有效成分、分散剂、增稠剂、抗沉淀剂、消泡剂、防冻剂和水等组成。该剂型既克服了可湿性粉剂在倒入水中时产生的粉尘飞扬，对使用者产生危害的缺点，又克服了乳油类产品需要使用大量有机溶剂的缺点。

（15）可分散油悬浮剂（OD） 有效成分的微粒及其助剂能稳定分散在非水质的液体中，用水稀释后使用。采用油类作为分散质，利于农药更好地黏附于植物叶片并快速扩展渗透。具有安全、环保、药效高等优点，但也具有加工难度大、制剂稳定性较差的缺点。

（16）微囊悬浮剂（CS） 含有效成分的微囊分散在液体中形成稳定的悬浮液体制剂。微胶囊稳定的悬浮剂，用水稀释后成悬浮液使用。具有使用时粉尘量极低、有机溶剂量少、低毒、持效期长等优点，但也有生产设备昂贵、容易冻结、温度高时产品黏稠、包装费用较贵等缺点。

（17）种子处理悬浮剂（FS） 直接或稀释用于种子处理含有效成分稳定的悬浮液体制剂。

（18）超低容量液剂（UL） 直接或稀释后在超低容量设备上使用的均相液体制剂。使用量少，应用迅速，使用时不需加水或加水量极少。但毒性相对较高，飘移时易带来危害，需要使用特殊设备。

（19）烟剂（FU） 通过点燃发烟（或经化学反应产生的热能）释放有效成分的固体制剂。由农药原药和定量的燃料（锯木屑、木炭粉、煤粉）、助燃剂（硝酸钾、硝酸铵）、消燃剂（陶土）等均匀混配加工而成。烟剂的特点是使用方便、节省劳力，它可以扩散到其他防治方法不能达到的地方，很适宜防治林业害虫，以及仓库和温室的虫害和病害。

（20）饵剂（RB） 为引诱靶标有害生物（害虫和鼠等）取食直接使用含有效成分的制剂。一般分为饵片、饵粒、饵粉、胶饵。饵片为片状饵剂，饵粒为粒状饵剂，胶饵为可放在饵盒里直接使用或用配套器械挤出或点射使用的胶状饵剂。

五、农药的作用方式

农药预防或控制病原菌、害虫、杂草等有害生物的途径，称之为农药的作用方式。系统掌握农药的作用方式，有利于科学施用农药，充分发挥农药的防病、杀虫和除草作用。

1. 杀虫剂的作用方式

杀虫剂最常用的作用方式有触杀、胃毒、内吸、熏蒸、拒食、忌避和调节生长等。

触杀作用是目前使用的杀虫剂最主要的作用方式，可杀死各种口器的害虫和害螨。胃毒作用一般只能防治咀嚼式口器害虫，如鳞翅目幼虫、鞘翅目成虫、直翅目若虫和成虫等。蚜虫等刺吸式口器害虫多用内吸作用药剂防治。目前使用的多数杀虫剂通常具有两种以上的作用方式，可根据主要防治对象选用最合适的药剂。

2. 杀菌剂的作用方式

杀菌剂的作用方式可分为保护作用、治疗作用和诱导抗病性作用。在植物未罹病之前使用保护作用药剂，消灭病原菌或在病原菌与植物体之间建立起一道化学药物的屏障，防止病菌侵入，以使植物得到保护。该类杀菌剂对病原菌的杀死或抑制作用仅局限于在植物体表，对已经侵入寄主的病原菌无效。治疗作用是在植物感病或发病以后，对植物体施用杀菌剂解除病菌与寄主的寄生关系或阻止病害发展，使植物恢复健康，该类杀菌剂一般选择性强且持效期较长。既可以在病原菌侵入以前使用，起到化学保护作用，也可在病原菌侵入之后，甚至发病以后使用，发挥其化学治疗作用。局部治疗作用也称铲除作用，铲除在施药处已形成侵染的病原菌。诱导抗病性作用也称免疫作用，由于这类杀菌剂大多数对靶标生物没有直接毒杀作用，因此，必须在植物未罹病之前使用，对已经侵入寄主的病原菌无效。

3. 除草剂的作用方式

除草剂的作用方式分为吸收和输导，除草剂必须经吸收进入杂草体内才能发挥作用，而吸收后如不能很好地输导，如五氯酚钠，只能对接触到药剂的杂草组织及其邻近组织起作用，从而影响防治效果。输导型除草剂则在杂草吸收后能输导到地下根茎而有效发挥除草作用。

（1）吸收途径

① 茎叶吸收　除草剂可通过植物茎叶表皮或气孔进入杂草体内，其吸收程度与药剂本身结构、极性、植物表皮形态结构及环境条件有关。如均三氮苯类除草剂中的莠去津和扑草净比较容易被植物叶面吸收，而西玛津则难以吸收。叶片老嫩、形态也影响对药剂吸收的程度。高温、潮湿及药剂中含有适当的湿润展布剂，均有助于药剂渗透进入植物体，提高除草剂的杀草活性。

② 根系吸收　多数除草剂进行土壤处理后，能被植物根部吸收，但吸收速度差异较大，如莠去津、苄嘧磺隆、咪唑乙烟酸等很容易被植物根部吸收，而抑芽丹、茅草枯等则吸收较慢。

③ 幼芽吸收　除草剂在杂草种子萌芽出土过程中，经胚芽或幼芽吸收发挥毒杀作用。如氟乐灵、乙草胺、异丙甲草胺等均是通过芽部吸收发挥作用的。

（2）输导途径

① 质外体系输导　除草剂被植物吸收后，随水分和无机盐在胞间和胞壁中移动进入木质部，在导管内随蒸腾液流向上输导。木质部是非生命组织，药量较高时也不受损害，这种输导一般较快，并受温度、蒸腾速度等环境生理条件影响。

② 共质体系输导　除草剂渗透进入植物叶片细胞内，通过胞间连丝通道，移动到其他细胞内，直到进入韧皮部随同化产物液流向下移动。这种输导在活组织中进行，当施用急性毒力的药剂将韧皮部杀死后，共质体系的输导即停止，其输导速度一般慢于质

外体系输导，并受光合作用强度等条件影响。

③ 质外-共质体系输导　除草剂进入植物体内的输导同时发生于质外体系和共质体系内，如麦草畏、咪唑乙烟酸、精噁唑禾草灵等。

六、农药的混用原则

农药合理混用具有扩大防治谱、提高药效、减少施药次数、省工省时、降低成本、延缓有害生物抗药性的发展等优点，但并不是说所有的农药品种都能混合使用，也不是所有的农药都需要混合使用。混用是有严格要求的，必须依据药剂本身的化学和物理性质，以及病虫草害发生的规律和生活史等，来判断是否能混用或需要混用。

农药混用有复配和桶混两种方式。复配是生产者将两种以上有效成分和各种助剂、添加剂等按一定比例混配在一起加工成物理性状稳定产品，供直接使用。桶混是农药使用者在田间按照标签说明，把两种或两种以上农药按照不同的比例加入药桶中混合使用，需经小区试验证明安全方可进行桶混。农药复配或桶混应注意以下几点。

（1）两种农药混合后不能起化学变化　农药有效成分的化学结构和化学性质是其生物活性的基础，所以农药在使用时要特别注意混合后的有效成分、乳化性能等是否发生改变，因为这直接影响药效的发挥。一般来说遇到碱性物质分解失效的农药不能与碱性农药或碱性物质混用，一旦混用农药很快分解失效。有机磷类和氨基甲酸酯类对碱性物质都比较敏感，拟除虫菊酯类在强碱下也会分解失效。有些品种在碱性下相对稳定，但也只能在弱碱下混用，并且混用后不能放置太久。此外有些农药在酸性条件下也会分解，如有机硫类，所以混用要慎重。而有些农药与含金属离子的物质混用也会产生药害。如二硫代氨基甲酸盐类杀菌剂（福美双、代森锌、代森锰锌等）、2,4-滴类除草剂与铜制剂混用可生成铜盐降低药效；甲基硫菌灵与铜离子络合会失去活性。所以农药的混用不是简单的混合，而是要研究它们的化学结构和性质，通过科学合理的试验证明混合后的生物效果，保证对人畜、环境的安全，防止或延缓害虫产生抗药性。

（2）桶混的农药物理性质应保持不变　在田间现混现用时要注意不同成分的物理性状是否改变，若混用后出现分层、絮结和沉淀或悬浮率降低甚至有结晶析出，这样都不能混用。有机磷可溶粉剂（敌百虫粉）和其他可湿性粉剂混用时，悬浮率会下降，药效降低，容易造成药害，不宜混用。乙烯利水剂、杀虫双水剂、杀螟丹可溶粉剂因有较强酸性或含大量无机盐，与乳油农药混用时会有破乳现象，要禁止混用。桶混需要先用少量的药液进行混配试验，如果出现沉淀、变色、强烈刺激气味、大量泡沫的情况，一定不要再进行混配，更不能喷施到作物上，以免出现烧叶、果实产生果锈等不良情况。无论混用什么药剂，都应该注意"现用现配，不宜久放"和"先分别稀释，再混合"的原则。

（3）混用农药应具有不同作用机理或不同防治对象　水稻孕穗至抽穗期，是稻飞虱和纹枯病的发生盛期，使用马拉硫磷乳油和井冈霉素水剂混合配方施药，可防虫又可防病。除草剂农得时和丁草胺或乙草胺等混用，可扩大杀草谱。没有杀卵活性的杀虫剂与有杀卵活性的杀虫剂混用；保护性与内吸性杀菌剂混用等。拟除虫菊酯农药比较容易引起某些害虫产生抗药性，比如棉铃虫，如果它们与其他杀虫剂混配使用，就可使害虫的抗药性推迟产生或抗药性水平低缓。据试验资料显示，用20%菊·马乳油与20%氰戊菊酯分别处理棉铃虫，经过16代不断处理后，进行抗性水平测定，发现用氰戊菊酯单独处理的棉铃虫比用菊·马乳油处理的棉铃虫抗性高出 65.54 倍，表明菊·马乳油有显著延缓棉铃虫抗药性产生的作用。

（4）复配混用后应降低对人畜、禽鱼类的毒性和对天敌及其他有益生物的危害 有些农药混用后药效提高了，但毒性也增加了。如马拉硫磷对人畜是安全的，易被人畜体内的生物酶分解，但与敌敌畏、敌百虫等混合使用时，敌敌畏、敌百虫抑制该酶的活性，使其产生了较高的毒性。因此这种情况也不能混用。

七、农药的施用方法

农药的施用方法是把农药施用到目标物上所采用的各种施药技术措施。科学施药总的要求是使农药最大限度地施用到生物靶标上，尽量减少对环境、作物和施药者的影响。农药施用效果的好坏，也取决于施药方法，应根据农药特性、剂型及制剂特点、防治对象的生物学特性及环境条件等选择适当的施药方法。目前常用农药施药方法按农药的剂型和喷撒方式可分为喷雾法、喷粉法、撒粒法、熏烟法、种衣法及毒饵法等。

（1）喷雾法 喷雾法是用手动、机动或电动喷雾机械将药液分散成细小的雾滴，分散到作物或靶标生物上的施药方法，是农药使用最为广泛的方法。农药制剂中除超低容量喷雾剂不需加水稀释而可直接喷洒外，可供液态使用的其他农药剂型如可湿性粉剂、乳油、水剂及可溶粉剂等均需加水调成悬浮液、乳液或溶液后才能供喷洒使用。喷雾法有以下不同分类方法。

① 按药液雾化原理分类

a. 压力雾化法 药液在压力下通过狭小喷孔而雾化的方法称压力雾化法。我国通常使用的有预压式和背囊压杆式两种类型的喷雾器，喷出雾滴的细度决定于喷雾器内的压力和喷孔的孔径，雾滴直径与压力的平方根成反比，压力恒定时，喷孔越小，雾滴越细。

b. 弥雾法 药液的雾化过程分两步进行，药液受压力喷出的雾为粗雾滴，它们立即被喉管的高速气流吹张开，形成小液膜，膜与空气碰撞破裂而成雾，此雾滴直径小于压力雾化法的雾滴，称弥雾。液滴直径大小，受药液箱内空气压力和喉管里气流速度的影响。

c. 超低容量弥雾法 利用喷头圆盘高速旋转时产生的离心力使药液以一定细度的液球离开圆盘边缘而形成雾滴。目前国内外都在应用低容量、很低容量或超低容量喷雾。不同容量喷雾，单位面积上用药液量不同，见表 1-2。

表 1-2 不同容量喷雾在地面不同作物上的用药液量　　　　单位：L/hm²

容量	大田作物	树木和灌木
高容量(high volume,HV)	>600	>1000
中容量(medium volume,MV)	200～600	500～1000
低容量(low volume,LV)	50～200	200～500
很低容量(very low volume,VLV)	5～50	50～200
超低容量(ultra low volume,ULV)	<5	<50

注：引自 G. A. Matthews，1979。

② 按喷雾方式和器具不同分类

a. 飘移喷雾法　雾滴借飘移作用沉积于目标物上的喷雾方法。由于空气浮力，细小雾滴在静止空气中自然沉降速度很低，可在自然风或风机气流作用下，飘移到较远地方。较大雾滴沉降在近处，较小雾滴沉降在远处，形成不均匀分布。工作幅较宽，功效高，缺点是雾滴小、易飘失。

b. 定向喷雾法　喷出的雾流具有明确的方向性的喷雾方法。通过选择适宜机具或调节喷头的喷施角度，使雾流朝特定的方向运动，以使雾滴准确地到达靶标上，较少散落或飘移散失到空中或其他非靶标生物上。

c. 泡沫喷雾法　能将药液形成泡沫状雾流喷向靶标的喷雾方法。喷药前在药液中混入一种在空气作用下能强烈发泡的起泡剂，采用特定喷头自动吸入空气使药液形成泡沫雾喷出。泡沫雾流扩散范围窄，雾滴不易飘移，对邻近作物及环境的影响小。

d. 静电喷雾法　通过高压静电发生装置使雾滴带电喷施的喷雾方法。由于静电作用可将农药利用率提高到 90% 以上，节省农药，减少污染，且对靶标产生包抄效应，即带电雾滴受作物表面感应电荷吸引包围靶标，而沉积到靶标正面和背面，提高防治效果。但带电雾滴对植物冠层的穿透能力较差，大部分沉积在靠近喷头的靶标上。

(2) 喷粉法　利用鼓风机械所产生的气流把农药粉剂吹散后沉积到作物上的施药方法。此方法不需水，工效高，在作物上沉积分散性好，分布均匀。但农药易发生飘移污染环境，所以其使用受到限制。目前在保护地、森林、果园、山区、水稻田等较密闭的地方仍是很好的施药方法。喷粉的质量受喷粉器械质量、天气及粉剂本身质量的影响。

按所用机械不同，可分为：手动喷粉法，利用手摇喷粉器简单喷粉的方法；机动喷粉法，利用机动喷粉机喷粉的方法，主要有东方 12-18 型背负喷粉、喷雾器；飞机喷粉法，利用螺旋桨产生的强大气流把粉吹散，进行空中喷粉的方法。

(3) 熏蒸法　用气态或常温下易气化的农药，在密闭空间防治病虫害的施药方法。农药以分子状态分散于空气中，其扩散、分布、渗透能力极强，对于密闭的仓库、车厢、船舱、集装箱中，特别是缝隙和隐蔽处的有害生物，此法是效率最高、效果最好的使用方法。

(4) 熏烟法　利用烟剂产生的烟来防治有害生物的施药方法。应用于封闭环境中，如仓库、温室、大棚、房舍中，来防治病虫害。大棚、温室应避开阳光照射作物时间；森林、果园宜在清晨、傍晚出现树冠层气温逆增时应用。

(5) 撒粒法　撒施成颗粒状农药的方法。此法方向性强，污染轻，适合土壤处理、水田施药及一些作物的心叶施药，用于防治杂草、地下害虫及土传病害。撒粒可以用撒粒机、撒粒器，也可以徒手撒施。

(6) 种衣法　利用种衣剂处理种子，在种子表面形成一层牢固药膜的方法。种衣剂是一种悬浮剂，但其中加入了很强的黏着剂（又称成膜剂），药液干后种子表面形成不易脱落的药膜。种衣剂根据不同作物及要求，其有效成分各异。

(7) 毒饵法　运用农药毒饵诱杀有害动物的施药方法。此法省工省药，适用于诱杀具有迁移活动能力的有害动物，如害鼠、害鸟、害虫、蜗牛、蛞蝓等。可配成固体毒饵堆施、条施或撒施于有害动物出没处。可配成液态毒饵放入盆中诱杀害虫，或喷于作物以外的植物上诱杀害虫，也可涂布于纸条或其他材料上引诱害虫舔食而使其中毒死亡。

(8) 涂抹法　将农药涂抹于植物茎叶防治有害生物的方法，此方法着靶率高。如黄瓜茎基部涂抹甲基硫菌灵防治茎基腐病；果树枝干涂抹机油乳剂防治介壳虫；茎叶涂抹草甘膦防除多年生杂草。

（9）滴注法　用注滴器插在树干上，将内吸性农药注入树干防治病虫害的方法。用打孔器在树干上打直径约 5mm、深入到木质内约 10mm 的孔，将针头由上向下斜插入孔内木质部，用输液管上的可控开关控制滴注速度，滴注速度和数量应根据树的大小和所滴注农药的浓度和品种具体确定。

第二章 >>>>>

杀虫剂

一、乙酰胆碱酯酶抑制剂

（1）作用机理　乙酰胆碱酯酶（AChE）是昆虫中枢神经系统中的关键酶，参与细胞的发育和成熟，能促进神经元发育和神经再生，在昆虫神经冲动传递过程中执行重要的生理功能，它的主要作用是催化昆虫中枢神经系统胆碱能突触中的神经递质乙酰胆碱的水解。乙酰胆碱酯酶抑制剂通过抑制昆虫神经系统传导中乙酰胆碱酯酶的活性，从而使神经递质乙酰胆碱无法分解成胆碱和乙酸，阻断神经传导而使昆虫致死。乙酰胆碱酯酶对杀虫剂敏感性下降是昆虫对杀虫剂产生抗药性的主要生化表现，AChE 由乙酰胆碱酯酶基因 ace 编码，ace 基因突变导致乙酰胆碱酯酶发生变构，导致对底物的亲和能力下降或是酶量的增加。这是引起这类杀虫剂产生抗性的重要机制。

（2）化学结构类型　有机磷酸酯类杀虫剂（包括磷酸酯、一硫代磷酸酯、二硫代磷酸酯、磷酰胺、硫代磷酰胺）、氨基甲酸酯类杀虫剂。

（3）通性　在酸性环境下稳定，遇碱性环境分解；有机磷酸酯类为正温度系数杀虫剂，氨基甲酸酯类药效对温度不敏感；在自然条件中，如日晒、风吹雨淋的作用下易水解、氧化；有机磷杀虫剂不同种类间毒性相差较大，氨基甲酸酯类对哺乳动物毒性低。

1. 敌百虫（trichlorfon）

其他名称　三氯松

主要制剂　30%、40%乳油，80%、90%可溶粉剂。

毒性　鼠急性经口 LD_{50} 为 212mg/kg；鱼急性 LC_{50} 为 0.7mg/L（96h）；蜜蜂急性经口 $LD_{50}>0.4\mu g$/只（48h）。

作用特点　敌百虫是一种毒性较低、杀虫谱广的有机磷杀虫剂。在弱碱中可转变成敌敌畏，但不稳定，很快分解失效。对害虫有较强的胃毒作用，兼有触杀作用，对植物具有渗透性，但无内吸传导作用。

防治对象　适用于水稻、麦类、蔬菜、茶树、果树、桑树、棉花等作物上的咀嚼式口器害虫，及家畜寄生虫、卫生害虫的防治；用于防治菜青虫、棉叶跳虫、麦黏虫、桑黄、象鼻虫、果树叶蜂、果蝇等多种害虫。精制敌百虫可用于防治猪、牛、马、骡牲畜体内外寄生虫，对家庭和环境卫生害虫均有效。可用于治疗血吸虫病，畜牧上是一种很好的多效驱虫剂。原粉可加工成粉剂、可湿性粉剂、可溶粉剂和乳剂等各种剂型使用，也可直接配制水溶液或制成毒饵，用于防治咀嚼式口器和刺吸式口器的农、林、园艺害虫等。

使用方法

（1）防治茶尺蠖　第一、二代幼虫一至二龄占80％，第三代以后占50％为防治适期，用80％敌百虫可溶粉剂700～1400倍液均匀喷雾。最高残留限量为0.1mg/kg。

（2）防治水稻二化螟　在水稻分蘖期可防枯梢，在孕穗期可防虫伤株。每次每亩（1亩＝666.7m²）用80％敌百虫可溶粉剂150～200g对水喷雾。安全间隔期为15d，每季最多使用2次。最高残留限量为0.1mg/kg。

（3）防治小麦黏虫　在三龄幼虫高峰前施药，每次每亩用80％敌百虫可溶粉剂150g对水喷雾。最高残留限量为0.1mg/kg。

（4）防治荔枝树椿象　于3月中旬至5月下旬，成虫交尾产卵前和若虫盛发期各施药一次，每亩用80％敌百虫可溶粉剂700倍液，均匀喷雾。最高残留限量为0.1mg/kg。

（5）防治林木松毛虫　在越冬前后，用80％敌百虫可溶粉剂1000～1500倍液整株喷雾。最高残留限量为0.1mg/kg。

（6）防治草坪黏虫　在黏虫三龄高峰期前施药，用80％敌百虫可溶粉剂700倍液均为喷雾。最高残留限量为0.1mg/kg。

注意事项

（1）不可与碱性农药或其他碱性物质混合使用。药剂稀释液不宜放置过久，应现配现用。

（2）玉米、苹果在生长早期对敌百虫较敏感，施药时应注意。高粱、豆类特别敏感，容易产生药害，不能使用。

（3）对蜜蜂、鱼类等水生生物、家蚕有毒。施药期间应避免对周围蜂群的影响，蜜源作物花期、蚕室和桑园附近禁用。远离水产养殖区施药，禁止在河塘等水体中清洗施药器具。

2. 敌敌畏（dichlorvos）

其他名称　DDVP

主要制剂　48％、77.5％、80％乳油，15％、22％、30％烟剂。

毒性　鼠急性经口LD_{50}为80mg/kg；鱼急性LC_{50}为0.55mg/L（96h）；蜜蜂急性经口LD_{50}为0.29μg/只（48h）。

作用特点　有机磷杀虫剂，对害虫具有触杀、熏蒸和胃毒作用。对咀嚼式和刺吸式口器害虫防效好。其蒸气压高，对同翅目、鳞翅目昆虫有极强击倒力。施药后易分解，残效短。

防治对象　对咀嚼式口器和刺吸式口器的害虫均有效。可用于蔬菜、果树和多种农田作物。可用于防治菜青虫、甘蓝夜蛾、菜叶蜂、菜蚜、菜螟、斜纹夜蛾、二十八星瓢虫、烟青虫、烟粉虱、棉铃虫、小菜蛾、红蜘蛛、蚜虫、小地老虎、黄守瓜、黄曲条跳甲、温室白粉虱、豆野螟等。

使用方法

（1）防治菜青虫　低龄幼虫发生初期施药，每亩用77.5%敌敌畏乳油50～80mL。在甘蓝上安全间隔期为7d，每季最多使用2次。最高残留限量为0.1mg/kg。

（2）防治粮仓多种贮藏害虫　在害虫发生期施药，用77.5%敌敌畏乳油400～500倍液熏蒸，熏蒸后密闭时间为2～5d。温度高时，挥发快，药效迅速，反之应适当延长密闭时间。最高残留限量为0.1mg/kg。

（3）防治棉花蚜虫　在蚜虫盛发期施药，每亩用77.5%敌敌畏乳油50～100mL对水喷雾。安全间隔期为7d。最高残留限量为0.1mg/kg。

（4）防治棉花造桥虫　在2～3龄期施药，每亩用77.5%敌敌畏乳油50～100mL对水喷雾。安全间隔期为7d。最高残留限量为0.1mg/kg。

（5）防治苹果树苹小卷叶蛾　各代幼虫发生初期施药，每亩用77.5%敌敌畏乳油1500～2000倍液整株喷雾。安全间隔期为7d。最高残留限量为0.1mg/kg。

（6）防治苹果树蚜虫　在若虫盛发期，均匀喷雾，每亩用77.5%敌敌畏乳油1500～2000倍液整株喷雾。安全间隔期为7d。最高残留限量为0.1mg/kg。

（7）防治桑树桑尺蠖　在2～3龄期施药，每亩用77.5%敌敌畏乳油50mL，整株喷雾。安全间隔期为7d。最高残留限量为0.1mg/kg。

（8）防治小麦蚜虫　在若虫盛发期施药，每亩用77.5%敌敌畏乳油50～60mL对水喷雾。安全间隔期为7d。最高残留限量为0.1mg/kg。

注意事项

（1）不能与碱性农药等物质混合使用。

（2）对蜜蜂、家蚕、鱼有毒，蜜源作物花期禁用。

（3）高粱、月季花易产生药害，玉米、豆类、瓜类幼苗及柳树也较敏感。使用时应注意避免药液飘移到上述作物上。

3. 马拉硫磷（malathion）

其他名称　马拉松、防虫磷、粮泰安、四零四九、马拉赛昂

主要制剂　45%、70%、84%乳油，25%油剂。

毒性　鼠急性经口LD_{50}为1778mg/kg；鱼急性LC_{50}为0.018mg/L（96h）；蜜蜂急性接触LD_{50}为0.16μg/只（48h）。

作用特点　非内吸性广谱有机磷杀虫剂,具有良好的触杀和一定的熏蒸作用,进入虫体被氧化成马拉氧磷,从而更能发挥毒杀作用。进入温血动物体内时,则被羧酸酯酶水解,因而失去毒性。马拉硫磷毒性低,残效期短。

防治对象　对刺吸式口器和咀嚼式口器的害虫都有效,适用于防治烟草、茶树和桑树等上的害虫,也可用于防治仓库害虫。

使用方法

(1) 防治茶树长白蚧　在1～2龄若蚧发生期施药,用45％马拉硫磷乳油450～720倍液整株喷雾。安全间隔期为10d,每季最多使用1次。最高残留限量为0.5mg/kg。

(2) 防治茶树象甲　在成虫发生盛期施药,用45％马拉硫磷乳油450～720倍液整株喷雾。安全间隔期为10d,每季最多使用1次。最高残留限量为0.5mg/kg。

(3) 防治大豆食心虫　在卵孵化盛期施药,每亩用45％马拉硫磷乳油80～110mL对水喷雾。安全间隔期为7d,每季最多使用2次。最高残留限量为1mg/kg。

(4) 防治苹果树椿象　在越冬第一代若虫羽化盛期(5月中旬、下旬)施药,每次用45％马拉硫磷乳油1000～1500倍液整株喷雾。安全间隔期为3d,一季最多使用2次。最高残留限量为2mg/kg。

(5) 防治梨树椿象　在越冬第一代若虫羽化盛期(5月中旬、下旬)施药,每次用45％马拉硫磷乳油1500～1800倍液整株喷雾。安全间隔期为3d,一季最多使用2次。最高残留限量为2mg/kg。

(6) 防治枣树盲蝽　在害虫发生盛期施药,用45％马拉硫磷乳油1000～1800倍液整株喷雾。最高残留限量为1mg/kg。

(7) 防治柑橘树蚜虫　在蚜虫盛发期施药,每次用45％马拉硫磷乳油1500～2000倍液整株喷雾。安全间隔期10d,一季最多使用3次。最高残留限量为2mg/kg。

(8) 防治十字花科蔬菜蚜虫　在若蚜盛发期施药,每亩用45％马拉硫磷乳油80～121mL对水喷雾。安全间隔期为7d,一季最多使用2次。最高残留限量为2mg/kg。

(9) 防治十字花科蔬菜黄条跳甲　在成虫开始活动而尚未产卵时施药,每亩用45％马拉硫磷乳油80～120mL对水喷雾。安全间隔期为7d,一季最多使用2次。最高残留限量为2mg/kg。

(10) 防治牧草蝗虫　在3～4龄蝗蝻期施药,每亩用45％马拉硫磷乳油66.7～88.9mL对水喷雾。最高残留限量为1mg/kg。

(11) 防治棉花叶跳虫　每亩用45％马拉硫磷乳油55.6～83.3mL对水喷雾。安全间隔期为14d,一季最多使用2次。最高残留限量为2mg/kg。

(12) 防治棉花蚜虫　在若蚜盛发期施药,每次每亩用45％马拉硫磷乳油55.6～83.3mL对水喷雾。安全间隔期为14d,一季最多使用2次。最高残留限量为2mg/kg。

(13) 防治小麦蚜虫　在若蚜盛发期施药,每亩用45％马拉硫磷乳油55.6～111mL对水喷雾。安全间隔期为7d。

(14) 防治小麦黏虫　在黏虫盛发期施药,每次每亩用45％马拉硫磷乳油83～111mL对水喷雾。安全间隔期为7d。最高残留限量为0.5mg/kg。

(15) 防治水稻叶蝉　在若虫和成虫盛发期施药,每亩用45％马拉硫磷乳油90.4～100mL对水喷雾,安全间隔期为14d,一季最多使用3次。最高残留限量为0.5mg/kg。

(16) 防治林木蝗虫　在卵期或蝗蝻始发期施药,每亩用45％马拉硫磷乳油67～

89mL 对水喷雾。最高残留限量为 2mg/kg。

注意事项

(1) 黄瓜、菜豆、甜菜、高粱、玉米对马拉硫磷比较敏感，使用时应防止飘移其上。

(2) 对鱼类有毒，应远离水产养殖区施药。

4. 辛硫磷 (phoxim)

$$C \equiv N \qquad \begin{array}{c} S \quad O-CH_2-CH_3 \\ | \\ P \\ | \\ O-CH_2-CH_3 \end{array}$$

其他名称　倍氰松

主要制剂　0.3%、1.5%、3%、5% 颗粒剂，20%、40%、56%、70%、600g/L 乳油，30%、35% 微囊悬浮剂。

毒性　鼠急性经口 $LD_{50} > 2000mg/kg$；鱼急性 LC_{50} 为 0.22mg/L (96h)。

作用特点　属高效低毒有机磷杀虫剂，具有胃毒作用和触杀作用，无内吸作用。在田间使用，因对光不稳定，很快分解失效，所以残效期很短，残留危险性极小，叶面喷雾残效期一般为 2~3d。

防治对象　对鳞翅目大龄幼虫和地下害虫以及仓库和卫生害虫有较好效果。可用于防治蛴螬、蝼蛄、金针虫等地下害虫，以及棉蚜、棉铃虫、小麦蚜虫、菜青虫、蓟马、黏虫、稻苞虫、稻纵卷叶螟、叶蝉、飞虱、松毛虫、玉米螟等。

使用方法

(1) 防治玉米蛴螬　在卵孵化期至 1 龄期施药，混细土撒施，随播种撒入，每亩用 3% 辛硫磷颗粒剂 4000~5000g，每季使用 1 次。最高残留限量为 0.1mg/kg。

(2) 防治玉米地老虎　在 1~3 龄幼虫期施药，混细土撒施，随播种撒入，每亩用 3% 辛硫磷颗粒剂 4000~5000g，同样剂量可防治金针虫，每季使用 1 次。最高残留限量为 0.1mg/kg。

(3) 防治根菜类蛴螬等地下害虫　在害虫发生期施药，混细土撒施，随播种撒入，每亩用 3% 辛硫磷颗粒剂 4000~8333g，每季使用 1 次。

(4) 防治油菜蛴螬等地下害虫　在害虫发生期施药，混细土撒施，每亩用 3% 辛硫磷颗粒剂 6000~8000g，每季使用 1 次。最高残留限量为 0.1mg/kg。

(5) 防治小麦地下害虫　在害虫发生期施药，混细土撒施，每亩用 3% 辛硫磷颗粒剂 3000~4000g，每季使用 1 次。最高残留限量为 0.05mg/kg。也可播前拌种，先将 40% 辛硫磷乳油 180~240mL 对水 10kg，稀释均匀后，用喷雾器均匀喷到小麦种子上，拌匀后避光堆闷 2~3h 即可播种。

(6) 防治花生地下害虫　在害虫发生期施药，混细土撒施，每亩用 3% 辛硫磷颗粒剂 4000~8000g，每季使用 1 次。最高残留限量为 0.1mg/kg。

(7) 防治十字花科蔬菜菜青虫　在幼虫发生盛期施药，每亩用 40% 辛硫磷乳油 30~75mL 对水喷雾。安全间隔期为 7d，一季最多使用 3 次。最高残留限量为 0.1mg/kg。

（8）防治棉花棉铃虫　在卵孵化期至低龄幼虫钻蛀期施药，每亩用 40% 辛硫磷乳油 37.5~120mL 对水喷雾。安全间隔期为 7d。最高残留限量为 0.1mg/kg。

（9）防治棉花蚜虫　在蚜虫盛发期施药，每亩用 40% 辛硫磷乳油 20~40mL 对水喷雾。安全间隔期为 7d。最高残留限量为 0.1mg/kg。

（10）防治水稻稻纵卷叶螟　在大田蛾峰后 7d 左右即卵孵化期至低龄幼虫钻蛀期施药，每亩用 40% 辛硫磷乳油 100~150mL 对水喷雾，间隔 7~10d 后进行第二次施药。安全间隔期为 15d，一季最多使用 2 次。最高残留限量为 0.05mg/kg。

（11）防治水稻三化螟　在害虫初发期或幼虫盛发期施药，每亩用 40% 辛硫磷乳油 100~125mL 对水喷雾。安全间隔期为 15d，一季最多使用 2 次。最高残留限量为 0.05mg/kg。

（12）防治烟草烟青虫　在幼虫发生盛期施药，每亩用 40% 辛硫磷乳油 50~100mL 对水喷雾。安全间隔期为 5d，一季最多使用 3 次。最高残留限量为 0.1mg/kg。

（13）防治玉米上的玉米螟　每亩用 40% 辛硫磷乳油 75~100mL 拌入直径 2mm 左右的炉渣土 250g，于玉米心叶末期，施入喇叭口。一季最多使用 1 次。最高残留限量为 0.1mg/kg。

（14）防治苹果树桃小食心虫　于害虫卵孵化盛期施药，用 40% 辛硫磷乳油 1000~2000 倍液整株喷雾，视害虫发生情况间隔 7d 再喷一次，连续使用 3~4 次。安全间隔期为 7d，一季最多使用 4 次。最高残留限量为 0.1mg/kg。

注意事项

（1）遇光易分解，不宜在烈日下使用，不能与碱性物质混用，药液随配随用。

（2）对蜜蜂、家蚕有毒，施药期间应避免对周围蜂群的影响，蜜源作物花期、蚕室和桑园附近禁用。

（3）高粱、黄瓜、菜豆、甜菜等对辛硫磷敏感，施药时应避免药液飘移到上述作物上。

5. 毒死蜱（chlorpyrifos）

其他名称　乐斯本

主要制剂　40% 乳油，20%、30%、40% 水乳剂，20%、30%、36% 微囊悬浮剂，15%、25%、30%、400g/L 微乳剂，0.5%、3%、5%、10%、15%、20% 颗粒剂，15% 烟雾剂，30% 可湿性粉剂。

毒性　鼠急性经口 LD_{50} 为 66mg/kg；鱼急性 LC_{50} 为 0.025mg/L（96h）；蜜蜂急性接触 LD_{50} 为 0.059μg/只。

作用特点　硫代磷酸酯类杀虫剂，胆碱酯酶抑制剂，具有触杀、胃毒和熏蒸作用。在叶片上残留期不长，但在土壤中残留期较长，对烟草有药害。

防治对象　可防治茶尺蠖、小绿叶蝉、茶橙瘿螨、棉蚜、棉红蜘蛛、稻飞虱、稻纵卷叶螟、蚊、蝇、小麦黏虫以及仓贮害虫及牛、羊体外寄生虫等。用于玉米、棉花、大豆、花生、果树、蔬菜，防治多种土壤和叶面害虫，也用于防治蚊蝇、蟑螂、白蚁等家庭害虫，以及家畜体外寄生虫。

使用方法

(1) 防治甘蔗蔗龟　每次每亩用40％毒死蜱乳油300～500mL喷淋甘蔗根部。安全间隔期为42d，每季最多使用2次。最高残留限量为0.3mg/kg。

(2) 防治柑橘树红蜘蛛　在成、若螨发生期施药，用40％毒死蜱乳油800～1000倍液整株喷雾。安全间隔期为28d，每季最多使用1次。最高残留限量为0.3mg/kg。

(3) 防治柑橘树柑橘锈壁虱　在产卵期至低龄幼螨期施药，用40％毒死蜱乳油800～1500倍液整株喷雾。安全间隔期为28d，每季最多使用1次。最高残留限量为0.3mg/kg。

(4) 防治柑橘树介壳虫　在1～2龄若蚧发生期施药，用40％毒死蜱乳油800～1500倍液整株喷雾。安全间隔期为28d，每季最多使用1次。最高残留限量为0.3mg/kg。

(5) 防治荔枝蒂蛀虫　于幼虫初孵到盛孵期施药，每次用40％毒死蜱乳油800～1000倍液整株喷雾。安全间隔期为21d，每季最多使用3次。最高残留限量为0.3mg/kg。

(6) 防治棉花棉蚜　在若虫盛发期施药，每亩用40％毒死蜱乳油75～150mL对水喷雾。安全间隔期为21d，每季最多使用4次。最高残留限量为0.05mg/kg。

(7) 防治棉花棉铃虫　在卵孵化盛期到幼虫2龄前施药，每亩用40％毒死蜱乳油110～150mL。安全间隔期为21d，每个作物周期最多使用4次，均匀喷雾。最高残留限量为0.3mg/kg。

(8) 防治苹果树苹果绵蚜　在若虫盛发期施药，每次使用40％毒死蜱乳油1250～2000倍液，均匀喷雾。苹果树上每季最多使用2次，安全间隔期为30d。最高残留限量为0.3mg/kg。

(9) 防治苹果树桃小食心虫　在越冬代幼虫出土盛期施药，每亩用40％毒死蜱乳油1600～2000倍液整株喷雾。安全间隔期为30d，每季最多使用2次。最高残留限量为0.3mg/kg。

(10) 防治桑树桑尺蠖　在2～3龄高峰期施药，每次用40％毒死蜱乳油1500～2000倍液均匀喷雾。安全间隔期为22d，每季最多使用1次。最高残留限量为0.3mg/kg。

(11) 防治水稻稻纵卷叶螟　在卵孵化高峰后1～3d施药，每亩用40％毒死蜱乳油80～100mL对水喷雾。安全间隔期为7d，每季最多使用2次。最高残留限量为0.3mg/kg。

(12) 防治水稻稻飞虱　在若虫盛发期施药，每亩用40％毒死蜱乳油80～100mL对水喷雾。也可在成虫、若虫发生盛期施药，每次每亩用30％毒死蜱微囊悬浮剂100～140mL对水喷雾。安全间隔期为7d，每季最多使用2次。最高残留限量为0.3mg/kg。

(13) 防治水稻稻瘿蚊　在稻瘿蚊盛发期施药，每亩用40％毒死蜱乳油150～200mL对水喷雾。安全间隔期为7d，每季最多使用2次。最高残留限量为0.3mg/kg。

(14) 防治水稻二化螟、三化螟　在卵孵化高峰前1～3d施药，每次每亩用40％毒死蜱乳油 78～144mL 对水喷雾。安全间隔期为 7d，每季最多使用 2 次。最高残留限量为 0.3mg/kg。

（15）防治大豆食心虫　在卵孵化盛期施药，每次每亩用 40% 毒死蜱乳油 80～100mL 对水喷雾。安全间隔期为 24d，每季最多使用 2 次。最高残留限量为 0.3mg/kg。

（16）防治小麦蚜虫　在若虫盛发期施药，每次每亩用 40% 毒死蜱乳油 18～30mL 对水喷雾。最高残留限量为 0.3mg/kg。

（17）防治花生蛴螬　在花生播种前喷雾于播种穴内，或在出苗后灌根，每亩用 30% 毒死蜱微囊悬浮剂 350～500mL。安全间隔期为 90d，每季最多使用 1 次。最高残留限量为 0.3mg/kg。

（18）防治水稻稻纵卷叶螟和二化螟　在卵孵化高峰后 1～3d 施药，每次每亩用 30% 毒死蜱微囊悬浮剂 100～140mL 对水喷雾。最高残留限量为 0.3mg/kg。

注意事项

（1）对蜜蜂、鱼类等水生生物、家蚕有毒，施药期间应避免对周围蜂群的影响，蜜源作物花期、蚕室和桑园附近禁用。

（2）对烟草及瓜类苗期较敏感，喷药时应避免药液飘移其上。

6. 甲基毒死蜱（chlorpyrifos-methyl）

其他名称　甲基氯蜱硫磷

主要制剂　400g/L 甲基毒死蜱乳油。

毒性　鼠急性经口 LD_{50} 为 5000mg/kg；鱼急性 LC_{50} 为 0.41mg/L（96h）；蜜蜂急性接触 LD_{50} 为 0.15μg/只（48h）。

作用特点　广谱性有机磷杀虫剂，具有触杀、胃毒和熏蒸作用，无内吸作用，在土壤中无持效性。

防治对象　用于防治禾谷类（包括储粮）上的鞘翅目、双翅目、同翅目和鳞翅目害虫，以及果树、蔬菜、棉花、甘蔗等作物上的叶面害虫，还可工业、卫生用药防治苍蝇等。

使用方法

（1）防治棉花棉铃虫　在低龄幼虫钻蛀前施药 1～2 次，施药间隔 5～7d，每次每亩用 400g/L 甲基毒死蜱乳油 100～175mL 对水喷雾。安全间隔期为 30d，每季最多使用 3 次。最高残留限量为 0.02mg/kg。

（2）防治十字花科蔬菜菜青虫　在低龄幼虫钻蛀前施药 1～2 次，施药间隔 5～7d，每次每亩用 400g/L 甲基毒死蜱乳油 60～80mL 对水喷雾。安全间隔期为 7d，每季最多使用 3 次。最高残留限量为 0.1mg/kg。

注意事项

（1）本品对蜜蜂有毒，对鱼类等水生生物毒性较高。施药期间应避免对周围蜂群和水体的影响，蜜源作物花期、蚕室和桑园附近禁用。施药时远离水产养殖区，禁止在河塘等水体清洗施药器具。

（2）本品为有机磷类农药，建议与其他作用机制不同的杀虫剂轮换使用。

（3）本品不可与呈碱性的农药等物质混合使用。

7. 杀螟硫磷（fenitrothion）

其他名称　杀螟松、速灭松、住硫磷

主要制剂　45％、50％乳油，40％可湿性粉剂。

毒性　鼠急性经口 LD_{50} 为 330mg/kg；鱼急性 LC_{50} 为 1.3mg/L（96h）；蜜蜂急性接触 LD_{50} 为 0.16μg/只（48h）。

作用特点　广谱性有机磷杀虫剂，具有强烈的触杀作用，良好的胃毒作用，无内吸和熏蒸作用，但在植物体内有渗透作用。

防治对象　对二化螟有特效，也可防治三化螟、大螟、稻纵卷叶螟、稻苞虫、稻叶蝉、稻飞虱、稻蓟马、棉蚜、棉铃虫、红铃虫、盲蝽、棉蓟马、斜纹夜蛾、黏虫、甘薯小象甲、茶尺蠖、梨小食心虫、桃小食心虫、菜螟、松毛虫等。主要用于水稻，也可用于大豆、棉花、果树、茶叶、蔬菜等。

使用方法

（1）防治苹果卷叶蛾、梨星毛虫　幼虫发生期，用 50％杀螟硫磷乳油 1000 倍液喷雾。安全间隔期 15d，每季最多使用 3 次。

（2）防治桃小食心虫　幼虫始蛀期，用 50％杀螟硫磷乳油 1000～1500 倍液喷雾。最高残留限量为 0.5mg/kg。

（3）防治果树介壳虫类　若虫期，用 50％杀螟硫磷乳油 800～1000 倍液喷雾。最高残留限量为 0.5mg/kg。

（4）防治柑橘潜叶蛾　用 50％杀螟硫磷乳油 2000～3000 倍液喷雾。最高残留限量为 0.5mg/kg。

（5）防治棉蚜、棉造桥虫、金刚钻　每亩用 50％杀螟硫磷乳油 50～67mL，对水 750～1000kg 喷雾。安全间隔期 14d，每季最多使用 5 次。最高残留限量为 0.1mg/kg。

（6）防治棉铃虫　卵孵化盛期，每亩用 50％杀螟硫磷乳油 75～100mL，对水 750～950kg 喷雾。安全间隔期 14d，每季最多使用 5 次。最高残留限量为 0.1mg/kg。

（7）防治稻螟虫、稻飞虱、稻叶蝉　每亩用 50％杀螟硫磷乳油 50～67mL，对水 750～1000kg 喷雾。安全间隔期 21d，早稻每季最多使用 3 次，晚稻使用 5 次。最高残留限量为 1mg/kg。

（8）防治大豆食心虫　在成虫盛发期到幼虫入荚前，每亩用 50％杀螟硫磷乳油 60mL，对水 750～900kg 喷雾。最高残留限量为 5mg/kg。

（9）防治菜蚜、卷叶虫　在虫害发生期，用 50％杀螟硫磷乳油 50～67mL，对水

750～900kg喷雾。最高残留限量为 0.5mg/kg。

（10）防治甘薯小象甲　成虫发生期，用 50% 杀螟硫磷乳油 75～100mL，对水 750～900kg喷雾。最高残留限量为 0.5mg/kg。

注意事项

（1）本品对萝卜、油菜、卷心菜等十字花科蔬菜及高粱较敏感，易产生药害，使用时应注意避免药液飘移到上述作物上。

（2）本品不得与碱性药剂混用，以免分解失效。

（3）本品对家禽有毒，应注意对家禽的影响。对鱼等水生动物、蜜蜂、蚕有毒，使用时注意不可污染鱼塘等水域及饲养蜂、蚕场地，蚕室内及其附近禁用。

（4）使用时应现配现用，不可隔天使用，以免影响药效。

8. 丙溴磷（profenofos）

$$
\begin{array}{c}
\text{Br} - \text{C}_6\text{H}_3(\text{Cl}) - \text{O} - \overset{\displaystyle \text{O}}{\underset{\displaystyle \text{S} - \text{CH}_2 - \text{CH}_2 - \text{CH}_3}{\text{P}}} - \text{O} - \text{CH}_2 - \text{CH}_3
\end{array}
$$

其他名称　多虫磷、布飞松

主要制剂　40%、50%、500g/L 乳油，10% 颗粒剂。

毒性　鼠急性经口 LD_{50} 约为 358mg/kg；鱼急性 LC_{50} 为 0.08mg/L（96h）；蜜蜂急性接触 LD_{50} 为 0.095μg/只（48h）。

作用特点　有机磷杀虫剂，具有触杀、胃毒和内吸作用，广谱，速效，在植物叶片上有较好的渗透性。

防治对象　对于防治十字花科蔬菜小菜蛾、棉花棉铃虫、水稻稻纵卷叶螟均有较好的效果。

使用方法

（1）防治十字花科蔬菜小菜蛾　在低龄幼虫发生初期施药，每次每亩用 40% 丙溴磷乳油 60～75mL 对水喷雾。安全间隔期为 21d，每季最多使用 2 次。最高残留限量为 0.5mg/kg。

（2）防治棉花棉铃虫　在产卵盛期至卵孵化盛期施药，每次每亩用 40% 丙溴磷乳油 80～100mL 对水喷雾。安全间隔期为 21d，每季最多使用 2 次。最高残留限量为 0.05mg/kg。

（3）防治水稻稻纵卷叶螟　孵化高峰前 1～3d 施药，每次每亩用 40% 丙溴磷乳油 80～100mL 对水喷雾。安全间隔期为 21d，每季最多使用 3 次。最高残留限量为 0.02mg/kg。

（4）防治甘薯茎线虫　在甘薯移栽时用药，每亩用 10% 丙溴磷颗粒剂 2000～3000g 拌细沙沟施或穴施。安全间隔期为 120d，每季最多使用 1 次。最高残留限量为 0.05mg/kg。

注意事项

（1）为了避免产生抗性，注意使用不同作用机制的其他杀虫剂与其轮换使用。

（2）本品对蜜蜂、家蚕有毒。施药期间应避免对周围蜂群的影响，开花植物花期、蚕室和桑园附近禁用。远离水产养殖区施药，禁止在河塘等水体中清洗施药器具。鱼或虾蟹套养稻田禁用，施药后的用水不得直接排入水体。

（3）本品不能与碱性农药等物质混用。

9. 乐果（dimethoate）

其他名称　百敌灵

主要制剂　10%、40%、50%乳油。

毒性　鼠急性经口 LD_{50} 为 212mg/kg；鱼急性 LC_{50} 为 0.7mg/L（96h）；蜜蜂急性接触 LD_{50}＞0.4μg/只（48h）。

作用特点　乐果是高效广谱具有触杀性和内吸性的有机磷杀虫杀螨剂。对害虫和螨类具有强烈的触杀和一定的胃毒作用，在昆虫体内能氧化成毒性更高的氧乐果。其作用机制是抑制昆虫体内的乙酰胆碱酯酶，阻碍神经传导而导致死亡。对多种害虫特别是刺吸式口器害虫，具有很好的毒效，乐果能潜入植物体内保持药效达一周左右。防治蚜虫和红蜘蛛要重点喷洒叶背，使药液接触虫体才有效。

防治对象　杀虫范围广，能防治蚜虫、红蜘蛛、潜叶蝇、蓟马、果实蝇、叶蜂、飞虱、叶蝉、介壳虫。用于防治稻叶蝉、稻飞虱、稻蓟马，此外还可用于防治蔬菜、大豆、油菜、紫云英作物上的蚜虫，柑橘果实蝇、介壳虫、潜叶蝇，菜地小地老虎，梨花蛛、梨蚜，苹果红蜘蛛，蝼蛄等害虫。宜在20℃以上使用，效果较好，残效期5～7d。

使用方法

（1）防治棉蚜、棉蓟马、棉叶蝉　每亩用40%乐果乳油50mL，对水60kg喷雾。

（2）防治水稻灰飞虱、褐飞虱、叶蝉、蓟马等害虫　每亩用40%乐果乳油75mL，对水75～100kg喷雾。

（3）防治菜蚜、茄子红蜘蛛、葱蓟马、豌豆潜叶蝇等蔬菜害虫　每亩用40%乐果乳油50mL，对水60～80kg喷雾。

（4）防治烟蚜虫、烟蓟马、烟菜青虫等烟草害虫　每亩用40%乐果乳油60mL，对水60kg喷雾。

（5）防治苹果叶蝉、梨星毛虫等果树害虫和茶橙瘿螨、茶绿叶蝉等茶树害虫　用40%乐果乳油1000～2000倍液喷雾。最高残留限量为1mg/kg。

（6）防治柑橘红蜡蚧、柑橘广翅蜡蝉　用40%乐果乳油800倍液喷雾。最高残留限量为2mg/kg。

（7）防治介壳虫、刺蛾、蚜虫等花卉害虫　用40%乐果乳油2000～3000倍液喷雾。

注意事项

（1）产品在蔬菜作物上使用的安全间隔期为7～15d，每个作物周期的最多使用次数为 6 次。

（2）本品为有机磷类杀虫剂，建议与其他作用机制不同的杀虫剂轮换使用。

（3）本品对蜜蜂、鱼类、家蚕等生物有毒。施药期间应避免对周围蜂群的影响，蜜源作物花期、蚕室和桑园附近禁用。远离水产养殖区施药，禁止在河塘等水体中清洗施药器具。

（4）本品不可与呈碱性物质混合使用。

（5）啤酒花、菊科植物、高粱部分品种、烟草、枣树、桃、杏、梅树、橄榄、无花果、柑橘等对稀释倍数 1500 以下的乐果乳剂敏感，使用前要先做药害试验才能确定使用浓度。

（6）对牛、羊、家禽的毒性高。喷过药的牧草在一个月内不可饲喂，施过药的田边 7～10d 内不得放牧牛羊。

10. 三唑磷（triazophos）

其他名称　三唑硫磷

主要制剂　20％、30％、40％乳油，30％水乳剂，15％、20％微乳剂。

毒性　鼠急性经口 LD_{50} 为 66mg/kg；鱼急性 LC_{50} 为 0.038mg/L（96h）；蜜蜂急性接触 LD_{50} 为 59.8μg/只（48h）。

作用特点　广谱性有机磷杀虫、杀螨剂，杀卵作用明显，兼有一定的杀线虫作用，还具有胃毒和触杀作用，渗透性较强，可渗入植物组织中，但无内吸活性。

防治对象　对危害棉花、粮食、果树等农作物害虫（螟虫、棉铃虫、红蜘蛛、蚜虫）有效，对地下害虫、植物线虫、森林松毛虫有显著作用，持效期达 2 周以上，其杀卵作用明显，对鳞翅目昆虫卵的杀灭作用尤为突出。

使用方法

（1）防治十字花科蔬菜菜青虫　在低龄幼虫发生盛期施药，每次每亩用 20％三唑磷乳油 40～60mL 对水喷雾。安全间隔期为 14d，每季最多使用 2 次。最高残留限量为 0.05mg/kg。

（2）防治水稻二化螟、三化螟　在卵孵化高峰前 1～3d 施药，每次每亩用 20％三唑磷乳油 67.5～125mL 对水喷雾。安全间隔期为 30d，每季最多使用 2 次。最高残留限量为 0.05mg/kg。

（3）防治水稻稻水象甲　成虫发生盛期施药，每次每亩用 20％三唑磷乳油 120～160mL 对水喷雾。安全间隔期为 30d，每季最多使用 2 次。最高残留限量为 0.05mg/kg。

（4）防治棉花棉铃虫　在 2～3 龄幼虫期施药，每次每亩用 20％三唑磷乳油 125～160mL 对水喷雾。安全间隔期为 40d，每季最多使用 3 次。最高残留限量为 0.05mg/kg。

（5）防治棉花红铃虫　在 2～3 龄幼虫期施药，每次每亩用 20％三唑磷乳油 200～

300mL 对水喷雾。安全间隔期为 40d，每季最多使用 3 次。最高残留限量为 0.05mg/kg。

（6）防治草坪草地螟　在孵化高峰前 1～2d 施药，每次每亩用 20％三唑磷乳油 100～125mL 对水喷雾。最高残留限量为 0.05mg/kg。

（7）防治水稻二化螟　在孵化高峰前 3d 内施药，每次每亩用 20％三唑磷微乳剂 100～150mL 对水喷雾。安全间隔期为 35d，每季最多使用 2 次。最高残留限量为 0.05mg/kg。

注意事项

（1）本品对蜜蜂、鱼类等水生生物、家蚕有毒。施药期间应避免对周围蜂群的影响，蜜源作物花期、蚕室和桑园附近禁用。远离水产养殖区施药，禁止在河塘等水体中清洗施药器具。

（2）本品不能与碱性物质混用。

（3）本品对甘蔗、玉米、高粱敏感，施药时应防止飘移而产生药害。

11. 喹硫磷（quinalphos）

其他名称　爱卡士、喹噁磷

主要制剂　10％、25％乳油。

毒性　鼠急性经口 LD_{50} 为 71mg/kg；鱼急性 LC_{50} 为 0.005mg/kg（96h）；蜜蜂急性接触 LD_{50} 为 0.07μg/只（48h）。

作用特点　广谱性有机磷酸酯类杀虫、杀螨剂。具有触杀、胃毒作用，无内吸和熏蒸作用，在植物上有良好的渗透性。有一定的杀卵作用。在植物上降解速度快，残效期短。

防治对象　适用于水稻、棉花、果树、蔬菜上多种害虫的防治。

使用方法

（1）防治水稻二化螟　在卵孵化高峰前 1～3d 施药，每次每亩用 25％喹硫磷乳油 100～160mL 对水喷雾。安全间隔期为 14d，每季最多使用 3 次。最高残留限量为 0.2mg/kg。

（2）防治水稻稻纵卷叶螟　在卵孵化盛期到幼虫低龄期施药，每次每亩用 25％喹硫磷乳油 100～132mL 对水喷雾。安全间隔期为 14d，每季最多使用 3 次。最高残留限量为 0.2mg/kg。

（3）防治棉花棉铃虫　在卵孵化盛期至低龄幼虫钻蛀期施药，每次每亩用 25％喹硫磷乳油 80～160mL 对水喷雾。安全间隔期为 25d，每季最多使用 3 次。最高残留限量为 0.5mg/kg。

（4）防治柑橘树介壳虫　在介壳虫 1～2 龄若蚧盛发初期施药，每次用 25％喹硫磷乳油 800～1364 倍液整株喷雾。安全间隔期为 28d，每季最多使用 3 次。最高残留限量为 0.5mg/kg。

注意事项

（1）不能与碱性物质混用，以免分解失效。

（2）本品对玉米敏感，使用时应防止药液飘移到玉米上。

（3）本品对鱼类等水生生物、蜜蜂、家蚕有毒。施药期间应避免对周围蜂群的影响，蜜源作物花期、蚕室和桑园附近禁用。远离水产养殖区，禁止在河塘等水体中清洗施药器具。

（4）对许多害虫的天敌毒力较大，施药期应避开天敌大发生期。

12. 稻丰散（phenthoate）

其他名称　爱乐散、益尔散

主要制剂　50%、60%乳油，40%水乳剂。

毒性　鼠急性经口 LD_{50} 为 249mg/kg；鱼急性 LC_{50} 为 2.5mg/L（96h）。

作用特点　高效、广谱性有机磷杀虫、杀卵、杀螨剂。具有触杀和胃毒作用，无内吸作用。此外，还具有残效期长、速效性强、对作物安全的特点。

防治对象　适用于水稻、果树等作物。可用于防治水稻、棉花、蔬菜、柑橘、果树、茶叶、油料等作物上的大螟、二化螟、三化螟、叶蝉、飞虱等多种害虫。

使用方法

（1）防治柑橘树介壳虫　柑橘介壳虫以幼蚧期，即爬虫期（在 4～5 月）为施药适期，用 50%稻丰散乳油 500～1500 倍液整株喷雾，一般喷 1～2 次，间隔 10～15d 喷一次。安全间隔期为 30d，每个作物周期最多使用 3 次。最高残留限量为 0.1mg/kg。

（2）防治水稻稻纵卷叶螟和二化螟　于害虫初发盛期或卵孵化高峰期施药，每亩用 50%稻丰散乳油 100～200mL 对水喷雾，视虫害发生情况，每 10d 左右施药 1 次，可连续用药 3～4 次。安全间隔期为 7d，每季最多使用 4 次。最高残留限量为 0.05mg/kg。

（3）防治水稻二化螟　早、晚稻分蘖期或晚稻孕穗、抽穗期螟卵孵化高峰后 5～7d，枯鞘丛率 5%～8%或早稻有中心被害株，或丛害率 1%～1.5%，或晚稻被害团高于 100 个时施药，第一次施药后间隔 10d 后再施一次。防治三、四代二化螟白穗要在卵孵化盛期内，于水稻破口 5%～10%时用 1 次药，以后每隔 5～6d 施药一次，连续施药 2～3 次。安全间隔期为 21d，每季作物周期最多使用 3 次。最高残留限量为 0.05mg/kg。

（4）防治稻纵卷叶螟　在幼虫 2～3 龄盛期或百丛有新束叶苞 15 个以上时施药，每次每亩用 40%稻丰散水乳剂 150～175mL。安全间隔期为 21d，每季作物周期最多使用 3 次。最高残留限量为 0.05mg/kg。

（5）防治水稻褐飞虱　在初发期，均匀喷雾，每次每亩使用 40%稻丰散水乳剂 150～175mL。安全间隔期为 21d，每季作物周期最多使用 3 次。最高残留限量为 0.05mg/kg。

注意事项

（1）不能与碱性农药混用。

（2）对葡萄、桃、无花果和苹果的某些品种有药害。

（3）本品对蜜蜂、蚕、鱼容易引起毒害，因此施药时应注意，以防出现中毒现象。蜜源作物花期，应密切关注对周围蜂群的影响。蚕室和桑园附近禁用，施药远离水产养殖区、河塘等水体，禁止在河塘等水体中清洗施药器具，赤眼蜂等天敌放飞区禁用。

（4）建议与其他作用机制不同的杀虫剂轮换使用，以延缓抗性产生。

13. 哒嗪硫磷（pyridaphenthion）

其他名称　哒净松、打杀磷、苯哒嗪硫磷

主要制剂　20%乳油。

毒性　鼠急性经口 LD_{50} 为850mg/kg；鱼急性 LC_{50} 为10mg/L（48h）。

作用特点　高效、低毒、低残留、广谱性的有机磷杀虫剂，有触杀和胃毒作用，无内吸作用。

防治对象　用于防治水稻、棉花、小麦、果树、蔬菜等作物上的多种害虫，特别是对水稻二化螟、棉叶螨防效突出。对多种刺吸式和咀嚼式口器害虫有较好防治效果。

使用方法

（1）防治水稻二化螟　在二化螟孵化盛期或低龄若虫期施药，用20%哒嗪硫磷乳油800～1000倍液对水喷雾。

（2）防治水稻叶蝉　在若虫和成虫盛发期施药，用20%哒嗪硫磷乳油800～1000倍液对水喷雾。

（3）防治棉花蚜虫　在蚜虫盛发期施药，用20%哒嗪硫磷乳油800～1000倍液对水喷雾。

（4）防治棉花红蜘蛛　在成螨、若螨发生期施药，用20%哒嗪硫磷乳油800～1000倍液对水喷雾。

（5）防治棉花棉铃虫　在产卵盛期至卵孵化盛期施药，用20%哒嗪硫磷乳油800～1000倍液对水喷雾。

（6）防治小麦黏虫　在幼虫低龄期施药，用20%哒嗪硫磷乳油800～1000倍液对水喷雾。

（7）防治小麦玉米螟　在幼虫初孵期施药，用20%哒嗪硫磷乳油800～1000倍液对水喷雾。

（8）防治大豆蚜虫　在若虫盛发期施药，用20%哒嗪硫磷乳油800倍液对水喷雾。

（9）防治林木松毛虫　在幼虫2～3龄期施药，用20%哒嗪硫磷乳油500倍液整株喷雾。

（10）防治林木竹青虫　各代幼虫大量发生时施药，用20%哒嗪硫磷乳油500倍液整株喷雾。

注意事项

（1）本品不得与碱性农药等物质混用。

（2）本品为有机磷杀虫剂，建议与其他作用机制不同的杀虫剂轮换使用。

（3）本品应远离水产养殖区施药，禁止在河塘等水体中清洗施药器具。

（4）本品对蜜蜂容易引起毒害，因此施药时应注意，以防出现中毒现象。蜜源作物花期，应密切关注对周围蜂群的影响。

14. 二嗪磷（diazinon）

其他名称　二嗪农、地亚农、大亚仙农

主要制剂　25％、30％、40％、50％、60％、250g/L 乳油，0.1％、4％、5％、10％颗粒剂。

毒性　鼠急性经口 LD_{50} 为 1139mg/kg；鱼急性 LC_{50} 为 3.1mg/L（96h）；蜜蜂急性接触 LD_{50} 为 0.13μg/只（48h）。

作用特点　有机磷酸酯类杀虫剂，具有触杀、胃毒、熏蒸作用，非内吸性广谱杀虫剂，兼有一定的杀螨、杀线虫活性。

防治对象　对鳞翅目、同翅目等多种害虫有较好的防效，广泛用于水稻、玉米、甘蔗、烟草、果树、蔬菜、牧草、花卉、森林和温室，用来防治多种刺吸性和食叶性害虫。也用于土壤，防治地下害虫和线虫，还可用于防治家畜体外寄生虫和蝇类、蟑螂等家庭害虫。

使用方法

（1）防治棉花蚜虫　在若虫盛发期施药，每次每亩用50％二嗪磷乳油 80～160mL 对水喷雾。安全间隔期为 42d，每季最多使用 4 次。最高残留限量为 0.1mg/kg。

（2）防治水稻二化螟、三化螟　在卵孵化高峰前 1～3d 施药，每次每亩用 50％二嗪磷乳油 80～160mL 对水喷雾。安全间隔期为 30d，每季最多使用 2 次。最高残留限量为 0.1mg/kg。

（3）防治小麦蝼蛄等地下害虫　在害虫发生期施药，每 100kg 小麦种子用 50％二嗪磷乳油 200～300mL，加水稀释后均匀拌种小麦，待种子吸入药液后，晾干即可播种。最高残留限量为 0.1mg/kg。

（4）防治花生蛴螬等地下害虫　在卵孵化期至幼虫 1 龄期施药，混细土撒施，每亩用 5％二嗪磷颗粒剂 800～1200g，安全间隔期为 75d，每季最多使用 1 次。最高残留限量为 0.1mg/kg。

注意事项

（1）不能与碱性物质和敌稗混用，在使用敌稗前后 2 周内不得使用本剂。

（2）不能用铜、铜合金罐及塑料瓶装，贮存在阴凉干燥处。

（3）本剂对鸟类毒性大，施药时不可放鸭子；蜜蜂对本品敏感，作物开花期慎用。严禁将洗容器的水以及剩下的药液等倒入河川中。

15. 甲拌磷（phorate）

$$S=P(O-CH_2-CH_3)(O-CH_2-CH_3)(S-CH_2-S-CH_2-CH_3)$$

其他名称 3911、西梅脱

主要制剂 55％乳油，3％、5％颗粒剂，30％细粒剂。

毒性 鼠急性经口 LD_{50} 为2mg/kg；鱼急性 LC_{50} 为0.013mg/L（96h）；蜜蜂急性接触 LD_{50} 为0.32μg/只（48h）。

作用特点 内吸性杀虫杀螨剂，具有触杀、胃毒和熏蒸作用。主要用于棉籽拌种、浸种或土壤处理。

防治对象 防治棉花早期蚜虫、红蜘蛛、蓟马等，并可兼治地老虎、蝼蛄、金针虫等地下害虫。用于防治刺吸式口器和咀嚼式口器害虫。

使用方法

（1）防治棉花上的蚜虫 每100kg种子用55％甲拌磷乳油600～800mL，先将棉籽浸泡、闷种，播种前再喷少量水将棉籽浸润，拌匀后堆闷3～4h，即可播种。最高残留限量为0.05mg/kg。

（2）防治高粱上的蚜虫 每亩用3％或5％甲拌磷颗粒剂15～20g，撒施。最高残留限量为0.02mg/kg。

（3）防治小麦地下害虫 每100kg种子用30％甲拌磷细粒剂300g，拌种。最高残留限量为0.02mg/kg。

注意事项

（1）本品对人畜有毒，在使用、运输及贮存中应遵守《农药安全使用规定》操作规则。

（2）本品不可与碱性农药及碱性肥料混施。

（3）本品在棉花上使用每季最多使用1次，仅限苗期沟施或穴施；安全间隔期135d。

（4）施药时避免污染开花植物花期、桑园、蚕室，不得在河塘等水域清洗施药器具。

16. 乙酰甲胺磷（acephate）

$$O=P(O-CH_3)(S-CH_3)(N-C(=O)CH_3)(H)$$

其他名称 高灭磷

主要制剂 30％、40％乳油，75％可溶粉剂。

毒性 鼠急性经口 LD_{50} 值为 945mg/kg；鱼急性 LC_{50} 为 110mg/L（96h）；蜜蜂急性接触 LD_{50} 为 $1.2\mu g$/只（48h）。

作用特点 高效低毒广谱性有机磷杀虫剂，能被植物内吸输导，具有胃毒、触杀、熏蒸及杀卵作用。对鳞翅目害虫的胃毒作用大于触杀毒力，对蚜、螨的触杀速度较慢，一般在施药后 2～3d 才发挥触杀毒力。残效期适中，在土壤中半衰期为 3d。乙酰甲胺磷原药在叶上可维持 10～15d。

防治对象 对水稻害虫飞虱、叶蝉、蓟马、纵卷叶螟、黏虫、三化螟和二化螟，棉花蚜虫、棉铃虫、棉红蜘蛛，果树的梨小食心虫、桃小食心虫、蔬菜的小菜蛾、斜纹夜蛾、菜青虫，小麦的麦蚜、黏虫等均有良好的防治效果。

使用方法

（1）防治水稻二化螟　在卵孵化高峰期施药，用 40% 乙酰甲胺磷乳油 2.5～3L/hm^2，加水常量喷雾；药效期 5d 左右。安全间隔期为 30d，每季最多使用 3 次。最高残留限量为 1mg/kg。

（2）防治水稻三化螟引起的白穗　在水稻破口到齐穗期，每亩使用 40% 乳油 166～200mL，对水喷雾，防效可达 95% 左右，在螟害严重的情况下，可将螟害率控制在 0.3% 以下。但在螟虫发生期长，水稻抽穗又不整齐的情况下，第 1 次药后 5d 应再施第 2 次。由于乙酰甲胺磷对三化螟无触杀毒力，而且药效期较短，因而对三化螟引起的枯心防效较差，一般不宜使用。安全间隔期为 30d，每季最多使用 3 次。最高残留限量为 1mg/kg。

（3）防治稻纵卷叶螟　水稻分蘖期，2～3 龄幼虫百蔸虫量 45～50 头，叶被害率 7%～9% 时，或孕穗抽穗期，2～3 龄幼虫百蔸虫量 25～35 头，叶被害率 3%～5% 时，每亩用 40% 乙酰甲胺磷乳油 133～200mL，对水 900～1000kg 喷雾。安全间隔期为 30d，每季最多使用 3 次。最高残留限量为 1mg/kg。

（4）防治稻飞虱　水稻孕穗抽穗期，2～3 龄若虫高峰期，百蔸虫量 1300 头时，或乳熟期，2～3 龄若虫高峰期，百蔸虫量 2100 头时，每亩用 30% 乳油 100～133mL，对水 900～1000kg 喷雾。对稻叶蝉、稻蓟马等也有良好的兼治效果。安全间隔期为 30d，每季最多使用 3 次。最高残留限量为 1mg/kg。

（5）防治棉蚜、红蜘蛛　每亩用 40% 乳油 100mL，对水 800～1000kg 喷雾，施药后 2～3d 内防效很慢，施药后 5d 防效可达 90% 以上。有效控制期 7～10d。安全间隔期 14d，每季最多使用 1 次。最高残留限量为 2mg/kg。

（6）防治棉小象甲、棉盲蝽象　在两虫发生为害初期，每亩使用 40% 乙酰甲胺磷乳油 50～100mL，对水 800～1000kg 喷雾。安全间隔期 14d，每季最多使用 1 次。最高残留限量为 2mg/kg。

（7）防治棉铃虫　在 2～3 代卵孵化盛期，每亩使用 40% 乙酰甲胺磷乳油 200～267mL，对水 1000～1500kg 喷雾，有效控制期 7d 左右。但对棉红铃虫防效较差，不宜使用。安全间隔期 14d，每季最多使用 1 次。最高残留限量为 2mg/kg。

注意事项

（1）不能与碱性农药混用。施用前后一周内不得施用敌稗，以免产生药害。

（2）本品对蜜蜂、鱼类等水生生物、家蚕有毒。施药期间应避免对周围蜂群的影响，蜜源作物花期、蚕室和桑园附近禁用。远离水产养殖区施药，禁止在河塘等水体中清洗施药器具。不宜在茶园使用。

（3）本品为有机磷类杀虫剂，建议与其他作用机制不同的杀虫剂轮换使用。

17. 水胺硫磷（isocarbophos）

其他名称　羧胺磷

主要制剂　20%、35%、40%乳油。

毒性　鼠急性经口 LD_{50} 为 50mg/kg；水胺硫磷对蜜蜂毒性高。

作用特点　一种广谱性有机磷杀虫、杀螨剂，具触杀、胃毒和杀卵作用。在昆虫体内能首先被氧化成毒性更大的水胺氧磷，抑制昆虫体内的乙酰胆碱酯酶。在土壤中持久性差，易于分解。残效期 7～14d。

防治对象　对螨类、鳞翅目与同翅目害虫具有很好的防效。主要用于防治棉花红蜘蛛、棉蚜、棉伏蚜、棉铃虫（幼虫和卵）、红铃虫卵、斜纹夜蛾、水稻三化螟，对各类介壳虫也有良好效果。

使用方法

（1）防治二化螟　防枯心苗和枯梢在蚁螟孵化高峰前后 3d 内用药，防治虫伤株、枯孕穗和白穗在孵化始盛期至高峰期用药，用 20% 水胺硫磷乳油 400～500 倍液或 40% 水胺硫磷乳油 800～1000 倍液喷雾。最高残留限量为 0.1mg/kg。

（2）防治三化螟　防枯心苗，在幼虫孵化高峰前 1～2d 用药，防白穗在 5%～10% 破口露穗时用药。用药量同二化螟。最高残留限量为 0.1mg/kg。

（3）防治稻瘿蚊　水田防治在成虫高峰期至幼虫盛孵期施药，用药量同二化螟。最高残留限量为 0.1mg/kg。

（4）防治稻蓟马　水稻四叶期后，达到防治指标时用药。用 20% 水胺硫磷乳油 600～750 倍液或 40% 水胺硫磷乳油 1200～1500 倍液喷雾。最高残留限量为 0.1mg/kg。

（5）防治稻纵卷叶螟　在 1～2 龄幼虫高峰期施药，用药量同稻蓟马。最高残留限量为 0.1mg/kg。

（6）防治棉花红蜘蛛、棉蚜　害虫发生期用 20% 水胺硫磷乳油 500～750 倍液喷雾。最高残留限量为 0.05mg/kg。

（7）防治棉铃虫、红铃虫　在卵孵化盛期，用 20% 水胺硫磷乳油 500～1000 倍液喷雾。最高残留限量为 0.05mg/kg。

注意事项

（1）安全间隔期 14d，每季作物最多使用 3 次。

（2）不可与碱性物质混用。

（3）不可用于蔬菜、已结果实的果树、近期将采收的茶树、烟草、草药等作物。

（4）叶面喷雾对一般作物安全，但高粱、玉米、豆类较敏感。

（5）本品对蜜蜂、鱼类等水生生物、家蚕有毒。施药期间应避免对周围蜂群的影响，蜜源作物花期、蚕室和桑园附近禁用。远离水产养殖区施药，禁止在河塘等水体中清洗施药器具。

18. 甲基异柳磷（isofenphos-methyl）

其他名称 甲基异柳磷胺

主要制剂 2.5%颗粒剂，35%、40%乳油。

毒性 鼠急性经口 LD_{50} 为 21.52mg/kg；蜜蜂急性接触 LD_{50} ＞0.61μg/只（48h）。

作用特点 本品是有机磷酰胺类杀虫剂，具有较好的触杀、胃毒和杀卵作用。土壤杀虫剂，对人畜毒性较高，残效期很长。

防治对象 用于小麦、花生、大豆、玉米、甘蔗、甜菜、烟草和棉花等作物防治蛴螬、蝼蛄、金针虫等土壤害虫。

使用方法

（1）防治蝼蛄、蛴螬、金针虫 用40%甲基异柳磷乳油500mL，加水50～60kg，拌小麦、玉米或高粱等种子500～600kg。拌种方法是先将药加水稀释，然后用喷雾器均匀喷于种子上。待药液被种子全部吸收，晾干后即可播种。最高残留限量为0.02mg/kg。

（2）防治花生田蛴螬 在播种期每亩用40%甲基异柳磷乳油300～450mL，制成毒土20kg，均匀穴施。在花生生长期，每亩用40%甲基异柳磷乳油125～250mL，制成毒土50kg，在花生墩旁开沟放入后覆土。最高残留限量为0.05mg/kg。

（3）防治地瓜茎线虫兼治蛴螬 每亩用40%甲基异柳磷乳油3500mL，对水400kg，沿播种带浇施。最高残留限量为0.05mg/kg。

（4）防治桃小食心虫 在幼虫出土前，每亩用40%甲基异柳磷乳油500mL，对水150kg，喷洒于树盘内土面上。最高残留限量为0.01mg/kg。

（5）防治甘蔗象甲 每亩用40%甲基异柳磷乳油200mL，对水100kg，淋于甘蔗苗基部并覆土。最高残留限量为0.02mg/kg。

注意事项

（1）不可与碱性物质混合使用。

（2）本品用于防治花生蛴螬时，每季使用1次。

（3）本品高毒，只准用于拌种或作土壤处理，拌药后的种子最好机播，如用手播必须戴胶手套，未播完的剩余种子应挖坑深埋，不可作饲料使用。

（4）严禁在施药区内放牧，以免引起中毒。

（5）本品对蜜蜂、鱼类等水生生物、家蚕有毒。施药期间应避免对周围蜂群的影响，蜜源作物花期、蚕室和桑园附近禁用。远离水产养殖区施药，禁止在河塘等水体中清洗施药器具。

19. 噻唑膦（fosthiazate）

其他名称　地威刚

主要制剂　10%颗粒剂。

毒性　雌大鼠急性经口 LD_{50} 为 57mg/kg；鳟鱼急性经口 LC_{50} 为 114mg/L（96h）；蜜蜂急性接触 LD_{50} 为 0.256μg/只（48h）。

作用特点　杀虫剂和杀线虫剂，主要作用方式是抑制靶标的乙酰胆碱酯酶，影响第二幼虫期的生态。

防治对象　用于防治地面缨翅目、鳞翅目、鞘翅目、双翅目许多害虫，对地下根部害虫也十分有效，对许多螨类也有效，对各种线虫具良好杀灭活性，对因常用杀虫剂产生抗性的害虫（如蚜虫）有良好的内吸杀灭活性。

使用方法　防治番茄、黄瓜和西瓜上根结线虫，在定植前使用，每亩用 10%噻唑膦颗粒剂 1500～2000g，拌细土后沟施或条施，施药后需盖土，在施药当天进行移栽。

注意事项

（1）本品对蜜蜂、鱼类等水生生物、家蚕有毒。施药期间应避免对周围蜂群的影响，蜜源作物花期、蚕室和桑园附近禁用。远离水产养殖区施药，禁止在河塘等水体中清洗施药器具。

（2）不可与碱性物质混合使用。

20. 克百威（carbofuran）

其他名称　呋喃丹、虫螨威

主要制剂　3%颗粒剂，10%悬浮种衣剂。

毒性　鼠急性经口 LD_{50} 为 7mg/kg；鱼急性 LC_{50} 为 0.18mg/L（96h）；对蜜蜂无毒害，但对鸟类有毒。

作用特点　广谱、高效、低残留、高毒性的氨基甲酸酯类杀虫、杀螨、杀线虫剂。具有内吸、触杀、胃毒作用，并有一定的杀卵作用。持效期较长，一般在土壤中半衰期为 30～60d。其毒理机制为抑制胆碱酯酶，但与其他氨基甲酸酯类杀虫剂不同的是，它与胆碱酯酶的结合不可逆，因此毒性高。本药可被植物根系吸收，并能输送到植物各部位，以叶面积累较多，特别是叶缘，在果实中含量较少。稻田水面撒药，残效期较短，施于土壤中残效期较长，在棉花和甘蔗田药效可维持 40d 左右。

防治对象　可用于防治水稻螟虫、稻蓟马、稻纵卷叶螟、稻飞虱、稻叶蝉、稻象甲、玉米螟、玉米切根虫、棉蚜、棉铃虫、大豆蚜、大豆食心虫、螨类及线虫等。

使用方法

(1) 防治棉花苗期害虫　每亩用3％颗粒剂1.5～2kg，与种子同时撒入沟内，或用3％颗粒剂拌干棉籽，用药比例为药1份、棉籽4份。最高残留限量为0.1mg/kg。

(2) 防治烟草的烟蚜、根结线虫、小地老虎、蝼蛄等害虫　于烟苗移栽时，用3％颗粒剂，每穴撒1～1.5g。

(3) 防治水稻田害虫　防治稻螟、飞虱、蓟马、叶蝉、稻瘿蚊等害虫，每亩用3％颗粒剂1.5～2kg，对细沙15kg，拌匀撒于水面；在陆稻田每亩用3％颗粒剂2～2.5kg，与稻种同时播下。最高残留限量为0.1mg/kg。

(4) 防治大豆田害虫　防治蚜虫、豆秆黑潜蝇及孢囊线虫等，每亩用3％颗粒剂2.2～4.4kg，撒于播种沟内。最高残留限量为0.2mg/kg。

(5) 防治花生田害虫　防治蚜虫、蓟马、蝼蛄及根结线虫等，每亩用3％颗粒剂4～5kg，撒于播种沟内或作物生长期行间开沟撒药后盖土。最高残留限量为0.2mg/kg。

注意事项

(1) 每季作物最多使用次数：水稻为2次，甘蔗、花生、棉花为1次。最后一次施药距作物收获的天数（安全间隔期）为60d。

(2) 克百威属高毒杀虫剂。对眼睛和皮肤无刺激作用。在试验剂量内对动物无致畸、致突变、致癌作用。对鱼、鸟高毒，对蜜蜂无毒害。

(3) 不得与敌稗、灭草灵等除草剂混合使用，不得与碱性物质、肥料混合施用，否则易分解失效。

21. 灭多威（methomyl）

其他名称　万灵、灭多虫、虫特威、兰雷威、灭多虫粉剂、灭索威

主要制剂　24％水溶液剂，20％乳油，24％、90％可溶粉剂，10％可湿性粉剂。

毒性　鼠急性经口LD_{50}为30mg/kg；鱼急性LC_{50}为0.63mg/L（96h）；蜜蜂急性接触LD_{50}为0.16μg/只（48h）。

作用特点　该品为一种内吸性具有触杀、胃毒作用的氨基甲酸酯类广谱杀虫剂，杀伤力强，见效快，能抑制昆虫体内胆碱酯酶的活性。对害虫的卵、幼虫和成虫有效。本品又用作硫双威（thiodicarb）的中间体。

防治对象　能有效防治多种害虫及其幼虫和卵，残效期较短。防治棉铃虫、棉潜蛾、烟夜蛾。也可用叶面喷雾防治蚜虫、蓟马、红蜘蛛、卷叶虫、黏虫等，土壤处理防治线虫和根部害虫。适用于棉花、烟草、果树、蔬菜防治蚜虫、蛾、地老虎等害虫，是目前防治抗药性棉蚜良好的替换品种。

使用方法

(1) 防治菜青虫、小菜蛾、粉纹夜蛾　每亩用24％灭多威水剂100mL对水50kg喷雾。

(2) 防治烟青虫、烟蚜、烟跳甲　每亩用24％灭多威水剂50～75mL对水70kg喷

雾。安全间隔期为 5d，每季最多使用 2 次。

（3）防治尺蠖、烟芽夜蛾等烟草害虫　每亩用 24％灭多威水剂 160mL 对水 75kg 喷雾。安全间隔期为 5d，每季最多使用 2 次。

（4）防治棉铃虫虫卵　每亩用 24％灭多威水剂 80～160mL 对水 75kg 喷雾。安全间隔期为 7d，每季最多使用 3 次。最高残留限量为 0.5mg/kg。

（5）防治大豆尺蠖、墨西哥豆甲、顶灯蛾　每亩用 24％灭多威水剂 80～160mL 对水 50kg 喷雾。最高残留限量为 0.2mg/kg。

（6）防治葡萄小卷蛾　每亩用 24％灭多威水剂 400～600 倍稀释液喷雾，在开花前及开花后各施药一次，间隔 10～14d。

注意事项

（1）灭多威是高毒农药，使用时必须严格按照高毒农药操作规程使用，柑橘树、苹果树、茶树、十字花科蔬菜禁用。

（2）对鱼、蜜蜂均有毒，施药时防止污染鱼塘和毒害蜜蜂。

（3）灭多威 90％可湿性粉剂在棉花上使用浓度不得超过 3000 倍，并要避开高温施药，否则会产生药害。

22. 异丙威（isoprocarb）

其他名称　扑灭威、叶蝉散

主要制剂　20％乳油，4％、2％粉剂，10％烟剂。

毒性　鼠急性经口 LD_{50} 为 403mg/kg；鱼急性 LC_{50} 为 22mg/L（96h）；蜜蜂急性接触 $LD_{50} > 2\mu g/$只（48h）。

作用特点　氨基甲酸酯类杀虫剂，主要是抑制昆虫乙酰胆碱酯酶，致使昆虫麻痹而死。

防治对象　主要用于防治水稻稻飞虱和叶蝉科害虫，可兼治蓟马和蚂蟥，对稻飞虱天敌蜘蛛类安全。对甘蔗扁飞虱、马铃薯甲虫、厩蝇等也有良好防治效果，也可用于防治棉花蜡象。

使用方法

（1）防治稻飞虱、稻叶蝉　每亩用 20％异丙威乳油或 4％异丙威粉剂 30～40g，喷施。安全间隔期为 30d，每季最多使用 2 次。最高残留限量为 0.2mg/kg。

（2）防治黄瓜（保护地）蚜虫　每亩用 10％异丙威烟剂 30～40g，点燃放烟。最高残留限量为 0.5mg/kg。

注意事项

（1）在水稻上使用的前后 10d，要避免使用除草剂敌稗，以免发生药害。

（2）本品对蜜蜂、家蚕有毒。施药期间应避免对周围蜂群的影响，开花植物花期、蚕室和桑园附近禁用。对鱼类等水生生物有毒，应远离水产养殖区施药，禁止在河塘等水体中清洗施药器具。

(3) 本品对薯类有药害，不宜在薯类作物上使用。

(4) 建议与其他作用机制不同的杀虫剂轮换使用。

(5) 不可与呈碱性的农药等物质混合使用。

23. 甲萘威（carbaryl）

其他名称 西维因、胺甲萘

主要制剂 25%、85%可湿性粉剂。

毒性 鼠急性经口 LD_{50} 为 614mg/kg；鱼急性 LC_{50} 为 2.6mg/L（96h）；蜜蜂急性接触 LD_{50} 为 0.14μg/只（48h）。

作用特点 氨基甲酸酯类杀虫剂，具广谱性，抑制害虫体内的乙酰胆碱酯酶，该药毒杀作用慢，可与一些有机磷农药配合使用，低温时防效差。

防治对象 对叶蝉、飞虱及一些不易防治的咀嚼式口器害虫如红铃虫有较好的防效，对因六六六、滴滴涕、对硫磷等已产生抗性的害虫防治效果良好。

使用方法

(1) 防治豆类造桥虫 在 2～3 龄施药，每次每亩用 25%甲萘威可湿性粉剂 200～260g 对水喷雾。最高残留限量为 1mg/kg。

(2) 防治棉花红铃虫 在卵孵化盛期施药，每次每亩用 25%甲萘威可湿性粉剂 100～260g 对水喷雾。视虫害情况，每隔 7～10d 施药一次。安全间隔期为 7d，每季最多使用 3 次。最高残留限量为 1mg/kg。

(3) 防治棉花地老虎 在 2～3 龄幼虫期施药，每次每亩用 25%甲萘威可湿性粉剂 100～260g 对水喷雾。视虫害情况，每隔 7～10d 施药一次。安全间隔期为 7d，每季最多使用 3 次。最高残留限量为 1mg/kg。

(4) 防治棉花蚜虫 在若虫盛发期施药，每次每亩用 25%甲萘威可湿性粉剂 100～260g 对水喷雾。安全间隔期为 7d，每季最多使用 3 次。最高残留限量为 1mg/kg。

(5) 防治水稻稻飞虱 在低龄若虫高峰期施药，每次每亩使用 25%甲萘威可湿性粉剂 200～260g 对水喷雾。安全间隔期为 10d。每季最多使用次数：华北地区为 2 次；华东地区早稻、晚稻为 4 次。最高残留限量为 1mg/kg。

(6) 防治水稻叶蝉 在若虫和成虫盛发期施药，每次每亩用 25%甲萘威可湿性粉剂 200～260g 对水喷雾。安全间隔期为 10d。在水稻上每季最多使用次数：华北地区为 2 次；华东地区早稻、晚稻为 4 次。最高残留限量为 1mg/kg。

(7) 防治烟草烟青虫 在幼虫三龄之前施药，每次每亩用 25%甲萘威可湿性粉剂 100～260g 对水喷雾。最高残留限量为 1mg/kg。

注意事项

(1) 不能防治螨类，使用不当会因杀伤天敌过多而促使螨类盛发。瓜类对本品敏感，易发生药害，使用时注意防止飘移至瓜田。

（2）不能与碱性农药混合，并且不宜与有机磷农药混配。最好不要长时间使用金属容器混配或盛放。

（3）对蜜蜂有毒，使用时应注意蜜蜂的安全防护，避免开花植物花期用药。

24. 残杀威（propoxur）

其他名称　残杀畏、拜高

主要制剂　4%颗粒剂，15%乳油，2%、3%粉剂。

毒性　鼠急性经口 LD_{50} 为 50mg/kg；鱼急性 LC_{50} 为 6.2mg/L（96h）；对蜜蜂有毒害作用。

作用特点　非内吸性氨基甲酸酯类杀虫剂，具触杀、胃毒和熏蒸作用，击倒快，速度接近敌敌畏，持效期长。

防治对象　主要用于防治水稻螟虫、稻叶蝉、稻飞虱、棉蚜、果树介壳虫、锈壁虱、杂粮害虫和卫生害虫。

使用方法

（1）防治水稻叶蝉、稻飞虱　每亩用 2%～3% 粉剂 225～338g 喷粉，或以 0.05%～0.1% 含量的乳剂喷雾，或用 4% 颗粒剂 300～338g 进行防治。

（2）防治水稻螟虫　用 15% 乳油稀释 400 倍喷雾。

注意事项

（1）本品对鱼等水生动物、蜜蜂、蚕有毒。使用时注意不可污染鱼塘等水域及饲养蜂、蚕场地。蜜源作物花期、蚕室内及其附近禁用。周围开花植物花期禁用。赤眼蜂等天敌放飞区禁用。

（2）建议与其他作用机制不同的杀虫剂轮换使用。

（3）不要与碱性的农药混用。

25. 混灭威（trimethacarb）

其他名称　混杀威、三甲威

主要制剂　50%乳油。

毒性　鼠急性经口 LD_{50} 为 566mg/kg；鱼急性 $LC_{50} > 1mg/kg$（96h）；蜜蜂急性接触 LD_{50} 为 47.9μg/只（48h）。

作用特点 氨基甲酸酯类杀虫剂，具有触杀、胃毒、熏蒸作用，对飞虱、叶蝉有强烈的触杀作用。击倒速度快，一般施药 1h 后，大部分害虫即跌入水中，但残效期只有 2~3d。药效不受温度影响，低温下仍有很好的防效。

防治对象 对鳞翅目和同翅目等害虫均有效，主要用于防治叶蝉、飞虱等。

使用方法

(1) 防治水稻稻飞虱 在低龄若虫发生初期至高峰期施药，每次每亩用 50%混灭威乳油 50~100mL 对水喷雾。安全间隔期为 20d，每季最多使用 1 次。

(2) 防治水稻叶蝉 在若虫发生期每次每亩用 50%混灭威乳油 50~100mL 均匀喷雾。安全间隔期为 20d，每个作物周期最多使用 1 次。

注意事项

(1) 混灭威不能与碱性物质混用。

(2) 对蜜蜂、鱼类等水生生物、家蚕有毒，施药期间应避免对周围蜂群的影响，蜜源作物花期、蚕室和桑园附近禁用。

(3) 建议与其他作用机制的杀虫剂轮换使用。

26. 抗蚜威（pirimicarb）

其他名称 辟蚜雾

主要制剂 25%、50%可湿性粉剂，25%、50%水分散粒剂。

毒性 鼠急性经口 LD_{50} 为 142mg/kg；鱼急性 $LC_{50}>100$mg/L（96h）；蜜蜂急性接触 LD_{50} 为 53.1μg/只（48h）。

作用特点 氨基甲酸酯类杀虫剂，具触杀、熏蒸和渗透叶面作用，能防治对有机磷杀虫剂产生交互抗性的除棉蚜外的所有蚜虫。该药剂杀虫迅速，施药后数分钟即可杀死蚜虫，因而对预防蚜虫传播的病毒病有较好的作用。残效期短，对作物安全，不伤天敌，是害虫综合治理的理想药剂。抗蚜威对瓢虫、食蚜蝇、蚜茧蜂等蚜虫天敌没有不良影响，因保护了天敌，而可有效地延长对蚜虫的控制期，对蜜蜂安全。

防治对象 除棉蚜外的所有蚜虫。

使用方法

(1) 防治小麦蚜虫 在若虫盛发期施药，每次每亩用 50%抗蚜威可湿性粉剂 10~20g 对水喷雾。安全间隔期为 14d，每季最多使用 2 次。最高残留限量为 0.05mg/kg。

(2) 防治甘蓝蚜虫 在若虫盛发期施药，每次每亩用 50%抗蚜威可湿性粉剂 10~18g 对水喷雾。安全间隔期为 11d，每季最多使用 3 次。最高残留限量为 0.05mg/kg。

(3) 防治大豆蚜虫 在若虫盛发期施药，每次每亩用 50%抗蚜威可湿性粉剂 10~16g 对水喷雾。安全间隔期为 10d，每季最多使用 3 次。最高残留限量为 0.05mg/kg。

(4) 防治烟草蚜虫 在若虫盛发期施药，每次每亩用 50%抗蚜威可湿性粉剂 10~

18g 对水喷雾，也可每次每亩用 50％抗蚜威水分散粒剂 16～22g 对水喷雾。安全间隔期为 7d，每季最多使用 3 次。最高残留限量为 0.05mg/kg。

（5）防治大豆蚜虫　在若虫盛发期施药，每次每亩用 50％抗蚜威水分散粒剂 10～16g 对水喷雾。安全间隔期为 10d，每季最多使用 3 次。最高残留限量为 0.05mg/kg。

（6）防治十字花科蔬菜蚜虫和小麦蚜虫　在若虫盛发期施药，每次每亩用 50％抗蚜威水分散粒剂 10～20g 对水喷雾。安全间隔期为 11d，每季最多使用 3 次。最高残留限量为 0.05mg/kg。

注意事项

（1）不能用于防治棉蚜。

（2）施药后 24h 内，禁止家畜进入施药区。

（3）建议与作用机制不同的其他杀虫剂轮换使用。

27. 速灭威（metolcarb）

其他名称　治灭虱

主要制剂　25％、70％可湿性粉剂，20％乳油。

毒性　鼠急性经口 LD_{50}＞268mg/kg；鱼急性 LC_{50}＞12mg/kg（96h）；对蜜蜂有毒害作用。

作用特点　氨基甲酸酯类杀虫剂，具有触杀和熏蒸作用，击倒力强，残效期短，一般只有 3～4d。

防治对象　对稻田飞虱、叶蝉和蓟马，以及茶小绿叶蝉等有特效。对稻田蚂蟥有良好的杀伤作用。

使用方法　防治水稻稻飞虱和叶蝉，在水稻稻飞虱、叶蝉成虫、若虫发生期施药，每次每亩用 25％速灭威可湿性粉剂 100～200g 对水喷雾。相同剂量可防治茶小绿叶蝉。安全间隔期：南方不少于 14d，北方不少于 25d。每季最多使用 3 次。

注意事项

（1）不能与碱性物质混用。

（2）对蜜蜂有毒，蜜源作物花期禁用。

（3）某些水稻品种如农 173、农虎 3 号等对速灭威敏感，应在分蘖末期使用，浓度不宜高。

28. 仲丁威（fenobucarb）

其他名称 巴沙、扑杀威、丁苯威

主要制剂 20%、25%、50%、80%乳油，20%微乳剂。

毒性 鼠急性经口 LD_{50} 为 620mg/kg；鱼急性 LC_{50} 为 1.7mg/kg；对蜜蜂有毒害作用。

作用特点 氨基甲酸酯类杀虫剂，主要通过抑制害虫体内的乙酰胆碱酯酶使害虫中毒死亡。

防治对象 对飞虱、叶蝉类有特效，杀虫迅速，只能维持 4～5d。

使用方法

(1) 防治水稻稻飞虱和叶蝉 在若虫和成虫盛发期施药，每次每亩用 20%仲丁威乳油 125～187.5mL 对水喷雾。安全间隔期为 21d，每季最多使用 4 次。最高残留限量为 0.3mg/kg。

(2) 防治水稻稻飞虱 在若虫和成虫盛发期施药，每次每亩用 20%仲丁威微乳剂 150～180mL 对水喷雾。安全间隔期为 21d，每季最多使用 4 次。最高残留限量为 0.3mg/kg。

注意事项

(1) 不能与碱性物质混用。

(2) 对蜜蜂、鱼类等水生生物、家蚕有毒，施药期间应避免对周围蜂群的影响，蜜源作物花期、蚕室和桑园附近禁用。

(3) 在稻田施药的前后 10d 避免使用敌稗，以免发生药害。

29. 硫双威（thiodicarb）

其他名称 拉维因、双灭多威、硫双灭多威

主要制剂 75%可湿性粉剂，375g/L悬浮剂。

毒性 鼠急性经口 LD_{50} 为 50mg/kg；鱼急性 LC_{50} 为 1.4mg/L（96h）；蜜蜂急性接触 LD_{50} 为 3.1μg/只（48h）。

作用特点 广谱性氨基甲酸酯杀虫剂，具有内吸、触杀和胃毒作用，为胆碱酯酶抑制剂。土壤处理，通过植物内吸可防治叶部刺吸式口器害虫。对因拟除虫菊酯或有机磷已产生抗药性的害虫亦有良好的防治效果。

防治对象 用于棉花、大豆、玉米等作物，防治鳞翅目、鞘翅目、双翅目害虫。也可用于果树、棉花、蔬菜、苜蓿、烟草、观赏植物等防治蚜虫、蓟马、黏虫、甘蓝银纹夜蛾、烟草卷虫、苜蓿叶象甲、烟草夜蛾、棉叶潜蛾、苹果蠹蛾、棉铃虫等。

使用方法

(1) 防治棉铃虫和红铃虫 为发挥其杀卵作用，应在产卵盛期施药，每亩用 75%硫双威可湿性粉剂 50～100g，对水 50～100kg 喷雾。害虫发生期长的年份，隔 10d 再喷一次。安全间隔期为 21d，每季最多使用 3 次。最高残留限量为 0.1mg/kg。

(2) 防治菜青虫、烟青虫、小菜蛾、甘蓝夜蛾、斜纹夜蛾和地老虎等 用 75%硫双威可湿性粉剂 40～60g，对水 40～50kg 均匀喷雾。安全间隔期为 7d。

（3）防治苹果、梨、桃等果树上的食心虫、卷叶蛾等　在产卵盛期每亩用75%硫双威可湿性粉剂40～50g，对水40～50kg均匀喷雾。安全间隔期：苹果21d，梨14d，桃7d。

（4）防治茶细蛾、茶卷叶蛾　在产卵盛期使用75%硫双威可湿性粉剂40～50g，对水40～50kg均匀喷雾。安全间隔期为14d。

注意事项

（1）为了防止棉铃虫在短时间内对该药剂产生抗药性，应注意避免连续使用该药，建议与其他作用机制不同的杀虫剂交替使用。

（2）本品对蚜虫、螨类、蓟马等刺吸式口器害虫作用不显著；不能与碱性物质混合使用，以免分解失效。

（3）本品对鱼和家禽毒性大，使用时应避免对水源的污染，并远离家禽。

30. 丙硫克百威（benfuracarb）

其他名称　安克力

主要制剂　90%原药，5%颗粒剂。

毒性　鼠急性经口 LD_{50} 为205mg/kg；鱼急性 LC_{50} 为0.038mg/L（96h）；蜜蜂急性接触 LD_{50} 为0.19μg/只（48h）。

作用特点　速效广谱氨基甲酸酯类杀虫剂，通过抑制胆碱酯酶使害虫死亡。具有触杀、胃毒和内吸作用，以胃毒为主。持效期长。对产生抗性害虫有防效。

防治对象　杀虫范围广，对一些刺吸式口器害虫的毒力与克百威相近，对一些鳞翅目害虫的毒力比克百威高。适用于水稻、玉米、甜菜、马铃薯、棉花、果树等作物防治螟虫、褐飞虱、棉蚜等多种害虫。

使用方法

（1）防治二化螟、三化螟、稻飞虱等水稻害虫　每亩用5%丙硫克百威颗粒剂2kg。最高残留限量为0.2mg/kg。

（2）防治棉蚜　每亩用5%丙硫克百威颗粒剂1.2～2kg，随种子同时撒施或施于移栽穴内，药效期可达30～40d。最高残留限量为0.5mg/kg。

（3）防治甘蔗螟　每亩用5%丙硫克百威颗粒剂3kg，施于甘蔗苗基部，并覆薄土盖药。

（4）防治玉米螟　每亩用5%丙硫克百威颗粒剂2～3kg进行土壤处理。

（5）防治甜菜及其他蔬菜上的跳甲、马铃薯甲虫、金针虫、小菜蛾及蚜虫等蔬菜害虫　每亩用5%丙硫克百威颗粒剂800～1200g进行土壤处理。

注意事项

（1）遇碱易分解。

（2）防治旱地作物害虫，施药时土壤应有较大湿度，以利于发挥药效，低温干燥则影响药效。

（3）防治钻蛀害虫要掌握施药适期，应在钻蛀作物之前施药，才能获得理想的防治效果。

31. 丁硫百威（carbosulfan）

其他名称　丁硫威、好年冬、安棉特

主要制剂　20％乳油，35％种子处理干粉剂，5％乳油，5％颗粒剂。

毒性　鼠急性经口 LD_{50} 为 101mg/kg；鱼急性 LC_{50} 为 0.015mg/L（96h）；蜜蜂急性接触 LD_{50} 为 0.18μg/只（48h）。

作用特点　内吸性和广谱性的氨基甲酸酯类杀虫、杀螨、杀线虫剂。是呋喃丹的衍生物，具有与呋喃丹相当的杀虫活性，但其毒性比呋喃丹低得多。是一种胃毒性杀虫剂，在生物体内代谢成呋喃丹再发挥其药效作用使昆虫死亡，是克百威低毒化品种。

防治对象　用于防治柑橘等果树、棉花、水稻等作物上的蚜虫、螨、金针虫、甜菜隐食甲、马铃薯甲虫、茶小绿叶蝉、梨小食心虫、苹果卷叶蛾等多种害虫。对马铃薯桃蚜、黑光天牛、地老虎等害虫均有良好的防治效果。此外，对棉花红蜘蛛、谷象、杂拟谷盗、粉纹夜蛾等都有较好的防治效果。

使用方法

（1）**防治棉田中的棉蚜、棉铃虫、蓟马等**　每亩用 20％丁硫克百威乳油 30～60mL 对水 30～50kg 喷雾。安全间隔期为 21d，每季最多使用 2 次，最高残留限量为 0.05mg/kg。

（2）**防治水稻蓟马**　每亩用 20％丁硫克百威乳油 400mL，对水 10kg，拌种 100kg。最高残留限量为 0.5mg/kg。

（3）**防治水稻瘿蚊**　每亩用 20％丁硫克百威乳油 800mL，对水 10kg，拌种 100kg。最高残留限量为 0.5mg/kg。

（4）**防治水稻三化螟**　每亩用 20％丁硫克百威乳油 200～250mL 对水 40～50kg 喷雾。最高残留限量为 0.5mg/kg。

（5）**防治水稻稻飞虱**　每亩用 20％丁硫克百威乳油 175～200mL 对水 30～50kg 喷雾。最高残留限量为 0.5mg/kg。

（6）**防治柑橘锈壁虱、柑橘蚜虫和柑橘潜叶蝇等柑橘害虫**　每亩用 20％丁硫克百威乳油 40mL 对水 40～60kg 喷雾。最高残留限量为 1mg/kg。

（7）**防治瓜蓟马、潜叶蝇和蚜虫等蔬菜害虫**　每亩用 20％丁硫克百威乳油 40mL 对水 40～80kg 喷雾。安全间隔期为 25d。

注意事项

（1）在稻田使用时，避免同时使用敌稗和灭草灵，以防产生药害。

（2）对水稻三化螟和稻纵卷叶螟防治效果不好，不宜使用。

（3）对鱼类等水生生物、蜜蜂、家蚕有毒。施药期间应避免对周围蜂群的影响，开

花植物花期、蚕室和桑园附近禁用。远离水产养殖区施药，禁止在河塘等水体中清洗施药器具。赤眼蜂等天敌放生区、鸟类保护区禁用。

二、钠离子通道调控剂

（1）作用机理　钠离子通道是选择性允许钠离子跨膜通过的离子通道，在维持细胞兴奋性及正常生理功能上十分重要。钠离子通道主要是由一个大型糖基化 α 亚单位和多个 β 亚单位组成的，在钠离子通道的不同区域存在着不同的毒素受体位点。神经毒素在钠离子通道上作用，DDT 和拟除虫菊酯类杀虫剂的作用靶标是昆虫神经轴突细胞膜上的电压门控钠离子通道，该通道由 α 亚基和 β 亚基组成，其电压依赖性激活、失活、选择性通透等生理学过程都与其结构有密切关系。DDT 和拟除虫菊酯类杀虫剂主要是干扰钠离子通道的门控动力学过程，在膜去极化期间抑制失活，延长钠离子释放时间，引起重复释放以致神经传导阻滞。钠离子通道基因突变致使药剂结合位点的亲和力降低，神经系统对杀虫剂敏感度下降使昆虫出现击倒抗性。

（2）化学结构类型　DDT 及其类似物、拟除虫菊酯类杀虫剂、吡唑啉类杀虫剂、二苯基甲醇哌啶类杀虫剂、藜芦碱类杀虫剂。

（3）通性　对酸稳定，遇碱时易分解；在土壤中不移动，对环境较安全，残效期较长；负温度系数杀虫剂；与常规杀虫剂无交互抗性；对蜜蜂毒性较高。

32. 氯菊酯（permethrin）

其他名称　二氯苯醚菊酯、除虫精、神杀

主要制剂　10％乳油。

毒性　鼠急性经口 $LD_{50}>430mg/kg$；鱼急性 LC_{50} 为 0.0125mg/L（96h）；蜜蜂急性接触 LD_{50} 为 $0.29\mu g/$只（48h）。

作用特点　是一种不含氰基结构的拟除虫菊酯类杀虫剂，其作用方式以触杀和胃毒为主，无内吸、熏蒸作用。

防治对象　用于防治茶树茶毛虫、茶尺蠖、蚜虫以及棉花棉铃虫等。也可用于防治蔬菜的菜青虫、烟草的烟青虫等作物害虫，还可用于卫生害虫蚊、蝇和白蚁的防治。

使用方法

（1）防治茶树茶毛虫　在幼虫 2～3 龄期施药，每次用 10％氯菊酯乳油 2000～5000 倍液整株喷雾。安全间隔期为 3d，每季最多使用 2 次。最高残留限量为 20mg/kg。

（2）防治茶树茶尺蠖　在幼虫 2～3 龄期施药，每次用 10％氯菊酯乳油 2000～5000 倍液均匀喷雾。安全间隔期为 3d，每季最多使用 2 次。最高残留限量为 20mg/kg。

（3）防治茶树蚜虫　在蚜虫盛发初期施药，用 10％氯菊酯乳油 2000～5000 倍液整株喷雾。安全间隔期为 3d，每季最多使用 2 次。最高残留限量为 20mg/kg。

（4）防治棉花红铃虫、棉铃虫　在 2～3 代卵盛孵期施药，用 10％氯菊酯乳油

1000～4000倍液均匀喷雾。安全间隔期为10d，每季最多使用2次。

（5）防治棉花蚜虫　在害虫盛发初期施药，每次用氯菊酯乳油1000～4000倍液喷雾。安全间隔期为10d，每季最多使用2次。

（6）防治十字花科蔬菜菜青虫　在低龄幼虫盛发初期施药，每次用10%氯菊酯乳油4000～10000倍液喷雾。安全间隔期为2d，每季最多使用3次。

（7）防治十字花科蔬菜小菜蛾　在低龄幼虫盛发初期施药，用10%氯菊酯乳油4000～10000倍液喷雾。安全间隔期为2d，每季最多使用3次。

（8）防治十字花科蔬菜蚜虫　在蚜虫盛发期施药，每次用10%氯菊酯乳油4000～10000倍液喷雾。安全间隔期为2d，每季最多使用3次。

（9）防治小麦黏虫　3龄幼虫高峰期前施药，每次用10%氯菊酯乳油5000倍液喷雾。安全间隔期为2d，每季最多使用3次。

（10）防治烟草烟青虫　在3龄幼虫高峰前施药，每次用10%氯菊酯乳油5000～10000倍液喷雾。安全间隔期为7d，每季最多使用2次。

注意事项

（1）对蜜蜂、鱼类等水生生物、家蚕等高毒。使用时勿接近鱼塘、蜂场、桑园，注意保护环境。禁止在河塘等水域内清洗施药器具。

（2）不能与碱性物质混用。

33. 氯氰菊酯（cypermethrin）

其他名称　灭百可、安绿宝

主要制剂　10%、25%乳油，10%可湿性粉剂。

毒性　鼠急性经口LD_{50}为287mg/kg；鱼急性LC_{50}为0.00151mg/L（96h）；蜜蜂急性接触LD_{50}为0.023μg/只（48h）。

作用特点　拟除虫菊酯类杀虫剂，具有触杀和胃毒作用，无内吸和熏蒸作用，杀虫谱广，药效迅速。

防治对象　加工成乳油或其他剂型用于杀灭蚊、蝇等卫生害虫和牲畜害虫，也用于防治棉花、水稻、玉米、大豆等农作物及果树、蔬菜的害虫。防治对有机磷产生抗性的害虫效果较好，但是对螨类和盲蝽防治效果差。

使用方法

（1）防治棉花棉铃虫　在卵孵化期，每亩用10%氯氰菊酯乳油40～60mL，对水60kg喷雾。安全间隔期14d，每季最多使用3次。最高残留限量0.2mg/kg。

（2）防治棉花红铃虫、蚜虫　每亩用10%氯氰菊酯乳油64～100mL，对水60kg喷雾；防治棉花蚜虫，每亩用10%氯氰菊酯乳油30～60mL喷雾。安全间隔期14d，每季最多使用3次。最高残留限量0.2mg/kg。

（3）防治甘蓝菜青虫　于3龄幼虫始发期，每亩用10%氯氰菊酯乳油30～40mL对水 40～50kg 喷雾。安全间隔期 5d，每季最多使用 3 次。最高残留限量 2mg/kg。

（4）防治十字花科蔬菜蚜虫　每亩用 10％氯氰菊酯乳油 20～30mL 对水 40～50kg 喷雾。安全间隔期 5d，每季最多使用 3 次。

（5）防治十字花科蔬菜甜菜夜蛾　在 2～3 龄幼虫期，每亩用 10％氯氰菊酯乳油 20～40mL 对水 40～50kg 喷雾。安全间隔期 5d，每季最多使用 3 次。

（6）防治苹果蚜虫　用 10％氯氰菊酯乳油 10000～12000 倍液喷雾。最高残留限量 2mg/kg。

（7）防治苹果桃小食心虫　在卵孵化盛期，用 10％氯氰菊酯乳油 1000～1500 倍液喷雾。最高残留限量 2mg/kg。

（8）防治柑橘潜叶蛾　于放梢初期或卵孵化盛期，用 10％氯氰菊酯乳油 1000～2000 倍液喷雾。最高残留限量 1mg/kg。

（9）防治荔枝椿象　可用 10％氯氰菊酯乳油 2000～3000 倍液喷雾。

（10）防治茶树的各种尺蠖、茶毛虫和茶小绿叶蝉等害虫　于 3 龄幼虫期前，用 10％氯氰菊酯乳油 2000～3700 倍液喷雾。最高残留限量 20mg/kg。

（11）防治麦田华北蝼蛄　用 0.0025％～0.01％有效浓度的氯氰菊酯拌麦种。最高残留限量 0.2mg/kg。

（12）防治月季、菊花上的蚜虫　用 10％氯氰菊酯乳油 5000～6000 倍液喷雾。

（13）防治烟草烟青虫　每亩用 10％氯氰菊酯乳油 15～20mL 对水 40～50kg 喷雾。

注意事项

（1）注意与非菊酯类杀虫剂交替使用。

（2）本品对蜜蜂、鱼类等水生生物、家蚕有毒。施药期间应避免对周围蜂群的影响，蜜源作物花期、蚕室和桑园附近禁用。远离水产养殖区施药，禁止在河塘等水体中清洗施药器具。

（3）本品不宜与碱性物质混用，以防分解。

34. 顺式氯氰菊酯（alpha-cypermethrin）

(R)-醇(1S)-cis-酸

(S)-醇(1R)-cis-酸

其他名称　高效灭百可、高效安绿宝

主要制剂　50g/L、100g/L 乳油。

毒性 鼠急性经口 LD_{50} 为 40mg/kg；鱼急性 LC_{50} 为 0.00181mg/L（96h）；蜜蜂急性接触 LD_{50} 为 $0.033\mu g$/只（48h）。

作用特点 为一种生物活性较高的拟除虫菊酯类杀虫剂，由氯氰菊酯的高效异构体组成。其杀虫活性约为氯氰菊酯的 1～3 倍，因此单位面积用量更少，效果更好，其应用范围、防治对象、使用特点、作用机理与氯氰菊酯相同。

防治对象 用于防治十字花科菜青虫、小菜蛾、棉花棉铃虫等。

使用方法

（1）防治十字花科蔬菜菜青虫 在幼虫低龄盛发期前施药，每次每亩用 100g/L 顺式氯氰菊酯乳油 5～10mL 对水喷雾。安全间隔期为 3d，每季最多使用 3 次。最高残留限量为 0.2mg/kg。

（2）防治十字花科蔬菜小菜蛾 在低龄幼虫盛发初期施药，每次每亩用 100g/L 顺式氯氰菊酯乳油 5～10mL 对水喷雾。安全间隔期为 3d，每季最多使用 3 次。最高残留限量为 0.2mg/kg。

（3）防治柑橘树潜叶蛾 每亩用 100g/L 顺式氯氰菊酯乳油 10000～20000 倍液整株喷雾，间隔 5～7d 喷一次。安全间隔期为 3d，每季最多使用 3 次。最高残留限量为 0.2mg/kg。

（4）防治棉花棉铃虫 在 2～3 代卵盛孵期施药，每次每亩用 100g/L 顺式氯氰菊酯乳油 15～40mL 对水喷雾。安全间隔期为 14d，每季最多使用 3 次，用药间隔期为 7d。最高残留限量为 0.2mg/kg。

（5）防治棉花红铃虫 在 2～3 代卵盛孵化盛期施药，每次每亩用 100g/L 顺式氯氰菊酯乳油 6.7～13mL 对水喷雾。安全间隔期为 14d，每季最多使用 3 次，用药间隔期为 7d。最高残留限量为 0.2mg/kg。

（6）防治黄瓜蚜虫 在若虫盛发期施药，每次每亩用 100g/L 顺式氯氰菊酯乳油 5～10mL 对水喷雾。安全间隔期为 3d，每季最多使用 2 次。最高残留限量为 0.2mg/kg。

（7）防治豇豆、大豆卷叶螟 化蛾盛期和卵孵化盛期施药，每次每亩用 100g/L 顺式氯氰菊酯乳油 10～13mL 对水喷雾。安全间隔期为 5d，每季最多使用 2 次。最高残留限量为 0.2mg/kg。

注意事项

（1）不能与碱性农药混用。

（2）对蜜蜂、鱼类等水生生物、家蚕等高毒。施药期间应避免对周围蜂群的影响，蜜源作物花期、蚕室和桑园附近禁用，禁止在河塘等水域清洗施药器具。

35. 溴氰菊酯（deltamethrin）

(S)-alcohol(1R)-cis-acid

其他名称 敌杀死、凯安保、凯素灵

主要制剂 2.5%、5%可湿性粉剂，25g/L、50g/L乳油，2.5%水乳剂。

毒性 鼠急性经口 LD_{50} 为 87mg/kg；鱼急性 LC_{50} 为 0.00261mg/L（96h）；蜜蜂急性接触 LD_{50} 为 0.0015μg/只（48h）。

作用特点 拟除虫菊酯杀虫剂，以触杀、胃毒作用为主，对害虫有一定趋避与拒食作用，无内吸熏蒸作用。杀虫谱广，击倒速度快，作用部位在昆虫的神经系统，是神经性毒剂，使昆虫过度兴奋、麻痹而死亡。

防治对象 对鳞翅目幼虫及蚜虫杀伤力大，但对螨类无效。

使用方法

（1）防治十字花科蔬菜菜青虫 在低龄幼虫盛发初期施药，每次每亩用25g/L溴氰菊酯乳油20～40mL对水喷雾。安全间隔期为2d，每季最多使用3次。最高残留限量为0.2mg/kg。

（2）防治十字花科蔬菜小菜蛾 在低龄幼虫盛发初期施药，每次每亩用25g/L溴氰菊酯乳油20～40mL对水喷雾。安全间隔期为2d，每季最多使用3次。最高残留限量为0.2mg/kg。

（3）防治十字花科蔬菜蚜虫 在若虫盛发期施药，每次每亩用25g/L溴氰菊酯乳油20～40mL对水喷雾。安全间隔期为2d，每季最多使用3次。最高残留限量为0.2mg/kg。

（4）防治茶树茶尺蠖 在幼虫2～3龄期施药，每亩用25g/L溴氰菊酯乳油10～20mL对水喷雾。安全间隔期为5d，每季最多使用1次。最高残留限量为10mg/kg。

（5）防治茶树茶小绿叶蝉 在害虫盛发初期施药，每亩用25g/L溴氰菊酯乳油20～30mL对水喷雾。安全间隔期为5d，每季最多使用1次。最高残留限量为10mg/kg。

（6）防治大豆食心虫 在卵孵化高峰后3～5d施药，每次每亩用25g/L溴氰菊酯乳油16～25mL对水喷雾。安全间隔期为7d，每季最多使用2次。最高残留限量为0.1mg/kg。

（7）防治柑橘树潜叶蛾 在抽新梢初期施药，用25g/L溴氰菊酯乳油1500～5000倍液整株喷雾。安全间隔期为28d，每季最多使用3次。最高残留限量为0.1mg/kg。

（8）防治柑橘树蚜虫 在若虫盛发期施药，用25g/L溴氰菊酯乳油1500～3000倍液整株喷雾。安全间隔期为28d，每季最多使用3次。最高残留限量为0.1mg/kg。

（9）防治花生棉铃虫 在2～3代卵盛孵期施药，每次每亩用25g/L溴氰菊酯乳油25～30mL对水喷雾。安全间隔期为14d，每季最多使用3次。最高残留限量为0.1mg/kg。

（10）防治花生蚜虫 在若虫盛发期施药，每次每亩用25g/L溴氰菊酯乳油20～25mL对水喷雾。安全间隔期为14d，每季最多使用3次。最高残留限量为0.1mg/kg。

（11）防治荒地飞蝗 在3～4龄蝗蝻期施药，每次每亩用25g/L溴氰菊酯乳油30～50mL对水喷雾。最高残留限量为0.1mg/kg。

（12）防治梨树梨小食心虫 在卵果率达到1%时施药，用25g/L溴氰菊酯乳油2500～3000倍液整株喷雾。安全间隔期为7d，每季最多使用3次。最高残留限量为0.1mg/kg。

（13）防治荔枝树椿象　在成虫交尾产卵前和若虫发生期各施 1 次药，每次用 25g/L 溴氰菊酯乳油 3000～5000 倍液整株喷雾。安全间隔期为 28d，每季最多使用 3 次。最高残留限量为 0.1mg/kg。

（14）防治棉花棉铃虫和红铃虫　在 2～3 代卵盛孵期施药，每次每亩用 25g/L 溴氰菊酯乳油 30～50mL 对水喷雾。安全间隔期为 14d，每季最多使用 3 次。最高残留限量为 0.1mg/kg。

（15）防治棉花蚜虫　在若虫盛发初期施药，每次每亩用 25g/L 溴氰菊酯乳油 30～50mL 对水喷雾。安全间隔期 14d，每季最多使用 3 次。最高残留限量为 0.1mg/kg。

（16）防治苹果树桃小食心虫　在卵孵化盛期施药，每次用 25g/L 溴氰菊酯乳油 1500～2500 倍液整株喷雾。安全间隔期为 5d，每季最多使用 3 次。最高残留限量为 0.1mg/kg。

（17）防治苹果树蚜虫　在若虫盛发期施药，每次用 25g/L 溴氰菊酯乳油 1500～3000 倍液整株喷雾。安全间隔期为 5d，每季最多使用 3 次。最高残留限量为 0.1mg/kg。

（18）防治小麦蚜虫　在若虫盛发初期施药，每次每亩用 25g/L 溴氰菊酯乳油 15～25mL 对水喷雾。安全间隔期为 15d，每季最多使用 2 次。最高残留限量为 0.1mg/kg。

（19）防治小麦黏虫　在 2～3 龄幼虫盛发期施药，每次每亩用 25g/L 溴氰菊酯乳油 10～25mL 对水喷雾。安全间隔期 15d，每季最多使用 2 次。最高残留限量为 1mg/kg。

（20）防治烟草烟青虫　在低龄幼虫期施药，每次每亩用 25g/L 溴氰菊酯乳油 20～30mL 对水喷雾。安全间隔期为 15d，每季最多使用 2 次。最高残留限量为 2mg/kg。

（21）防治玉米螟　初龄幼虫盛发期施药，每次每亩用 25g/L 溴氰菊酯乳油 20～30mL 对水喷雾。安全间隔期为 20d，每季最多使用 2 次。最高残留限量为 0.1mg/kg。

注意事项

（1）本品对蜜蜂、鱼类等水生生物、家蚕有毒。施药期间应避免对周围蜂群的影响，蜜源作物花期、蚕室和桑园附近禁用。远离水产养殖区施药，禁止在河塘等水体中清洗施药器具。

（2）本品不宜与碱性物质混用，以防分解。

（3）建议与其他作用机制不同的杀虫剂轮换使用。

36. 甲氰菊酯（fenpropathrin）

其他名称　铁灭克（Temik）

主要制剂　20%、91% 乳油。

毒性　鼠急性经口 LD_{50} 为 870mg/kg；鱼急性 LC_{50} 为 0.00231mg/L（96h）；蜜蜂急性接触 LD_{50} ＞0.05μg/只（48h）。

作用特点　甲氰菊酯是一种拟除虫菊酯杀虫杀螨剂，具有触杀、胃毒和趋避作用，无内吸、熏蒸作用，能杀幼虫、成虫及卵，对多种螨类有效，在田间有中等程度的持效期，低温下药效更好，可与除碱性物质外的大多数农药混用。尽管其具有高效、低毒、低残留等特点，但仍会对环境构成危害。

防治对象　主要用于防治棉花的红铃虫、棉铃虫、红蜘蛛，苹果树上的山楂红蜘蛛、桃小食心虫，甘蓝上的菜青虫、小菜蛾，以及柑橘树上的潜叶蛾和红蜘蛛。

使用方法

（1）防治棉铃虫　在卵孵化盛期，每亩用20%甲氰菊酯乳油40～50mL对水60kg喷雾。

（2）防治棉花红铃虫　每亩用20%甲氰菊酯乳油30～40mL对水50～60kg喷雾。

（3）防治棉花红蜘蛛　每亩用20%甲氰菊酯乳油30～50mL对水60kg喷雾。

（4）防治蔬菜菜青虫　在幼虫3龄前，每亩用20%甲氰菊酯乳油25～30mL对水40～50kg喷雾。

（5）防治蔬菜小菜蛾　在幼虫2～3龄发生期，每亩用20%甲氰菊酯乳油40～80mL对水40～50kg喷雾。

（6）防治温室白粉虱　每亩用20%甲氰菊酯乳油10～25mL对水40～50kg喷雾。

（7）防治苹果桃小食心虫　用20%甲氰菊酯乳油2000～3000倍液喷雾。最高残留限量为5mg/kg。

（8）防治苹果红蜘蛛　于幼螨发生开始时，用20%甲氰菊酯乳油1500～2000倍液喷雾。最高残留限量为5mg/kg。

（9）防治柑橘潜叶蛾　在新梢放出初期3～6d，用20%甲氰菊酯乳油1000～3000倍液喷雾。最高残留限量为5mg/kg。

（10）防治柑橘红蜘蛛　于成螨、若螨发生开始时，每亩用20%甲氰菊酯乳油30～40mL对水100kg喷雾。最高残留限量为5mg/kg。

（11）防治美洲斑潜蝇　在10月上旬，用20%甲氰菊酯乳油1000倍液喷雾。

（12）防治果树蚜虫　用20%甲氰菊酯乳油4000～6000倍液喷雾。最高残留限量为5mg/kg。

（13）防治柑橘蚜虫　于成螨、弱螨发生开始时，用20%甲氰菊酯乳油4000～8000倍液喷雾。最高残留限量为5mg/kg。

（14）防治荔枝椿象　3月下旬到5月下旬，成虫大量活动产卵期和若虫盛发期各喷药一次，用20%甲氰菊酯乳油3000～4000倍液喷雾。最高残留限量为5mg/kg。

（15）防治介壳虫　6月上中旬为害盛期，用20%甲氰菊酯乳油2000～3000倍液喷雾。

（16）防治花卉介壳虫、玉兰金花虫、毒蛾及刺蛾幼虫　在害虫发生期使用20%甲氰菊酯乳油2000～8000倍液喷雾。

注意事项

（1）为延缓抗药性产生，一种作物生长季节内施药次数不要超过2次，或与有机磷等其他农药轮换使用或混用，茶树上禁用。

（2）对鱼、蚕、蜂高毒，施药时避免在桑园、养蜂区施药或药液流入河塘。

（3）在低温条件下药效更高、残效期更长，提倡早春和秋冬施药。此药虽具有杀螨作用，但不能作为专用杀螨剂使用，只能作替代品种，最好用于虫螨兼治。

（4）除碱性物质外，可与各种药剂混用。

（5）安全间隔期棉花为 21d，苹果为 14d。

37. 氯氟氰菊酯（cyhalothrin）

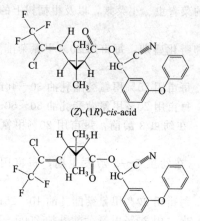

(Z)-(1R)-*cis*-acid

(Z)-(1S)-*cis*-acid

其他名称　功夫

主要制剂　25g/L 乳油。

毒性　鼠急性经口 LD_{50} 为 140mg/kg；鱼急性 LC_{50} 为 0.00046mg/L（96h）；蜜蜂急性经口 LD_{50} 为 0.027μg/只（48h）。

作用特点　拟除虫菊酯类杀虫剂，杀虫谱广，活性较高，药效迅速，喷洒后耐雨水冲刷，但长期使用易产生抗性。

防治对象　对刺吸式口器害虫及害螨有一定防效，但对害螨使用的剂量要比常规用量增加 1~2 倍。

使用方法　防治烟草烟青虫，在第一代幼虫发生时，卵孵化高峰初期用药，每次用 25g/L 氯氟氰菊酯乳油 3000~4000 倍液喷雾。安全间隔期为 7d，每季最多使用 2 次。最高残留限量为 3mg/kg。

注意事项

（1）对蜜蜂、鱼类等水生生物、家蚕有毒，施药期间应避免对周围蜂群的影响，蜜源作物花期、蚕室和桑园附近禁用。

（2）不能与碱性农药混用。

38. 高效氯氟氰菊酯（gamma-cyhalothrin）

(S)-alcohol (Z)-(1R)-*cis*-acid

主要制剂　1.5%微囊悬浮剂。

毒性　鼠急性经口 LD_{50} 为 55mg/kg；鱼急性 LC_{50} 为 0.000035mg/L（96h）；蜜蜂急性经口 LD_{50} 为 0.005μg/只（48h）。

作用特点　拟除虫菊酯类杀虫剂，钠离子通道抑制剂，主要是阻断害虫神经细胞中的钠离子通道，使神经细胞丧失功能，导致靶标害虫麻痹、协调差，最终死亡。具有触杀和胃毒作用，无内吸作用。

防治对象　防治蛴螬、蝼蛄、金针虫、蚜虫、二点尾夜蛾等。

使用方法

（1）防治甘蓝菜青虫　于菜青虫低龄幼虫发生初期至盛期期间施药，每亩使用 1.5%高效氯氟氰菊酯微囊悬浮剂 25～35mL，对水喷雾。安全间隔期为 3d，每季最多使用 2 次。

（2）防治苹果树桃小食心虫　每亩使用 1.5%高效氯氟氰菊酯微囊悬浮剂 1000～1500 倍液喷雾。

注意事项　本品对蜜蜂、鱼类等水生生物、家蚕有毒。施药期间应避免对周围蜂群的影响，开花植物花期、蚕室和桑园附近禁用。远离水产养殖区施药，禁止在河塘等水体清洗施药器具，避免污染水源。

39. 氰戊菊酯（fenvalerate）

其他名称　保好鸿、氟氰菊酯、速灭杀丁

主要制剂　20%、25%、40%乳油。

毒性　鼠急性经口 LD_{50} 为 451mg/kg；鱼急性 LC_{50} 为 0.0036mg/L（96h）；蜜蜂急性接触 LD_{50} 为 0.23μg/只（48h）。

作用特点　拟除虫菊酯类，杀虫谱广，对天敌无选择性，无内吸传导和熏蒸作用。

防治对象　对鳞翅目幼虫效果好，对同翅目、直翅目、半翅目等害虫也有较好效果，但对害螨无效。

使用方法

（1）防治十字花科菜青虫　在卵孵化盛期至低龄幼虫期施药，每次每亩用 20%氰戊菊酯乳油 20～40mL 对水喷雾。安全间隔期夏季青菜为 5d，秋冬季青菜、大白菜为 12d，每季最多使用 3 次。最高残留限量为 1mg/kg。

（2）防治十字花科蔬菜蚜虫　在害虫盛发期施药，每次每亩用 20%氰戊菊酯乳油 30～40mL 对水喷雾。安全间隔期夏季青菜为 5d，秋冬季青菜、大白菜为 12d，每季最多使用 3 次。最高残留限量为 1mg/kg。

（3）防治棉花棉铃虫和红铃虫　在 2～3 代卵盛孵期施药，每次每亩用 20%氰戊菊酯乳油 25～50mL 对水喷雾。安全间隔期为 7d，每季最多使用 3 次。最高残留限量为 2mg/kg。

（4）防治棉花蚜虫　在害虫盛发初期施药，每次每亩用20%氰戊菊酯乳油25～50mL对水喷雾。安全间隔期为7d，每季最多使用3次。最高残留限量为2mg/kg。

（5）防治大豆豆荚螟化蛾　盛期和卵孵化盛期施药，每亩用20%氰戊菊酯乳油20～40mL对水喷雾。安全间隔期为10d，每季最多使用1次。最高残留限量为0.1mg/kg。

（6）防治大豆食心虫　在卵孵化盛期至低龄幼虫期施药，每亩用20%氰戊菊酯乳油20～30mL对水喷雾。安全间隔期为10d，每季最多使用1次。最高残留限量为0.1mg/kg。

（7）防治大豆蚜虫　在若虫盛发期施药，每亩用20%氰戊菊酯乳油10～20mL对水喷雾。安全间隔期为10d，每季最多使用1次。最高残留限量为0.1mg/kg。

（8）防治柑橘树潜叶蛾　在卵孵化盛期至低龄幼虫期施药，用20%氰戊菊酯乳油10000～20000倍液整株喷雾。安全间隔期为10d，每季最多使用1次。最高残留限量为2mg/kg。

（9）防治苹果树桃小食心虫　在卵孵化盛期至低龄幼虫期施药，每次用20%氰戊菊酯乳油2000～3000倍液整株喷雾。安全间隔期为14d，每季最多使用3次。最高残留限量为2mg/kg。

（10）防治苹果树苹果黄蚜　在若虫盛发期施药，每次用20%氰戊菊酯乳油3200～4000倍液整株喷雾。安全间隔期为14d，每季最多使用3次。最高残留限量为2mg/kg。

（11）防治烟草烟青虫　在幼虫3龄前施药，每次每亩用20%氰戊菊酯乳油4～5mL对水喷雾。安全间隔期为21d，每季最多使用3次。最高残留限量为1mg/kg。

（12）防治烟草小地老虎　在1～3龄幼虫期施药，每次每亩用20%氰戊菊酯乳油4～5mL对水喷雾。白天若地下害虫钻入地下可用药液直接浇灌，每株用药液100mL。安全间隔期为21d，每季最多使用3次。最高残留限量为1mg/kg。

注意事项

（1）对鱼类等水生生物毒性高，应远离水产养殖区施药，防止污染水井、池塘和水源，禁止在河塘等水体中清洗施药器具。对蜜蜂、家蚕有毒，施药期间应避免对周围蜂群的影响，蜜源作物花期、蚕室和桑园附近禁用。

（2）禁止在茶树上施用，茶园附近慎用。

（3）不能与碱性农药混用。

40. 顺式氰戊菊酯（esfenvalerate）

其他名称　来福灵、S-氰戊菊酯、高效氰戊菊酯、强力农、白蚁灵

主要制剂　5%、22%、50g/L乳油，50g/L水乳剂。

毒性　鼠急性经口LD_{50}为88.5mg/kg；鱼急性LC_{50}为0.0001mg/L（96h）；蜜蜂急

性接触 LD_{50} 为 $0.06\mu g/$ 只（48h）。

作用特点 是一种活性较高的拟除虫菊酯杀虫剂，与氰戊菊酯不同的是它仅含顺式异构体，杀虫活性要比氰戊菊酯高出 4 倍，因而使用剂量要低。

防治对象 主要对棉花、果树、蔬菜和其他作物上的鞘翅目、双翅目、半翅目、鳞翅目和直翅目害虫特别有效，如玉米螟、蚜虫、油菜花露尾甲、甘蓝夜蛾、菜粉蝶、苹果蠹蛾、苹蚜、桃蚜、桃小食心虫和螨类。防治对有机氯、有机磷和氨基甲酸酯类杀虫剂产生抗生的品系也有效。

使用方法

（1）防治小麦麦蚜、黏虫 每亩用 12～15mL 5% S-氰戊菊酯乳油对水喷雾。安全间隔期为 20d，每季最多使用 2 次。最高残留限量为 0.2mg/kg。

（2）防治玉米黏虫 每亩用 10～20mL 5% S-氰戊菊酯乳油对水喷雾。安全间隔期为 50d，每季最多使用 3 次。最高残留限量为 2mg/kg。

（3）防治棉花棉铃虫、红铃虫 在卵期每亩用 25～35mL 5% S-氰戊菊酯乳油对水喷雾。安全间隔期 14d，每季最多使用 3 次。最高残留限量为 0.2mg/kg。

（4）防治十字花科蔬菜小菜蛾和菜青虫 每亩用 10～20mL 5% S-氰戊菊酯乳油对水喷雾。安全间隔期为 3d，每季最多使用 3 次。最高残留限量为 2mg/kg。

（5）防治苹果桃小食心虫 每亩用 17～25mL 5% S-氰戊菊酯乳油对水喷雾。安全间隔期为 14d，每季最多使用 3 次。最高残留限量为 2mg/kg。

（6）防治大豆上的大豆蚜、大豆食心虫 每亩用 10～22mL 5% S-氰戊菊酯乳油对水喷雾。安全间隔期为 10d，每季最多使用 2 次。最高残留限量为 0.1mg/kg。

（7）防治柑橘潜叶蛾 每亩用 5～6mL 5% S-氰戊菊酯乳油对水喷雾。安全间隔期为 21d，每季最多使用 3 次。最高残留限量为 2mg/kg。

（8）防治茶叶茶尺蠖、叶蝉 每亩用 6～7mL 5% S-氰戊菊酯乳油对水喷雾。安全间隔期为 7d，每季最多使用 2 次。最高残留限量为 2mg/kg。

（9）防治烟草烟青虫 每亩用 10～15mL 5% S-氰戊菊酯乳油对水喷雾。安全间隔期为 10d，每季最多使用 2 次。最高残留限量为 10mg/kg。

（10）防治甜菜甘蓝夜蛾 每亩用 10～20mL 5% S-氰戊菊酯乳油对水喷雾。安全间隔期为 60d，每季最多使用 2 次。最高残留限量为 0.05mg/kg。

注意事项

（1）不可与碱性药剂混用。

（2）喷药要均匀周到，且尽可能减少用药数量和用药次数，而且应与其他杀虫剂交替使用或混用，以减缓抗性的产生。

（3）由于该药对螨无效，在害虫、害螨并发的作物上要配合杀螨剂使用，以免害螨猖獗发生。

（4）对鱼类等水生生物毒性高，应远离水产养殖区施药，防止污染水井、池塘和水源，禁止在河塘等水体中清洗施药器具。对蜜蜂、家蚕有毒，施药期间应避免对周围蜂群的影响，蜜源作物花期、蚕室和桑园附近禁用。

41. 氟氯氰菊酯（cyfluthrin）

其他名称　百树菊酯、百树得、氟氯氰醚菊酯、百治菊酯

主要制剂　5.7%、50g/L 乳油。

毒性　鼠急性经口 $LD_{50}>16.2mg/kg$；鱼急性 LC_{50} 为 0.00047mg/L（96h）；蜜蜂急性接触 LD_{50} 为 0.001μg/只（48h）。

作用特点　拟除虫菊酯杀虫剂，具有触杀、胃毒作用，作用于昆虫的神经系统，可快速击倒，残效期长，杀虫谱广。

防治对象　对多种鳞翅目幼虫有良好效果，也可有效防治某些地下害虫。

使用方法

（1）防治十字花科蔬菜菜青虫　在低龄幼虫期施药，每次每亩用 50g/L 氟氯氰菊酯乳油 20～40mL 对水喷雾。安全间隔期为 7d，每季最多使用 2 次。最高残留限量为 0.5mg/kg。

（2）防治十字花科蔬菜蚜虫　在若虫盛发期施药，每次每亩用 50g/L 氟氯氰菊酯乳油 27～40mL 对水喷雾。安全间隔期为 7d，每季最多使用 2 次。最高残留限量为 0.5mg/kg。

（3）防治棉花棉铃虫　在产卵盛期至卵孵化盛期施药，每次每亩用 50g/L 氟氯氰菊酯乳油 32～70mL 对水喷雾。安全间隔期为 21d，每季最多使用 2 次。最高残留限量为 0.05mg/kg。

注意事项

（1）对蜜蜂、鱼类等水生生物、家蚕有毒，施药期间应避免对周围蜂群的影响，蜜源作物花期、蚕室和桑园附近禁用。

（2）建议与其他作用机制不同的杀虫剂交替使用。

（3）不能与碱性物质混用。

42. 高效氟氯氰菊酯（beta-cyfluthrin）

(R)-alcohol (1S)-*cis*-acid

(R)-alcohol (1S)-trans-acid

(S)-alcohol (1R)-cis-acid

(S)-alcohol (1R)-trans-acid

其他名称　保得、乙体氟氯氰菊酯

主要制剂　25g/L、2.8%乳油。

毒性　鼠急性经口 LD_{50}＞77mg/kg；鱼急性 LC_{50} 为 0.000068mg/L（96h）；蜜蜂急性接触 LD_{50} 为 0.001μg/只（48h）。

作用特点　拟除虫菊酯杀虫剂，无内吸作用和渗透性。杀虫谱广，击倒迅速，持效期长，对作物安全。

防治对象　用于防治棉花棉铃虫、十字花科菜青虫、苹果树桃小食心虫等。

使用方法

(1) 防治棉花棉铃虫和棉花红铃虫　在卵孵化盛期至低龄幼虫期施药，每次每亩用 25g/L 高效氟氯氰菊酯乳油 40～80mL 对水喷雾。安全间隔期为 15d，棉花每季最多使用 3 次，苹果和十字花科植物每季最多使用 2 次。最高残留限量为 0.05mg/kg。

(2) 防治十字花科蔬菜菜青虫　在幼虫 3 龄之前施药，每次每亩用 25g/L 高效氟氯氰菊酯乳油 20～33.6mL 对水喷雾。安全间隔期为 7d，棉花每季最多使用 2 次，苹果和十字花科植物每季最多使用 2 次。最高残留限量为 0.5mg/kg。

(3) 防治苹果树桃小食心虫　在卵果率达到 1% 时施药，用 25g/L 高效氟氯氰菊酯乳油 2000～3000 倍液整株喷雾。安全间隔期为 15d，棉花每季最多使用 3 次，苹果和十字花科植物每季最多使用 2 次。最高残留限量为 0.5mg/kg。

(4) 防治苹果树金纹细蛾　在叶片刚出现虫斑时施药，使用 25g/L 高效氟氯氰菊酯乳油 1500～2000 倍液整株喷雾。安全间隔期为 15d，棉花每季最多使用 3 次，苹果和十字花科植物每季最多使用 2 次。最高残留限量为 0.5mg/kg。

注意事项

（1）不能与碱性农药混用。

（2）对高粱、瓜类、梨、葡萄、樱桃等一些品种敏感，施药时应避免飘移至上述作物。

（3）对蜜蜂、鱼类等水生生物、家蚕有毒。施药期间应避免对周围蜂群的影响，蜜源作物花期、蚕室和桑园附近禁用。远离水产养殖区施药，禁止在河塘等水体中清洗施药器具。

43. 联苯菊酯（bifenthrin）

(Z)-(1R)-cis-acid

(Z)-(1S)-cis-acid

其他名称　天王星、虫螨灵、氟氯菊酯、毕芳宁

主要制剂　100g/L、25g/L乳油，2.5%、4.5%、10%水乳剂，4%微乳剂。

毒性　鼠急性经口 LD_{50} 为54.5mg/kg；鱼急性 LC_{50} 为0.00026mg/L（96h）；蜜蜂急性接触 LD_{50} 为0.015μg/只（48h）。

作用特点　拟除虫菊酯类杀虫、杀螨剂。具有触杀、胃毒作用，无内吸作用、熏蒸作用，杀虫谱广，作用迅速。在土壤中不移动，对环境较安全，残效期较长。

防治对象　用于防治茶树茶尺蠖、茶小绿叶蝉、茶毛虫等。

使用方法

（1）防治茶树茶尺蠖　在幼虫2～3龄期施药，用100g/L联苯菊酯乳油6000～10000倍液整株喷雾。安全间隔期为7d，每季最多使用1次。最高残留限量为5mg/kg。

（2）防治茶树茶小绿叶蝉　在若虫和成虫盛发期施药，每亩用100g/L联苯菊酯乳油2667～5000倍液整株喷雾。安全间隔期为7d，每季最多使用1次。最高残留限量为5mg/kg。

（3）防治茶树茶毛虫　在幼虫2～3龄期施药，每亩用100g/L联苯菊酯乳油5～10mL对水喷雾。安全间隔期为7d，每季最多使用1次。最高残留限量为5mg/kg。

（4）防治茶树粉虱　在害虫盛发初期施药，每亩用100g/L联苯菊酯乳油20～25mL对水喷雾。安全间隔期为7d，每季最多使用1次。最高残留限量为5mg/kg。

（5）防治茶树象甲　成虫出土盛末期施药，每亩用100g/L联苯菊酯乳油30～35mL对水喷雾。安全间隔期为7d，每季最多使用1次。最高残留限量为5mg/kg。

（6）防治番茄白粉虱　在害虫盛发初期，每亩用 100g/L 联苯菊酯乳油 5～10mL，均匀喷雾。安全间隔期为 4d，每个作物周期最多使用 3 次。最高残留限量为 0.5mg/kg。

（7）防治柑橘树潜叶蛾　在卵孵化盛期至低龄幼虫期，用 100g/L 联苯菊酯乳油 10000～13300 倍液，均匀喷雾。安全间隔期为 21d，每个作物周期最多使用 1 次。最高残留限量为 0.5mg/kg。

（8）防治柑橘树红蜘蛛　在成螨、若螨发生期施药，用 100g/L 联苯菊酯乳油 3000～5000 倍液整株喷雾。安全间隔期为 21d，每季最多使用 1 次。最高残留限量为 0.5mg/kg。

（9）防治苹果树桃小食心虫　在卵孵化盛期至低龄幼虫期施药，每次用 100g/L 联苯菊酯乳油 3000～5000 倍液整株喷雾。安全间隔期为 10d，每季最多使用 3 次。最高残留限量为 0.5mg/kg。

（10）防治苹果树叶螨　在害螨盛发初期施药，用 100g/L 联苯菊酯乳油 3000～5000 倍液整株喷雾。安全间隔期为 10d，每季最多使用 3 次。最高残留限量为 0.5mg/kg。

注意事项

（1）对蜜蜂、鱼类等水生生物、家蚕有毒，施药期间应避免对周围蜂群的影响，蜜源作物花期、蚕室和桑园附近禁用。

（2）不能与碱性农药混用。

44. 醚菊酯（etofenprox）

其他名称　多来宝、利多来

主要制剂　10％悬浮剂，30％水乳剂。

毒性　鼠急性经口 LD_{50}＞2000mg/kg；鱼急性 LC_{50} 为 0.0027mg/L（96h）；蜜蜂急性接触 LD_{50}＞0.13μg/只（48h）。

作用特点　结构中无菊酯，但因为空间结构和拟除虫菊酯有相似之处，所以仍称为拟除虫菊酯类杀虫剂，具有杀虫谱广、杀虫活性高、击倒速度快、持效期较长、对稻田蜘蛛等天敌杀伤力较小、对作物安全等优点，对害虫无内吸传导作用。

防治对象　适用于防治蔬菜、棉花、果树、水稻等作物上的鳞翅目、半翅目、双翅目和直翅目等多种害虫，如褐飞虱、白背飞虱、黑背叶蝉、棉铃虫、红铃虫、桃蚜、瓜蚜、白粉虱、菜青虫、茶毛虫、茶尺蠖、茶刺蛾、桃小食心虫、梨小食心虫、柑橘潜叶蛾、烟草夜蛾、小菜蛾、玉米螟、大螟、大豆食心虫等，对螨类无效。

使用方法

（1）防治十字花科蔬菜菜青虫　在低龄幼虫盛发初期施药，每亩用 10％醚菊酯悬浮剂 30~40mL 对水喷雾。安全间隔期为 7d，每季最多使用 2 次。最高残留限量为 2mg/kg。

（2）防治十字花科蔬菜甜菜叶蛾　在低龄幼虫盛发初期施药，每亩用 10％醚菊酯悬浮剂 80~100mL 对水喷雾。相同剂量可防治小菜蛾。安全间隔期为 7d，每季最多使用 2 次。最高残留限量为 2mg/kg。

（3）防治林木松毛虫　在幼虫 2~3 龄期施药，每亩用 10％醚菊酯悬浮剂 30~40mL 对水喷雾。安全间隔期为 7d，每季最多使用 2 次。最高残留限量 0.01mg/kg。

（4）防治水稻稻飞虱　在害虫盛发初期施药，每亩用 10％醚菊酯悬浮剂 40~100mL 对水喷雾。安全间隔期为 14d，每季最多使用 2 次。最高残留限量为 0.2mg/kg。

（5）防治水稻象甲　在害虫盛发初期施药，每亩用 10％醚菊酯悬浮剂 80~100mL 对水喷雾。安全间隔期为 14d，每季最多使用 3 次。最高残留限量为 0.5mg/kg。

注意事项
（1）不宜与强碱性农药混用，存放于阴凉干燥处。

（2）本品没有内吸杀虫作用，施药应均匀周到；防治钻蛀性害虫时，应掌握在幼虫蛀入前用药。

（3）悬浮剂放置时间较长出现分层时，应先摇匀再使用。

（4）本品对鱼类剧毒，对蜜蜂、家蚕中毒，对藻类低毒，对天敌赤眼蜂具极高风险性。施药时应避免对周围蜂群的影响，周围开花植物花期、蚕室和桑园附近禁用。远离水产养殖区、河塘等水体施药，应避免药液流入河塘等水体中，清洗喷药器械时切忌污染水源，禁止在河塘等水域清洗施药器具。赤眼蜂等天敌放飞区域禁用。

45. 七氟菊酯（tefluthrin）

(Z)-(1R)-cis-acid

(Z)-(1S)-cis-acid

主要制剂　0.5％颗粒剂。

毒性　鼠急性经口 LD_{50} 为 21.8mg/kg；鱼急性 LC_{50} 为 0.00006mg/L（96h）；蜜蜂急性接触 LD_{50} 为 0.28μg/只（48h）。

作用特点　拟除虫菊酯类杀虫剂。通过与钠离子通道的交互作用扰乱神经功能，具有触杀和熏蒸作用。

防治对象　可防治南瓜十二星甲、金针虫、跳甲、金龟子、甜菜隐食甲、地老虎、玉米螟、瑞典麦秆蝇等土壤害虫。能防治鞘翅目和栖息在土壤中的鳞翅目和某些双翅目害虫。

使用方法

(1) 防治南瓜十二星甲、金针虫、跳甲、金龟子、甜菜隐食甲、地老虎、玉米螟、瑞典麦秆蝇等土壤害虫　每亩地用 0.5％七氟菊酯颗粒剂 16～20g 做土壤处理。

(2) 防治蝼蛄、蛴螬等地下害虫　用 0.5％七氟菊酯颗粒剂 500g，对水 10kg，拌种 100kg，或拌炒香的棉籽饼配制成毒饵。

注意事项

(1) 不能与碱性物质如波尔多液混用。

(2) 施药时应该选择无风或微风天气且气温低时进行。

(3) 用药量及施药次数不要随意增加，注意与非菊酯类农药交替使用。

(4) 本品对鱼类、蜜蜂毒性大，禁止污染水源、蜂场、桑园。

(5) 本品应存储在通风、阴凉、干燥处，远离儿童。

(6) 如药液溅到皮肤和眼睛上，立即用大量清水冲洗；如误服，立即引吐，并迅速就医。

46. 炔咪菊酯（imiprothrin）

(1*R*)-*cis*-acid

(1*R*)-*trans*-acid

其他名称　捕杀雷

主要制剂　50.5％母液。

毒性　鼠急性经口 LD_{50} 为 54.5mg/kg；鱼急性 LC_{50} 为 0.00026mg/L（96h）；蜜蜂急性接触 LD_{50} 为 0.015μg/只（48h）。

作用特点　拟除虫菊酯类杀虫剂，作用于昆虫神经系统，通过与钠离子通道作用扰乱神经元功能，杀死害虫。

防治对象　防治蟑螂、蚊、家蝇、蚂蚁、跳蚤、尘螨、衣鱼、蟋蟀、蜘蛛等害虫及有害生物。

使用方法 防治卫生害虫，使用 50.5%炔咪菊酯母液 1000~1700 倍液，喷雾。

注意事项 对鱼等水生动物、蜜蜂、蚕有毒。注意不可污染鱼塘等水域及饲养蜂、蚕场地，蚕室内及其附近禁用。

47. 氟氯苯菊酯（flumethrin）

其他名称 氯苯百治菊酯

主要制剂 1%喷射剂，5%喷雾剂。

毒性 鼠急性经口 LD_{50} 为 584mg/kg。

作用特点 拟除虫菊酯类杀虫剂，作用于害虫神经系统，通过与钠离子通道作用扰乱神经系统的功能。有抑制成虫产卵和抑制孵化的活性，但无击倒作用。

防治对象 该品高效安全，适用于禽畜体外寄生虫的防治，能用于多种蜱、虱和鸡羽螨等。

使用方法

（1）防治单寄主的微小牛蜱 防治具环牛蜱等害虫，用 5%氟氯苯菊酯喷雾剂或 30mg/kg 氟氯苯菊酯药液喷射或浇泼。

（2）防治微小牛蜱 防治具环牛蜱等害虫，使用 5%氟氯苯菊酯喷雾剂或小于 10mg/kg 氟氯苯菊酯药液。

（3）防治多寄主的希伯来花蜱、彩斑花蜱、附肢扇花蜱和无顶璃眼蜱等害虫 使用 5%氟氯苯菊酯喷雾剂或 40mg/kg 氟氯苯菊酯药液。施药后的保护期均在 7d 以上。

注意事项 对鱼、蚕有毒，蚕室内及其附近禁用。

48. 苯醚菊酯（phenothrin）

其他名称 速灭灵

主要制剂 10%乳油。

毒性 鼠急性经口 LD_{50} >5000mg/kg；鱼急性 LC_{50} 为 0.0027mg/L（96h）；对蜜蜂有毒害作用。

作用特点 拟除虫菊酯类杀虫剂，作用于害虫神经系统，通过与钠离子通道作用扰乱神经系统的功能。具有触杀和胃毒作用，无内吸性。

防治对象 防治蟑螂、苍蝇、蚊子、飞蛾、跳蚤等卫生害虫。

使用方法

（1）防治家蝇、蚊子 每立方米用10％苯醚菊酯乳油4～8mL喷雾。

（2）防治蜚蠊 每立方米用10％苯醚菊酯乳油40mL喷雾。

注意事项 对鱼等水生动物、蜜蜂、蚕有毒，注意不可污染鱼塘等水域及饲养蜂、蚕场地，蚕室内及其附近禁用。

49. 氟胺氰菊酯（*tau*-fluvalinate）

其他名称 福化利、马扑立

主要制剂 10％乳剂。

毒性 鼠急性经口 LD_{50} 为546mg/kg；鱼急性 LC_{50} 为0.000794mg/L（96h）；蜜蜂急性接触 LD_{50} 为12μg/只（48h）。

作用特点 高效、广谱拟除虫菊酯类杀虫、杀螨剂，具有胃毒和触杀作用，对作物安全，残效期较长。

防治对象 可用于防治棉铃虫、棉红铃虫、棉蚜、棉红蜘蛛、玉米螟、菜青虫、小菜蛾、柑橘潜叶蛾、茶毛虫、茶尺蠖、桃小食心虫、绿盲椿、叶蝉、粉虱、小麦黏虫、大豆食心虫、大豆蚜虫、甜菜夜蛾等。如防治棉铃虫、红铃虫，应在卵孵化盛期，幼虫蛀入蕾、铃之前用药；防治棉蚜应于无翅成虫、若虫盛发期用药。

使用方法

（1）防治棉花红铃虫、棉铃虫、棉蚜、红蜘蛛、玉米螟、金刚钻等 每亩用10％氟胺氰菊酯乳剂25～50mL，对水75kg喷雾。安全间隔期14d，每季最多使用3次。最高残留限量为0.2mg/kg。

（2）防治菜蚜、菜青虫等 每亩用10％氟胺氰菊酯乳剂25～50mL对水75kg喷雾。

（3）防治潜叶蛾、卷叶虫、尺蠖等 每亩用10％氟胺氰菊酯乳剂稀释5000～8000倍，或每亩用10％氟胺氰菊酯乳剂15～20mL对水75kg喷雾。

（4）防治大豆卷叶虫、食心虫等 每亩用10％氟胺氰菊酯乳剂稀释2000～3000倍，或每亩用10％氟胺氰菊酯乳剂25～35mL对水75kg喷雾。

（5）防治斜纹夜蛾、地老虎、黏虫、红蜘蛛等 每亩用10％氟胺氰菊酯乳剂30～40mL对水75kg喷雾。

注意事项

（1）叶菜安全间隔期为7d，每季最多使用3次。

（2）遇碱易分解，不能与碱性物质混合使用以免分解，使用时应现配现用。

（3）该药无内吸作用，因此施药时必须均匀喷雾到害虫为害部位。对钻蛀性害虫，必须掌握在钻入植株或果实之前施药。

（4）使用时应注意不要污染桑园、养蜂场所以及池塘，河流等。

三、烟碱型乙酰胆碱受体激动剂

（1）**作用机理**　烟碱型乙酰胆碱受体（nAChR）属于神经递质门控离子通道蛋白，在脊椎动物和无脊椎动物的兴奋性神经递质传导过程中发挥着重要作用，执行着神经化学信号到肌肉运动的跨膜传递功能，属于半胱氨酸环配体门控离子通道超家族。nAChR 是由 5 个亚单位以多种不同的形式组成的五聚体寡蛋白，在中枢神经系统、肌肉和外周神经系统中广泛表达。昆虫 nAChR 广泛分布于中央神经系统的突触神经纤维网区，目前作用于昆虫 nAChR 的杀虫剂主要有沙蚕毒素类、新烟碱类以及生物农药多杀菌素。nAChR 作为昆虫神经系统中重要的组成部分，人们利用作用于该靶标的烟碱来防治害虫已有数百年的历史。随后一些商品化杀虫剂的成功开发进一步证实该靶标部位的适宜性。新烟碱类杀虫剂具有杀虫活力是因为它们可以作为昆虫 nAChR 的激动剂，对昆虫的 nAChR 表现较好的活性，作用于昆虫神经突触后膜，通过与烟碱乙酰胆碱受体结合，干扰昆虫神经系统正常传导，引起神经通道的阻塞，使昆虫异常兴奋，全身痉挛、麻痹而死。

（2）**化学结构类型**　新烟碱类（氯代烟碱类、硫代烟碱类、呋喃型烟碱类等）杀虫剂。

（3）**通性**　碱性条件下不稳定；正温度系数杀虫剂；已有部分同翅目昆虫对该类药剂产生抗性；对哺乳动物低毒，某些品种对蜜蜂有毒害作用；与其他类杀虫剂无交互抗性。

50. 吡虫啉（imidacloprid）

其他名称　康福多

主要制剂　5％、10％、20％乳油，10％、20％、25％、50％和70％可湿性粉剂，350g/L、480g/L、600g/L悬浮剂，40％、65％、70％水分散粒剂。

毒性　鼠急性经口 LD_{50} 为 131mg/kg；鱼急性 $LC_{50} > 83$mg/L（96h）；蜜蜂急性接触 LD_{50} 为 0.081μg/只（48h）。

作用特点　本品属氯代烟碱类内吸杀虫剂，选择性抑制昆虫神经系统中的盐酸乙酰胆碱受体，与其极高的竞争性结合，从而破坏昆虫中枢神经的正常传导，使昆虫异常兴奋，全身痉挛、麻痹而死。具有触杀、胃毒作用，尤其是具有优异的根部内吸传导作用。

防治对象　防治水稻、小麦、棉花、蔬菜等作物上的刺吸式口器害虫，如蚜虫、叶蝉、蓟马、白粉虱、马铃薯甲虫和麦秆蝇等。也可有效防治土壤害虫、白蚁和一些咀嚼式口器害虫，如稻水象甲和跳甲等。对线虫和红蜘蛛无活性。用于棉花、禾谷类作物、甜菜、马铃薯、蔬菜、柑橘、仁果类果树等不同作物，既可种子处理，又可叶面喷雾。

使用方法

（1）防治小麦蚜虫、棉花蚜虫　蚜虫盛发期施药，每亩用5％吡虫啉乳油20～60mL对水喷雾。小麦安全间隔期为21d，棉花为14d，每季最多使用3次。棉花最高残留限量0.5mg/kg，小麦最高残留限量为0.05mg/kg。

（2）防治柑橘蚜虫、潜叶蛾，苹果蚜虫等果树害虫　在蚜虫盛发期或潜叶蛾幼虫盛发初期施药，每亩用5％吡虫啉乳油20～30mL对水喷雾。安全间隔期为14d，每季最多使用3次。最高残留限量0.5mg/kg。

（3）防治水稻稻飞虱　在稻飞虱若虫盛发初期施药，每亩用5％吡虫啉乳油20～30mL或者用600g/L吡虫啉悬浮剂3～5mL对水喷雾。安全间隔期为14d，每季最多使用3次。最高残留限量0.2mg/kg。

（4）防治茶小绿叶蝉　茶小绿叶蝉若虫盛发初期施药，每亩用10％吡虫啉可湿性粉剂20～30g对水喷雾。安全间隔期为7d，每季最多使用2次，最高残留限量0.5mg/kg。

（5）防治黄瓜（保护地）白粉虱　白粉虱若虫盛发初期施药，每亩用10％吡虫啉可湿性粉剂20～30g对水喷雾。安全间隔期为7d，每季最多使用2次。最高残留限量为0.5mg/kg。

（6）防治十字花科蔬菜蚜虫、棉花蚜虫　蚜虫盛发初期施药，每亩用70％吡虫啉水分散粒剂2～3g对水喷雾。十字花科蔬菜、棉花安全间隔期分别为7d、14d，每季最多使用2次。花椰菜的最高残留限量为0.5mg/kg，白菜的最高残留限量为0.2mg/kg。

（7）防治水稻稻瘿蚊　在水稻播种时采用拌种方式，按照药种比（质量比）1∶100拌种使用。

注意事项

（1）不宜在强光下喷雾使用，以免降低药效。

（2）不能与碱性农药混用。

（3）果品采收前15d停用。

（4）蚕室（及桑园）附近禁用。开花植物花期禁用，使用时应密切关注对附近蜂群的影响。赤眼蜂等天敌放飞区域禁用。

（5）在温度较低时，防治小麦蚜虫效果会受一定影响。

51. 啶虫脒（acetamiprid）

其他名称　莫比朗

主要制剂　3％、5％、10％、25％乳油，3％、5％、10％、20％、70％可湿性粉剂，20％可溶粉剂，3％、5％、10％微乳剂。

毒性　鼠急性经口 LD_{50} 为146mg/kg；鱼急性 LC_{50} ＞100mg/L（96h）；蜜蜂急性接触 LD_{50} 为8.09μg/只（48h）。

作用特点　为氯代烟碱类内吸性杀虫剂，可用作土壤处理和叶面喷雾，具有触杀和胃毒作用。作用于神经突触后膜的乙酰胆碱受体，引起异常兴奋，从而导致受体机能的停止和神经传输的阻断，害虫全身痉挛、麻痹而死。其强烈的内吸及渗透作用使防治害虫时可达到正面喷药反面死虫的优异效果。

防治对象　适用于甘蓝、白菜、萝卜、莴苣、黄瓜、西瓜、茄子、青椒、番茄、甜瓜、葱、草莓、马铃薯、玉米、苹果、梨、葡萄、桃、柑橘、玫瑰等作物，对刺吸式口器害虫如蚜虫、蓟马、粉虱等防治效果良好，用颗粒剂做土壤处理，可防治地下害虫。

使用方法

（1）防治黄瓜蚜虫、白粉虱　于蚜虫、白粉虱低龄若虫盛发期施药，每亩用3%啶虫脒乳油40～80mL对水喷雾。安全间隔期2d，每季最多使用3次。最高残留限量0.05mg/kg。

（2）防治烟草蚜虫　于蚜虫低龄若虫盛发期施药，每亩用3%啶虫脒乳油30～40mL对水喷雾。安全间隔期10d，每季最多使用3次。最高残留限量0.05mg/kg。

（3）防治小麦蚜虫　于蚜虫低龄若虫盛发期施药，每亩用3%啶虫脒微乳剂25～40mL对水喷雾。安全间隔期14d，每季最多使用2次。最高残留限量0.05mg/kg。

（4）防治棉花蚜虫　于蚜虫低龄若虫盛发期施药，每亩用20%啶虫脒可溶粉剂3～6g对水喷雾。安全间隔期14d，每季最多使用3次。最高残留限量0.05mg/kg。

（5）防治十字花科蔬菜、黄瓜蚜虫　于蚜虫低龄若虫盛发期施药，每亩用3%啶虫脒微乳剂30～50mL对水喷雾。在甘蓝上的安全间隔期为5d，每季最多使用2次；在黄瓜上的安全间隔期4d，每季最多使用3次。最高残留限量0.05mg/kg。

注意事项

（1）对鱼类等水生生物、蜜蜂、家蚕有毒。施药期间应避免对周围蜂群的影响，开花植物花期、蚕室和桑园附近禁用。地下水、饮用水源地附近禁用，远离水产养殖区施药，禁止在河塘等水体中清洗施药器具。

（2）不能与碱性物质混用。

52. 噻虫嗪（thiamethoxam）

其他名称　阿泰

主要制剂　21%悬浮剂，25%水分散粒剂。

毒性　鼠急性经口 LD_{50} ＞1563mg/kg；鱼急性 LC_{50} ＞125mg/L（96h）；蜜蜂急性接触 LD_{50} 为 0.024μg/只（48h）。

作用特点　噻虫嗪是一种全新结构的第二代硫代烟碱类高效低毒杀虫剂，具有广谱杀虫活性，具有胃毒、触杀和内吸活性，用于叶面喷雾及土壤灌根处理。施药后迅速被内吸，并传导到植株各部位，对刺吸式害虫有良好防效。

防治对象　防治鳞翅目、鞘翅目、缨翅目以及同翅目害虫，如蚜虫、叶蝉、粉虱、飞虱、蓟马、金龟子幼虫、跳甲等，对害卵也有一定的灭杀作用。叶面和土壤施用的适用作物为甘蓝、叶菜和果菜、马铃薯、水稻、棉花、柑橘、烟草和大豆；种子处理适用的作物为玉米、高粱、谷类、油菜、蚕豆、向日葵、豌豆、糖甜菜、水稻和马铃薯。也可用来防治动物和公共场所的蝇类，如家蝇、果蝇。

使用方法

（1）防治菠菜蚜虫　于蚜虫发生初期施药，每亩用25%噻虫嗪水分散粒剂6～8g对水喷雾。安全间隔期为28d，每季最多使用2次。最高残留限量10mg/kg（日本）。

（2）防治芹菜蚜虫　于蚜虫发生初期施药，每亩用25%噻虫嗪水分散粒剂4～8g对水喷雾。安全间隔期为28d，每季最多使用2次。最高残留限量0.7mg/kg（日本）。

（3）防治水稻稻飞虱　于稻飞虱发生初期施药，每亩用25%噻虫嗪水分散粒剂2～4g对水喷雾。安全间隔期为28d，每季最多使用2次。最高残留限量0.1mg/kg（韩国）。

注意事项

（1）本品对蜜蜂和家蚕高毒，蜜源植物花期和桑园、蚕室附近禁用。水产养殖区、河塘等水体附近禁用，禁止在河塘等水域清洗施药器具。鸟类保护区附近禁用。施药后立即覆土。

（2）施药地块禁止放牧和畜、禽进入。

53. 噻虫啉（thiacloprid）

主要制剂　40%、48%悬浮剂，30%、36%、50%水分散粒剂，2%、3%微囊悬浮剂。

毒性　鼠急性经口LD_{50}为444mg/kg；鱼急性LC_{50}为24.5mg/L（96h）；蜜蜂急性接触LD_{50}为38.82μg/只（48h）。

作用特点　噻虫啉是新型氯代烟碱类杀虫剂，主要作用于昆虫神经突触后膜，通过与烟碱乙酰胆碱受体结合，干扰昆虫神经系统正常传导，引起神经通道的阻塞，使昆虫异常兴奋，全身痉挛、麻痹而死。具有较强的内吸、触杀和胃毒作用，与常规杀虫剂如拟除虫菊酯类、有机磷类和氨基甲酸酯类没有交互抗性，因而可用于抗性治理。

防治对象　噻虫啉对仁果类水果、棉花、蔬菜和马铃薯上的重要害虫有优异的防治效果。除对蚜虫和粉虱有效外，对各种甲虫，如马铃薯甲虫、苹花象甲、稻象甲和鳞翅目害虫，如苹果潜叶蛾等也有效，并且适用于相应的所有作物。

使用方法

（1）防治甘蓝蚜虫　蚜虫盛发初期施药，每亩用50%噻虫啉水分散粒剂6～14g对水喷雾。安全间隔期为10d，每季最多使用2次。最高残留限量0.05mg/kg（国际食品法典）。

（2）防治林木天牛　天牛羽化盛期施药，每亩用3%噻虫啉微囊悬浮剂6～14mL对水喷雾。安全间隔期为10d，每季最多使用2次。最高残留限量1mg/kg（日本）。

注意事项

（1）严禁与碱性物质混用。

（2）本品对鱼和水生生物有毒，勿将药剂及废液弃于池塘、河流、湖泊中，不能在河塘等水域及水产养殖区和养鱼的水稻田中施用。施药器械不得在河塘内洗涤。

（3）对家蚕高毒，在蚕室及桑园附近禁止使用，使用时要注意对蜜蜂和鸟类的影响。

（4）开花作物花期禁用。

（5）赤眼蜂等天敌放飞区域禁用。

54. 噻虫胺（clothianidin）

其他名称　可尼丁

主要制剂　50%水分散粒剂。

毒性　鼠急性经口 LD_{50} ＞500mg/kg；鱼急性 LC_{50} ＞104.2mg/L（96h）；蜜蜂急性接触 LD_{50} 为 $0.044\mu g/$只（48h）。

作用特点　噻虫胺是硫代烟碱类杀虫剂中的一种，是一种高效、安全、高选择性的新型杀虫剂，作用于烟碱乙酰胆碱受体，具有触杀、胃毒和内吸活性。具有高效、广谱、用量少、持效期长、对作物无药害、使用安全、与常规农药无交互抗性等优点，有卓越的内吸和渗透作用，是替代高毒有机磷农药的又一品种。

防治对象　主要用于水稻、蔬菜、果树及其他作物上防治蚜虫、叶蝉、蓟马、飞虱等半翅目、鞘翅目、双翅目和某些鳞翅目害虫。

使用方法　防治番茄烟粉虱，在低龄若虫盛发期施药，每亩用50%噻虫胺水分散粒剂6～8g对水喷雾，喷雾时务必将药液喷到稻丛中下部，以保证药效。安全间隔期为7d，每季最多施药3次。最高残留限量0.02mg/kg（欧盟）。

注意事项

（1）噻虫胺对蚕有影响，因此不得在桑树种植地区及蚕室附近使用，以免对蚕造成影响。

（2）噻虫胺对蜜蜂有影响，不要在养蜂场所使用。

55. 氯噻啉（imidaclothiz）

主要制剂　10%可湿性粉剂，40%水分散粒剂。

毒性　鼠急性经口 LD_{50} 为 1470mg/kg；对蜜蜂、家蚕高毒。

作用特点　氯噻啉属我国拥有自主知识产权的新烟碱类杀虫剂，具有强内吸性，杀虫谱广，与烟碱的作用机理相同，对害虫的突触受体具有神经传导阻断作用，在植物体内传导，使害虫摄食而导致神经中毒，起杀虫作用。

防治对象 可用在小麦、水稻、棉花、蔬菜、果树、烟叶等多种作物上防治蚜虫、叶蝉、飞虱、蓟马、粉虱，同时对鞘翅目、双翅目和鳞翅目害虫也有效，尤其对水稻二化螟、三化螟毒力很高。在使用中防治效果一般不受温度高低的限制。

使用方法

（1）防治茶树茶小绿叶蝉 于茶小绿叶蝉低龄若虫盛发期施药，每亩用10%氯噻啉可湿性粉剂20~30g对水喷雾。安全间隔期为5d，每季最多使用2次。

（2）防治番茄白粉虱 于白粉虱若虫盛发期施药，每亩用10%氯噻啉可湿性粉剂15~30g对水喷雾。安全间隔期为7d，每季最多使用2次

（3）防治小麦蚜虫 于蚜虫低龄若虫盛发期施药，每亩用10%氯噻啉可湿性粉剂15~20g对水喷雾。安全间隔期为14d，每季最多使用2次。

（4）防治水稻稻飞虱 于稻飞虱低龄若虫盛发期施药，每亩用10%氯噻啉可湿性粉剂10~20g对水喷雾。安全间隔期为30d，每季最多使用2次。

（5）防治烟草蚜虫 于蚜虫低龄若虫盛发期施药，每亩用40%氯噻啉水分散粒剂4~5g对水喷雾。安全间隔期为14d，每季最多使用3次。

（6）防治水稻稻飞虱 于稻飞虱低龄若虫盛发期施药，每亩用40%氯噻啉水分散粒剂4~5g对水喷雾。安全间隔期为45d，每季最多使用1次。

注意事项

（1）对家蚕毒性高，施药时防止飘移到桑叶上，蚕室与桑园附近禁用。对蜜蜂有毒，施药时避开作物开花期。

（2）施药前后应将喷雾器清洗干净。

（3）建议与不同作用机制的杀虫剂混合或轮换使用。

56. 烯啶虫胺（nitenpyram）

主要制剂 10%、20%水剂，20%水分散粒剂，10%可溶液剂，50%可溶粒剂。

毒性 鼠急性经口 LD_{50} 为1575mg/kg；鱼急性 LC_{50} 为10mg/L（96h）；对蜜蜂有毒害作用。

作用特点 烯啶虫胺是一种高效、广谱、新型烟碱类杀虫剂，作用于昆虫神经系统的乙酰胆碱受体。具有内吸性和渗透作用，用量少，毒性低，持效期长，无交互抗性，对作物安全无药害。

防治对象 用于水稻、小麦、棉花、黄瓜、茄子、萝卜、番茄、马铃薯、甜瓜、西瓜、桃、苹果、梨、柑橘、葡萄、茶上，防治稻飞虱、蚜虫、蓟马、白粉虱、烟粉虱、叶蝉等，广泛应用于园艺和农业上防治同翅目和半翅目害虫，持效期可达14d左右。

使用方法

（1）防治棉花蚜虫　蚜虫盛发初期施药，每亩用10％烯啶虫胺水剂10～20mL或者用20％烯啶虫胺水分散粒剂5～10g，对水喷雾。安全间隔期为7d，每季最多使用2次。最高残留限量为0.05mg/kg。

（2）防治甘蓝蚜虫　蚜虫盛发初期施药，每亩用20％烯啶虫胺水分散粒剂7～10g对水喷雾。安全间隔期为7d，每季最多使用2次。最高残留限量为5mg/kg（日本）。

（3）防治水稻稻飞虱　稻飞虱盛发初期施药，每亩用10％烯啶虫胺可溶粒剂2～4g对水喷雾。安全间隔期为7d，每季最多使用2次。最高残留限量为0.03mg/kg（日本）。

注意事项

（1）烯啶虫胺不可与碱性农药及其他碱性物质混用。

（2）烯啶虫胺对桑蚕、蜜蜂高毒，在使用过程中不可污染蚕桑及蜂场。

57. 哌虫啶（paichongding）

主要制剂　10％悬浮剂。

毒性　鼠急性经口 LD_{50} ＞5000mg/kg。

作用特点　哌虫啶是高效、低毒、广谱新烟碱类杀虫剂。

防治对象　该药可以广泛用于果树、小麦、大豆、蔬菜、水稻和玉米等多种作物害虫的防治。主要用于防治同翅目害虫。

使用方法　防治水稻稻飞虱，在低龄若虫盛发期喷雾，每亩用10％哌虫啶悬浮剂25～35mL对水喷雾。安全间隔期为20d，每季最多使用1次。

注意事项

（1）远离水产养殖区施药，禁止在河塘等水体中清洗施药器具。

（2）建议与其他不同作用机制的杀虫剂轮换使用。

58. 呋虫胺（dinotefuran）

主要制剂　25％、50％、60％可湿性粉剂，24％、30％、40％、50％、60％、70％水分散粒剂，20％、30％悬浮剂，40％可湿性粒剂，8％悬浮种衣剂，0.05％饵剂。

毒性　鼠急性经口 LD_{50} ＞2000mg/kg；鱼急性 LC_{50} ＞100mg/L（96h）；蜜蜂急性接触 LD_{50} 为 0.023μg/只（48h）。

作用特点　本品是第三代呋喃型烟碱类杀虫剂，为烟碱乙酰胆碱受体的兴奋剂，主要作用于昆虫神经传递系统，使害虫麻痹从而发挥杀虫作用。具有较高的杀虫活性，对害虫具有胃毒、触杀及内吸活性。其施药后迅速被内吸，并传导到植株各部位，作用迅速，持效期较长。

防治对象　对刺吸式害虫稻飞虱有较好的防效，用于室内防除跳蚤、蜚蠊，用于观赏菊花、玉米、小麦上防除蚜虫，用于花生、马铃薯上防除蛴螬。

使用方法

（1）防治水稻稻飞虱　每亩使用 25％呋虫胺可湿性粉剂 20～30g 或 50％呋虫胺水分散粒剂 12～16g，或使用 8％呋虫胺悬浮种衣剂 80～100g/100kg 种子。

（2）防除室内跳蚤　每亩喷射 40％可湿性粒剂 80mg，防治室内蜚蠊每亩喷射 40％呋虫胺可湿性粒剂 160mg。

（3）防治观赏菊花上的蚜虫　每亩施用 30％呋虫胺悬浮剂 5.4～7.2g。

（4）用于玉米上防除蚜虫　可使用 8％悬浮种衣剂 266.7～400g/100kg 种子。

（5）用于小麦上防除蚜虫　可使用 8％悬浮种衣剂 114.3～200g/100kg 种子。

（6）用于花生上防除蛴螬　可使用 8％悬浮种衣剂 114.3～200g/100kg 种子。

（7）用于马铃薯上防除蛴螬　可使用 8％悬浮种衣剂 32～40g/100kg 种子。

注意事项

（1）安全间隔期为 30d，每季作物最多使用 2 次。

（2）本品对蜜蜂和家蚕高毒，蜜源植物花期和桑园、蚕室附近禁用。赤眼蜂等天敌放飞区禁用。虾蟹套养稻田禁用，施药后的田水不得直接排入水体。

（3）建议与其他作用机制不同的杀虫剂轮换使用，以延缓抗性产生。

四、烟碱型乙酰胆碱受体变构调节剂

（1）作用机理　烟碱型乙酰胆碱受体（nAChR）属于神经递质门控离子通道蛋白，在脊椎动物和无脊椎动物的兴奋性神经递质传导过程中发挥着重要作用，执行着神经化学信号到肌肉运动的跨膜传递功能，属于半胱氨酸环配体门控离子通道超家族。nAChR 是由 5 个亚单位以多种不同的形式组成的五聚体寡蛋白，在中枢神经系统、肌肉和外周神经系统中广泛表达。作用于昆虫神经中烟碱型乙酰胆碱受体和 γ-氨基丁酸受体，致使虫体对兴奋性或抑制性的信号传递反应不敏感，影响正常的神经活动，导致非功能性的肌收缩、衰竭，并伴随颤抖和麻痹，使昆虫死亡。

（2）化学结构类型　大环内酯类抗生素杀虫剂。

（3）通性　强酸强碱条件下不稳定；正温度系数杀虫剂；已有部分昆虫产生抗性，不易与传统杀虫剂产生交互抗性；对哺乳动物毒性低；易降解，在环境中通过光解和微生物分解等多种途径降解。

59. 多杀霉素（spinosad）

spinosyn A

spinosyn D

其他名称　菜喜

制剂　5%、25g/L、480g/L悬浮剂，20%水分散粒剂。

毒性　鼠急性经口 LD_{50} >2000mg/kg；鱼急性 LC_{50} 为27mg/L（96h）；蜜蜂急性接触 LD_{50} 为0.0036μg/只（48h）。

作用特点　是在刺糖多孢菌发酵液中提取的一种大环内酯类无公害高效生物杀虫剂。通过与烟碱乙酰胆碱受体结合使昆虫神经细胞去极化，引起中央神经系统广泛超活化，导致非功能性的肌收缩、衰竭，并伴随颤抖和麻痹。对昆虫存在快速触杀和摄食毒性，同时也通过抑制γ-氨基丁酸受体而使神经细胞超活化，进一步加强其活性。且对叶片有较强的渗透作用，可杀死表皮下的害虫，残效期较长；此外对一些害虫具有一定的杀卵作用，但无内吸作用。

防治对象　可防除鳞翅目害虫，如甘蓝小菜蛾、烟青虫、玉米螟、粉纹夜蛾、卷叶蛾、棉铃虫等，还可防除甲虫和蝗虫等。

使用方法

（1）防治甘蓝小菜蛾　在低龄幼虫盛发期施药，每亩用25g/L多杀霉素悬浮剂30～60mL对水喷雾。安全间隔期为1d，每季最多使用4次，每次间隔5～7d。最高残留限量为2mg/kg。

（2）防治茄子蓟马　每亩用25g/L多杀霉素悬浮剂60～100mL对水喷雾，重点喷施幼嫩组织如花、幼果、顶尖及嫩梢等部位。安全间隔期为3d，每季最多使用1次。最高残留限量为1mg/kg。

注意事项

（1）不宜与强酸强碱性物质或农药混用，以免影响药效。大风或预计1h内有雨，请勿施药。

（2）本品对蜜蜂、蚕毒性高，开花作物花期禁用，并注意对周围蜂群的影响，蚕室和桑园附近禁用。避免污染水塘等水体，不要在水体中清洗施药器具。

（3）建议与其他作用机制不同的杀虫剂轮换使用。

60. 乙基多杀菌素（spinetoram）

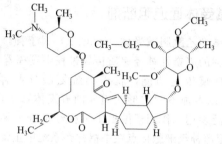

主要成分

次要成分

其他名称　艾绿士

主要制剂　60g/L 悬浮剂。

毒性　鼠急性经口 $LD_{50} > 5000mg/kg$；鱼急性 LC_{50} 为 2.69mg/L（96h）；蜜蜂急性接触 LD_{50} 为 0.024μg/只（48h）。

作用特点　乙基多杀菌素是由放线菌刺糖多孢菌发酵产生的大环内酯类抗生素杀虫剂，作用于昆虫神经中烟碱型乙酰胆碱受体和 γ-氨基丁酸受体，致使虫体对兴奋性或抑制性的信号传递反应不敏感，影响正常的神经活动，直至虫体死亡。乙基多杀菌素具有胃毒和触杀作用。

防治对象　主要用于防治鳞翅目害虫，如小菜蛾、甜菜夜蛾和缨翅目害虫蓟马等。

使用方法

（1）防治甘蓝小菜蛾和甜菜夜蛾　在低龄幼虫期，每亩用 60g/L 乙基多杀菌素悬浮剂 20～40mL 对水喷雾。由于该药剂无内吸性，喷药时叶面、叶背、心叶等部位均需着药。安全间隔期为 7d，每季最多使用 3 次，施药间隔期为 7d。最高残留限量为 0.5mg/kg。

（2）防治茄子蓟马　在蓟马发生高峰前施药，每亩用 60g/L 乙基多杀菌素悬浮剂 10～20mL 对水喷雾。由于该药剂无内吸性，喷药时叶面、叶背、心叶及茄子花等部位均需着药。安全间隔期为 5d，每季最多使用 3 次，施药间隔期为 7d。最高残留限量为 0.1mg/kg。

注意事项

（1）乙基多杀菌素对蜜蜂和家蚕等有毒。施药期间应避免影响周围蜂群，禁止在开花植物花期、蚕室和桑园附近使用。

（2）禁止在河塘等水域内清洗施药器具，不可污染水体，远离河塘等水体施药。

五、烟碱型乙酰胆碱受体通道阻断剂

（1）**作用机理** 烟碱型乙酰胆碱受体（nAChR）属于神经递质门控离子通道蛋白，在脊椎动物和无脊椎动物的兴奋性神经递质传导过程中发挥着重要作用，执行着神经化学信号到肌肉运动的跨膜传递功能，属于半胱氨酸环配体门控离子通道超家族。nAChR 是由 5 个亚单位以多种不同的形式组成的五聚体寡蛋白，在中枢神经系统、肌肉和外周神经系统中广泛表达。作用于昆虫中枢神经系统突触后膜上的乙酰胆碱受体，与受体结合后，抑制和阻滞神经细胞接点在中枢神经系统中正常的神经冲动传导，使昆虫麻痹死亡。

（2）**化学结构类型** 沙蚕毒素类。

（3）**通性** 强酸强碱条件下不稳定；对环境影响小，施用后在自然界容易分解，不存在残留毒性；目前产生抗性的昆虫包括二化螟、三化螟、稻纵卷叶螟和小菜蛾等水稻害虫和蔬菜害虫，不易产生交互抗性；能被作物的叶、根等吸收和传导；对人畜、鸟类、鱼类及水生动物的毒性均在低毒和中等毒范围内，使用安全，但对家蚕毒性很强，且残毒期长。

61. 杀虫双（bisultap）

$$Na^+ \quad O^- \!-\! S \!-\! S \!-\! CH_2 \!-\! \overset{\displaystyle CH_3 \quad CH_3}{\underset{\displaystyle N}{}} \!-\! CH \!-\! H_2C \!-\! S \!-\! S \!-\! O^- \quad Na^+$$

其他名称 虫无双、抗虫畏

主要制剂 3.6％颗粒剂，18％、20％、22％、29％水剂，3.6％大粒剂。

毒性 鼠急性经口 LD_{50} 为 996mg/kg。

作用特点 本品是一种沙蚕毒素类仿生杀虫剂，杀虫谱广，具有较强的触杀和胃毒作用，并有较强的内吸作用，能被作物的叶、根等吸收和传导。它是一种神经毒剂，能使昆虫的神经对于外界的刺激不产生反应，因而昆虫中毒后不产生兴奋现象，只表现瘫痪麻痹状态，直至死亡。

防治对象 用于防治水稻螟虫、叶蝉、菜青虫、梨星毛虫、柑橘潜叶蛾等鳞翅目、鞘翅目、半翅目、缨翅目等多种咀嚼式口器害虫，对叶面害虫和钻蛀性害虫有效。

使用方法

（1）**防治水稻稻纵卷叶螟** 在幼虫 3 龄期、田间出现零星白叶时施药，每亩用 18％杀虫双水剂 220～250mL 对水喷雾。安全间隔期 14d，每季最多使用 1 次。

（2）**防治水稻二化螟、三化螟和大螟** 防治一代二化螟和三化螟在卵孵化期后 7d

施药。大发生或发生期长的年份可施药 2 次，第一次在卵孵化盛期后 5d，第二次在第一次施药后 10～15d。防治二代二化螟和二、三代三化螟，可于卵孵化盛期后 3～5d 施药。每亩用 18％杀虫双水剂 200～250mL 对水喷雾。安全间隔期为 14d，每季最多使用 1 次。

（3）防治十字花科蔬菜小菜蛾和菜青虫　在幼虫 3 龄期前施药，每亩用 18％杀虫双水剂 220～250mL 对水喷雾。安全间隔期 14d，每季最多使用 1 次。

（4）防治甘蔗条螟　在甘蔗苗期条螟卵盛孵时施药，每亩用 18％杀虫双水剂 220～250mL 对水喷雾，间隔 7d 再施一次，同时可兼治甘蔗蓟马。

注意事项
（1）建议与其他作用机制不同的杀虫剂轮换使用。
（2）对家蚕高毒，蚕室和桑园附近禁（慎）用；对鱼中毒，远离河塘等水域施药，禁止在河塘等水体中清洗施药器具，施药后的田水不得直接排放入河塘等水域。
（3）白菜、甘蓝等十字花科蔬菜幼苗在夏季高温下对杀虫双反应敏感，易产生药害，慎用。

62. 杀虫单（monosultap）

$$HO-\overset{\overset{O}{\|}}{\underset{\underset{O}{\|}}{S}}-S-CH_2-\overset{\overset{H_3C\;\;\;CH_3}{\diagdown\;\;\diagup}}{\underset{}{N}}-CH-CH_2-S-\overset{\overset{O}{\|}}{\underset{\underset{O}{\|}}{S}}-O^-\;\;Na^+$$

主要制剂　50％、80％、90％、95％杀虫单可溶粉剂。

毒性　鼠急性经口 LD_{50} 为 996mg/kg；鱼急性 LC_{50}＞9.2mg/L（96h）。

作用特点　沙蚕毒素类杀虫剂，进入昆虫体内迅速转化为沙蚕毒素或二氢沙蚕毒素。为乙酰胆碱竞争性抑制剂，具有较强的触杀、胃毒和内吸作用。

防治对象　适用作物为水稻、甘蔗、蔬菜、果树、玉米等，防治对象为二化螟、三化螟、稻纵卷叶螟、菜青虫、甘蔗螟、玉米螟等。

使用方法　防治水稻二化螟、三化螟、稻纵卷叶螟。防治枯心，可在卵孵化高峰后 6～9h 时用药；防治白穗，在卵孵化盛期内水稻破口时用药。防治稻纵卷叶螟可在螟卵孵化高峰期用药，每亩用 90％杀虫单可溶粉剂 50～60g 对水喷雾。安全间隔期不少于 30d，每季最多使用 2 次。

注意事项
（1）建议与其他作用机制不同的杀虫剂轮换使用。
（2）本品不能与强酸强碱物质混合使用。
（3）本品对蜜蜂、家蚕有毒，施药期间应避免对周围蜂群的影响，开花植物花期、蚕室和桑园附近禁用。对鱼类等水生生物有毒，应远离水产养殖区施药，禁止在河塘等水体中清洗施药器具。
（4）对棉花、烟草和某些豆类易产生药害，马铃薯也较敏感，施药时应避免药液飘移到上述作物上。

63. 杀螟丹（cartap）

其他名称 巴丹、派丹、卡普塔、沙蚕

主要制剂 50%、95%、98%可溶粉剂。

毒性 鼠急性经口 LD_{50} 为 325mg/kg；鱼急性 LC_{50} 为 1.6mg/L（96h）。

作用特点 沙蚕毒素的衍生物，其毒理机制是作用于昆虫中枢神经系统突触后膜上的乙酰胆碱受体，与受体结合后，抑制和阻滞神经细胞接点在中枢神经系统中正常的神经冲动传递，使昆虫麻痹而死。这与一般有机氯、有机磷、拟除虫菊酯类和氨基甲酸酯类杀虫剂的作用机制不同，因而不易产生交互抗性。胃毒作用强，同时具有触杀和一定的拒食和杀卵作用。对害虫击倒较快，但常有复苏现象，使用时应注意。有较长的残效期，杀虫谱广，对捕食性螨类影响小。

防治对象 可用于防治水稻、茶树、甘蔗、柑橘、蔬菜、玉米、马铃薯等作物上的鳞翅目、鞘翅目、半翅目、双翅目等多种害虫和线虫，如蝗虫、潜叶蛾、茶小绿叶蝉、稻飞虱、叶蝉、稻瘿蚊、小菜蛾、菜青虫、跳甲、玉米螟、二化螟、三化螟、稻纵卷叶螟、马铃薯块茎蛾等多种害虫，对捕食性螨类影响小。

使用方法

（1）防治水稻二化螟、三化螟和稻纵卷叶螟 在二化螟和三化螟卵孵化高峰前 1~2d 施药，每亩用 50%杀螟丹可溶粉剂 75~150g 对水喷雾。防治稻纵卷叶螟重点在水稻穗期，在幼虫 1~2 龄高峰期施药，一般年份用药 1 次，大发生年份可用药 2 次，每亩用 50%杀螟丹可溶粉剂 80~100g 对水喷雾。安全间隔期为 2d，每季最多使用 3 次。最高残留限量 0.1mg/kg。

（2）防治茶树茶小绿叶蝉 每亩用 50%杀螟丹可溶粉剂 750~1000 倍液整株喷雾。安全间隔期为 7d，每季最多使用 2 次。最高残留限量为 20mg/kg。

注意事项

（1）对鱼、蜜蜂和家蚕有毒，用药时应远离饲养场所，并避免污染水源。

（2）水稻扬花期或作物被雨露淋湿时不宜施药，若喷药浓度高对水稻也会有药害。

64. 杀虫环（thiocyclam）

其他名称 易卫杀、硫环杀、杀螟环、甲硫环、虫噻烷。

主要制剂 50%可溶粉剂

毒性 鼠急性经口 LD_{50} 为 370mg/kg；鱼急性 LC_{50} 为 0.04mg/L（96h）。

作用特点 沙蚕毒素类杀虫剂，作用机制是占领乙酰胆碱受体，阻断神经突触传导，害虫中毒后表现麻痹直至死亡。具有胃毒、触杀、内吸和熏蒸作用。

防治对象 可防治三化螟、稻纵卷叶螟、二化螟、水稻蓟马、叶蝉、稻瘿蚊、飞虱、桃蚜、苹果蚜、苹果红蜘蛛、梨星毛虫、柑橘潜叶蛾、蔬菜害虫等。

使用方法

(1) 防治水稻二化螟、三化螟 防治一代二化螟和三化螟在卵孵化盛期后 7d 施药。大发生或发生期长的年份可施药 2 次，第一次在卵孵化盛期后 5d，第 2 次在第 1 次施药后 10～15d。防治二代二化螟和二、三代三化螟，可于卵孵化盛期后 3～5d 施药，大发生时隔 10d 后再施 1 次。每亩用 50％杀虫环可溶粉剂 50～100g 对水泼浇、喷粗雾或撒毒土均可。安全间隔期为 15d，每季最多使用 3 次，最高残留限量为 0.1mg/kg。

(2) 防治水稻稻纵卷叶螟 在幼虫三龄期、田间出现零星白叶时施药，每亩用 50％杀虫环可溶粉剂 50～100g 对水泼浇、喷雾或撒毒土均可。安全间隔期 15d，每季最多使用 3 次。最高残留限量为 0.1mg/kg。

注意事项

(1) 对蚕毒性大，残效期长，且有一定的熏杀能力，在栽桑养蚕地区应注意施药方法，慎重使用。

(2) 豆类、棉花对杀虫环敏感，不宜使用。

六、鱼尼丁受体调节剂

(1) 作用机理 鱼尼丁是一种作用于鱼尼丁受体的肌肉毒剂，鱼尼丁受体作为重要的细胞钙离子通道，当鱼尼丁与其亲和后会影响肌肉收缩，使肌肉松弛性麻痹。鱼尼丁与哺乳动物 RyR/Ca^{2+} 通道的结合具有双向性，表现为：在低浓度时，鱼尼丁可打开 RyR/Ca^{2+} 通道或者是将通道锁定在开启状态；在高浓度时，鱼尼丁使 RyR/Ca^{2+} 通道关闭，维持在失活状态。结合鱼尼丁受体，将激活鱼尼丁受体细胞内钙离子释放通道，导致贮存的钙离子失控性释放，昆虫肌肉中的钙离子浓度迅速上升，引起一系列的肌肉纤维收缩反应。持续的钙离子释放引起虫体压缩性的肌肉麻痹、回流、呕吐、脱水等症状，进而导致无法取食而死亡。

(2) 化学结构类型 邻苯二甲酰胺类杀虫剂、邻酰氨基苯甲酰胺类杀虫剂、吡唑杂环类杀虫剂、酰胺类杀虫剂。

(3) 通性 强酸强碱条件下不稳定；应用该类杀虫剂防治鳞翅目害虫的最佳时期应为卵孵化盛期至低龄幼虫活动期；施用后在自然界容易分解；不易产生交互抗性；对哺乳动物毒性低。

65. 氟苯虫酰胺（flubendiamide）

主要制剂　10%、20%悬浮剂，20%水分散粒剂。

毒性　鼠急性经口 $LD_{50} > 2000mg/kg$；鱼急性 LC_{50} 为 0.06mg/L（96h）；蜜蜂急性接触 $LD_{50} > 200\mu g/$只。

作用特点　氟苯虫酰胺属新型邻苯二甲酰胺类杀虫剂，激活兰尼碱（Ryanodine）受体细胞内钙释放通道，导致贮存钙离子的失效性释放。具有胃毒和触杀作用．

防治对象　可以用于防治白菜的小菜蛾、甜菜夜蛾，甘蔗的蔗螟、小菜蛾和玉米的玉米螟。

使用方法

（1）防治白菜的小菜蛾、甜菜夜蛾　每亩用 15～17g 的 20%氟苯虫酰胺水分散粒剂喷雾。安全间隔期为 3d，每季最多使用 3 次。

（2）防治甘蔗的蔗螟　每亩用 15～20g 的 20%氟苯虫酰胺水分散粒剂喷雾。

（3）防治玉米螟　每亩用 8～12mL 的 20%氟苯虫酰胺悬浮剂喷雾。

（4）防治甘蓝小菜蛾　每亩用 20～25mL 的 10%氟苯虫酰胺悬浮剂喷雾。

（5）防治玉米螟　每亩用 20～30mL 的 10%氟苯虫酰胺悬浮剂喷雾。

注意事项

（1）为延缓抗性产生，建议与其他不同作用机理的杀虫剂交替使用。

（2）远离水产养殖区、河塘等水体施药，禁止在河塘等水域清洗施药器具。

（3）对家蚕的影响很大，蚕室及桑园附近禁用。

66. 氯虫苯甲酰胺（chlorantraniliprole）

其他名称　福戈、福奇、宝剑、康宽、普尊

主要制剂　5%、200g/L悬浮剂，35%水分散粒剂，50%悬浮种衣剂等。

毒性　鼠急性经口 $LD_{50} > 5000mg/kg$；鱼急性 $LC_{50} > 12mg/L$（96h）；蜜蜂急性接触 $LD_{50} > 4\mu g/$只。

作用特点　氯虫苯甲酰胺属邻甲酰氨基苯甲酰胺类杀虫剂，作用于鱼尼丁受体，释放平滑肌和斜纹肌细胞内的钙离子，引起肌肉调节衰弱、麻痹，直至害虫瘫痪死亡。杀虫谱广，持效性好，耐雨水冲刷。具有较强的渗透性，药剂能穿过茎部表皮细胞层进入木质部，从而沿木质部传导至未施药的部位。

防治对象　氯虫苯甲酰胺可用于防治水稻害虫，如水稻大螟、二化螟、三化螟和稻水象甲；还可用于防治甘蔗蔗螟和小地老虎，玉米螟和小地老虎，苹果树桃小食心虫和金纹细蛾等。

使用方法

（1）防治水稻二化螟、三化螟　在卵孵化高峰期开始施药，每亩用 200g/L 氯虫苯

甲酰胺悬浮剂5~10mL，对水喷雾。稻纵卷叶螟严重发生时，可于14d后（按当地实际情况可适当缩短）再喷药1次。在水稻上使用的最高残留限量为0.05mg/kg（日本）。

（2）防治水稻大螟　在卵孵化高峰期开始喷药，每亩用200g/L氯虫苯甲酰胺悬浮剂8~10mL对水喷雾。在水稻上使用的最高残留限量为0.05mg/kg（日本）。

（3）防治水稻稻水象甲　在稻水象甲成虫初现时（通常在移栽后1~2d）开始施药，每亩用200g/L氯虫苯甲酰胺悬浮剂7~13mL对水喷雾。安全间隔期为7d，每季最多使用2次。在水稻上使用的最高残留限量为0.05mg/kg（日本）。

（4）防治甘蔗蔗螟和小地老虎　在卵孵化高峰期开始施药，防治甘蔗蔗螟，重点喷甘蔗叶部和茎基部，每亩用200g/L氯虫苯甲酰胺15~20mL对水喷雾。防治甘蔗小地老虎，于甘蔗出苗后，把药剂均匀喷在甘蔗茎叶和蔗苗基部，然后覆盖薄土，每亩用200g/L氯虫苯甲酰胺悬浮剂7~10mL。在甘蔗上使用的最高残留量为14mg/kg（日本）。

（5）防治玉米小地老虎和玉米螟　防治小地老虎在害虫发生初期（玉米2~3叶期）施药，每亩用200g/L氯虫苯甲酰胺悬浮剂3~6mL对水喷雾，重点喷茎基部。防治玉米螟在卵孵化高峰期施药，每亩用200g/L氯虫苯甲酰胺悬浮剂4~5mL对水整株喷雾。安全间隔期为14d，每季最多使用3次。在玉米上使用的最高残留量为0.6mg/kg（日本）。

（6）防治苹果树金纹细蛾　在卵孵化高峰期蛾量急剧升高时施药，用35%氯虫苯甲酰胺水分散粒剂17500~25000倍液整株喷雾。安全间隔期14d，最多使用2次。在苹果树上使用的最高残留量为1mg/kg（日本）。

（7）防治苹果树桃小食心虫　在卵孵化高峰期施药，用35%氯虫苯甲酰胺水分散粒剂7000~10000倍液整株喷雾。安全间隔期14d，每季最多使用2次，在苹果树上使用的最高残留量为1mg/kg（日本）。

注意事项

（1）当气温高、田间蒸发量大时，应选择早上10点以前和下午4点以后用药，以减少用药液量，增加作物的受药液量和渗透性。

（2）对家蚕剧毒，有高风险性，采桑期间避免在桑园及蚕室附近使用。

67. 溴氰虫酰胺（cyantraniliprole）

主要制剂　19%悬浮剂，10%可分散油悬浮剂，10%悬浮剂。

毒性　鼠急性经口 LD_{50} ＞5000mg/kg；鱼急性 LC_{50} ＞12.6mg/L（96h）；蜜蜂急性接触 LD_{50} ＞0.0934μg/只（48h）。

作用特点　新型酰胺类内吸性杀虫剂，以胃毒为主，兼具触杀，作用机理新颖，杀虫谱广。害虫摄入后数分钟内即停止取食，迅速保护作物，同时控制带毒或传毒害虫的进一步危害，抑制病毒病蔓延。本品在作物早期施用，可有效防治害虫，保护作物生长对象。

防治对象 可防治小菜蛾、蚜虫、烟粉虱等害虫。

使用方法

（1）防治番茄、黄瓜、辣椒的蓟马和烟粉虱 每亩使用8～10mL 19％溴氰虫酰胺悬浮剂苗床喷淋。

（2）防治番茄和辣椒甜菜夜蛾、黄瓜瓜绢螟 每亩使用5～8mL 19％溴氰虫酰胺悬浮剂苗床喷淋。

（3）防治黄瓜美洲斑潜蝇 每亩使用8～9mL 19％溴氰虫酰胺悬浮剂苗床喷淋。

（4）防治番茄美洲斑潜蝇和棉铃虫、黄瓜美洲斑潜蝇、豇豆豆荚螟和美洲斑潜蝇 每亩使用1.4～1.8mL 10％溴氰虫酰胺可分散油悬浮剂喷雾。

（5）防治番茄蚜虫和烟粉虱，黄瓜蓟马和烟粉虱，棉花蚜虫和烟粉虱，西瓜蓟马、蚜虫和烟粉虱，豇豆蚜虫 每亩使用3.3～4mL 10％溴氰虫酰胺可分散油悬浮剂喷雾。

（6）防治棉花的棉铃虫、西瓜棉铃虫和甜菜夜蛾 每亩使用1.9～2.4mL10％溴氰虫酰胺可分散油悬浮剂喷雾。

（7）防治辣椒的蓟马和烟粉虱 每亩用40～50mL 10％溴氰虫酰胺悬浮剂喷雾。

（8）防治甘蓝小菜蛾 每亩用13～23mL 10％溴氰虫酰胺悬浮剂喷雾。

（9）防治甘蓝蚜虫 每亩用20～40mL 10％溴氰虫酰胺悬浮剂喷雾。

注意事项

（1）使用时，需将溶液调节至pH4～6。在豇豆、西瓜上推荐的安全间隔期分别为3d、5d；在番茄和黄瓜上推荐的安全间隔期为3d；在棉花上推荐的安全间隔期为14d；在小白菜上推荐的安全间隔期为3d；在大葱上推荐的安全间隔期为3d；以上作物每季最多使用3次。在水稻上推荐的安全间隔期为21d，每季作物最多使用2次。

（2）禁止在河塘等水体内清洗施药用具；蚕室和桑园附近禁用。

（3）本品直接施用于开花作物或杂草时对蜜蜂有毒。在作物花期或作物附近有开花杂草时，施药请避开蜜蜂活动，或者在蜜蜂日常活动后使用。避免喷雾液滴飘移到大田外的蜜蜂栖息地。

（4）不推荐在苗床上使用；不推荐与乳油类农药混用。

七、γ-氨基丁酸门控氯离子通道拮抗剂

（1）作用机理 在昆虫的γ-氨基丁酸（GABA）传递系统中，与杀虫剂作用机制和抗药性问题直接相关的就是γ-氨基丁酸（GABA）受体。GABA受体分为α亚基、β亚基、γ亚基、δ亚基和ε亚基，各亚基在细胞外的氨基末端是肽链的亲水区，其后是4个跨过细胞膜的疏水区（MI-MIV）。GABA受体-配体门控氯离子通道是抑制性神经通道，当受体与GABA结合后，可引发受体复合体的氯通道开启，致使氯离子大量内流，造成突触神经末端超极化，使之对兴奋性神经传导信号的敏感性降低，导致神经冲动的正常传递受到抑制。

（2）化学结构类型 有机氯类杀虫剂、吡唑类杀虫剂。

（3）通性 碱性条件下不稳定。不易产生交互抗性。有机氯类杀虫剂在自然界中不

易分解，在环境中残留时间较长，因而对环境污染较重，对哺乳动物毒性高；吡唑类杀虫剂对环境友好，易降解，对哺乳动物毒性低。

68. 氯丹（chlordane）

其他名称　八氯化茚、八氯

毒性　鼠急性经口 LD_{50} 为 460mg/kg；鱼急性 LC_{50} 为 0.09mg/L（96h）；蜜蜂急性接触 LD_{50} 为 $6\mu g/$ 只（48h）。

作用特点　有机氯类杀虫剂，作用方式为触杀、胃毒、熏蒸，广谱，长残效。由于其残效长，生物富集作用较强，对高等动物有潜在致病变性，一般不建议使用。

防治对象　地下害虫，如蝼蛄、地老虎、稻田害虫等，对防治白蚁效果显著。

使用方法　最低残留限量均为 0.02mg/kg（日本）。

注意事项　勿与碱性农药混用，粮食作物收获前 30d 禁用。瓜类、樱桃和梅等作物对本品敏感。本品在动物体内累积作用较大。

69. 硫丹（endosulfan）

其他名称　赛丹、硕丹

主要制剂　35% 乳油。

毒性　鼠急性经口 LD_{50} 为 38mg/kg；鱼急性 LC_{50} 为 0.002mg/L（96h）；蜜蜂急性接触 $LD_{50} > 7.81\mu g/$ 只（48h）。

作用特点　广谱有机氯类杀虫剂、杀螨剂，对害虫具有胃毒和触杀作用，无内吸性，残效期长。硫丹能渗透进入植物组织，但不能在植株内传输，它在昆虫体内能抑制单胺氧化酶和提高肌酸激酶的活性。

防治对象　适用于防治棉花、粮食、果树、蔬菜、烟、茶等作物上的多种咀嚼式和刺吸式口器害虫。

使用方法

（1）防治棉花害虫　用 35% 乳油每亩 80～160mL 对水喷雾。最大残留量为 1mg/kg。

（2）防治苹果、梨、桃等果树害虫　用 35% 乳油稀释成 0.1%～0.2% 浓度喷雾。最大残留量为 1mg/kg。

（3）防治水稻、大豆、玉米、小麦等粮食作物害虫　用 35% 乳油每亩 80～140mL

对水喷雾。最大残留量为 1mg/kg。

（4）防治蔬菜害虫　用 35％乳油每亩 80～120mL 对水喷雾。最大残留量为 0.05mg/kg。

（5）防治烟草害虫　用 35％乳油每亩 80～125mL 对水喷雾。

（6）防治茶树害虫　用 35％乳油每亩 80～110mL 对水喷雾。最大残留量为 10mg/kg。

注意事项

（1）每季作物最多使用 3 次，安全间隔期为 14 d。

（2）本品对鱼剧毒，应远离水产养殖区施药，严禁在河塘等水体中清洗施药器具。

（3）本品对鸟有毒，在鸟类自然保护区及邻近地区严禁使用。

70. 氟虫腈（fipronil）

其他名称　虫拜、锐劲特、华邦、氟苯唑

主要制剂　5％、8％、12％、22％种子处理悬浮剂，80％水分散粒剂，4g/L 超低容量剂等。

毒性　鼠急性经口 LD_{50} 为 92mg/kg；鱼急性 LC_{50} 为 0.248mg/L（96h）；蜜蜂急性接触 $LD_{50} > 0.0059\mu g$/只（48h）。

作用特点　苯基吡唑类杀虫剂，对害虫以胃毒作用为主，兼有触杀和一定的内吸作用，其杀虫机制在于阻断昆虫 γ-氨基丁酸和谷氨酸介导的氯离子通道，从而造成昆虫中枢神经系统过度兴奋。

防治对象　适宜作物有水稻、玉米、棉花、香蕉、甜菜、马铃薯、花生等。对蚜虫、叶蝉、飞虱、鳞翅目幼虫、蝇类和鞘翅目等重要害虫有很高的杀虫活性。该药剂可施于土壤，也可叶面喷雾。施于土壤能有效防治玉米根叶甲、金针虫和地老虎。叶面喷洒时，可防治小菜蛾、菜粉蝶、稻蓟马等。

使用方法

（1）防治甘蓝小菜蛾　每亩喷雾 50g/L 氟虫腈悬浮剂 40～53.3mL。每季作物最多使用 3 次，安全间隔期 3d。最高残留限量为 0.05mg/kg（澳大利亚）。

（2）防治玉米蛴螬和金针虫　在玉米播种前拌种处理，每 100kg 种子用 5％氟虫腈种子处理悬浮剂 1000～1200g。选用合适容器，先加适量清水将药剂稀释均匀后与玉米种子混合，轻轻翻拌 3～5min，使种子均匀着药，之后摊开置于通风阴凉处晾干后拌种。在玉米上使用的最高残留量为 0.02mg/kg（日本）。

注意事项

（1）鉴于氟虫腈对甲壳类水生生物和蜜蜂具有高风险，根据农业部第 1157 号公告，自 2009 年 10 月 1 日起，除卫生用、玉米等部分旱田种子包衣剂和专供出口外，我国停止生产、销售和使用含有氟虫腈成分的农药制剂。

（2）对虾、蟹和部分鱼类高毒，故严禁在养虾、蟹和鱼的稻田及养虾、蟹临近的稻田使用，并严禁将施用过氟虫腈的水直接排入养虾、蟹、鱼的稻田及池塘。

（3）严禁在池塘、水渠、河流和湖泊中洗涤施用氟虫腈所用的药械，以避免对水生生物造成危害。

（4）对蜜蜂高毒，严禁在非登记的蜜源植物上使用。

（5）处理后的种子禁止供人、畜食用，也不要与未处理的种子混合或一起存放。

71. 乙虫腈（ethiprole）

其他名称　卫稼、酷毕、深捕

主要制剂　9.7%、100g/L 悬浮剂等。

毒性　鼠急性经口 LD_{50} 为 7080mg/kg；对蜜蜂高毒。

作用特点　乙虫腈是新型吡唑类杀虫剂，作用于 γ-氨基丁酸（GABA）氯离子通道，从而破坏中枢神经系统的正常活动，导致害虫死亡。该药剂对昆虫 γ-氨基丁酸（GABA）氯离子通道的束缚比对脊椎动物更加紧密，因而提供了很高的选择毒性。

防治对象　对多种咀嚼式和刺吸式害虫有效，可用于种子处理和叶面喷雾，主要用于防治蓟马、蟥、象虫、甜菜麦蛾、蚜虫、飞虱和蝗虫等，对某些粉虱也表现出活性，对水稻害虫有很强的活性。

使用方法

（1）防治稻飞虱　在水稻灌浆期或稻飞虱卵孵化高峰期施药，每亩使用 9.7%（100g/L）乙虫腈悬浮剂 30～40mL 对水喷雾。喷药时应注意重点喷水稻植株中下部。安全间隔期 21d，每季最多使用 1 次。最高残留限量为 0.2mg/kg（日本）。

（2）混用　乙虫腈可与异丙威或毒死蜱等药剂混用、复配或轮换使用。

注意事项

（1）对蜜蜂高毒，严禁在非登记植物上使用，也不要在临近的蜜源植物、开花植物或附近有蜂箱的田块使用。如确需施用，应通知养蜂户对蜜蜂采取保护措施，或将蜂箱移出施药区。

（2）对罗氏沼虾高毒，严禁在养鱼、虾和蟹的稻田以及邻近池塘的稻田使用。严禁将施用过乙虫腈的稻田水直接排入养鱼、虾和蟹的池塘。稻田施药后 7d 内，不得把田水排入河、湖、水渠和池塘等水源。

72. 丁虫腈（flufiprole）

其他名称　丁烯氟虫腈

主要制剂　5％乳油，80％水分散粒剂。

毒性　鼠急性经口 LD_{50} >4640mg/kg；鱼急性 LC_{50} 为 19.62mg/L（96h）；蜜蜂急性接触 LD_{50} 为 0.56μg/只（48h）。

作用特点　吡唑类杀虫剂，具有胃毒、触杀和内吸作用，阻碍昆虫 γ-氨基丁酸控制的氟代谢产物。

防治对象　用于防治稻纵卷叶螟、稻飞虱、二化螟、三化螟、蝽象、蓟马等鳞翅目害虫，以及蝇类和鞘翅目害虫。

使用方法

（1）防治水稻田二化螟、蓟马、稻飞虱　每亩可用5％丁虫腈乳油30～50mL。

（2）防治稻纵卷叶螟　每亩可用5％丁虫腈乳油40～60mL于卵孵化高峰期、低龄幼虫高峰期分两次喷药，即在卵孵化盛期或水稻破口初期第一次喷药，此后一周第2次喷药。

（3）防治蔬菜小菜蛾、甜菜叶蛾、蓟马　每亩可用5％丁虫腈乳油30～50mL，在1～3龄幼虫高峰期喷药。

注意事项

（1）本品对鸟有毒，在鸟类自然保护区及邻近地区严禁使用。

（2）对蜜蜂高毒，不要在临近的蜜源植物、开花植物或附近有蜂箱的田块使用。

八、蜕皮激素受体激动剂

（1）作用机理　昆虫的生长发育过程所具有的蜕皮和变态特性受到蜕皮激素的严格调控。蜕皮激素的作用靶标由蜕皮激素受体和超气门蛋白组成。蜕皮激素受体属于核受体超家族，处于昆虫蜕皮、变态及繁殖等生命过程的级联反应启动位置，对完成昆虫的生长发育和繁殖具有十分重要的作用。蜕皮激素受体激动剂进入虫体后与蜕皮激素受体结合，启动蜕皮，这类杀虫剂一旦与蜕皮激素受体结合就很难再分离，而是持续诱导蜕皮反应，害虫因不能形成结构完整的新表皮而死亡。

（2）化学结构类型　昆虫生长调节剂（非甾族昆虫生长调节剂、二酰肼类昆虫生长调节剂）。

（3）通性　碱性条件下不稳定；在一定范围内，为正温度系数杀虫剂；对鳞翅目、双翅目及鞘翅目害虫具有突出的选择杀虫活性；对哺乳动物毒性低；速效性差，持效期长。

73. 抑食肼

其他名称　虫死净、生花、大鹏、惠宇、韩孚

主要制剂　20％、33％可湿性粉剂等。

毒性　鼠急性经口 LD_{50} ＞5000mg/kg；对蜜蜂有毒害作用。

作用特点　非甾族新型昆虫生长调节剂，主要通过降低或抑制幼虫和成虫取食能力，促使昆虫加速蜕皮，减少产卵，而阻碍昆虫繁殖达到杀虫目的。对害虫以胃毒作用为主，也有强内吸性，杀虫谱广，持效期较长。

防治对象　适用于蔬菜上多种害虫如菜青虫、斜纹夜蛾、小菜蛾等的防治，对水稻稻纵卷叶螟、稻黏虫也有很好的效果，对鳞翅目及某些同翅目害虫高效，如二化螟、苹果蠹蛾、舞毒蛾、卷叶蛾，对有抗性的马铃薯甲虫防效优异。

使用方法

（1）防治水稻稻纵卷叶螟　在卵孵化高峰前 1～3d 施药，每次每亩用 20％抑食肼可湿性粉剂 50～100g 对水喷雾。安全间隔期为 30d，每季最多使用 2 次。

（2）防治水稻黏虫　在幼虫三龄高峰期前施药，每次每亩用 20％抑食肼可湿性粉剂 50～100g 对水喷雾。安全间隔期为 30d，每季最多使用 2 次。

注意事项

（1）抑食肼可与阿维菌素等药剂混用、复配或轮换使用，不可与碱性农药等物质混合使用。

（2）对蜜蜂、鱼类等水生生物、家蚕有毒。施药期间应避免对周围蜂群的影响，蜜源作物花期、蚕室和桑园附近禁用。远离水产养殖区施药，禁止在河塘等水体中清洗施药器具。

74. 虫酰肼（tebufenozide）

其他名称　米满、锐风、龙凯月、红卡

主要制剂　10％、20％、30％悬浮剂，10％乳油，20％可湿性粉剂。

毒性　鼠急性经口 LD_{50} ＞5000mg/kg；鱼急性 LC_{50} 为 3mg/L（96h）；蜜蜂急性接触 LD_{50} ＞234μg/只（48h）。

作用特点　非甾族新型昆虫生长调节剂，对鳞翅目幼虫有极高的选择性和药效。

防治对象 主要用于防治柑橘、棉花、观赏作物、马铃薯、大豆、烟草、果树和蔬菜上的蚜科、叶蝉科、鳞翅目、斑潜蝇属、叶螨科、缨翅目、根疣线虫属、鳞翅目幼虫（如梨小食心虫、葡萄小卷蛾、甜菜夜蛾等）等害虫。虫酰肼杀虫活性高，选择性强，对所有鳞翅目幼虫均有效，对抗性害虫棉铃虫、菜青虫、小菜蛾、甜菜夜蛾等有特效。

使用方法

（1）防治十字花科蔬菜甜菜夜蛾 在低龄幼虫期施药，每次每亩用20％虫酰肼乳油70～100mL对水喷雾。安全间隔期为7d，每季最多使用2次。在白菜、卷心菜、西兰花等十字花科蔬菜上使用的最高残留限量分别为10mg/kg、5mg/kg和0.5mg/kg（日本）。

（2）防治苹果树卷叶蛾 在低龄幼虫期施药，每次用20％虫酰肼乳油1500～2000倍液整株喷雾。在苹果树上使用的安全间隔期为21d，每季最多使用3次。最高残留限量为1mg/kg（日本）。

注意事项

（1）虫酰肼可与苏云金杆菌、高效氯氰菊酯、甲氨基阿维菌素苯甲酸盐和辛硫磷等药剂混用、复配或轮换使用，不可与碱性农药等物质混合使用。

（2）对蜜蜂、鱼类等水生生物、家蚕有毒。施药期间应避免对周围蜂群的影响，蜜源作物花期、蚕室和桑园附近禁用。远离水产养殖区施药，禁止在河塘等水体中清洗施药器具。

75. 甲氧虫酰肼（methoxyfenozide）

其他名称 巧圣、斯品诺

主要制剂 240g/L、24％悬浮剂等。

毒性 鼠急性经口 $LD_{50} > 5000mg/kg$；鱼急性 $LC_{50} > 4.2mg/L$（96h）；蜜蜂急性接触 $LD_{50} > 100\mu g/$只（48h）。

作用特点 属二酰肼类昆虫生长调节剂，以触杀、胃毒作用为主，并具有一定的内吸作用。能够模拟鳞翅目幼虫蜕皮激素功能，促进其提前蜕皮、成熟，发育不完全，数日后死亡。

防治对象 防治十字花科蔬菜如甘蓝上的甜菜夜蛾，水稻上的二化螟、稻纵卷叶螟，苹果树上的苹小卷叶蛾等害虫。

使用方法

（1）防治十字花科蔬菜甜菜夜蛾 在低龄幼虫期施药，每次每亩用240g/L甲氧虫酰肼悬浮剂10～20mL对水喷雾，间隔5d喷一次。安全间隔期为7d，每季最多使用4次。在白菜、卷心菜、甘蓝等十字花科蔬菜使用的最高残留限量为7mg/kg（日本）。

（2）防治苹果树苹小卷叶蛾 在新梢抽发时、低龄幼虫期施药，使用240g/L甲氧虫酰肼悬浮剂3000～5000倍液整株喷雾，间隔7d喷一次。安全间隔期为70d，每季最多使用 2 次。最高残留限量为 3mg/kg。

（3）防治水稻二化螟　在幼虫 1～2 龄高峰期施药，每次每亩用 240g/L 甲氧虫酰肼悬浮剂 20～28mL 对水喷雾。在水稻上使用生物安全间隔期为 60d，每季最多使用 2 次。在大米上的最高残留限量为 0.1mg/kg（日本）。

注意事项

（1）对家蚕有毒，蚕室和桑园附近禁用。避免污染水塘等水体，不要在水体中清洗施药器具。

（2）甲氧虫酰肼可与虫螨腈、阿维菌素、茚虫威、乙基多杀菌素、甲氨基阿维菌素苯甲酸盐等药剂混用、复配或轮换使用。建议与其他作用机制不同的杀虫剂轮换使用，以延缓抗药性产生。

（3）鱼或虾蟹套养稻田禁用，施药后的田水不得直接排入水体。

九、几丁质合成抑制剂

（1）作用机理　几丁质是存在于甲壳纲动物、真菌和昆虫内的一种高聚物。几丁质合成酶是几丁质生物合成中的关键酶，而由微生物产生的几丁质合成酶抑制剂能抑制该酶的活性，阻止几丁质的生物合成，从而抑制真菌生长或阻止昆虫幼虫和蛹蜕皮达到杀虫效果。由于哺乳类动物没有几丁质代谢系统，所以筛选几丁质合成酶抑制剂，有望开发出新型的对人低毒无害的抗真菌剂和杀虫剂。第一个几丁质合成抑制剂苯甲酰基苯基脲类物质是 1972 年荷兰科学工作者在研究除草剂时偶然发现的。

（2）化学结构类型　苯甲酰脲类似物、噻二酮类似物、三嗪胺类似物。

（3）通性　碱性条件下不稳定；在一定范围内，为正温度系数杀虫剂；对哺乳动物毒性低；在环境中降解速度快。

76. 除虫脲（diflubenzuron）

其他名称　敌灭灵、伏虫脲、氟脲杀、灭幼脲

主要制剂　5％、25％、75％可湿性粉剂，5％乳油，20％悬浮剂等。

毒性　鼠急性经口 LD_{50}＞4640mg/kg；鱼急性 LC_{50}＞0.13mg/L（96h）；蜜蜂急性接触 LD_{50}＞30μg/只（48h）。

作用特点　苯甲酰脲类昆虫几丁质合成抑制剂。能抑制昆虫表皮几丁质的合成，使幼虫在蜕皮时不能形成新表皮，虫体成畸形而死亡。主要有胃毒和触杀两种作用方式。

防治对象　对鳞翅目、鞘翅目、双翅目多种害虫有效。防治十字花科蔬菜菜青虫和小菜蛾、柑橘树上的锈壁虱和潜叶蛾、苹果树上的金纹细蛾、小麦黏虫、森林松毛虫和茶树茶尺蠖等。

使用方法

（1）防治十字花科蔬菜菜青虫　在低龄幼虫盛发初期施药，每次每亩用 25％除虫

脲可湿性粉剂 50～70g 对水喷雾。安全间隔期为 7d，每季最多使用 3 次。也可使用 20％除虫脲悬浮剂，在低龄幼虫初龄期施药，每次每亩用 20～30mL 对水喷雾。在十字花科蔬菜上使用的安全间隔期为 14d，每季最多使用 2 次。在萝卜、白菜、甘蓝上的最高残留限量为 1mg/kg（日本）。

（2）防治十字花科蔬菜小菜蛾　在低龄幼虫初龄期施药，每次每亩用 25％除虫脲可湿性粉剂 32～40g 对水喷雾。在十字花科蔬菜上使用的安全间隔期为 7d，每季最多使用 3 次。在萝卜、白菜、甘蓝上的最高残留限量为 1mg/kg（日本）。

（3）防治柑橘树潜叶蛾　在抽新梢初期施药，每次用 25％除虫脲可湿性粉剂 2000～4000 倍液整株喷雾。在柑橘树上使用的安全间隔期为 28d，每季最多使用 3 次。最高残留限量为 3mg/kg（日本）。

（4）防治柑橘树柑橘锈壁虱　在产卵期至幼虫低龄期施药，每次用 25％除虫脲可湿性粉剂 3000～4000 倍液整株喷雾。在柑橘树上使用的安全间隔期为 28d，每季最多使用 3 次，最高残留限量为 3mg/kg（日本）。

（5）防治苹果树金纹细蛾　在 1～2 龄幼虫期施药，每次用 25％除虫脲可湿性粉剂 1000～2000 倍液整株喷雾。在苹果上使用的安全间隔期为 21d，每季最多使用 2 次。或者每次用 5％除虫脲乳油 1000～1250 倍液整株喷雾。安全间隔期为 21d，每季最多使用 3 次。最高残留限量参考值为 1mg/kg。

（6）防治森林松毛虫　在幼虫 2～3 龄期施药，用 25％除虫脲可湿性粉剂 4000～6000 倍液均匀喷雾。或者每次每亩用 20％除虫脲悬浮剂 20～30mL 喷雾。

（7）防治小麦黏虫　在幼虫三龄高峰期前施药，每次每亩用 25％除虫脲可湿性粉剂 6～20g 对水喷雾。在小麦上使用的安全间隔期为 21d，每季最多使用 2 次。最高残留限量为 0.2mg/kg。

（8）防治茶树茶尺蠖　在幼虫 2～3 龄期施药，用 5％除虫脲乳油 1000～1250 倍液整株喷雾。在茶树上使用的安全间隔期为 7d，每季最多使用 1 次。或者用 20％除虫脲悬浮剂 1000～2000 倍液喷雾。安全间隔期为 5d，每季最多使用 1 次。最高残留限量参考值为 20mg/kg。

注意事项

（1）应在幼虫低龄期或卵期施药。

（2）不能与碱性物质混用。

（3）建议与其他作用机制不同的杀虫剂轮换使用，以延缓抗性产生。除虫脲可与阿维菌素、毒死蜱、辛硫磷等药剂混用、复配和轮换使用。

77. 灭幼脲（chlorbenzuron）

其他名称　灭幼脲三号、苏脲一号、一氯苯隆

主要制剂　20％、25％悬浮剂。

毒性 鼠急性经皮 $LD_{50} > 20000mg/kg$。

作用特点 是苯甲酰脲类杀虫剂，主要是胃毒作用，触杀其次，通过干扰神经生理活动并抑制虫体表皮几丁质合成，阻断运动神经信息的传递过程，导致昆虫在几小时内迅速麻痹、拒食、不动，使其饥饿、变态而死亡。残留期达 $15 \sim 20d$，耐雨水冲刷，在田间降解速度慢。

防治对象 防治十字花科蔬菜菜青虫、苹果树金纹细蛾、松树松毛虫和小麦黏虫等。

使用方法

(1) 防治十字花科蔬菜菜青虫 在幼虫 3 龄期之前施药，每次每亩用 25% 灭幼脲悬浮剂 $10 \sim 20mL$ 对水喷雾。安全间隔期为 2d，每季最多使用 2 次。

(2) 防治苹果树金纹细蛾 在幼虫 2 龄前施药，每次用 25% 灭幼脲悬浮剂 $1500 \sim 2500$ 倍液整株喷雾。安全间隔期为 21d，每季最多使用 2 次。

(3) 防治松树松毛虫 在幼虫 $2 \sim 3$ 龄期施药，每次每亩用 25% 灭幼脲悬浮剂 $30 \sim 40mL$ 喷雾。

(4) 防治小麦黏虫 用 25% 灭幼脲悬浮剂 $35 \sim 50mL$ 喷雾。每季作物最多使用 2 次，最高残留限量为籽粒 $3mg/kg$。

注意事项

(1) 对蜜蜂、家蚕及鱼等水生生物有毒。施药期间应避免对周围蜂群的影响，蜜源作物花期、蚕室和桑园附近禁用。远离水产养殖区施药，禁止在河塘等水体中清洗施药器具。

(2) 不能与碱性农药等物质混用。

78. 氟啶脲（chlorfluazuron）

其他名称 抑太保、定虫脲、氟伏虫脲、吡虫隆

主要制剂 5%、50g/L 乳油，10% 水分散粒剂，25% 悬浮剂。

毒性 鼠急性经口 $LD_{50} > 8500mg/kg$；鱼急性 $LC_{50} > 300mg/L$（96h）；蜜蜂急性经口 $LD_{50} > 100\mu g/$只（48h）。

作用特点 苯甲酰脲类昆虫几丁质合成抑制剂，阻碍昆虫正常蜕皮，使卵孵化、幼虫蜕皮以及蛹发育畸形、成虫羽化受阻。以胃毒作用为主，兼具触杀作用。

防治对象 防治十字花科蔬菜上的菜青虫、小菜蛾和甜菜夜蛾等，也可防治棉花上的棉铃虫和红铃虫、柑橘树上的潜叶蛾以及韭菜韭蛆等害虫。对蚜虫、叶蝉、飞虱无效。

使用方法

(1) 防治十字花科蔬菜菜青虫 在幼虫 3 龄之前施药，每次每亩用 5% 氟啶脲乳油

40～100mL 对水喷雾。安全间隔期为 15d，每季最多使用 3 次。在白菜、甘蓝、卷心菜、萝卜等十字花科蔬菜上使用的最高残留限量为 2mg/kg（日本）。

（2）防治十字花科蔬菜小菜蛾　在初龄幼虫期施药，每次每亩用 5％氟啶脲乳油 40～80mL 对水喷雾。安全间隔期为 15d，每季最多使用 3 次。或者每次每亩用 10％氟啶脲水分散粒剂 20～40g 对水喷雾。安全间隔期为 7d，每季最多使用 3 次。在白菜、甘蓝、卷心菜、萝卜等十字花科蔬菜上使用的最高残留限量为 2mg/kg（日本）。

（3）防治十字花科蔬菜甜菜夜蛾　在低龄幼虫期施药，每次每亩用 5％氟啶脲乳油 60～80mL 对水喷雾。安全间隔期为 15d，每季最多使用 3 次。在白菜、甘蓝、卷心菜、萝卜等十字花科蔬菜上使用的最高残留限量为 2mg/kg（日本）。

（4）防治棉花棉铃虫　在 2～3 代卵盛孵期施药，每次每亩用 5％氟啶脲乳油 100～150mL 对水喷雾。安全间隔期为 21d，每季最多使用 3 次。

注意事项

（1）对水生甲壳类生物毒性高，旱田使用时须注意避免药液进入水体，应远离虾、蟹养殖塘等水体用药，防止药液飘移污染邻近水域。

（2）对家蚕有危害，在采桑期间应避免在桑园和蚕室附近使用。附近农田使用时，避免飘移至桑叶上。

79. 杀铃脲（triflumuron）

其他名称　杀虫脲、氟幼灵、林禾、超戈、纵迹无

主要制剂　5％乳油，5％、20％、40％悬浮剂。

毒性　鼠急性经口 $LD_{50} > 5000mg/kg$；鱼急性 $LC_{50} > 0.021mg/L$（96h）；蜜蜂急性接触 $LD_{50} > 200\mu g/$只（48h）。

作用特点　苯甲酰脲类杀虫剂。具有胃毒、触杀作用，抑制几丁质的合成。

防治对象　防治十字花科蔬菜金纹细蛾、菜青虫、小菜蛾，以及小麦黏虫、松毛虫，也可防治苹果树金纹细蛾和柑橘树潜叶蛾等鳞翅目和鞘翅目害虫。

使用方法

（1）防治十字花科蔬菜菜青虫　在低龄幼虫盛发期施药，每次每亩用 5％杀铃脲乳油 30～50mL 对水喷雾。安全间隔期为 7d，每季最多使用 3 次。

（2）防治十字花科蔬菜小菜蛾　在初龄幼虫期施药，每次每亩用 5％杀铃脲乳油 50～70mL 对水喷雾。安全间隔期为 7d，每季最多使用 3 次。也可每次每亩用 40％杀铃脲悬浮剂 14.4～18mL 对水喷雾，视害虫发生情况，间隔 5～7d 后再喷一次。安全间隔期为 7d，每季最多使用 3 次。

（3）防治苹果树金纹细蛾　在 1～2 龄幼虫期施药，每次用 5％杀铃脲乳油 1000～1500 倍液整株喷雾。安全间隔期为 21d，每季最多使用 2 次。在苹果上使用的最高残留限量为 0.1mg/kg。

（4）防治柑橘树潜叶蛾　在抽新梢初期施药，每次用 40％杀铃脲悬浮剂 5000～7000 倍液整株喷雾，间隔 15d 后再喷一次。安全间隔期为 45d，每季最多使用 2 次。在柑橘上使用的最高残留限量为 0.05mg/kg。

注意事项

（1）对蚕高毒，蚕区和桑园附近禁用。对蟹、虾生长发育有害，避免污染水源和池塘等水体。远离水产养殖区施药，禁止在河塘等水域内清洗施药器具。

（2）杀铃脲可与阿维菌素、甲氨基阿维菌素苯甲酸盐等药剂混用、复配或轮换使用。不能与碱性农药等物质混用。

80. 氟虫脲（flufenoxuron）

其他名称　卡死、旗化、宝丰、超灵

主要制剂　50g/L 可分散液剂，95％原药。

毒性　鼠急性经口 LD_{50}＞3000mg/kg；鱼急性 LC_{50}＞0.0049mg/L（96h）；蜜蜂急性接触 LD_{50}＞100μg/只（48h）。

作用特点　苯甲酰脲类杀虫剂，该药主要抑制昆虫表皮几丁质合成，使之不能正常蜕皮或变态而死。成虫接触药后，产的卵即使孵化幼虫也会很快死亡。

防治对象　防治苹果、柑橘等果树及蔬菜、棉花等植物上的害虫、害螨，对叶螨类、锈螨类（锈蜘蛛）、潜叶蛾、小菜蛾、菜青虫、棉铃虫、食心虫类、夜蛾类及蝗虫类等害虫均具有很好的防治效果。

使用方法

（1）防治草地蝗虫　在 3～4 龄蝗蝻期施药，每次每亩用 50g/L 氟虫脲可分散液剂 4～10mL 对水喷雾。

（2）防治柑橘树红蜘蛛　在成螨、若螨发生期喷药，每次用 50g/L 氟虫脲可分散液剂 1000～2000 倍液整株喷雾。安全间隔期为 30d，每季最多使用 2 次。最高残留限量为 0.3mg/kg。

（3）防治柑橘树潜叶蛾　在卵孵化期或盛卵期施药，每次用 50g/L 氟虫脲可分散液剂 1000～2000 倍液整株喷雾。安全间隔期为 30d，每季最多使用 2 次。最高残留限量为 0.3mg/kg。

（4）防治柑橘树柑橘锈壁虱　在成螨、若螨发生期施药，每次用 50g/L 氟虫脲可分散液剂 667～1000 倍液整株喷雾。安全间隔期为 30d，每季最多使用 2 次。最高残留限量参考值为全果 0.3mg/kg。

（5）防治苹果树红蜘蛛　在成螨、若螨发生期施药，每次用 50g/L 氟虫脲可分散液剂 667～1000 倍液整株喷雾。在苹果树上使用的安全间隔期为 30d，每季最多使用 2 次。最高残留限量为 0.2mg/kg。

注意事项

(1) 对鱼类等水生生物、家蚕、鸟类有毒，蚕室和桑园附近禁用，远离水产养殖区施药，禁止在河塘等水体中清洗施药器具。

(2) 不可与碱性农药等物质混合使用。

81. 氟铃脲（hexaflumuron）

其他名称　盖虫散、六福隆、定打、战帅、铲蛾、卡保、蚕煞、菜鸟、菜拂

主要制剂　5%乳油，15%、20%水分散粒剂，4.5%悬浮剂。

毒性　鼠急性经口 $LD_{50} > 5000mg/kg$；鱼急性 LC_{50} 为 100mg/L（96h）；蜜蜂急性接触 LD_{50} 为 $0.1\mu g/$只（48h）。

作用特点　苯甲酰脲类杀虫剂，是几丁质合成抑制剂。具有很高的杀虫、杀卵活性，而且速效，尤其是对棉铃虫。

防治对象　可使用于棉花、番茄、辣椒、十字花科蔬菜、苹果、桃、柑橘等多种植物。用于棉花、马铃薯及果树防治多种鞘翅目、双翅目、同翅目昆虫，如防治十字花科蔬菜上的小菜蛾、甜菜夜蛾，以及棉花上的棉铃虫等。

使用方法

(1) 防治十字花科蔬菜小菜蛾　在幼虫低龄高峰期施药，每次每亩用5%氟铃脲乳油 40～75mL 对水喷雾。安全间隔期：甘蓝、萝卜 7d，小白菜（大田）15d。每季最多使用次数：甘蓝 4 次，萝卜 3 次，小白菜 3 次。在结球甘蓝上使用的最高残留限量为 0.5mg/kg。

(2) 防治十字花科蔬菜甜菜夜蛾　在幼虫低龄高峰期施药，每次每亩用 5%氟铃脲乳油 26.7～40mL 对水喷雾。安全间隔期：甘蓝、萝卜 7d，小白菜（大田）15d。每季最多使用次数：甘蓝 4 次，萝卜 3 次，小白菜 3 次。在结球甘蓝上使用的最高残留限量为 0.5mg/kg。

(3) 防治棉花棉铃虫　在 2～3 代卵盛孵期施药，每次每亩用 5%氟铃脲乳油 100～160mL 对水喷雾。安全间隔期为 20d，每季最多使用 7 次。也可每次每亩用 15%氟铃脲水分散粒剂 50～60g 对水喷雾。安全间隔期为 28d，每季最多使用 3 次。

注意事项

(1) 对甲壳类动物有高毒，对蜜蜂微毒。勿将剩余药液及清洗器具的废水弃于水中，以免污染水源。

(2) 建议与其他作用机制不同的杀虫剂轮换使用，以延缓抗性产生。可与阿维菌素、高效氯氰菊酯、辛硫磷、茚虫威和苏云金杆菌等药剂混用、复配或轮换使用。

82. 虱螨脲（lufenuron）

其他名称 美除

主要制剂 50g/L、5％乳油，5％、10％悬浮剂，2％微乳剂。

毒性 鼠急性经口 LD_{50}＞2000mg/kg；鱼急性 LC_{50}＞29mg/L（96h）；蜜蜂急性接触 LD_{50}＞200μg/只（48h）。

作用特点 苯甲酰脲类杀虫杀螨剂。对昆虫主要是胃毒作用，有一定的触杀作用，无内吸作用，有良好的杀卵作用。能抑制昆虫几丁质合成酶的形成，干扰几丁质在表皮的沉积，导致昆虫不能正常蜕皮、变态而死亡。

防治对象 防治番茄棉铃虫、十字花科蔬菜甜菜夜蛾、柑橘树上的潜叶蛾和锈壁虱、苹果树的苹小卷叶蛾、马铃薯上的块茎蛾等。

使用方法

（1）防治菜豆豆荚螟 化蛾盛期和卵孵化盛期施药，每次每亩用 50g/L 虱螨脲乳油 40～50mL 对水喷雾。安全间隔期为 7d，每季最多使用 3 次。

（2）防治番茄棉铃虫 在 2～3 代卵盛孵期，每次每亩用 50g/L 虱螨脲乳油 50～60mL 对水喷雾。在番茄上使用的安全间隔期为 7d，每季最多使用 2 次。最高残留限量为 0.5mg/kg（日本）。

（3）防治棉花棉铃虫 在 2～3 代卵盛孵期施药，每次每亩用 50g/L 虱螨脲乳油 50～60mL 对水喷雾。安全间隔期为 28d，每季最多使用 2 次。

（4）防治十字花科蔬菜甜菜夜蛾 在低龄幼虫期施药，每次每亩用 50g/L 虱螨脲乳油 30～40mL 对水喷雾。在十字花科蔬菜上使用的安全间隔期为 14d，每季最多使用 2 次。在白菜、西兰花和卷心菜上使用的最高残留限量分别为 1mg/kg、2mg/kg 和 0.7mg/kg（日本）。

（5）防治柑橘树潜叶蛾 在抽新梢初期施药，每次用 50g/L 虱螨脲乳油 1500～2500 倍液整株喷雾。在柑橘树上使用的安全间隔期为 28d，每季最多使用 2 次。最高残留限量为 0.3mg/kg（日本）。

（6）防治柑橘树柑橘锈壁虱 在产卵期至幼螨低龄期施药，每次用 50g/L 虱螨脲乳油 1500～2500 倍液整株喷雾。在柑橘树上使用的安全间隔期为 28d，每季最多使用 2 次。最高残留限量为 0.3mg/kg（日本）。

（7）防治马铃薯块茎蛾 低龄幼虫发生高峰期施药，用 50g/L 虱螨脲乳油 40～60mL 对水喷雾。在马铃薯上使用的安全间隔期为 14d，每季最多使用 3 次。最高残留限量为 0.02mg/kg（日本）。

（8）防治苹果树苹小卷叶蛾 低龄幼虫发生高峰期施药，每次用 50g/L 虱螨脲乳油 1000～2000 倍液整株喷雾。在苹果树上使用的安全间隔期为 14d，每季最多使用 3

次。最高残留限量为 0.7mg/kg（日本）。

注意事项

（1）对甲壳类动物高毒，对蜜蜂微毒。勿将清洗喷药器具的废水弃于池塘中，以免污染水源。

（2）为避免产生抗性，应与其他杀虫剂交替使用。虱螨脲可与毒死蜱、甲氨基阿维菌素苯甲酸盐等药剂混用、复配或轮换使用。

83. 噻嗪酮（buprofezin）

其他名称　优乐得、扑虱灵、稻虱灵、稻虱净

主要制剂　20%、25%、65%、75%、80%可湿性粉剂，25%、37%、40%、50%悬浮剂等。

毒性　鼠急性经口 LD_{50} >2198mg/kg；鱼急性 LC_{50} >0.33mg/L（96h）；蜜蜂急性接触 LD_{50} >200μg/只（48h）。

作用特点　噻二嗪酮类杀虫剂，抑制昆虫几丁质合成和干扰新陈代谢，致使若虫蜕皮畸形或翅畸形而缓慢死亡。触杀、胃毒作用强，具渗透性。不杀成虫，但可减少产卵并阻碍卵孵化。药效慢，药后 3～7d 才能充分发挥药效。

防治对象　防治水稻稻飞虱、二化螟、稻纵卷叶螟，也可用于防治柑橘树矢尖蚧。

使用方法

（1）防治稻飞虱　在稻飞虱若虫盛发初期施药，每次每亩用 65%噻嗪酮可湿性粉剂 8～15g 对水喷雾。在水稻上使用的安全间隔期为 14d，每季最多使用 2 次。

（2）防治柑橘树矢尖蚧　在介壳虫若虫盛发期施药，每次每亩用 65%噻嗪酮可湿性粉剂 2000～3000 倍液整株喷雾。在柑橘树上使用的安全间隔期为 35d，每季最多使用 2 次。最高残留限量 1mg/kg（日本）。

注意事项

（1）药液不应直接接触白菜、萝卜，否则将会出现褐斑及绿叶白化等药害。使用时应对水稀释后均匀喷雾，不宜用毒土法。

（2）应与不同作用机制的药剂交替使用，噻嗪酮可与异丙威、杀虫单、醚菊酯、烯啶虫胺、吡蚜酮、噻虫嗪、吡虫啉等药剂混用、复配或轮换使用。

（3）禁止在河塘等水体中清洗施药器具，避免污染水源。开花植物花期、蚕室和桑园附近禁用。

十、氯离子通道激动剂

（1）作用机理　在昆虫的 γ-氨基丁酸（GABA）传递系统中，与杀虫剂作用机制和

抗药性问题直接相关的就是 GABA 受体。GABA 受体分为 α 亚基、β 亚基、γ 亚基、δ 亚基和 ε 亚基，各亚基在细胞外的氨基末端是肽链的亲水区，其后是 4 个跨过细胞膜的疏水区（MI-MIV）。增强 γ-氨基丁酸的作用，使氯离子大量进入突触后膜，产生超极化，从而阻断运动神经信息的传递过程，使害虫中央神经系统的信号不能被运动神经元接受。害虫在几小时内迅速麻痹、拒食，直至慢慢死亡。

（2）化学结构类型　大环内酯双糖类抗生素。

（3）通性　强酸强碱条件下不稳定；正温度系数杀虫剂；已有部分昆虫产生抗性，不易与传统杀虫剂产生交互抗性；对哺乳动物毒性低；易降解，在环境中通过光解和微生物分解等多种途径降解。

84. 阿维菌素（abamectin）

阿维菌素B_{1a}(主要成分)

阿维菌素B_{1b}(次要成分)

其他名称　除虫菌素、螨虱净、杀虫丁、齐螨素、白螨净、害极灭、爱福丁

主要制剂　1.8％乳油，3％微乳剂，0.5％可湿性粉剂，0.5％颗粒剂等。

毒性　鼠急性经口 LD_{50} 为 10mg/kg；蜜蜂急性接触 LD_{50} 为 0.002mg/只（48h）。

作用特点　阿维菌素属大环内酯双糖类抗生素，是一种高效、广谱的杀虫、杀螨、杀线虫剂。对昆虫、螨类和线虫具有胃毒和触杀作用，无内吸活性，不能杀卵。昆虫幼虫和螨类成虫、若虫与阿维菌素接触后即出现麻痹症状，不活动、不取食，2～4d 后死亡。因不引起昆虫迅速脱水，所以阿维菌素致死作用较缓慢。渗入植物薄壁组织内的活

性成分可较长时间存在于组织中并具有传导作用，对害螨和植物组织内取食危害的昆虫有长残效性。对捕食性昆虫和寄生天敌虽有直接触杀作用，但因植物表面残留少，因此对益虫的损伤很小。阿维菌素在土内被土壤吸附不会移动，并且被微生物分解，因而在环境中无累积作用，可以作为综合防治的一个组成部分。对作物较安全。

防治对象 主要用于防治鳞翅目、双翅目、鞘翅目、同翅目害虫，有害螨类及植物病原线虫。在蔬菜田主要用于防治小菜蛾、菜青虫、夜蛾、潜叶蝇、叶螨、根结线虫等；在果树上防治鳞翅目害虫、有害螨类、锈壁虱、木虱、粉蚧、蚜虫等；对一些难以用其他药剂控制的或已经对常用药剂产生抗药性、耐药性的害虫，如棉叶螨和棉铃虫高效。

使用方法

(1) 防治十字花科蔬菜小菜蛾和菜青虫 每亩用 30～40mL 的 1.8％阿维菌素乳油对水喷雾。在甘蓝、萝卜、小油菜上安全间隔期分别为 3d、7d、5d，每季最多使用均为 2 次。最高残留限量为 0.05mg/kg。

(2) 防治苹果红蜘蛛、蚜虫，梨树梨木虱，柑橘红蜘蛛、锈壁虱 用 0.5％阿维菌素可湿性粉剂 800～1600 倍液整株喷雾。在苹果、梨和柑橘上使用的安全间隔期为 14d，每季最多使用 2 次，最高残留限量为 0.01mg/kg。

(3) 防治菜豆美洲斑潜蝇 每亩用 60～80mL 的 1.8％阿维菌素乳油对水喷雾。安全间隔期为 3d，每季最多使用 2 次。最高残留限量为 0.05mg/kg。

(4) 防治根结线虫 每亩用 0.5％阿维菌素颗粒剂 3000g 均匀撒施于沟底或沟底周围土壤。在黄瓜上的安全间隔期为 50d，每季最多使用 1 次。最高残留限量为 0.02mg/kg。

(5) 防治棉花叶螨、红蜘蛛和棉铃虫 每亩用 80～120mL 的 1.8％阿维菌素乳油对水喷雾。安全间隔期为 21d，每季最多使用 2 次。最高残留限量为 0.01mg/kg。

注意事项

(1) 开花植物花期禁用。

(2) 蚕室及桑园附近禁用。

(3) 赤眼蜂、蚜茧蜂等天敌释放区域禁用。

(4) 远离水产养殖、河塘等区域施药，禁止在河塘等水域中清洗施药器具。

(5) 应与不同作用机制的药剂交替使用，可与毒死蜱、茚虫威、虫螨腈、螺螨酯、哒螨灵、吡虫啉、高效氯氰菊酯、苏云金芽孢杆菌、苦参碱等药剂复配、混合或轮换使用。

十一、电压依赖性钠通道阻断剂

(1) 作用机理 阻断电压依赖性钠通道，可稳定过度兴奋的神经细胞膜，抑制反复的神经放电，并减少突触对兴奋冲动的传递。进入虫体后，附着在钠离子通道的受体上，阻断害虫神经元轴突膜上的钠离子通道，使钠离子不能通过轴突膜，进而抑制神经冲动使虫体过度地放松、麻痹，几小时后，害虫即停止取食，1～3d 内死亡。

(2) 化学结构类型 噁二嗪类杀虫剂、缩氨基脲类杀虫剂。

(3) 通性 目前商品化品种在土壤中降解速度快；对哺乳动物毒性低；不易产生交互抗性。

85. 茚虫威（indoxacarb）

其他名称　安打、安美、凯威、圣宽

主要制剂　15％乳油，30％水分散粒剂，150g/L、23％悬浮剂。

毒性　鼠急性经口 LD_{50} 为 268mg/kg；鱼急性 LC_{50} 为 0.65mg/L（96h）；蜜蜂急性接触 LD_{50} 为 $0.094\mu g$/只（48h）。

作用特点　噁二嗪类杀虫剂，具有触杀和胃毒作用，通过干扰钠离子通道导致害虫中毒，随即麻痹直至僵死，对各龄期幼虫都有效。

防治对象　可用于防治十字花科蔬菜菜青虫、甜菜夜蛾、小菜蛾、斜纹夜蛾、甘蓝夜蛾、棉烟青虫、卷叶蛾类等。也用于防治棉花棉铃虫、稻纵卷叶螟等。

使用方法

（1）防治十字花科蔬菜菜青虫　在幼虫 3 龄之前施药，每次每亩用 30％茚虫威水分散粒剂 2.5～4.5g 对水喷雾，间隔 5～7d 喷一次。安全间隔期为 3d，每季最多使用 3次。在甜菜和萝卜上的最高残留限量为 0.05mg/kg，在白菜和卷心菜上的最高残留限量为 1mg/kg，在甘蓝和西兰花上的最高残留限量分别为 12mg/kg 和 0.2mg/kg（日本）。

（2）防治十字花科蔬菜甜菜夜蛾　在低龄幼虫盛发期施药，每次每亩用 30％茚虫威水分散粒剂 5～9g 对水喷雾，间隔 5～7d 喷一次。安全间隔期为 3d，每季最多使用 3次。也可在幼虫低龄盛发期前施药，每次每用 150g/L 茚虫威悬浮剂 5～9mL 对水喷雾，间隔 5～7d 喷一次。安全间隔期为 3d，每季最多使用 3 次。在甜菜和萝卜上的最高残留限量为 0.05mg/kg；在白菜和卷心菜上的最高残留限量为 1mg/kg；在甘蓝和西兰花上的最高残留限量分别为 12mg/kg 和 0.2mg/kg（日本）。

（3）防治十字花科蔬菜小菜蛾　在低龄幼虫发生初期施药，每次每亩用 30％茚虫威水分散粒剂 5～9g 对水喷雾，间隔 5～7d 喷一次。安全间隔期为 3d，每季最多使用 3次。也可在低龄幼虫发生初期施药，根据小菜蛾的活动习性，宜选择早晚风小、气温较低时用药，每次每亩用 150g/L 茚虫威悬浮剂 5～9mL 对水喷雾，间隔 5～7d 喷一次。安全间隔期为 3d，每季最多使用 3 次。在甜菜和萝卜上的最高残留限量为 0.05mg/kg（日本）；在白菜上的最高残留限量为 2mg/kg；在甘蓝和西兰花上的最高残留限量分别为 12mg/kg 和 0.2mg/kg（日本）。

（4）防治棉花棉铃虫　在卵孵化盛期施药，每次每亩用 150g/L 茚虫威悬浮剂 10～18mL 对水喷雾，间隔 5～7d 喷一次。安全间隔期为 14d，每季最多使用 3 次。最高残留限量为 0.1mg/kg。

注意事项

（1）采桑期间，蚕室、桑园附近禁用，开花植物花期禁用。

（2）鱼或虾蟹饲养稻田禁用，施药后的田水不得直接排入水体，赤眼蜂等天敌放飞区域禁用。

86. 氰氟虫腙（metaflumizone）

(E)-异构体

(Z)-异构体

其他名称　艾法迪、辛巴瑞、新农

主要制剂　22%悬浮剂。

毒性　鼠急性经口 LD_{50} >5000mg/kg；鱼急性 LC_{50} >0.228mg/L（96h）；蜜蜂急性接触 LD_{50} 为 1.65μg/只（48h）。

作用特点　缩氨基脲类杀虫剂，主要通过害虫取食进入其体内发挥胃毒作用杀死害虫，触杀作用较小，无内吸作用。该药剂对于各龄期的靶标害虫都有较好的防治效果，昆虫取食后进入虫体，附着在钠离子通道的受体上，阻断害虫神经元轴突膜上的钠离子通道，使钠离子不能通过轴突膜，进而抑制神经冲动使虫体过度放松、麻痹，几小时后，害虫即停止取食，1～3d内死亡。与菊酯类或其他种类的化合物无交互抗性。

防治对象　可用于防治鳞翅目和部分鞘翅目害虫，如常见的种类有稻纵卷叶螟、甜菜夜蛾、棉铃虫、棉红铃虫、菜粉蝶、甘蓝夜蛾、小菜蛾、菜心野螟、小地老虎、水稻二化螟等。对卷叶蛾类的防效为中等；对鞘翅目害虫叶甲类如马铃薯叶甲防治效果较好；对跳甲类及种子象的防治为中等。

使用方法

（1）防治甘蓝小菜蛾　在低龄幼虫高发期喷雾施药，每次每亩用22%氰氟虫腙悬浮剂70～80mL对水喷雾。安全间隔期为5d，每季最多使用2次，每次间隔7～10d。在球芽甘蓝上最高残留限量为0.8mg/kg，在羽衣甘蓝上最高残留限量为40mg/kg（日本）。

（2）防治甘蓝甜菜夜蛾　在低龄幼虫高发期喷雾施药，每次每亩用22%氰氟虫腙悬浮剂60～80mL对水喷雾。安全间隔期为5d，每季最多使用2次，每次间隔7～10d。在球芽甘蓝上最高残留限量为0.8mg/kg，在羽衣甘蓝上最高残留限量为40mg/kg（日本）。

（3）防治水稻稻纵卷叶螟　在低龄幼虫期喷雾施药，每亩用22%氰氟虫腙悬浮剂30～50mL对水喷雾。安全间隔期为21d，每季最多使用1次。

注意事项

（1）该药剂对鱼类等水生生物、蚕、蜂高毒，施药时避免对周围蜂群产生影响，开花植物花期、桑园、蚕室附近禁用，赤眼蜂等天敌放飞区域禁用。

（2）建议与其他不同作用机制的杀虫剂轮换使用。

十二、通过干扰质子梯度影响氧化磷酸化解偶联剂

（1）作用机理　昆虫取食或接触后，在昆虫体内经过多功能氧化酶转变为具有杀虫活性的化合物，然后作用于靶标虫体细胞内线粒体，破坏氧化磷酸化 ADP 转变成 ATP 的生理过程，使得不能产生 ATP，细胞停止生命功能，最终导致害虫死亡。氧化磷酸化作用是指有机物包括糖、脂质、氨基酸等在分解过程中的氧化步骤所释放的能量，驱动 ATP 合成的过程。在真核细胞中，氧化磷酸化作用在线粒体中发生，参与氧化及磷酸化的体系以复合体的形式分布在线粒体的内膜上，构成呼吸链，也称电子传递链。其功能是进行电子传递、H^+ 传递及氧的利用，产生 H_2O 和 ATP。解偶联剂是指一类能抑制偶联磷酸化的化合物。这些化合物能使呼吸链中电子传递所产生的能量不能用于 ADP 的磷酸化，而只能以热的形式散发，即解除了氧化和磷酸化的偶联作用，因此解偶联剂又可称为拆偶联剂。

（2）化学结构类型　杂环类杀虫剂（包括吡唑类、吡咯类）、有机氟杀虫剂。

（3）通性　强酸强碱条件下不稳定；正温度系数杀虫剂；不易产生交互抗性；对哺乳动物毒性低。

87. 虫螨腈（chlorfenapyr）

其他名称　除尽、专攻、溴虫腈、氟唑虫清

主要制剂　50％水分散粒剂，10％、240g/L 悬浮剂。

毒性　鼠急性经口 LD_{50} 为 441mg/kg；鱼急性 LC_{50} 为 0.007mg/L（96h）；蜜蜂急性 LD_{50} 为 0.2μg/只（48h）。

作用特点　该药为新型吡咯类杀虫、杀螨剂。作用于昆虫体内细胞的线粒体，破坏氧化磷酸化 ADP 转变成 ATP 的生理过程，使得不能产生 ATP，细胞停止生命功能，最终导致害虫死亡。对多种害虫具有胃毒和触杀作用，有一定的内吸性。对作物安全。具有杀虫谱广、防效高、持效期长、安全、可以控制抗性害虫的特点。

防治对象　防治十字花科等蔬菜上的小菜蛾、菜青虫、甜菜夜蛾、斜纹夜蛾、菜螟、菜蚜、斑潜蝇和蓟马等多种蔬菜害虫。

使用方法

（1）防治大白菜上的小菜蛾　每亩用 50％虫螨腈水分散粒剂 5～7.5g，对水喷雾。最高残留限量为 2mg/kg（日本）。

（2）防治甘蓝上的甜菜夜蛾　每亩用 10％虫螨腈悬浮剂 3.3～5mL，喷雾。在球芽甘蓝、羽衣甘蓝上使用的最高残留限量分别为 0.2mg/kg 和 10mg/kg（日本）。

（3）防治甘蓝上的小菜蛾　每亩用 10％虫螨腈悬浮剂 3.3～5mL，喷雾。也可每亩用 240g/L 虫螨腈悬浮剂 6～8mL，喷雾。在球芽甘蓝、羽衣甘蓝上使用的最高残留限量分别为 0.2mg/kg 和 10mg/kg（日本）。

（4）防治梨树梨木虱　用 240g/L 虫螨腈悬浮剂 1500～2000 倍液，喷雾。最高残留限量为 1mg/kg（日本）。

（5）防治甘蓝甜菜夜蛾　用 240g/L 虫螨腈悬浮剂 20～28mL/亩，喷雾。在球芽甘蓝、羽衣甘蓝上使用，最高残留限量分别为 0.2mg/kg 和 10mg/kg（日本）。

（6）防治茶树茶小绿叶蝉　用 240g/L 虫螨腈悬浮剂 21～25mL/亩，喷雾。最高残留限量为 40mg/kg（日本）。

（7）防治苹果金纹细蛾　用 240g/L 虫螨腈悬浮剂 4000～5000 倍液，喷雾。最高残留限量为 2mg/kg（日本）。

（8）防治茄子蓟马和朱砂叶螨　每亩用 240g/L 虫螨腈悬浮剂 4.8～7.2mL，喷雾。最高残留限量为 1mg/kg（日本）。

（9）防治黄瓜斜纹细蛾　每亩用 240g/L 虫螨腈悬浮剂 7.2～12mL，喷雾。最高残留限量为 0.5mg/kg（日本）。

注意事项

（1）作物收获前 14d 禁用，每季作物使用该药不超过 2 次，以免产生抗药性。在黄瓜、莴苣、烟草、瓜菜上应谨慎使用。

（2）本品不可与呈强酸、强碱性的物质混用。

（3）本品对鱼类等水生生物、蜜蜂、家蚕有毒。施药期间应避免对周围蜂群的影响，开花作物花期、蚕室和桑园附近禁用。远离水产养殖区、河塘等水体附近施药，禁止在河塘等水体中清洗施药器具。

88. 氟虫胺（sulfluramid）

主要制剂　0.08％饵片。

毒性　鼠急性经口 LD_{50} >2296mg/kg；鱼急性 LC_{50} >8mg/L（96h）；蜜蜂急性 LD_{50} >5μg/只（48h）。

作用特点　有机氟杀虫剂，通过干扰质子梯度影响氧化磷酸化的解偶联剂，有较好的胃毒作用和传递效果。

防治对象　主要用于有卫生要求的场所防治蜚蠊及各种蚁类。

使用方法　防治白蚁，将饵片直接投放。

注意事项

（1）对鱼等水生动物、蜜蜂、蚕有毒，注意不可污染鱼塘等水域及饲养蜂、蚕场地，蚕室内及其附近禁用。

（2）不要与碱性物质混用。

89. 唑虫酰胺（tolfenpyrad）

主要制剂　15%、30%悬浮剂。

毒性　鼠急性经口 LD_{50} 为 386mg/kg；鱼急性 LC_{50} 为 0.049mg/L（96h）。

作用特点　吡唑杂环类杀虫剂。其作用机理为阻碍线粒体的代谢系统中的电子传达系统复合体Ⅰ，从而使电子传达受到阻碍，使昆虫不能提供和贮存能量。

防治对象　柑橘树上的锈壁虱、木虱，对鳞翅目、半翅目、鞘翅目、膜翅目、双翅目、缨翅目害虫有效，对螨类也有效。

使用方法

（1）防治柑橘锈壁虱　在锈壁虱发生期（4～10月）用15%唑虫酰胺悬浮剂3000～4000倍液均匀喷雾。

（2）防治茶小绿叶蝉　每亩用30%唑虫酰胺悬浮剂15～25mL，喷雾。安全间隔期14d，每季最多使用2次。

注意事项

（1）本产品对温度敏感，温度越高，效果越好，气温低于22℃时防效不佳，建议气温在25℃及以上使用以获得最佳防效。

（2）对柑橘安全，花期、嫩梢期、幼果期、着色期、高温期都可以使用。

（3）可混性强，可与常用的弱酸性、中性杀菌剂、杀虫剂混用。

（4）本品对鱼类、水蚤等水生生物有毒，对鸟类、家蚕、蜜蜂有毒，对赤眼蜂有风险。远离水产养殖区、河塘等水体施药，鸟类保护区附近禁用，蚕室及桑园附近禁用，开花植物花期禁用，赤眼蜂等天敌放飞区禁用，禁止在河塘等水体中清洗施药器具。

十三、选择性同翅目害虫取食阻滞剂

（1）作用机理　影响害虫的取食行为，使其饥饿致死。

（2）化学结构类型　杂环类杀虫剂（包括吡啶类）、烟碱类杀虫剂。

（3）通性　碱性条件下不稳定；对哺乳动物毒性低；与常规杀虫剂无交互抗性。

90. 吡蚜酮（pymetrozine）

其他名称 吡嗪酮

主要制剂 50％可湿性粉剂，25％、50％水分散粒剂，25％悬浮剂。

毒性 鼠急性经口 LD_{50} 为 5820mg/kg；鱼急性 $LC_{50}>100$mg/L（96h）；蜜蜂急性 $LD_{50}>200\mu$g/只（48h）。

作用特点 吡啶类杀虫剂，主要是影响害虫的取食行为，使其饥饿致死。在植物体内既能在木质部输导，也能在韧皮部输导，由于其良好的输导特性，在茎叶喷雾后新长出的枝叶也可以得到有效保护。

防治对象 吡蚜酮可广泛用于水稻、小麦、棉花、西瓜等作物，防治稻飞虱、蚜虫。

使用方法

（1）防治水稻稻飞虱 每亩用 50％吡蚜酮可湿性粉剂 10～12g，喷雾。或每亩用 25％吡蚜酮水分散粒剂 24～40g，喷雾。

（2）防治小麦蚜虫 每亩用 25％吡蚜酮悬浮剂 16～20mL，喷雾。最高残留限量为 0.02mg/kg。

注意事项

（1）安全间隔期 14d，最多施药 2 次。

（2）本品不可与呈碱性的农药或物质混合使用。为延缓抗性产生，可与其他作用机制不同的杀虫剂轮换使用。

（3）开花植物花期、蚕室及桑园附近慎用；远离水产养殖区施药，禁止在河塘等水体中清洗施药器具。

91. 氟啶虫酰胺（flonicamid）

主要制剂 10％水分散粒剂。

毒性 鼠急性经口 LD_{50} 为 884mg/kg；鱼急性 $LC_{50}>100$mg/L（96h）；蜜蜂急性 $LD_{50}>51100\mu$g/只（48h）。

作用特点 烟碱类杀虫剂，是一种昆虫拒食剂，昆虫取食后因拒食而死亡。在植物体内渗透性较强，可以防治登记作物不同部位的蚜虫。

防治对象 主要防治黄瓜、马铃薯和苹果中的蚜虫。

使用方法

（1）防治黄瓜蚜虫 每亩用 10％氟啶虫酰胺水分散粒剂 30～50g，喷雾。安全间隔期 3d，每季最多使用 3 次。

（2）防治马铃薯蚜虫 每亩用 10％氟啶虫酰胺水分散粒剂 30～50g，喷雾。安全间隔期 7d，每季最多使用 2 次。

（3）防治苹果蚜虫 每亩用 10％氟啶虫酰胺水分散粒剂 2500～5000 倍液，喷雾。安全间隔期 21d，每季最多使用 2 次。

注意事项

(1) 由于该药剂为昆虫拒食剂，因此施药后 2～3d 肉眼才能看到蚜虫死亡。注意不要重复施药。

(2) 建议与其他作用机制不同的杀虫剂轮换使用，以延缓抗性产生。

十四、作用机制未知的杀虫剂

92. 三氟甲吡醚（pyridalyl）

其他名称　速美效

主要制剂　10.5％乳油。

毒性　鼠急性经口 LD_{50} ＞5000mg/kg；鱼急性 LC_{50} 为 0.5mg/L（96h）；蜜蜂急性 LD_{50} ＞100μg/只（48h）。

作用特点　该药与一般杀虫剂没有交互抗药性。药液黏着性好，耐雨水冲刷能力强，持效期长，使用安全。

防治对象　防治甘蓝小菜蛾。

使用方法　防治十字花科蔬菜小菜蛾，每亩用 10.5％三氟甲吡醚乳油 50～70mL，对水 30～45L 均匀喷雾，且在小菜蛾低龄若虫期喷药防治效果好。在甘蓝上使用的安全间隔期为 21d，每季最多施药 2 次。

注意事项

(1) 该药对蚕有毒，请勿在桑叶上喷药，尽量避免在桑园附近用药。

(2) 建议与其他作用机制不同的杀虫剂轮换使用，以延缓抗性产生。

93. 氟啶虫胺腈（sulfoxaflor）

主要制剂　50％水分散粒剂，22％悬浮剂。

毒性　鼠急性经口 LD_{50} 为 1000mg/kg；鱼急性 LC_{50} ＞101mg/L（96h）；蜜蜂急性接触 LD_{50} 为 0.379μg/只（48h）。

作用特点　是新型化学杀虫剂——砜亚胺（sulfoximines）的一员，作用于昆虫神经系统，具有胃毒和触杀作用。

防治对象　用于防治多种作物上的刺吸式口器害虫。

使用方法

(1) 防治柑橘树矢尖蚧　每亩用 22％氟啶虫胺腈悬浮剂 4500～6000 倍液，喷雾。安全间隔期为 14d，每季最多使用 1 次。

(2) 防治黄瓜烟粉虱　每亩用 22％氟啶虫胺腈悬浮剂 15～23mL，喷雾。安全间隔期为 3d，每季最多使用 2 次。

(3) 防治苹果树黄蚜　每亩用 22％氟啶虫胺腈悬浮剂 10000～15000 倍液，喷雾。安全间隔期为 14d，每季最多使用 1 次。

(4) 防治水稻稻飞虱　每亩用 22％氟啶虫胺腈悬浮剂 15～20mL，喷雾。安全间隔期为 14d，每季最多使用 1 次。

(5) 防治棉花盲蝽象　每亩用 50％氟啶虫胺腈水分散粒剂 7～10g，喷雾。安全间隔期为 14d，每季最多使用 2 次。

(6) 防治棉花蚜虫　每亩用 50％氟啶虫胺腈水分散粒剂 2～4g，喷雾。安全间隔期为 14d，每季最多使用 2 次。

(7) 防治棉花烟粉虱　每亩用 50％氟啶虫胺腈水分散粒剂 10～13g，喷雾。安全间隔期为 14d，每季最多使用 2 次。

(8) 防治桃树蚜虫　每亩用 50％氟啶虫胺腈水分散粒剂 15000～20000 倍液，喷雾。

(9) 防治西瓜蚜虫　每亩用 50％氟啶虫胺腈水分散粒剂 3～5g，喷雾。

(10) 防治小麦蚜虫　每亩用 50％氟啶虫胺腈水分散粒剂 2～3g，喷雾。安全间隔期为 14d，每季最多使用 2 次。

注意事项　本品对蜜蜂、家蚕等有毒。施药期间应避免影响周围蜂群，禁止在蜜源植物花期、蚕室和桑园附近使用。赤眼蜂等天敌放飞区域禁用。

第三章 >>>>

杀螨剂

一、螨虫生长抑制剂

（1）作用机制 螨虫生长抑制剂是一种影响螨虫生长过程的化合物，而类脂化合物是螨卵的主要能量来源，因此螨虫生长抑制剂可以破坏类脂物的使用来导致对螨类的毒害作用，它们主要作用于螨生长发育的关键阶段。

（2）化学结构类型 苯甲酰苯基脲类、四嗪类、季酮类和噁唑啉类。

（3）通性 部分碱性条件下不稳定；对哺乳动物低毒；四嗪类、噁唑啉类对成螨效果差；不易产生交互抗性；季酮类为正温度系数杀螨剂。

94. 噻螨酮（hexythiazox）

其他名称 尼索朗

主要制剂 3％水乳剂，5％乳油，5％可湿性粉剂等。

毒性 鼠急性经口 LD_{50} ＞5000mg/kg；鱼急性 LC_{50} 为 3.2mg/L（96h）；蜜蜂急性接触 LD_{50} ＞200μg/只（48h）。

作用特点 噻螨酮是一种噻唑烷酮类新型杀螨剂，对植物表皮表层具有较好的渗透性，但无内吸传导作用。该药剂对多种植物害螨具有强烈的杀卵、杀若螨的特性，对成螨无效，但对接触到药液的雌成虫所产的卵具有抑制作用。

防治对象 噻螨酮可用于防治苹果树、柑橘树以及棉花上的红蜘蛛，对叶螨的防效较好。

使用方法

（1）防治苹果红蜘蛛和山楂叶螨 在若螨大量爆发前施药，每次用 5％噻螨酮乳油 1650～2000 倍液整株喷雾。安全间隔期为 30d，每季最多使用 2 次，每次施药间隔为 30d，在害虫密度比较大的情况下，间隔为 7d。也可在苹果开花前后，平均每叶有螨 3～4 头时开始施药，用 5％噻螨酮可湿性粉剂 1500～2500 倍液整株喷雾。在苹果树上使用的安全间隔期为 30d，每季最多使用 2 次。最高残留限量参考值为 0.5mg/kg。

（2）防治柑橘红蜘蛛　在若螨大量爆发前施药，用 5％噻螨酮乳油 2000 倍液整株喷雾。安全间隔期为 30d，每季最多使用 2 次，每次施药间隔为 14d，但在害虫密度比较大的情况下为 7d。也可在春季螨害始盛发期，平均每叶有螨 2～3 头时施药，用 5％噻螨酮可湿性粉剂 1500～2500 倍液整株喷雾。在柑橘树上使用的安全间隔期为 30d，每季最多使用 2 次。最高残留限量参考值为全果 0.5mg/kg。

（3）防治棉花红蜘蛛　在若螨大量爆发前施药，每次每亩用 5％噻螨酮乳油 50～66mL 对水喷雾。安全间隔期为 30d，每季最多使用 2 次。或者 6 月底前、在叶螨点片发生及扩散初期用药，每亩用 5％噻螨酮可湿性粉剂 60～100g 对水喷雾。安全间隔期 30d，每季最多使用 2 次。最高残留限量参考值为棉籽 0.5mg/kg。

注意事项

（1）噻螨酮对成螨无杀伤作用，要掌握好防治时期，应比其他杀螨剂要稍早些使用。

（2）噻螨酮无内吸性，喷药要均匀周到。

（3）如误服，应让中毒者大量饮水，催吐，保持安静，并立即送医院治疗。

95. 乙螨唑（etoxazole）

其他名称　来福禄

主要制剂　110g/L、20％、30％悬浮剂等。

毒性　鼠急性经口 LD_{50}＞5000mg/kg；鱼急性 LC_{50} 为 2.8mg/L（96h）；蜜蜂急性接触 LD_{50}＞200μg/只（48h）。

作用特点　乙螨唑属于 2,4-二苯基噁唑衍生物类非内吸性杀螨剂，主要通过触杀和胃毒作用防治卵和若螨。其作用机理主要是抑制螨类的蜕皮过程，从而对螨从卵、若虫到蛹不同阶段都有优异的触杀性。

防治对象　乙螨唑可用于防治苹果、柑橘的红蜘蛛，对棉花、花卉、蔬菜等作物上的叶螨、始叶螨、全爪螨、二斑叶螨和朱砂叶螨等螨类也有防效。

使用方法

（1）防治柑橘红蜘蛛　在红蜘蛛低龄幼螨、若螨始盛期开始用药，用 110g/L 乙螨唑悬浮剂 5000～7000 倍液整株喷雾。在柑橘树上使用的安全间隔期为 30d，每季最多使用 1 次。最高残留限量为 0.7mg/kg（日本）。

（2）混用　乙螨唑可与阿维菌素和三唑锡等药剂混用、复配或轮换使用。

注意事项

（1）该药剂不能与波尔多液混用。

（2）如果误服，可携标签让医生救治。如果病人清醒，可给病人服用清水，不要催吐。

96. 四螨嗪（clofentezine）

其他名称　阿波罗、克芬螨、螨死净

主要制剂　20％、500g/L 悬浮剂，75％、80％水分散粒剂，10％、20％可湿性粉剂。

毒性　鼠急性经口 LD_{50}＞5000mg/kg；鱼急性 LC_{50}＞0.015mg/L（96h）；蜜蜂急性接触 LD_{50}＞84.5μg/只（48h）。

作用特点　四螨嗪为有机氮杂环类触杀型杀螨剂，对人、畜低毒，对鸟类、鱼虾、蜜蜂及捕食性天敌较为安全。该药剂对螨卵有较好的防效，对幼螨也有一定活性，对成螨效果差。持效期长，一般可达 50～60d，但该药作用较慢，一般用药后 2 周才能达到最高杀螨活性，因此使用该药时应做好螨害的预测预报。

防治对象　四螨嗪可用于防治苹果树红蜘蛛和柑橘树红蜘蛛，如全爪螨等。

使用方法

（1）防治苹果红蜘蛛　应掌握在苹果开花前、越冬卵初孵期施药，用 20％四螨嗪悬浮剂 2000～2500 倍液整株喷雾。在苹果树上使用安全间隔期为 30d，每季最多使用 2 次。最高残留限量为 0.5mg/kg。

（2）防治柑橘全爪螨　在早春柑橘发芽后，春梢长至 2～3cm，越冬卵孵化初期施药，用 20％四螨嗪悬浮剂 1600～2000 倍液整株喷雾。在柑橘上使用的安全间隔期为 21d，每季最多使用 2 次。最高残留限量为 0.5mg/kg（日本）。

（3）防治柑橘红蜘蛛　于柑橘红蜘蛛卵孵化盛期和幼螨、若螨发生为害期施药，每次用 10％四螨嗪可湿性粉剂 800～1000 倍液整株喷雾。在柑橘上使用的安全间隔期为 14d，每季最多使用 2 次。最高残留限量为 0.5mg/kg（日本）。

（4）混用　四螨嗪可与三唑锡、哒螨灵、阿维菌素、炔螨特等药剂混用、复配或轮换使用。

注意事项

（1）在螨的密度大或温度较高时使用，最好与其他杀成螨药剂混用，在气温低（15℃左右）和虫口密度小时施用效果好，持效期长。

（2）该药剂对蜜蜂、鱼类等水生生物、家蚕有毒。施药期间应避免对周围蜂群的影响，应避开蜜源植物花期施药，蚕室和桑园附近禁用。远离水产养殖区施药，禁止在河塘等水体中清洗施药器具。

二、线粒体三磷酸腺苷合成酶抑制剂

（1）作用机制　三磷酸腺苷合成酶或称作 ATP 合成酶，是三磷酸腺苷酶（ATPase）的一种，它利用呼吸链产生的质子的电化学势能，通过改变蛋白质的结构来进行 ATP 的合成。ATP 合成酶不仅合成 ATP，为生物体提供能量，还参与许多细胞间

信号传递过程。因此 ATP 合成酶是一个很好的药物作用分子靶标。ATP 合成酶抑制剂通过抑制 ATP 合成酶的活性，阻碍昆虫体内神经细胞线粒体的功能，影响其呼吸作用及能量转换，使害虫僵死。

（2）化学结构类型　有机硫类。

（3）通性　碱性条件下不稳定。对哺乳动物毒性低。正温度系数杀螨剂。施药一周内不能喷波尔多液。

97. 三氯杀螨砜（tetradifon）

其他名称　退得完、天地红、太地安、得脱螨、涕滴恩

主要制剂　10%乳油。

毒性　鼠急性经口 $LD_{50} > 14700mg/kg$；鱼急性 $LC_{50} > 880mg/L$（96h）；蜜蜂急性接触 $LD_5 > 11\mu g/$只（48h）。

作用特点　三氯杀螨砜为非内吸药剂，长效，具渗透植物组织的作用。除对成螨无效外，对卵及其他生长阶段的螨均有抑制及触杀作用，也能直接使雌螨不育或导致卵不孵化。

防治对象　可用来防治棉花、花生、茶、柑橘及其他果树上的害螨。

使用方法　防治苹果红蜘蛛，于苹果开花前后、害螨盛发期施药，用 10%三氯杀螨砜乳油 500～800 倍液对水整株喷雾。安全间隔期 7d，每季最多使用 1 次。最高残留限量 2mg/kg。

注意事项

（1）本品不可与呈碱性的农药等物质混合使用。

（2）不能用三氯杀螨砜杀冬卵。当红蜘蛛为害重、成螨数量多时，必须与其他对成螨效果较好的杀螨剂配合使用，效果才好。该药对柑橘锈螨无效。

（3）使用本品时应穿戴防护用品，避免吸入药液。施药期间不可吃东西和饮水，施药后及时洗手和洗脸。

（4）本品对鱼、蜜蜂有毒，使用时应远离蜂房，避开开花植物的盛花期，应注意不要污染水源。

98. 炔螨特（propargite）

其他名称 克螨特、锐螨净、杀螨特星、奥美特、除螨净、螨排灵、螨必克、仙农螨力尽、灭螨尽

主要制剂 40%微乳剂，25%、40%、57%、70%、73%乳油，30%可湿性粉剂，20%、40%水乳剂。

毒性 鼠急性经口 LD_{50} 为2639mg/kg；鱼急性 LC_{50} 为0.043mg/L（96h）；蜜蜂急性接触 LD_{50} 为47.9 μg/只（48h）。

作用特点 炔螨特是一种低毒广谱有机硫杀螨剂，具有触杀和胃毒作用，无内吸和渗透传导作用。该药剂对成螨、若螨有效，杀卵效果差。该药剂在温度20℃以上条件下药效可提高，但在20℃以下随温度降低而递降。炔螨特对大多数天敌较安全，在幼嫩作物上使用时要严格控制浓度，过高易发生药害。

防治对象 炔螨特可用于防治棉花、蔬菜、苹果、柑橘、茶、大豆、无花果、樱桃、花生、谷物和花卉等多种作物上的害螨，对山楂红蜘蛛效果更佳。

使用方法

（1）防治棉花红蜘蛛 6月底，在害螨扩散初期施药，每亩用73%炔螨特乳油40～80mL对水喷雾。安全间隔期为21d，每季最多使用3次。最高残留限量为0.1mg/kg。

（2）防治柑橘红蜘蛛 于春季始盛发期、平均每叶有螨约2～4头时施药，用73%炔螨特乳油2000～3000倍液整株喷雾。安全间隔期为30d，每季最多使用3次。最高残留限量为3mg/kg。

（3）防治苹果红蜘蛛、山楂红蜘蛛 在苹果开花前后、幼若螨盛发期、平均每叶螨数3～4头或7月份以后平均每叶螨数6～7头时施药，用73%炔螨特乳油2000～3000倍液整株喷雾。安全间隔期为30d，每季最多使用3次。最高残留限量为5mg/kg。

注意事项

（1）炔螨特对鱼类高毒，使用时防止药液进入鱼塘、河流。

（2）炔螨特对柑、橙的新梢、嫩叶、幼果有药害，尤其对甜橙类较重，其次是柑类。梨树和油桃部分品种对炔螨特较敏感，高浓度时苹果果实上会产生绿斑。在炎热潮湿天气下，浓度过高对幼嫩作物易产生药害。

（3）炔螨特无组织渗透作用，施药时要求均匀周到。

（4）炔螨特不能与波尔多液等碱性农药混用，药后7d内不能喷施波尔多液。

99. 苯丁锡（fenbutatin oxide）

其他名称　托尔可、克螨锡、螨完锡、神威特

主要制剂　80％水分散粒剂，20％、50％悬浮剂，20％、25％、50％可湿性粉剂，10％乳油。

毒性　鼠急性经口 $LD_{50}>80mg/kg$；鱼急性 LC_{50} 为 0.004mg/L（96h）。

作用特点　苯丁锡是一种长效专性杀螨剂，对有机磷和有机氯有抗性的害螨不产生交互抗性。对害螨以触杀为主，喷药后起始毒力缓慢，3d 以后活性开始增强，到 14d 达到高峰。对幼螨、成螨、若螨的杀伤力比较强，但对卵的杀伤力不大。

防治对象　防治苹果树苹果全爪螨、山楂叶螨，柑橘树柑橘全爪螨、柑橘锈螨。

使用方法

（1）防治柑橘红蜘蛛和柑橘锈壁虱　防治红蜘蛛在红蜘蛛发生初期、平均每叶 2～3 头害螨时施药，用 50％苯丁锡可湿性粉剂 2000～3000 倍液整株喷雾。防治柑橘锈壁虱在柑橘上果期和果实上虫口增长期施药，用 50％苯丁锡可湿性粉剂 2000～3000 倍液整株喷雾。安全间隔期为 21d，每季最多使用 2 次。最大残留限量为 5mg/kg（全果）。

（2）防治苹果红蜘蛛、山楂红蜘蛛　在夏季害螨发生盛期开始施药，用 50％苯丁锡可湿性粉剂 2000 倍液整株喷雾。安全间隔期为 21d，每季最多使用 2 次。最大残留限量为 5mg/kg（全果）。

注意事项

（1）苯丁锡对鱼类及水生生物高毒，剩余药剂不要倒入鱼塘或水源，也不要在鱼塘或水源中清洗施药器械。

（2）不能与石硫合剂和波尔多液等强碱性物质混用。

（3）中毒症状表现为恶心呕吐、大汗淋漓，排尿困难、抽搐、神经错乱、昏迷、呼吸困难等，该药剂粉末进入眼睛、鼻子或者留在皮肤上都会引起强烈刺激，无特殊解毒剂，如果误服，不得促使呕吐，应立即送医院治疗救治，进行洗胃，导泻，对症处理。预防治疗，防止脑水肿发生，严禁大量输液。

100. 三唑锡（azocyclotin）

其他名称　倍乐霸、三唑环锡、灭螨锡、Peropal

主要制剂　20％、25％、70％可湿性粉剂，50％、80％水分散粒剂，20％、40％悬浮剂，8％、10％乳油。

毒性　鼠急性经口 $LD_{50}>5000mg/kg$；鱼急性 LC_{50} 为 65.7mg/L（96h）；蜜蜂急性接触 LD_{50} 为 76μg/只（48h）。

作用特点　三唑锡为触杀作用较强的广谱性杀螨剂，可杀灭若螨、成螨和夏卵，对冬卵无效。对光和雨水有较好的稳定性，残效期长。在常用浓度下对作物安全。

防治对象　适用于苹果、柑橘、葡萄、蔬菜等作物，可防治苹果全爪螨、山楂红蜘

蛛、柑橘全爪螨、柑橘锈壁虱、二斑叶螨、棉花红蜘蛛等。

使用方法

（1）防治柑橘红蜘蛛　春梢大量抽发期或成橘园采果后，平均每叶幼螨2～3头时施药，用25％三唑锡可湿性粉剂1000～2000倍液整株喷雾。安全间隔期为30d，每季最多使用2次。最高残留限量为2mg/kg。

（2）防治苹果叶螨　于苹果开花前后、害螨盛发期施药，用25％三唑锡可湿性粉剂1500～2000倍液整株喷雾。安全间隔期为14d，每季最多使用3次。最高残留限量为2mg/kg。

注意事项

（1）三唑锡可与有机磷杀虫剂和代森锰锌、克菌丹等杀菌剂混用，不能与石硫合剂等碱性农药混用，使用前三周或后一周不能使用波尔多液。

（2）三唑锡对蜜蜂、鱼类等水生生物有毒。施药期间应避免对周围蜂群的影响，蜜源作物花期禁用。远离水产养殖区施药，禁止在河塘等水体中清洗施药器具。

（3）三唑锡属剧烈神经毒物。中毒症状表现为头痛、头晕、多汗；重者恶心呕吐，大汗淋漓，排尿困难，抽搐，神经错乱，昏迷，呼吸困难等。若不慎吸入，应立即将吸入者转移到空气新鲜及安静处，病情严重者就医对症治疗。无特殊解毒剂，如误服中毒，立即携药剂标签送医院，可催吐、洗胃、导泻。预防治疗，防止脑水肿发生，严禁大量输液。

101. 丁醚脲（diafenthiuron）

其他名称　宝路、吊无影、品路、螨脲、杀虫隆

主要制剂　50％可湿性粉剂，15％、25％、30％乳油，25％、43.5％、50％、500g/L悬浮剂。

毒性　鼠急性经口 LD_{50} 为2068mg/kg；鱼急性 LC_{50} 为0.0007mg/L（96h）；蜜蜂急性接触 LD_{50} 为1.5 μg/只（48h）。

作用特点　丁醚脲是一种新型杀虫、杀螨剂，具有内吸、触杀、胃毒和熏蒸作用。通过干扰神经系统的能量代谢，破坏神经系统的基本功能，可抑制几丁质合成。田间施药后害虫先麻痹然后才死亡，因此初效慢，施药后3d起效，药后5d防效达高峰。

防治对象　广泛用于棉花、水果、蔬菜和茶叶上。该药剂是一种选择性杀虫剂，具有内吸和熏蒸作用，可以控制蚜虫的敏感品系及对氨基甲酸酯、有机磷和拟除虫菊酯类产生抗性的蚜虫，还可以控制大叶蝉、烟粉虱、小菜蛾、菜粉蝶和夜蛾为害。该药剂可以和大多数杀螨剂和杀虫剂混用。

使用方法

（1）防治十字花科蔬菜小菜蛾　在低龄幼虫期施药，每亩用50％丁醚脲可湿性粉

剂 40～60g 对水喷雾。安全间隔期为 14d，每季最多使用 2 次。最高残留限量为 2mg/kg。

（2）防治苹果红蜘蛛　在成螨、若螨发生期施药，每亩用 50％丁醚脲可湿性粉剂 1000～2000 倍液整株喷雾。安全间隔期为 21d，每季最多使用 2 次。最高残留限量为 0.2mg/kg。

（3）防治十字花科蔬菜菜青虫、小菜蛾　在低龄幼虫期施药，每亩分别用 25％丁醚脲乳油 60～100mL 和 80～120mL 对水喷雾。或者在低龄幼虫期施药，每亩分别用 25％丁醚脲悬浮剂 60～80mL 和 80～120mL 对水喷雾。安全间隔期均为 7d，每季最多使用 1 次。最高残留限量为 2mg/kg。

注意事项

（1）光照有利于药效发挥，应晴天施药。

（2）不可与呈强碱性的农药等物质混合使用，但可与波尔多液现混现用，短时间内完成喷雾不影响药效。

（3）对蜜蜂、鱼类等水生生物及家蚕有毒。施药期间应避免对周围蜂群的影响，蜜源作物花期、蚕室和桑园附近禁用。远离水产养殖区施药，禁止在河塘等水体中清洗施药器具。

（4）无特效解药，如误服则应立即携标签将病人送医院对症治疗。

（5）若用于防治抗性害虫，抗性减低后使用常规农药。

（6）本品具光活化作用，晴天或早上施药较好。大风天或预计 1h 内降雨，请勿施药。

三、线粒体电子传递链复合体抑制剂

（1）作用机制　呼吸传递链中电子的转移，会被特定的抑制剂所阻断，从植物、细菌等生物体中提取出来的天然线粒体复合体Ⅰ抑制剂可以非常有效地阻断电子的传递。天然源线粒体复合体Ⅰ抑制剂虽都作用在线粒体复合体Ⅰ上，但具体的结合位点并不完全一致。根据酶动力学研究，这些线粒体复合体Ⅰ抑制剂大致分为 3 类：以粉蝶霉素 A 为代表；以鱼藤酮为代表；以辣椒碱为代表。

（2）化学结构类型　喹啉类、苯氧基吡唑类、哒嗪酮类。

（3）通性　碱性条件下不稳定。不易产生交互抗性。喹啉类为正温度系数杀螨剂。

102. 喹螨醚（fenazaquin）

其他名称　螨即死

主要制剂　95g/L 乳油。

毒性　鼠急性经口 LD_{50} 为 134mg/kg；鱼急性 LC_{50} 为 0.0038mg/L（96h）；蜜蜂急性接触 LD_{50} 为 1.21μg/只（48h）。

作用特点　喹螨醚为喹啉类杀螨剂，通过触杀作用于昆虫细胞线粒体和染色体组Ⅰ，占据了辅酶 Q 的结合点。

防治对象　用于扁桃（巴丹杏）、苹果、柑橘、棉花、葡萄和观赏植株上，可有效防治真叶螨、全爪螨、红叶螨、瘿螨以及紫红短须螨。

使用方法　防治苹果红蜘蛛，在若螨开始发生时施药，用 95g/L 喹螨醚乳油 3800～4500 倍液整株喷雾，间隔 20～30d 左右喷一次。安全间隔期 15d，每季最多使用 3 次。最高残留限量为 0.1mg/kg（欧盟）。

注意事项

（1）施药应选在早晚气温较低、风小时进行。喷药要均匀，在干旱条件下适当提高喷液量，以利于药效发挥。晴天上午 8 时至下午 5 时，空气相对湿度低于 65%，气温高于 28℃时应停止施药。

（2）该药剂对蜜蜂和水生生物低毒，应避免在植物花期和蜜蜂活动场所施药。

103. 唑螨酯（fenpyroximate）

其他名称　霸螨灵、杀螨王、杀达满、辉丰、速霸螨

主要制剂　5% 乳油，5%、20%、28% 悬浮剂等。

毒性　鼠急性经口 LD_{50} 为 245mg/kg；鱼急性 LC_{50} 为 0.041mg/L（96h）；蜜蜂急性接触 LD_{50} 为 15.8μg/只（48h）。

作用特点　唑螨酯为苯氧基吡唑类杀螨剂，高剂量时可直接杀死螨类，低剂量时可抑制螨类蜕皮或产卵。具有击倒和抑制蜕皮作用，无内吸作用。

防治对象　唑螨酯可用于防治苹果红蜘蛛、山楂红蜘蛛和锈壁虱，也可用于防治柑橘上的红蜘蛛，如全爪螨等。

使用方法

（1）防治苹果红蜘蛛、山楂红蜘蛛　防治苹果红蜘蛛在苹果开花前后，越冬卵孵化高峰期施药；防治山楂红蜘蛛，于苹果开花初期，越冬成虫出蛰始盛期施药。用 5% 唑螨酯悬浮剂 2000～3000 倍液整株喷雾。在苹果上使用的安全间隔期为 15d，每季最多使用 2 次。最高残留限量为 1mg/kg。

（2）防治苹果锈壁虱　用 5% 唑螨酯悬浮剂 1000～2000 倍液喷雾。在苹果上的安全间隔期为 15d，每季作物最多使用 2 次。最高残留限量为 1mg/kg。

（3）防治柑橘全爪螨　于卵孵化盛期或幼若螨发生期施药，用 5% 悬浮剂 1000～

2000 倍液整株喷雾。在柑橘上使用的安全间隔期为 14d，每季最多使用 1 次。最高残留限量为 2mg/kg。

（4）防治柑橘红蜘蛛　于红蜘蛛为害初期施药，每次用 5％唑螨酯乳油 1000～2000 倍液整株喷雾。在柑橘上使用的安全间隔期为 15d，每季最多使用 2 次。最高残留限量为 2mg/kg。

（5）混用　唑螨酯可与阿维菌素、炔螨特、四螨嗪等药剂复配、混合或轮换使用。

注意事项

（1）药液不能污染水井、池塘和水源。该药剂对鱼类等水生生物有毒，应远离水产养殖区施药，禁止在河塘等水体中清洗施药器具。

（2）该药对家蚕有毒。在蚕室和桑园附近禁用，施药时绝不能让药液飘移至桑园，给蚕喂食了被污染的桑叶，会产生拒食现象。

（3）在树上的安全间隔期为 25d。

（4）在害螨发生初期使用效果较好。

（5）在同一作物上，每季最多使用 2 次，最好与其他杀螨剂交替使用。

（6）不能与石硫合剂混用。

104. 哒螨灵（pyridaben）

其他名称　哒螨酮、哒螨净、灭螨灵、速螨酮、扫螨净、螨齐杀、巴斯本、速克螨

主要制剂　15％、20％、40％可湿性粉剂，6％、10％、15％乳油，10％、15％微乳剂，20％、30％悬浮剂，20％粉剂。

毒性　鼠急性经口 LD_{50} 为 161mg/kg；鱼急性 LC_{50} 为 0.0007mg/L（96h）；蜜蜂急性接触 LD_{50} 为 0.024μg/只（48h）。

作用特点　哒螨灵属于哒嗪酮类杀螨剂。作用机制是通过抑制电子传递系统染色体 I 而发挥作用。

防治对象　可用于防治果树、蔬菜、茶树、烟草及观赏植物上的螨类、粉虱、蚜虫、叶蝉和蓟马等，对叶蝉、全爪螨、跗线螨、锈螨和瘿螨的各个生育期（卵、幼螨、若螨和成螨）均有效果。

使用方法

（1）防治苹果红蜘蛛、山楂红蜘蛛　于苹果开花初期、平均每叶有螨 2～4 头时施药，用 20％哒螨灵可湿性粉剂 3000～4000 倍液整株喷雾。安全间隔期为 14d，每季最多使用 2 次。最高残留限量为 2mg/kg。

（2）防治柑橘红蜘蛛　在柑橘红蜘蛛发生初期施药，用 15％哒螨灵乳油 2500～3000 倍液整株喷雾。安全间隔期为 14d，每季最多使用两次。最高残留限量为 2mg/kg。

注意事项

（1）对鱼类毒性高，不可污染河流、池塘和水源。

（2）对蚕和蜜蜂有毒，请不要在花期使用，禁止喷洒在桑树上，蜂场、蚕室附近禁用。

（3）不能与石硫合剂或波尔多液等强碱性药剂等物质混用。

四、未知作用机制的杀螨剂

105. 联苯肼酯（bifenazate）

主要制剂　50％水分散粒剂，43％悬浮剂。

毒性　鼠急性经口 LD_{50} ＞5000mg/kg；鱼急性 LC_{50} 为 0.58mg/L（96h）；蜜蜂急性 LD_{50}＞8.5μg/只（48h）。

作用特点　本品是一种新型选择性叶面喷雾用杀螨剂。其作用机理为对螨类的中枢神经传导系统的 γ-氨基丁酸（GABA）受体的独特作用。对螨的各个生活阶段都有效，具有杀卵活性和对成螨的击倒活性，且持效期长。推荐使用剂量范围内对作物安全，对捕食性益螨没有负面影响，在环境中持效期短。

防治对象　柑橘树红蜘蛛。

使用方法　防治柑橘树红蜘蛛，每亩用 43％联苯肼酯悬浮剂 1800～2600 倍液喷雾。最大残留量值为 0.2mg/kg。全间隔期为 30d，每季最多使用 2 次。

注意事项

（1）建议与其他作用机制不同的杀虫剂轮换使用，以延缓抗性产生。

（2）本品对鱼类等水生生物有毒，应远离水产养殖区施药，禁止在河塘等水体中清洗施药器具。

（3）不可与碱性农药等物质混合使用。

（4）对捕食螨安全，但对蜜蜂和家蚕高毒，开花植物花期和桑园、蚕室附近禁用。

106. 螺螨酯（spirodiclofen）

其他名称　螨威多、螨危

主要制剂　24％悬浮剂。

毒性　鼠急性经口 LD_{50} 为 2500mg/kg；鱼急性 LC_{50} 为 0.035mg/L（96h）；蜜蜂急

性接触 $LD_{50} > 200\mu g/$只（48h）。

作用特点　主要抑制螨的脂肪合成，阻断螨的能量代谢，对害螨的卵、幼螨、若螨具有良好的杀伤效果，对成螨无效，但具有抑制雌螨产卵孵化率的作用。

防治对象　柑橘树的红蜘蛛和锈壁虱。

使用方法

（1）防治柑橘树红蜘蛛　将24%螺螨酯悬浮剂采用喷雾的方式施用，用药浓度为3840～5755倍液。最高残留限量为0.5mg/kg。

（2）防治柑橘树锈壁虱　将24%螺螨酯悬浮剂采用喷雾的方式施用，用药浓度为6000～8000倍液。最高残留限量为0.5mg/kg。

注意事项

（1）本品安全间隔期21d，每季作物最多施用1次。

（2）避免在作物花期施药，以免对蜜蜂群产生影响。

（3）本品对鱼类等水生生物有毒，应远离水产养殖区施药，禁止在河塘等水体中清洗施药器具。

（4）建议与其他不同作用机制的杀螨剂轮换使用，以延缓抗药性产生。

107. 溴螨酯（bromopropylate）

其他名称　溴螨特、螨代治

主要制剂　500g/L乳油。

毒性　鼠急性经口 LD_{50} 为5000mg/kg；鱼急性 LC_{50} 为0.35mg/L（96h）。

作用特点　溴螨酯属于光谱型触杀性杀螨剂。

防治对象　柑橘树的红蜘蛛和锈壁虱。

使用方法

（1）防治柑橘树红蜘蛛　将500g/L溴螨酯乳油采用喷雾的方式施用，用药浓度为800～1000倍液。最高残留限量为2mg/kg。

（2）防治苹果树红蜘蛛　将500g/L溴螨酯乳油采用喷雾的方式施用，用药浓度为1000～2000倍液。最高残留限量为2mg/kg。

注意事项

（1）果树收获前21d停止使用。

（2）开花植物花期、蚕室及桑园附近禁用。

（3）因该药无内吸作用，故使用时药液必须均匀覆盖植株。

（4）害螨对该药和三氯杀螨醇有交互抗性，使用时要注意。

第四章 »»»

杀 菌 剂

一、核酸合成抑制剂

（1）作用机理　核酸是重要的遗传物质，抑制和干扰核酸的生物合成和细胞分裂，会使病菌的遗传信息不能正确表达，导致生长和繁殖停止。

（2）化学结构类型　有酰苯胺类杀菌剂、酰胺类杀菌剂、杂环类杀菌剂、嘧啶类杀菌剂。

（3）通性　碱性条件下不稳定；单剂极易诱致病菌产生抗药性，目前生产上使用的多为复配剂；嘧啶类杀菌剂对哺乳动物低毒，不易在土壤中积累；易产生交互抗性。

108. 苯霜灵（benalaxyl）

其他名称　Galben

制剂　50g/kg 颗粒剂。

毒性　鼠类急性经口 LD_{50} 为 680mg/kg；鱼类急性 LC_{50} 为 3.75mg/L；蜜蜂急性经口 $LD_{50} > 100\mu g/$ 只（48h）。

作用特点　苯霜灵是酰胺类内吸杀菌剂，是一种高效、低毒、药效期长、对作物安全、兼具保护和治疗作用的新内吸性杀菌剂。

防治对象　苯霜灵是防治卵菌纲病害的内吸性杀菌剂。用于防治葡萄、烟草、瓜类、大豆和洋葱等作物的霜霉病，马铃薯、番茄、草莓、观赏植物上的疫病。如葡萄的单轴霉菌引起的霜霉病，马铃薯、草莓、番茄的疫霉菌引起的疫病，烟草、洋葱、大豆的霜霉病和黄瓜的假霜霉病等。

使用方法

（1）防治黄瓜霜霉病　用20％苯霜灵乳油于发病初期开始喷药，每隔7d喷一次。

（2）混用　苯霜灵可以单用，也可与保护剂代森锰锌、灭菌丹等混用。由于苯霜灵为易引起病原菌产生耐药性的品种，宜混用、轮用或复配成混合杀菌剂。

109. 甲霜灵（metalaxyl）

其他名称　阿普隆、雷多米尔

制剂　35％拌种剂，58％可湿性粉剂。

毒性　鼠类急性 $LD_{50} > 669mg/kg$；鱼类急性 LC_{50} 为 0.96mg/L（96h）；蜜蜂急性接触 LD_{50} 为 200μg/只（48h）。

作用特点　甲霜灵是一种具有保护和治疗作用的酰苯胺类内吸性杀菌剂，主要抑制病原菌中核酸的生物合成，主要是 RNA 的合成。可被植物的根茎叶吸收，并随植物体内水分运输，而转移到植物的各器官。甲霜灵有双向传导性能，持效期 10～14d，土壤处理持效期可超过 60d。甲霜灵持效期长，选择性强，仅对卵菌病害有效，易引起病菌抗药性的产生，因此，甲霜灵单剂只用于种子处理和土壤处理，不宜做叶面喷洒用，用于叶面喷雾时常与保护性药剂如代森锰锌、福美双等混配使用。

防治对象　甲霜灵对霜霉病菌、疫霉病菌和腐霉病菌引起的多种作物霜霉病、瓜果蔬菜类的疫霉病、谷子白发病有效，如防治黄瓜霜霉病、葡萄霜霉病、水稻立枯病和恶苗病、辣椒疫病、玉米丝黑穗病和茎基腐病等。

使用方法

（1）防治谷子白发病　采用拌种法处理，每100kg种子用35％甲霜灵拌种剂200～300g均匀拌种，干拌或湿拌均可，拌完即可播种。最高残留限量为 0.05mg/kg（日本）。

（2）防治黄瓜霜霉病　发病初期开始施药，每次每亩用58％甲霜灵·锰锌可湿性粉剂 150～188g 对水喷雾。间隔 7～10d 喷 1 次，连续喷施 3～4 次。在黄瓜上使用的安全间隔期为 3d，每季最多使用 3 次。最高残留限量参考值为 0.5mg/kg。

（3）防治葡萄霜霉病　用58％可湿性粉剂 500～800 倍液喷雾。每季作物最多使用 3 次，在葡萄上使用的安全间隔期为 21d。最高残留限量为 1mg/kg。

（4）混用　甲霜灵可与代森锰锌、福美双、噁霉灵、咪鲜胺、霜脲氰、戊唑醇、嘧菌酯或百菌清等药剂混用、复配或轮换使用。

注意事项

（1）甲霜灵的人体每日每千克体重允许摄入量（ADI）为 0.03mg。使用甲霜灵应遵守《农药合理使用准则（一）》（GB/T 8321.1—2000）。

（2）长期单一使用甲霜灵易使病菌产生抗药性，应与其他杀菌剂轮换使用或混合使用，生产上常与代森锰锌、福美双等保护性药剂混配使用。

（3）不能与石硫合剂或波尔多液等强碱性物质混用。

（4）如施药后遇雨，应在雨后 3d 补充施药一次。

110. 精甲霜灵（metalaxyl-M）

其他名称　高效甲霜灵

制剂　35％种子处理乳剂。

毒性　鼠类急性 $LD_{50}>375mg/kg$；鱼类急性 $LC_{50}>100mg/L$（96h）；蜜蜂急性接触 $LD_{50}>100\mu g/$只（48h）。

作用特点　精甲霜灵为具有立体旋光活性的酰苯胺类杀菌剂，是甲霜灵杀菌剂两个异构体中的一个，该药剂具内吸性和双向传导性，可用于种子处理、土壤处理及茎叶处理。精甲霜灵对于霜霉、疫霉和腐霉等卵菌所致的蔬菜、果树、烟草、油料、棉花、粮食等作物病害具有很好的防效。杀菌谱与甲霜灵一致，但在获得同等防效的情况下只需甲霜灵用量的一半。具有更快的土壤降解速度，这有助于减少药量和施药次数，延长施药周期，并增加了对使用者的安全性和与环境的相容性。

防治对象　精甲霜灵对蔬菜、果树、烟草、油料、棉花、粮食等作物上的由霜霉病菌、疫霉病菌、腐霉病菌所致的病害高效。可防治：大豆根腐病，棉花猝倒病，花生根腐病，水稻烂秧病，黄瓜、花椰菜和葡萄霜霉病，辣椒和西瓜疫病，番茄和马铃薯晚疫病，烟草黑胫病和荔枝霜霉病等。

使用方法

（1）防治大豆根腐病、棉花猝倒病、花生根腐病　种子包衣（种子公司使用）或拌种（农户使用）。拌种的方法是，每100kg大豆种子用35％精甲霜灵种子处理乳剂40～80g拌种，将药浆与种子充分搅拌，直到药液均匀分布到种子表面，晾干后即可播种。

（2）防治水稻烂秧病　拌种或浸种。拌种是每100kg水稻种子用35％精甲霜灵种子处理乳剂15～25g，先用水将推荐用药量稀释至1～2L，将药浆与种子充分搅拌，直到药液均匀分布到种子表面，晾干后即可。浸种则用35％精甲霜灵种子处理乳剂400～600倍液浸泡，23～25℃时浸种48h，晾干后播种。在水稻上使用糙米中最高残留限量为0.1mg/kg。

（3）防治向日葵苗期霜霉病　每100kg种子用35％精甲霜灵种子处理乳剂100～300g均匀拌种，待晾干后再播种。

注意事项

（1）长期单一使用精甲霜灵易使病菌产生抗药性，应与其他杀菌剂轮换使用或混合使用，生产上常与代森锰锌、福美双等保护性药剂混配使用。

（2）本品对蜜蜂、鱼类等水生生物、家蚕有毒。施药期间应避免对周围蜂群的影响，禁止在开花植物花期、蚕室和桑园附近使用。远离水产养殖区、河塘等水域施药。赤眼蜂等天敌放飞区域禁用。鱼、虾、蟹套养稻田禁用，施药后的药水禁止排入水田。

111. 精苯霜灵 (benalaxyl-M)

其他名称　高效苯霜灵

制剂　3.75％高效苯霜灵＋48％灭菌丹水分散粒剂，14％高效苯霜灵＋65％代森锰锌可湿性粉剂，15％高效苯霜灵＋50％百菌清水分散粒剂，19％高效苯霜灵＋60％氧化铜可湿性粉剂，17％高效苯霜灵＋8％噻唑菌胺悬浮剂。

毒性　鼠类急性经口 $LD_{50}>2000mg/kg$；鱼类急性 LC_{50} 为 4.9mg/L（96h）；蜜蜂急性经口 $LD_{50}>104\mu g/$只（48h），急性接触 $LD_{50}>100\mu g/$只（48h）。

作用特点　苯酰胺类杀菌剂，防治霜霉目真菌的专用药剂，具有显著的保护、治疗和铲除作用，广泛应用于马铃薯和番茄晚疫病的防治。通过干扰核糖体 RNA 的合成，抑制真菌蛋白质的合成。是一种内吸性杀菌剂，可被植物根、茎、叶迅速吸收，并在植物体内运转到各个部位，并耐雨水冲刷。

防治对象　适宜作物：葡萄、烟草、柑橘、啤酒花、大豆、草莓、马铃薯及多种蔬菜、花卉及其他观赏植物、草坪等。几乎对所有卵菌病原菌引起的病害都有效。对霜霉病和疫霉病有特效，可防治马铃薯晚疫病、葡萄霜霉病、啤酒花霜霉病、甜菜疫病、油菜白锈病、烟草黑胫病、柑橘脚腐病、黄瓜霜霉病、番茄疫病、谷子白发病、芋疫病、辣椒疫病以及由疫霉菌引起的各种猝倒病和种腐病等。

使用方法

（1）防治葡萄霜霉病　用100L 药液中含本品 12～15g、代森锰锌 100～130g 的混配药剂喷雾。

（2）防治马铃薯和番茄晚疫病　用100L 药液中含本品 20～25g、代森锰锌 160～195g 的混配药剂喷雾。

（3）混用　高效苯霜灵可与灭菌丹、代森锰锌、百菌清等药剂混用、复配或轮换使用。

112. 乙嘧酚 (ethirimol)

制剂　25％悬浮剂。

毒性　鼠类急性 $LD_{50}>4000mg/kg$；鱼类急性 LC_{50} 为 60.8mg/L（96h）；蜜蜂急性经口 $LD_{50}>1.6\mu g/$只（48h）。

作用特点　乙嘧酚属于嘧啶类腺嘌呤核苷脱氨酶抑制剂，为杂环类内吸性杀菌剂，对菌丝体、分生孢子、受精丝等均具有极强的杀灭效果，并能强力抑制孢子的形成，阻断孢子再侵染，杀菌效果全面且彻底。

防治对象　主要用于防治大麦、小麦、燕麦等禾谷类作物白粉病，也可防治葫芦科等作物白粉病。做拌种处理时经根部吸收可保护整株作物；茎叶喷雾处理时经茎部吸收传导，可防止病害蔓延到新叶。乙嘧酚对香蕉褐缘灰斑病菌的生长具有较好的抑制作用。

使用方法　防治黄瓜白粉病，于发病初期开始施药，每亩用25％乙嘧酚悬浮剂60～100mL对水均匀喷雾，喷及叶片正、反面，以喷湿黄瓜叶片为度。

注意事项

（1）严格按照登记批准的内容使用本品，安全间隔期为3d，每季作物最多允许使用本品3次。

（2）本品可引起蜂中毒，不可污染蜜源植物及养蜂场所，避免药液污染水源。

（3）预防抗性措施。注意轮换交替用药。应选用防治对象相同，而作用机制不同的杀菌剂施药。

（4）欧盟已制定乙嘧酚在苹果中的最大残留限量标准，为0.1mg/kg，我国尚未制定其在苹果中的MRL（最高残留限量）标准。我国制定的乙嘧酚在黄瓜全瓜（去柄）的MRL标准为1mg/kg。

113. 乙嘧酚磺酸酯（bupirimate）

其他名称　白特粉、Nimrod

制剂　25％微乳剂。

毒性　鼠类急性经口LD_{50}为4000mg/kg；鱼类急性LC_{50}为1mg/L（96h）；蜜蜂急性经口LD_{50}＞200μg/只（48h），急性接触LD_{50}＞50μg/只（48h）。

作用特点　乙嘧酚磺酸酯属嘧啶类。具有高效、低毒、环境相容性好的特点，它属于腺嘌呤核苷脱氨酶抑制剂，为内吸性杀菌剂，可被植物的根茎叶迅速吸收，具有保护和治疗作用，主要用于防治苹果、梨、草莓和温室玫瑰等经济作物和观赏植物的白粉病。

防治对象　乙嘧酚磺酸酯可用于防治苹果、温室玫瑰和草莓、葡萄、黄瓜等作物的白粉病。

使用方法

（1）防治葡萄白粉病　用25％乙嘧酚磺酸酯微乳剂350～500mg/kg喷雾。

（2）防治黄瓜白粉病　用25％乙嘧酚磺酸酯微乳剂15～17.5mL/亩喷雾。最高残留限量为 1mg/kg（日本）。

注意事项

（1）严格按照登记批准的内容使用本品，安全间隔期为 21d，每季作物最多允许使用本品 3 次。

（2）本品不可与呈碱性的农药等物质混合使用，需要现配现用。

（3）本品对蜜蜂中毒，不可污染蜜源植物及养蜂场所；水产养殖、河塘等水体附近禁用，禁止在河塘等水域清洗施药器具，避免药液污染水源。

（4）注意轮换交替用药。应选用防治对象相同，而作用机制不同的杀菌剂施药。

114. 噁霜灵（oxadixyl）

其他名称 噁酰胺、杀毒矾噁霜灵；2-甲氧基-N-（2-氧代-1,3-噁唑烷-3-基）乙酰胺-N-（$2'$,$6'$-二甲基苯）

制剂 25%、64% 可湿性粉剂，38 噁霜菌酯水剂，35% 拌种剂。

毒性 鼠类急性经口 LD_{50} 为 1860mg/kg；鱼类急性 LC_{50} 为 300mg/kg；蜜蜂急性经口 LD_{50} 为 200μg/只。

作用特点 噁霜灵为杂环类化合物，是一种内吸性杀菌剂、土壤消毒剂，作用机理独特，高效、低毒、无公害，能抑制病原真菌菌丝体的正常生长或直接杀灭病菌，又能促进植物生长。具有保护治疗作用，且持效期长。对霜霉目病原菌有特效。

防治对象 适用作物：谷类、油料、蔬菜、棉花、烟草、瓜类、果树、花卉、草坪、林业苗木等。对土壤真菌、镰刀菌、根壳菌、丝核菌、腐霉菌、苗腐菌、伏革菌等病原菌有显著的防治效果，对立枯病、烂秧病、猝倒病、枯萎病、黄萎病、菌核病、炭疽病、疫病、干腐病、黑星病、菌核软腐病、苗枯病、茎枯病、叶枯病、沤根、连作重茬障碍有特效。

使用方法

（1）防治黄瓜霜霉病和疫病，茄子、番茄及辣椒的绵疫病，十字花科蔬菜白锈病等 一般用 38% 噁霜·菌酯对水 800 倍喷雾，每隔 10～14d 喷 1 次，用药次数每季不得超过 3 次。在黄瓜上使用的最高残留限量为 5mg/kg，在番茄和茄子等茄科蔬菜上使用的最高残留限量为 5mg/kg（日本），在萝卜、甘蓝等十字花科蔬菜上使用的最高残留限量为 5mg/kg（日本）。

（2）谷子白发病的防治 每 100kg 种子用 35% 拌种剂 200～300g 拌种，先用 1% 清水或米汤将种子湿润，再拌入药粉。最高残留限量为 0.1mg/kg（日本）。

（3）烟草黑茎病的防治 苗床在播种后 2～3d，每亩用 25% 可湿性粉剂 133g，进行土壤处理。本田在移栽后第 7 天用药，每亩用 38% 恶霜·菌酯对水 800 倍喷雾。每季作物最多使用 3 次，安全间隔期为 20d。最高残留限量为 30mg/kg。

（4）马铃薯晚疫病的防治 初见叶斑时，每亩用 38% 恶霜·菌酯水剂对水 800 倍喷雾，每隔 10～14d 喷 1 次，不得超过 3 次。在马铃薯上使用的最高残留限量为 1mg/kg（日本）。

（5）混用　可与代森锰锌等药剂混用、复配或轮换使用。

注意事项

（1）不能与碱性农药混用。

（2）不宜单独使用，常与保护性杀菌剂混用以延缓抗性产生。

（3）如沾染皮肤和眼睛，应立即用清水冲洗。万一误服，要催吐，保持安静，并立即送医院对症治疗。

二、细胞有丝分裂抑制剂

（1）作用机制　苯并咪唑类杀菌剂是细胞有丝分裂的典型抑制剂。苯菌灵和硫菌灵在生物体内也转化成多菌灵起作用，所以它们有类似的生物活性和抗菌谱。多菌灵通过与构成纺锤丝的微管的亚单位 β-微管蛋白结合，阻碍其与另一组分 α-微管蛋白装配成微管，或使已经形成的微管解装配，破坏纺锤体的形成，使细胞有丝分裂停止，表现为染色体加倍，细胞肿胀。芳烃类和二甲酰亚胺类杀菌剂最主要的作用机理是引起脂质过氧化反应，还可观察到影响真菌 DNA 的功能，出现 DNA 断裂和染色体畸形，从而抑制有丝分裂或减少分裂次数。

（2）化学结构类型　苯并咪唑类和氨基甲酸酯类，酰胺类，噻唑类，脲类。

（3）通性　单剂极易诱致病菌产生抗药性，通常使用复配剂；易产生交互抗性和负交互抗性；苯并咪唑类杀菌剂紧紧结合于植物表面，降解速度慢，其残留物活性高，沉积在植物表面可用于再分配。对寄主植物和土壤具有高选择性毒性和强吸收作用。目前抗性十分严重。对大多数病原真菌都具有内吸治疗性防效，但对链格孢菌、轮枝孢菌、长蠕孢菌以及卵菌和细菌无效。氨基甲酸酯类酸性条件下稳定，碱性条件下易分解，与苯并咪唑类有负交互抗性。在土壤中残留时间短，对哺乳动物毒性低。脲类杀菌剂与保护性杀菌剂混用，可提高持效性。大多数酰胺类杀菌剂的杀菌谱较窄，对卵菌纲防效显著。

115. 多菌灵（carbendazim）

其他名称　苯并咪唑 44 号、棉萎灵

制剂　25％、40％、50％、80％可湿性粉剂，40％、50％悬浮剂。

毒性　大鼠急性经口 LD_{50}＞10000mg/kg；鱼类急性 LC_{50} 为 0.19mg/L；蜜蜂急性接触 LD_{50}＞50μg/只（48h），急性经口 LD_{50}＞756μg/只（48h）。

作用特点　多菌灵属苯并咪唑类，是一种高效低毒内吸性杀菌剂。作用机制是通过影响菌体内微管的形成而影响细胞分裂，抑制病菌生长。多菌灵对多种子囊菌和半知菌造成的病害均有效，而对卵菌和细菌引起的病害无效。多菌灵具有保护和治疗作用。氨基甲酸酯类杀菌剂乙霉威与多菌灵有负交互抗药性。

防治对象 对葡萄孢霉、镰刀菌、尾孢、青霉、壳针孢、核盘菌、黑星菌、白粉菌、炭疽菌、稻梨孢、丝核菌、锈菌、黑粉菌等属的真菌效果较好。

使用方法

(1) 防治小麦类赤霉病 于小麦始花期喷第一次农药，5~7d 后喷第二次药，每次每亩用 25％多菌灵可湿性粉剂 200~240g 对水喷雾。安全间隔期为 28d，每季作物最多使用 1 次。最高残留限量为 0.05mg/kg。

(2) 防治水稻稻瘟病 每次每亩用 25％多菌灵可湿性粉剂 200~240g 对水喷雾。防治叶瘟在田间发现发病中心或出现急性病斑时喷第一次药，隔 7d 后再施药一次。防治穗瘟，在水稻破口期和齐穗期各喷药一次。安全间隔期 30d，每季作物最多使用 2 次。最高残留限量为 2mg/kg。

(3) 防治水稻纹枯病 水稻分蘖末期和孕穗期前各施药一次，每次每亩用 25％多菌灵可湿性粉剂 200~400g 对水喷雾，喷药时重点喷水稻茎部。安全间隔期 30d，每季最多使用 2 次。最高残留限量为 2mg/kg。

(4) 防治棉花苗期病害 主要为防治棉花苗期立枯病、炭疽病，采用拌种方法施药，每 200kg 棉花种子用 25％多菌灵可湿性粉剂 2000g 均匀拌种。

(5) 防治油菜菌核病 油菜盛花期后、发病初期开始施第一次药，间隔 10d 后再施一次。每次每亩用 25％多菌灵可湿性粉剂 240~320g 对水喷雾。安全间隔期 40d，每季作物最多使用 2 次。最高残留限量为 0.1mg/kg。

(6) 防治苹果轮纹病 于谢花后 7~10d 开始施药，每次用 25％多菌灵可湿性粉剂 500~750 倍液整株喷雾，间隔 10~14d 左右施药一次，根据病情发展情况施药 2~3 次。安全间隔期为 28d，每季作物最多使用 3 次。最高残留限量为 3mg/kg。

(7) 防治柑橘炭疽病 发病初期开始施药，每次用 25％多菌灵可湿性粉剂 250~333 倍液整株喷雾，间隔 10~14d 左右施药一次，根据病情发展情况施药 2~3 次。安全间隔期为 28d，每季作物最多使用 3 次。最高残留限量为 0.5mg/kg。

注意事项

(1) 多菌灵可与一般杀菌剂混用，但与杀虫剂、杀螨剂混用时要现混现用，不能与铜制剂混用。长期单一使用多菌灵易使病菌产生抗药性，应与其他杀菌剂轮换使用或混合使用。

(2) 本品对蜜蜂、鱼类等生物、家蚕有影响。施药期间应避免对周围蜂群的影响，蜜源作物花期、蚕室及桑园附近禁用。远离水产养殖区施药，禁止在河塘等水体中清洗施药器具。

(3) 本品每季作物最多使用 3 次，安全间隔期不少于 30d。

116. 苯菌灵（benomyl）

其他名称　苯来特、浏港

制剂　50％可湿性粉剂。

毒性　鼠类急性经口 $LD_{50}>10000mg/kg$；鱼类急性 LC_{50} 为 $0.17mg/L$；蜜蜂急性接触 LD_{50} 为 $10\mu g$/只（48h）。

作用特点　苯菌灵为苯并咪唑类内吸性杀菌剂，在植物体内代谢为多菌灵及挥发性异氰酸丁酯，二者是其主要杀菌物质，具有保护、铲除和治疗作用。

防治对象　对谷类作物、葡萄、仁果及核果类作物、水稻和蔬菜作物的子囊菌纲、半知菌纲及某些担子菌纲真菌引起的病害有防治作用。

使用方法

（1）防治柑橘疮痂病　发病前或发病初期用50％苯菌灵可湿性粉剂500～600倍液整株喷雾，间隔7～10d施一次。安全间隔期21d，每季最多使用2次。最高残留限量为5mg/kg。

（2）防治梨黑星病　在梨树萌芽期第一次施药，用50％苯菌灵可湿性粉剂750～1000倍液整株喷雾，落花后喷第二次，以后根据病情发展情况决定喷药次数，一般喷药2～3次，每次间隔7～10d。安全间隔期14d，每季最多使用3次。最高残留限量为3mg/kg。

（3）防治香蕉叶斑病　发病前或发病初期开始施药，用50％苯菌灵可湿性粉剂600～800倍液整株喷雾，间隔7～10d喷一次，连续使用2～3次。安全间隔期为20d，每季最多使用3次。

注意事项

（1）苯菌灵可与多种农药混用，但不能与波尔多液、石硫合剂等碱性农药及含铜制剂混用。

（2）为避免产生抗性，应与其他杀菌剂交替使用，但不宜与多菌灵、甲基硫菌灵等与苯菌灵存在交互抗性的杀菌剂交替使用。

（3）远离水产养殖区用药，禁止在河塘等水体中清洗施药器具，避免药液污染水源。

117. 噻菌灵（thiabendazole）

其他名称　特克多、涕必灵、噻苯灵

制剂　15％、42％、450g/L、500g/L悬浮剂，40％可湿性粉剂，60％水分散粒剂。

毒性　鼠急性经口 $LD_{50}>5000mg/kg$；鱼类急性 LC_{50} 为 $0.55mg/L$（96h）；蜜蜂急性接触 $LD_{50}>34\mu g$/只（48h）。

作用特点　噻菌灵是苯并咪唑类杀菌剂，通过抑制真菌线粒体的呼吸作用和细胞增殖而发挥药效，与苯菌灵等苯并咪唑类药物有交互抗药性。噻菌灵具有内吸传导作用，根施时能向顶端传导，但不能向基端传导。

防治对象　杀菌活性限于子囊菌、担子菌、半知菌，而对卵菌和接合菌无活性。

使用方法

（1）防治柑橘青霉病、绿霉病　柑橘采收后 4d 内，用 450g/L 噻菌灵悬浮剂 300～450 倍药液浸果 1min，晾干后装筐，低温保存。安全间隔期为 14d。最高残留限量为 10mg/kg。

（2）防治香蕉冠腐病　香蕉采收后 24h 内，进行开疏、止乳、清洗后，用 450g/L 噻菌灵悬浮剂 600～900 倍液浸果 1min，晾干后装筐，低温保存。最高残留限量为 5mg/kg。

（3）防治葡萄黑痘病　发病前或发病初期开始施药，用 40%噻菌灵可湿性粉剂 1000～1500 倍液整株喷雾，每隔 10d 左右喷一次，连续使用 2～3 次。安全间隔期为 10d，每季最多使用 3 次。最高残留限量为 3mg/kg。

（4）防治苹果轮纹病　苹果谢花后或幼果形成期开始喷药，用 40%噻菌灵可湿性粉剂 1000～1500 倍液整株喷雾，每隔 14d 左右喷一次，连续使用 3 次。安全间隔期为 14d，每季最多使用 3 次，可与其他类型防治药剂交替使用。最高残留限量为 3mg/kg。

（5）防治香蕉贮藏病害　香蕉采收后 24h 内，进行开疏、止乳、清洗后，用 40%噻菌灵可湿性粉剂 500～800 倍药液浸渍果把 1min，晾干后再包装贮存，只需使用 1 次。安全间隔期 14d，最高残留限量为 5mg/kg。

注意事项

（1）在苹果树上使用的安全间隔期为 14d，每季作物最多使用 3 次。

（2）本品对水蚤毒性高，应远离水产养殖区施药，不得污染各类水域，禁止在河塘等水体中清洗施药器具。

（3）60%噻菌灵水分散粒剂对鱼有毒，注意不要污染池塘和水源。

118. 甲基硫菌灵（thiophanate-methyl）

其他名称　甲基托布津

制剂　50%、70%、80%可湿性粉剂，10%、36%、48.5%和50%悬浮剂，70%、80%糊剂，70%、80%水分散剂。

毒性　鼠类急性 LD_{50}＞5000mg/kg；鱼类急性 LC_{50} 为 11mg/L（96h）；蜜蜂急性接触 LD_{50}＞100μg/只（48h）。

作用特点　甲基硫菌灵为具有内吸、治疗和预防作用的苯并咪唑类杀菌剂，药剂进入植物体内后能转化成多菌灵。作用机制是通过影响菌体内微管的形成而影响细胞分裂，从而抑制病菌生长。

防治对象　甲基硫菌灵防治谱广，广泛用于防治粮食、棉花、油菜、蔬菜、果树等作物的多种病害。

使用方法

（1）防治水稻稻瘟病和纹枯病　发病初期或幼穗形成期至孕穗期施药，每次每亩用

70％甲基硫菌灵悬浮剂 100～142.8g 对水喷雾，间隔 7d 左右喷一次，连续使用 2～3 次。安全间隔期为 30d，每季最多使用 3 次。最高残留限量为 1mg/kg。

（2）防治黄瓜白粉病　发病初期用药，每亩用 70％甲基硫菌灵可湿性粉剂 32～48g 对水喷雾，间隔 7～10d 喷一次。安全间隔期为 4d，每季最多施药次数为 2 次。最高残留限量为 2mg/kg。

（3）防治麦类赤霉病　小麦扬花初期、盛期各喷一次，每次每亩用 70％甲基硫菌灵可湿性粉剂 70～100g 对水喷雾。安全间隔期为 30d，每季最多使用 2 次。最高残留限量为 0.5mg/kg。

（4）防治马铃薯环腐病　发病初期开始施药，每次用 36％甲基硫菌灵悬浮剂 800～1200 倍液叶面喷雾，视病情发生情况，每隔 10d 左右施药一次，可连续用药 2～3 次。最高残留限量为 0.5mk/kg。

注意事项

（1）甲基硫菌灵不宜与碱性及无机铜农药混用。

（2）长期单一使用甲基硫菌灵易产生抗药性，应与其他杀菌剂轮换使用或混合使用。与苯并咪唑类杀菌剂有交互抗药性。

（3）甲基硫菌灵属中毒杀菌剂，配药和施药人员应注意安全防护。

119. 乙霉威（diethofencarb）

其他名称　蓝丰、金万霉灵

制剂　65％可湿性粉剂，26％水分散粒剂，65％甲硫·乙霉威可湿性粉剂，25％乙霉·多菌灵可湿性粉剂。

毒性　鼠类急性 LD_{50}＞5000mg/kg；鱼类急性 LC_{50}＞10mg/L（96h）；蜜蜂急性接触 LD_{50}＞100μg/只（48h），急性经口 LD_{50}＞100μg/只（48h）。

作用特点　该杀菌剂为氨基甲酸酯类杀菌剂，能有效地防治对多菌灵产生抗药性的灰葡萄孢病菌引起的葡萄和蔬菜病害。将其与多菌灵、甲基硫菌灵复配后，对抗药性和敏感性病菌均有防治作用，不仅具有非常好的使用效果，而且也使得成本大幅度降低。

防治对象　可防治黄瓜灰霉病、茎腐病、甜菜叶斑病、番茄灰霉病。用于水果保鲜，防治苹果青霉病。常与多菌灵、甲基硫菌灵制成混剂。

使用方法

（1）防治番茄灰霉病　发病前或发病初期施药，每亩用 65％甲硫·乙霉威可湿性粉剂 47～70g（有效成分 30.55～45.5g）对水喷雾。安全间隔期为 3d。最高残留限量为 1mg/kg。

（2）防治黄瓜灰霉病　发病前或发病初期施药，每亩用 25％乙霉·多菌灵可湿性粉剂 214～300g（有效成分 53.5～75g）对水喷雾。安全间隔期为 5d。最高残留限量为

5mg/kg。

注意事项

（1）对苯并咪唑类杀菌剂呈负交互抗性。

（2）该药不能与铜制剂及强碱性农药混用，在喷过铜、汞、碱性药剂后要间隔一周后才能喷此药。

（3）使用时应注意对蜜蜂的影响，蜜源作物花期禁用。

（4）开花植物花期、蚕室及桑园附近禁用。

120. 苯酰菌胺（zoxamide）

其他名称 zoxium

毒性 鼠类急性经 $LD_{50}>5000mg/kg$；鱼类急性 LC_{50} 为 $0.16mg/L$；蜜蜂急性接触 $LD_{50}>100\mu g/$只（48h）。

作用特点 苯酰菌胺是酰胺类杀菌剂。它的作用机制在卵菌纲杀菌剂中是很独特的，它通过微管蛋白 β-亚基的结合和微管细胞骨架的破裂来抑制菌核分裂。苯酰菌胺不影响游动孢子的游动、孢囊形成或萌发。伴随着菌核分裂的第一个循环，芽管的伸长受到抑制，从而阻止病菌穿透寄主植物。实验室中用冬瓜疫霉病和马铃薯晚疫病试图产生抗性突变体没有成功，可见田间快速产生抗性的危险性不大。实验室分离出抗苯甲酰胺类和抗二甲基吗啉类的菌种，试验结果表明苯酰菌胺与之无交互抗性。

防治对象 主要用于防治卵菌纲病害，如马铃薯和番茄晚疫病、黄瓜和葡萄霜霉病等，对葡萄霜霉病有特效。离体试验表明苯酰菌胺对其他真菌病原体也有一定活性，推测对甘薯灰霉病、莴苣盘梗霉、花生褐斑病与白粉病等有一定的活性。

使用方法 苯酰菌胺是一种高效的保护性杀菌剂，具有较长的持效期和很好的耐雨水冲刷性能。因此应在发病前使用，且掌握好用药间隔时间，通常为 7~10d。主要用于茎叶处理，使用剂量为 6.7~16.7g/亩。实际应用时常和代森锰锌以及其他杀菌剂混配使用，不仅可扩大杀菌谱，而且可提高药效。苯酰菌胺在番茄、瓜类蔬菜、马铃薯、葡萄、瓜果类水果上的最高残留限量分别为 2mg/kg、2mg/kg、0.02mg/kg、5mg/kg、2mg/kg。

121. 噻唑菌胺（ethaboxam）

制剂 25％可湿性粉剂。

毒性 鼠类急性经口 LD_{50} >5000mg/kg；鱼类急性 LC_{50} 为 0.102mg/L（96h）；蜜蜂急性接触 LD_{50} 为 51μg/只（48h）。

作用特点 噻唑菌胺是噻唑类杀菌剂，对疫霉菌生活史中菌丝体生长和孢子的形成两个阶段有很高的抑制效果。

防治对象 卵菌纲引起的病害，如葡萄霜霉病和马铃薯晚疫病。

122. 戊菌隆（pencycuron）

其他名称 戊环隆、万菌宁、纹桔脲

制剂 25％可湿性粉剂，1.5％无飘粉剂。

毒性 鼠类急性 LD_{50} >5000mg/kg；鱼类急性 LC_{50} >0.3mg/L（96h）；蜜蜂急性经口 LD_{50} >98.5μg/只（48h），急性接触 LD_{50} >100μg/只（48h）。

作用特点 戊菌隆为新型脲类杀菌剂，其具有良好的治疗和持效活性。

防治对象 戊菌隆对大部分重要作物的病原菌特别是立枯丝核菌引起的病害如水稻、麦类纹枯病等有明显的防治作用。

使用方法

(1) 防治水稻纹枯病 用25％可湿性粉剂叶面喷雾，用药量为每亩 10～16.7g。

(2) 防治马铃薯黑痣病 用1.5％无飘粉剂 0.5kg/100kg 块茎拌种。

(3) 防治佐佐木薄膜革菌 用 10～16.7g 有效成分喷雾2次。

123. 氰烯菌酯

其他名称 2-氰基-3-氨基-3-苯基丙烯酸乙酯

主要制剂 25％悬浮剂。

作用特点 氰烯菌酯为新型杀菌剂，对由镰刀菌引起的小麦赤霉病及水稻恶苗病等病害有较好的防效。

防治对象 用于防治小麦赤霉病和水稻恶苗病。

使用方法 防治小麦赤霉病，用25％氰烯菌酯悬浮剂 2000～3000 倍液浸种。防治水稻恶苗病，每亩用 100～200mL 25％氰烯菌酯悬浮剂喷雾。

注意事项

(1) 本品在小麦上的安全间隔期为 28d，每个作物周期的最多使用次数为2次。

(2) 本品对鱼和蜜蜂中毒。使用时应注意对鱼和蜜蜂的不利影响，开花植物禁用。

药液及其废液不得污染各类水域、土壤等环境。蚕室与桑园附近禁用。远离水产养殖区施药，禁止在河塘清洗施药器具。

124. 氟吡菌胺（fluopicolide）

其他名称 银法利

制剂 68.75%悬浮剂。

毒性 鼠类急性经口 LD_{50} >5000mg/kg；鱼类急性 LC_{50} 为 0.36mg/L；蜜蜂（96h）接触 LD_{50} >100μg/只（48h），急性经口 LD_{50} >241μg/只（48h）。

作用特点 氟吡菌胺是一种新型杀菌剂，其作用机制与目前所有已知的防治卵菌病害的杀菌剂完全不同，主要作用于细胞膜和细胞间的特异性蛋白而表现杀菌活性。氟吡菌胺内吸传导活性强，具有独特的薄层穿透性，对病原菌的各主要形态均有很好的抑制活性，治疗潜能突出。

防治对象 氟吡菌胺对大白菜霜霉病、番茄晚疫病、黄瓜霜霉病、辣椒疫病、马铃薯晚疫病、西瓜疫病防效优异，能从植物叶基向叶尖方向传导。

使用方法 防治番茄和黄瓜霜霉病，于发病初期开始施药，每次每亩用 68.75%氟菌·霜霉威悬浮剂 60~75mL（有效成分 41.25~51.56g）对水喷雾，间隔 7~10d 喷一次，连续喷施 3 次。安全间隔期黄瓜为 2d，番茄为 3d，每季最多施用 3 次。番茄最高残留限量为 0.1mg/kg，黄瓜最高残留限量为 0.5mg/kg。

注意事项

（1）为避免产生抗性，应与不同作用机制杀菌剂轮换使用。

（2）本品对水生生物有毒，勿将含有本剂的固体和液体倒入河流、湖泊和其他水源中。

三、呼吸作用抑制剂

（1）作用机理 病原菌的生命过程需要能量，尤其是孢子萌发，更需要较多的能量供应。这些能量来自于呼吸过程中碳水化合物、脂肪和蛋白质氧化分解最终生成的 ATP。其中碳水化合物的氧化尤为重要。糖的氧化主要通过糖酵解生成乙酰辅酶 A，然后进入三羧酸循环及电子传递链和末端氧化。多作用位点的传统保护性杀菌剂主要影响糖酵解和三羧酸循环过程中多个酶的活性，而抑制或干扰菌体能量形成。电子传递链及末端氧化是生物有氧呼吸能量生成的主要代谢过程。一个分子的葡萄糖完全氧化为 CO_2 和 H_2O 时，在细胞内可产生 36 个分子 ATP，其中 32 个是在呼吸链中通过氧化磷酸化形成的。因此，抑制或干扰呼吸链的杀菌剂常表现很高的杀菌活性。

（2）化学结构类型 甲氧基丙烯酸酯类，腙类，羧酰替苯胺类，咪唑类，噻唑酰胺类，嘧啶类，酰胺类和吡啶类。

（3）通性 尤其擅长防治担子菌引起的病害；作用位点单一，目前抗性产生十分严重；对哺乳动物毒性低；部分品种碱性条件下不稳定；甲氧基丙烯酸酯类具有保护、治疗、铲除和渗透作用，在土壤中流动性很差，易被快速降解；嘧啶类杀菌剂不易在土壤中积累；吡啶类杀菌剂不易产生交互抗性。

125. 氟嘧菌酯（fluoxastrobin）

其他名称　Fandango

制剂　10%乳油。

毒性　鼠类急性经口 $LD_{50}>2000mg/kg$；鱼类急性 LC_{50} 为 0.435mg/L（96h）；蜜蜂急性接触 $LD_{50}>200\mu g/$只（48h），急性经口 $LD_{50}>843\mu g/$只（48h）。

作用特点　氟嘧菌酯为甲氧基丙烯酸酯类杀菌剂，具有杀菌谱广、适用期长、作用方式独特、快速击杀、持效期长等特点。无论在真菌侵染早期，还是在菌丝生长期都能提供非常好的保护和治疗作用。对作物有很好的相容性，且对产生抗性的菌株有效。尽管它通过种子和根部吸收能力尚欠，但用作种子处理剂时，对幼苗的种传和土传病害具有很好的杀灭作用和持效作用。

防治对象　本品可有效地防治禾谷类作物、马铃薯、蔬菜、咖啡等作物几乎所有真菌纲（子囊菌纲、担子菌纲、卵菌纲和半知菌类）病害，如锈病、颖枯病、网斑病、白粉病、霜霉病等。不过对大麦白粉病或网斑病等气传病害则无能为力。

使用方法

（1）防治咖啡锈病　每亩用10%氟嘧菌酯乳油50～100mL 药液对水进行茎叶喷雾。

（2）防治马铃薯早疫病、晚疫病、蔬菜叶斑病、霜霉病　每亩用10%氟嘧菌酯乳油 66～133mL 对水进行茎叶喷雾。最高残留限量为 0.05mg/kg。

（3）防治禾谷类作物叶斑病、颖枯病、褐锈病、条锈病、云纹病、网斑病、褐斑病　每亩用10%氟嘧菌酯乳油133mL 对水喷雾。也可用于白粉病，兼治全蚀病。

（4）用于禾谷类作物种子处理　每100kg 种子用10%氟嘧菌酯乳油50～100mL 对水进行浸种处理，对雪霉病、腥黑穗病和坚黑穗病等种传、土传病害有效，兼治散黑穗病和叶条纹病。

注意事项

（1）为避免产生抗性，应与不同作用机制杀菌剂轮换使用。

（2）本品对水生生物有毒，勿将含有本剂的固体或液体倒入河流、湖泊和其他水源中。

126. 嘧菌酯（azoxystrobin）

其他名称 阿米西达

制剂 250g/L、25%悬浮剂，50%水分散粒剂。

毒性 鼠类急性经口 LD_{50} ＞5000mg/kg；鱼类急性 LC_{50} 为 0.47mg/L（96h）；蜜蜂急性经口 LD_{50} ＞25μg/只（48h），急性接触 LD_{50} ＞200μg/只（48h）。

作用特点 嘧菌酯为甲氧基丙烯酸酯类杀菌剂，属线粒体呼吸抑制剂，主要通过同线粒体的细胞色素 b 结合，阻碍细胞色素 b 和色素 c 之间的电子传递来抑制真菌细胞的呼吸作用。该药剂兼具保护和治疗作用，同时具有较好的传导渗透和耐雨水冲刷能力。

防治对象 嘧菌酯具有杀菌谱广的特点，对子囊菌纲、担子菌纲、半知菌类和卵菌纲中的大部分病原菌有效，可用于防治多种作物病害。

使用方法

（1）防治番茄晚疫病、叶霉病，黄瓜白粉病、黑星病、蔓枯病 发病初期开始施药，每次每亩用 250g/L 嘧菌酯悬浮剂 60～90mL 对水喷雾，每隔 7～10d 施用一次。安全间隔期 5d，每季最多使用 3 次。最高残留限量为 0.1mg/kg。

（2）防治黄瓜霜霉病和辣椒炭疽病 发病初期开始施药，每次每亩用 250g/L 嘧菌酯悬浮剂 32～48mL 对水喷雾，每隔 7～10d 施用一次。安全间隔期黄瓜为 1d，辣椒为 5d，每季最多使用 3 次。最高残留限量为 0.1mg/kg。

（3）防治马铃薯黑痣病 播种时喷雾沟施，下种后向种薯两侧沟面喷药，最好覆土一半后再喷施一次然后再覆土，每亩用 250g/L 嘧菌酯悬浮剂 36～60mL。每季作物使用 1 次。最高残留限量为 0.1mg/kg。

（4）防治马铃薯晚疫病 发病初期开始施药，每次每亩用 250g/L 嘧菌酯悬浮剂 15～22mL 对水喷雾，每隔 7～10d 施用一次，连续使用 2～3 次。最高残留限量为 0.1mg/kg。

（5）防治马铃薯早疫病 发病初期开始施药，每次每亩用 250g/L 嘧菌酯悬浮剂 30～50mL 对水喷雾，每隔 7～10d 使用一次，连续施药 2～3 次。最高残留限量为 0.1mg/kg。

注意事项

（1）苹果和樱桃对该药剂敏感，切勿使用。喷施防治作物病害时注意邻近苹果和樱桃等作物，避免药剂雾滴飘移。

（2）产品在黄瓜作物上使用的安全间隔期为 1d，每个作物周期的最多使用次数为 3 次。

（3）本品为 β-甲氧基丙烯酸酯类杀菌剂，建议与其他作用机制不同的杀菌剂轮换使用。

（4）本品对蚤剧毒，对鱼类、藻类高毒，对鸟类、蜜蜂、家蚕、蚯蚓低毒。施药时应避免对周围蜂群的影响，蜜源作物花期、蚕室和桑园附近慎用。远离水产养殖区施药，应避免药液流入河塘等水体中，清洗喷药器械时切忌污染水源。

127. 醚菌酯（kresoxim-methyl）

其他名称　翠贝、百美、凯润

制剂　30％可湿性粉剂，50％水分散粒剂，30％悬浮剂。

毒性　鼠类急性经口 $LD_{50}>5000mg/kg$；鱼类急性 LC_{50} 为 $0.19mg/L$（96h）；蜜蜂急性经口 $LD_{50}>110\mu g/$只（48h），急性接触 $LD_{50}>100\mu g/$只（48h）。

作用特点　醚菌酯为甲氧基丙烯酸酯类杀菌剂，不仅具有广谱的杀菌活性，同时兼具渗透和内吸性，具有良好的保护治疗作用。与其他常用的杀菌剂无交互抗性，且比常规杀菌剂持效期长。具有高度的选择性，对作物、人畜及有益生物安全，对环境基本无污染。

防治对象　醚菌酯对半知菌、子囊菌、担子菌、卵菌纲等真菌引起的多种病害具有很好的活性，如黄瓜白粉病、草莓白粉病、梨黑星病、小麦锈病、番茄早疫病、马铃薯疫病、南瓜疫病、水稻稻瘟病等病害。

使用方法

（1）防治黄瓜霜霉病、白粉病、黑星病、蔓枯病　每亩用50％醚菌酯水分散粒剂13～20g 对水喷雾，植株小时用药量适当降低。从发病初期开始施药，每隔 7～14d 施药 1 次。安全间隔期为 5d，每季最多使用 3 次。最高残留限量为 0.5mg/kg。

（2）防治番茄晚疫病、早疫病、叶霉病　每亩用30％醚菌酯悬浮剂 40～60mL 对水喷雾。从发病前或发病初期开始施药，每隔 7～10d 施药 1 次，连续使用 3 次。安全间隔期为 3d，每季最多使用 3 次。最高残留限量为 3mg/kg。

（3）防治草莓白粉病　每亩用30％可湿性粉剂 30～40g 对水喷雾。从发病前或发病初期开始施药，每隔 7～14d 施药 1 次。安全间隔期为 5d，每季最多使用 4 次。最高残留限量为 2mg/kg。

（4）防治梨黑星病　每亩用50％醚菌酯水分散粒剂 300～5000 倍液整株喷雾。从发病前或发病初期开始施药，每隔 7～14d 施药 1 次。安全间隔期为 45d，每季最多使用 3 次。最高残留限量为 0.2mg/kg。

（5）防治小麦锈病　每亩用30％醚菌酯悬浮剂 50～70mL 对水喷雾。从发病前或发病初期开始施药，每隔 7～10d 施药 1 次，根据发病情况，施药 1～2 次。安全间隔期为 21d，每季最多使用 2 次。最高残留限量为 0.05mg/kg。

注意事项

（1）药剂应现混现对，配好的药液要立即使用。按照当地的有关规定处理所有的废弃物。

（2）本品对蜜蜂、鱼类等水生生物、家蚕有毒。施药期间应避免对周围蜂群的影响，禁止在开花植物花期、蚕室和桑园附近使用。远离水产养殖区、河塘等水域施药，鱼、虾、蟹套养稻田禁用，施药后的药水禁止排入水体。赤眼蜂等天敌放飞区域禁用。

128. 肟菌酯（trifloxystrobin）

其他名称　肟草酯、三氟敏

制剂　75%水分散粒剂，75%肟菌酯·戊唑醇水分散粒剂。

毒性　鼠类急性经口 $LD_{50}>2000mg/kg$；鱼类急性 LC_{50} 为 0.022mg/L（96h）；蜜蜂急性经口 $LD_{50}>110\mu g/$只（48h），急性接触 $LD_{50}>100\mu g/$只（48h）。

作用特点　肟菌酯为甲氧基丙烯酸酯类杀菌剂，具有高效、广谱、保护、治疗、铲除、渗透、内吸活性、耐雨水冲刷、持效期长等特性。对作物安全，其在土壤、水中可快速降解，对环境安全。肟菌酯对靶标病原菌作用位点单一，易产生抗药性，不宜单独使用，因而常与化学结构、作用机理完全不同的三唑类杀菌剂戊唑醇配成混合制剂使用。

防治对象　对几乎所有真菌纲（子囊菌纲、担子菌纲、卵菌纲和半知菌类）病害，如白粉病、锈病、颖枯病、网斑病、霜霉病、稻瘟病等均有良好的活性。对白粉病、叶斑病有特效，对锈病、霜霉病、立枯病、苹果黑星病、油菜菌核病有良好的活性。

使用方法

（1）防治水稻稻瘟病　每亩用 75%肟菌酯水分散粒剂 15～20g 对水喷雾。在病害发生初期或水稻孕穗末期和齐穗期各施药一次。安全间隔期为 21d，一季最多使用 3 次。

（2）防治水稻纹枯病　每亩用 75%肟菌酯水分散粒剂 10～15g 对水喷雾。从病害发生初期进行叶面喷雾处理。安全间隔期为 21d，一季最多使用 3 次。

（3）防治水稻稻曲病　每亩用 75%肟菌酯水分散粒剂 10～15g 对水喷雾。在水稻孕穗末期和齐穗期各施药一次。安全间隔期为 21d，一季最多使用 3 次。

（4）防治大白菜炭疽病　每亩用 75%肟菌酯·戊唑醇水分散粒剂 10～15g 对水喷雾。在病害发生初期进行叶面喷雾处理。安全间隔期为 14d，一季最多使用 3 次。

（5）防治黄瓜白粉病、炭疽病　每亩用 75%肟菌酯水分散粒剂 10～15g 对水喷雾。在病害发生前或发生初期进行叶面喷雾处理。安全间隔期为 3d，一季最多使用 3 次。

（6）防治番茄早疫病　每亩用 75%肟菌酯·戊唑醇水分散粒剂 10～15g 对水喷雾，每隔 7～10d 喷一次。在病害发生前或发生初期开始施药。安全间隔期为 5d，一季最多使用 3 次。

注意事项　该药剂对鱼类等水生生物有毒，严禁在养鱼等养殖水产品的稻田使用，稻田施药后，不得将田水排入江河、胡泊、水渠以及养鱼等水产养殖塘。

129. 吡唑醚菌酯（pyraclostrobin）

其他名称　凯润、Cabrio、Headline

制剂　25%乳油。

毒性　鼠类急性经口 LD_{50} ＞5000mg/kg；鱼类 LC_{50} 为 0.006mg/L；蜜蜂急性接触 LD_{50} ＞100μg/只（48h）。

作用特点　吡唑醚菌酯为甲氧基丙烯酸酯类杀菌剂，在植物体内的传导活性强，可改善作物生理机能，增强作物抗逆性，促进作物营养生长，具有保护、治疗和内吸传导作用，耐雨水冲刷，可用于防治多种作物真菌病害。

防治对象　吡唑醚菌酯对半知菌、子囊菌、担子菌、卵菌纲等真菌引起的多种病害具有很好的活性，如白菜炭疽病、黄瓜白粉病、黄瓜霜霉病、西瓜炭疽病、香蕉黑星病和叶斑病等病害。

使用方法

（1）防治黄瓜霜霉病、白粉病　每亩用25%吡唑醚菌酯乳油20～40mL对水喷雾。从发病前或发病初期开始施药，每隔7～14d施药1次。安全间隔期为3d，每季最多使用4次。最高残留限量为 0.5mg/kg。

（2）防治香蕉黑星病、叶斑病　每亩用25%吡唑醚菌酯乳油1000～3000倍液整株喷雾。从发病初期开始施药，每隔10～15d施药1次。安全间隔期为42d，每季最多使用3次。最高残留限量为 0.02mg/kg。

（3）防治白菜炭疽病　每亩用25%吡唑醚菌酯乳油20～40mL对水喷雾。从发病前或发病初期开始施药，每隔7～10d施药1次。安全间隔期为14d，每季最多使用3次。最高残留限量为5mk/kg。

（4）防治西瓜炭疽病　每亩用25%吡唑醚菌酯乳油15～30mL对水喷雾。从发病前或发病初期开始施药，每隔7～10d施药1次。安全间隔期为5d，每季最多使用2～3次。最高残留限量为 0.5mg/kg。

（5）防治草坪褐斑病　每亩用25%吡唑醚菌酯乳油1000～2000倍液均匀喷雾，使颈部充分湿润。从发病初期开始施药，每隔7～10d施药1次，连续使用2～3次。

（6）调节西瓜生长　每亩用25%吡唑醚菌酯乳油10～25mL对水喷雾。分别在西瓜伸蔓期、初花期和坐果期各施药一次。安全间隔期为5d，每季最多使用3次。最高残留限量为 0.5mg/kg。

注意事项

（1）发病轻或作为预防处理时使用低剂量；发病重或作为治疗处理时使用高剂量。建议与其他不同作用机制的杀菌剂轮换使用。

（2）该药剂对鱼毒性高，施药器具不得在池塘等水源和水体中洗涤，残液不得倒入水源和水体中。

130. 唑菌酯（pyraoxystrobin）

制剂　20％悬浮剂。

毒性　大鼠急性经口 LD_{50} 为 1620mg/kg。

作用特点　唑菌酯是甲氧基丙烯酸酯类杀菌剂，是我国沈阳化工研究院自主创制的，具有广谱的杀菌活性，是线粒体呼吸抑制剂。唑菌酯主要抑制复合物Ⅲ中的电子传递，既能抑制菌丝生长，又能抑制孢子萌发。

防治对象　该药可用于防治黄瓜霜霉病、小麦白粉病，对油菜菌核病菌、葡萄白腐病菌、苹果轮纹病菌、苹果斑点落叶病菌等菌有抑菌活性，是高效低毒杀菌剂。

使用方法　防治黄瓜霜霉病，在发病初期开始施药，每亩用 20％唑菌酯悬浮剂 27～54mL 对水喷雾，间隔 7d 喷一次，可连续喷施 3 次。安全间隔期 3d，每季最多使用 3 次。

注意事项　需按照规定剂量使用，以免超量使用出现药害。

131. 啶氧菌酯（picoxystrobin）

其他名称　杜邦阿铎

制剂　22.5％悬浮剂。

毒性　大鼠急性经口 LD_{50}＞5000mg/kg；鱼类急性 LC_{50} 为 0.075mg/kg；蜜蜂急性接触 LD_{50}＞200μg/只（48h）。

作用特点　啶氧菌酯为甲氧基丙烯酸酯类杀菌剂，是线粒体呼吸抑制剂。其作用机理是同线粒体的细胞色素 b 结合，阻碍细胞色素 b 和 c 之间的电子传递，从而抑制真菌细胞的呼吸作用。作用方式是通过药剂在叶面蜡质层扩散后的渗透作用及传导作用迅速被植物吸收，阻断植物病原菌细胞的呼吸作用，抑制病菌孢子萌发和菌丝生长。啶氧菌酯对由卵菌、子囊菌和担子菌引起的作物病害均有较好的防治作用。

防治对象　对辣椒炭疽病、葡萄黑痘病等病害防效好，同时对叶枯病、叶锈病、颖枯病、褐斑病、白粉病等防治效果好。

使用方法

（1）防治西瓜炭疽病和蔓枯病　发病前或发病初期开始施药，每次每亩用 22.5％啶氧菌酯悬浮剂 40～50mL 对水喷雾，间隔 7～10d 喷一次，连续喷施 2～3 次。安全间隔期 7d，每季最多使用 3 次。最高残留限量为 0.1mg/kg。

（2）防治香蕉黑星病和叶斑病　香蕉叶斑病在发病前或发病初期开始施药，香蕉黑星病在香蕉现蕾 4～6 梳时开始施药，根据天气情况施药 2～3 次，每次用 22.5％啶氧菌酯悬浮剂 1800～1500 倍液整株喷雾，间隔 10～15d 喷一次。安全间隔期 28d，每季最多使用 3 次。最高残留限量为 0.1mg/kg。

注意事项

（1）避免与强酸、强碱性农药混用。

（2）注意与不同类型的药剂轮换使用。

（3）该制剂对水生生物有毒，喷施的药液应避免飘移至水生生物栖息地。

（4）西瓜安全间隔期 7d，每季最多使用 3 次。香蕉安全间隔期 28d，每季最多使用 3 次。黄瓜安全间隔期 3d，每季最多使用 3 次。番茄安全间隔期 5d，每季最多用 3 次。辣椒安全间隔期 7d，每季最多使用 3 次。葡萄安全间隔期 14d，每季最多使用 3 次。枣树安全间隔期 21d，每季最多使用 3 次。

132. 丁香菌酯（coumoxystrobin）

其他名称　武灵士（20％丁香菌酯悬浮剂）

主要制剂　20％悬浮剂，0.15％悬浮剂。

作用特点　丁香菌酯为甲氧基丙烯酸酯类杀菌剂，对苹果树腐烂病有较好的防治效果。

防治对象　用于防治苹果腐烂病。

使用方法　防治苹果腐烂病，用 20％丁香菌酯悬浮剂在苹果树发芽前和落叶后进行药剂处理，刮掉病疤处的腐烂皮层涂抹一次，用 130～200 倍液进行涂抹。

注意事项

（1）本品在苹果树上每季最多使用 2 次，安全间隔期为收获期。

（2）要在苹果树发芽前或落叶后涂抹。

（3）本品对鱼类为高毒，请勿污染水源，禁止在河塘等水体中清洗配药工具。赤眼蜂等天敌放飞区禁止使用。

（4）为延缓抗性产生，可与其他作用机制不同的杀菌剂轮换使用。

133. 苯氧菌胺（metominostrobin）

其他名称　Origribht

制剂　31.3g/L悬浮剂。

毒性　大鼠雌雄急性经口 LD_{50} 为 708mg/kg；鱼类 $LC_{50} > 18.1mg/L$；蜜蜂急性接触 $LD_{50} > 100\mu g$/只（48h）。

作用特点　苯氧菌胺为甲氧基丙烯酸酯类杀菌剂，对水稻多种病害具有很高的预防和治疗作用，且持效期长，较之其他药剂可减少施药次数，可减轻对环境的影响。

防治对象　苯氧菌胺对藻类菌、子囊菌类、担子菌类及不完全菌类等病原菌均有很高的抑制菌丝生长的作用，因而对相关病害具有较强的防治作用。如水稻稻瘟病、纹枯病、黄瓜白粉病、灰霉病、霜霉病等。

使用方法　防治水稻稻瘟病，每亩用 31.3g/L 苯氧菌胺悬浮剂 500～1000mL 对水茎叶喷雾，苯氧菌胺残效期长，处理 60d 后仍有 80% 的防效，所以无需多次喷药。

134. 肟醚菌胺（orysastrobin）

其他名称　安格

制剂　7.0%肟醚菌胺水稻育苗箱用颗粒剂，3.3%肟醚菌胺颗粒剂等。

毒性　鼠类急性经口 LD_{50} 为 356mg/kg；鱼类急性 LC_{50} 为 0.89mg/L（96h）。

作用特点　肟醚菌胺是甲氧基丙烯酸酯类杀菌剂，单剂就能十分有效地同时防治水稻稻瘟病与纹枯病，且持效期长，可减少用药次数。肟醚菌胺与其他常用的杀菌剂及杀虫剂无交互抗性，对水稻十分安全，不会发生药害。

防治对象　肟醚菌胺目前主要用于水稻防治水稻稻瘟病和纹枯病。

使用方法　防治水稻稻瘟病、纹枯病，每亩用 3.3%肟醚菌胺颗粒剂 1200～1500g 对水喷雾，可从发病前 10d 至出穗前 5d 使用，可根据各地区发病情况和防治体系而定。

最高残留限量为 0.3mg/kg。

注意事项

（1）使用肟醚菌胺箱用颗粒剂时注意控制育苗箱温度，同时要注意不能从育苗箱漏出，以防被以后种植的作物吸收。

（2）使用肟醚菌胺颗粒剂时注意保持地块水分，渗水严重的地块应及时补水。

（3）水稻收获前 21d 内禁止施药。

135. 烯肟菌酯（enostroburin）

其他名称　双工、菌图

制剂　25％乳油。

毒性　鼠类急性 $LD_{50}>749mg/kg$。

作用特点　烯肟菌酯为甲氧基丙烯酸酯类杀菌剂，具有预防及治疗作用，为线粒体的呼吸抑制剂，通过与细胞色素 bc_1 复合体的 Q_0 部位结合，抑制线粒体的电子传递，从而破坏病菌的能量合成，起到杀菌作用。

防治对象　对由卵菌、鞭毛菌、接合菌、子囊菌、担子菌及半知菌引起的多种植物病害有良好的防治效果。

使用方法　防治黄瓜霜霉病，发病初期开始施药，每次每亩用 25％烯肟菌酯乳油 28～56mL 对水喷雾，视病害发生情况，连续用药 2～3 次，每次间隔 7～10d。安全间隔期为 2d，一个生长季最多使用 3 次。最高残留限量为 0.1mg/kg。

注意事项

（1）在黄瓜上的安全间隔期为 2d。

（2）本品是内吸性杀菌剂，一个生长季使用不超过 3 次。

（3）远离水产养殖区施药，禁止在河塘等水体中清洗施药器具。

（4）建议与其他作用机制不同的杀菌剂轮换使用，以延缓抗性产生。

136. 氯啶菌酯

制剂　15％乳油。

毒性　鼠雌雄急性经口 $LD_{50}>5000mg/kg$。

作用特点　氯啶菌酯是甲氧基丙烯酸酯类杀菌剂，其具有广谱杀菌活性，具有高效低毒的特点，且对作物和环境安全。

防治对象　氯啶菌酯对由半知菌、子囊菌、担子菌等真菌引起的多种病害具有很好的活性，如小麦白粉病、稻瘟病、稻曲病、瓜类白粉病、番茄白粉病、苹果锈病等病害。

使用方法

(1) 防治水稻稻瘟病　每亩用15％氯啶菌酯乳油40～60mL对水喷雾。在发病初期施药，10d后增施1次。最高残留限量为2mg/kg。

(2) 防治油菜菌核病　每亩用15％氯啶菌酯乳油55.5～66.6mL对水喷雾。在油菜盛花期、菌核病发病前或发病初期施药，隔7～10d再施药一次，有较好的防效。最高残留限量为0.5mg/kg。

注意事项

(1) 本品在小麦上的安全间隔期为14d，每季最多使用2次。

(2) 本品为甲氧基丙烯酸酯类杀菌剂，建议与其他不同作用机制的杀菌剂轮换使用，以延缓抗性的产生。

(3) 本品对鱼类等水生生物有毒，药液及其废液不得污染各类水域，使用时请保护，远离水产养殖区施药，不可污染池塘等水域，施药器械不可在河塘等水域清洗。

(4) 本品不宜与碱性物质混用。

137. 氟酰胺（flutolanil）

其他名称　氟纹胺、望佳多

制剂　20％可湿性粉剂。

毒性　鼠类急性经口 $LD_{50} > 10000mg/kg$；鱼类急性 LC_{50} 为 5.4mg/L（96h）；蜜蜂急性经口 $LD_{50} > 208.7\mu g/$只（48h），急性接触 $LD_{50} > 200\mu g/$只（48h）。

作用特点　氟酰胺属于酰胺类杀菌剂，具有保护和治疗作用，作用位点为线粒体呼吸电子传导链中的琥珀酸脱氢酶，抑制天门冬氨酸盐和谷氨酸盐的合成，阻碍病菌的生长和穿透。

防治对象　主要用于防治各种立枯病、纹枯病、雪腐病，对水稻纹枯病有特效。

使用方法　防治水稻纹枯病，在水稻分蘖盛期和破口期各喷药一次，每次每亩用20％氟酰胺可湿性粉剂100～125g对水喷雾，重点将药液喷在水稻茎基部。最高残留限量为0.01mg/kg。

注意事项

(1) 不可与波尔多液、石硫合剂及其他碱性农药等物质混合使用。

(2) 对蚕有毒，请不要在桑树、蚕室及其周围使用。

138. 萎锈灵（carboxin）

其他名称 卫福、Vitavax

制剂 20%乳油。

毒性 鼠类急性经口 LD_{50} 为 2588mg/kg；鱼类急性 LC_{50} 为 2.3mg/L（96h）；蜜蜂急性经口 LD_{50}＞100μg/只（48h），急性接触 LD_{50}＞100μg/只（48h）。

作用特点 萎锈灵为酰胺类选择性内吸杀菌剂，主要用于防治由锈菌和黑粉菌在多种作物上引起的锈病和黑粉（穗）病，对棉花立枯病、黄萎病也有效。它能渗入萌芽的种子而杀死种子内的病菌。萎锈灵对植物生长有刺激作用，并能使小麦增产。

防治对象 可防治小麦叶锈病、豆锈病、大麦散黑穗病、棉花立枯病与黄萎病等。

使用方法

（1）防治高粱伞黑穗病和丝黑穗病、玉米丝黑穗病 采用拌种方法，每 100kg 种子用 20%萎锈灵乳油 500～1000mL 均匀拌种，晾干后播种。最高残留限量为 0.2mg/kg。

（2）防治麦类黑穗病 采用拌种的方法，每 100kg 种子用 20%萎锈灵乳油 500mL 均匀拌种，晾干后播种。最高残留限量为 0.2mg/kg。

（3）防治麦类锈病 发病初期开始喷药，每次每亩用 20%萎锈灵乳油 187.5～375mL 对水喷雾，间隔 10～15d 后再喷一次。最高残留限量为 0.2mg/kg。

（4）防治谷子黑穗病 每 100kg 种子用 20%萎锈灵乳油 800～1250mL 均匀拌种或闷种，晾干后播种。最高残留限量为 0.2mg/kg。

（5）防治棉花苗期病害 每 100kg 种子用 20%萎锈灵乳油 875mL 拌种。防治棉花黄萎病可用萎锈灵 250mg/L 灌根，每株灌药液约 500mL。最高残留限量为 0.2mg/kg。

注意事项

（1）该药剂不能与碱性药剂混用。

（2）该药剂 100 倍液对麦类可能有轻微的危害，使用时要注意。

（3）药剂处理过的种子不可食用或作饲料。

139. 嘧菌腙（ferimzone）

其他名称 Blasin

制剂 30%可湿性粉剂。

毒性 鼠类急性经口 LD_{50} 为 642～725mg/kg。

作用特点　嘧菌腙属腙类杀菌剂，对日光稳定，在中性和碱性条件下稳定。

防治对象　主要防治水稻上由稻尾孢、稻长蠕孢和稻梨孢等病原菌引起的病害，如水稻稻瘟病、稻曲病等。

使用方法　防治水稻稻瘟病、稻曲病，每亩用30%嘧菌腙可湿性粉剂66～590g对水喷雾。最高残留限量为0.7mg/kg。

注意事项　对水有危害，不要让未稀释或大量的产品接触地下水、水道或者污水系统，若无政府许可，勿将材料排入周围环境。

140. 氟嘧菌胺（diflumetorim）

制剂　10%乳油。

毒性　鼠类急性经口 LD_{50} 为448mg/kg；鱼类急性 LC_{50} ＞881mg/kg（96h）；蜜蜂急性经口 LD_{50} 为10μg/只（48h）。

作用特点　氟嘧菌胺是嘧啶类杀菌剂，作用机理是通过抑制病原菌蛋白质的合成和蛋氨酸的合成进而起到杀菌的作用，更具体的作用机理尚在研究当中。

防治对象　主要用于防治小麦、大麦和观赏作物的白粉病和锈病等。

使用方法　防治玫瑰白粉病推荐剂量浓度50 mg/L，防治菊花锈病推荐剂量浓度100mg/L。发病前或发病初期喷雾处理。

141. 拌种灵（amicarthiazol）

其他名称　国光、丰乐龙、隆平高科、永富、华农

制剂　40%可湿性粉剂，10%福美·拌种灵悬浮种衣剂，40%福美·拌种灵可湿性粉剂。

毒性　拌种灵属中等毒性。

作用特点　拌种灵是羧酰替苯胺类杀菌剂，含有与萎锈灵相同的毒性结构——苯氨基甲酰基，目前萎锈灵的作用机制业已明确，主要通过干扰菌体呼吸过程中线粒体呼吸链上复合物处琥珀酸-辅酶Q之间的氧化还原酶系，抑制生物能量的合成。

防治对象　通常主要用于防治禾谷类作物的多种由担子菌引起的病害，如麦黑穗病、棉花立枯病。1980年以来相继报道拌种灵对水稻白叶枯病、柑橘溃疡病等细菌病害有较好的防治效果，但其防治细菌性病害的抑菌谱、作用机制目前尚未清楚。

使用方法

（1）防治棉花苗期病害　用10％福美·拌种灵悬浮种衣剂，按1：（40～50）（药种比）进行种子包衣。

（2）防治小麦黑穗病　用40％福美·拌种灵可湿性粉剂1：（500～1000）（药种比）拌种。

（3）防治玉米黑穗病　用40％福美·拌种灵可湿性粉剂1：200（药种比）拌种。

注意事项

（1）本品未经试验不宜与其他农药混用，以免引起药害或毒性变化。

（2）包衣后的种子有毒，不得食用和作饲料。

（3）本品对鸟类中等毒，对鱼类剧毒。使用时必须注意避免污染水体，在鸟类保护区禁用。不得在河塘等水域清洗用药器具。用过的容器应妥善处理，不可做他用，也不可随意丢弃。

142. 氟啶胺（fluazinam）

其他名称　福帅得

制剂　500g/L悬浮剂。

毒性　鼠类急性经口 LD_{50}＞4100mg/kg；鱼类急性 LC_{50} 为0.055mg/L（96h）；蜜蜂急性接触 LD_{50}＞200μg/只（48h），急性经口 LD_{50}＞100μg/只（48h）。

作用特点　氟啶胺属吡啶类杀菌剂，是广谱高效的保护性杀菌剂。氟啶胺极耐雨水冲刷，残效期长。此外兼有控制捕食性螨类的作用。

防治对象　氟啶胺对交链孢属、疫霉属、单轴霉属、核盘菌属和黑星菌属病原引起的病害有特效，如白菜根肿病、马铃薯晚疫病、辣椒疫病等。

使用方法

（1）防治大白菜根肿病　每亩用1500g/L氟啶胺悬浮剂267～333mL对水进行土壤喷雾，根据土壤墒情，将药剂对水60～100L后均匀喷施在土壤表面，再用旋耕机或手工工具将药剂和土壤充分混合，药剂和土壤混合深度需10～15cm。在定植前使用，为确保药效，应在施药后当天进行移栽。一季只需施药一次。

（2）防治马铃薯晚疫病　每亩用500g/L氟啶胺悬浮剂25～33mL对水喷雾。从发病前或发病初期开始施药，每隔7～10d施药1次，根据发病情况，施药3～4次。安全间隔期为7d，每季最多使用4次。

（3）防治辣椒疫病　每亩用500g/L氟啶胺悬浮剂25～33mL对水喷雾。从发病前或发病初期开始施药，每隔7～10d施药1次。安全间隔期为7d，每季最多使用3次。

最高残留限量为 3mg/kg。

注意事项 该药剂对瓜类作物有药害，瓜田禁止使用，施药时注意不要让药液飘移到瓜田。

143. 三苯基乙酸锡（fentin acetate）

制剂 45%可湿性粉剂。

毒性 鼠类急性 LD_{50} 为 140mg/kg；鱼类急性 LC_{50} 为 0.32mg/L（96h）；蜜蜂急性接触 LD_{50} 为 16μg/只（48h）。

作用特点 三苯基乙酸锡是一种可被根、茎、叶吸收，上行传导的非内吸性杀菌剂，对细菌病害有较好的保护和治疗作用，并且能有效防治对铜类杀菌剂敏感的一些菌类。

防治对象 三苯基乙酸锡对鞭毛菌亚门真菌引起的病害具有抑制作用，对甜菜褐斑病有较好的防效。

使用方法 防治甜菜褐斑病，每亩用 45%三苯基乙酸锡可湿性粉剂 60～67g 对水喷雾，隔 7～10d 再使用一次。从发病初期开始施药。安全间隔期为 50d，每季最多使用 2 次。

注意事项

（1）该药剂对鱼、虾、蟹等水生生物有毒，不适合在水田中使用。蚕室、桑园附近及鸟类保护区禁用，赤眼蜂等天敌放飞区域禁用。

（2）该药剂不能和碱性物质混合使用，建议与其他作用机制不同的杀菌剂轮换使用。

144. 三苯锡氯（Fentin chloride）

制剂 10%可湿性粉剂。

毒性 鼠类急性 LD_{50} 为 135mg/kg；鱼类急性 LC_{50} 为 0.037mg/L（96h）。

作用特点 三苯锡氯为非内吸保护性杀菌剂，用作微生物生长抑制剂和毒杀剂。其在溶液中不电离，较易穿透微生物的细胞壁侵入细胞质，从而破坏蛋白质。

防治对象 三苯锡氯能有效防治对铜类杀菌剂敏感的一些菌类引起的病害，如甜菜褐斑病、马铃薯晚疫病、稻胡麻斑病。也可防治芹菜叶斑病，比波尔多液有效，但稍有药害。还能用作昆虫不育剂，抑制家蝇繁殖。

注意事项

（1）对水生生物有极高毒性，可能对水体环境产生长期不良影响。

（2）软体动物对三苯锡氯极为敏感，使用时加以注意。

145. 灭锈胺（mepronil）

毒性 鼠类急性 $LD_{50}>10000mg/kg$；鱼类急性 $LC_{50}>10mg/L$（96h）；蜜蜂急性经口 $LD_{50}>100\mu g/$只（48h）。

防治对象 灭锈胺对担子菌纲类菌有特殊的生物活性，能有效地防治水稻纹枯病和棉花立枯病等植物病害。此外，对小麦根腐病、梨树锈病、马铃薯疫病等多种作物的病害均有很好的防治效果。该药剂残效期长，无药害，能进行水面处理、土壤处理、种子处理。

使用方法 能与四氯苯酞、三环唑、井冈霉素等复配。

146. 氟吡菌酰胺（fluopyram）

制剂 41.7%悬浮剂。

毒性 鼠类急性经口 $LD_{50}>2000mg/kg$；鱼类急性 $LC_{50}>0.98mg/L$（96h）；蜜蜂急性经口 $LD_{50}>102.3\mu g/$只（48h），急性接触 $LD_{50}>100\mu g/$只（48h）。

作用特点 氟吡菌酰胺是一种具有内吸传导活性的新型杀菌剂，通过抑制病菌线粒体内琥珀酸脱氢酶的活性，从而阻断电子传递，影响病菌的呼吸作用，对病菌孢子萌发、芽管伸长、菌丝生长均有活性。

防治对象 氟吡菌酰胺杀菌谱广，对果树、蔬菜、大田作物上的多种病害，如灰霉病、白粉病、菌核病、褐腐病等有防效。

使用方法 防治黄瓜白粉病，于发病初期开始施药，每次每亩用41.7%氟吡菌酰胺悬浮剂 6～12mL 对水喷雾，间隔10d喷一次，连续喷施3次。安全间隔期为3d，每季最多使用3次。最高残留限量为 0.03mg/kg。

注意事项 本品对水生生物有毒，药品及废液不得污染各类水域、土壤等环境。

147. 噻呋酰胺（thifluzamide）

其他名称　噻氟菌胺、满穗

制剂　240g/L悬浮剂。

毒性　鼠类急性 LD_{50} > 6500mg/kg；鱼类急性 LC_{50} 为 1.3mg/L（96h）；蜜蜂急性接触 LD_{50} > 100μg/只（48h）。

作用特点　噻呋酰胺属于噻唑酰胺类杀菌剂。通过抑制病原真菌三羧酸循环中的琥珀酸脱氢酶导致菌体死亡。由于含氟，其在生化过程中竞争力很强，一旦与底物或酶结合就不易恢复，具有强内吸传导性和长持效性。

防治对象　噻呋酰胺对丝核菌属、柄锈菌属、黑粉菌属、腥黑粉菌属、伏革菌属、核腔菌属等的致病真菌均有活性，尤其对担子菌纲真菌引起的病害如纹枯病、立枯病等有特效。

使用方法

（1）防治水稻纹枯病　施药适期为分蘖末期至孕穗初期或发病初期，每次每亩用240g/L 噻呋酰胺悬浮剂 13～23mL 对水喷雾。安全间隔期为 14d，每季最多使用 1 次。

（2）防治马铃薯黑痣病　于马铃薯种植后覆土前施药，每亩用 240g/L 噻呋酰胺悬浮剂 70～120mL 对水喷雾，药液喷施于垄沟内的种薯及周围土壤上，施药 1 次。

注意事项

（1）产品在水稻作物上使用的推荐安全间隔期为 14d，每个作物周期使用 1 次。

（2）本品对鱼类等水生生物有中等毒性，应远离水产养殖区、河塘等水体施药，禁止在河塘等水体中清洗施药器具，不要污染水体，应避免药液流入湖泊、河流或鱼塘中污染水源。鱼或虾蟹套养稻田禁用，施药后的田水不得直接排入水体中。蚕室及桑园附近禁用。

（3）建议与其他作用机制不同的杀菌剂轮换使用。

148. 啶酰菌胺（boscalid）

其他名称　凯泽、cantus

制剂　50%水分散粒剂。

毒性　大鼠急性经口 $LD_{50} > 5000mg/kg$；鱼类急性 LC_{50} 为 2.7mg/L；蜜蜂急性经口 LD_{50} 为 $100\mu g/$只（48h），急性接触 $LD_{50} > 200\mu g/$只（48h）。

作用特点　啶酰菌胺属于烟酰胺类和吡啶类杀菌剂，为线粒体呼吸抑制剂，通过抑制呼吸链中琥珀酸辅酶 Q 还原酶的活性，干扰细胞的分裂和生长。该药剂具有内吸性，对病菌孢子萌发具有很强的抑制作用。药剂在喷施后持效期长，从而使该药剂具有较长的喷施间隔期。未发现与其他杀菌剂有交互抗药性。

防治对象　啶酰菌胺对主要经济作物的多种灰霉病、菌核病、白粉病、链格孢属病菌引起的病害、单囊壳病等具有较好的防治效果。

使用方法

（1）防治草莓灰霉病　发病前或发病初期开始施药，每次每亩用 50％啶酰菌胺水分散粒剂 30～45g 对水喷雾，间隔 7～10d 施药一次，连续喷施 2～3 次。安全间隔期为 3d，每季最多使用 3 次。

（2）防治葡萄灰霉病　发病前或发病初期开始施药，每次用 50％啶酰菌胺水分散粒剂 500～1000 倍液整株喷雾，每隔 7～10d 喷一次，连续喷施 2～3 次。安全间隔期为 7d，每季最多施药 3 次。

（3）防治黄瓜灰霉病　发病前或发病初期开始施药，每次每亩用 50％啶酰菌胺水分散粒剂 33～47g 对水喷雾，间隔 7～10d 喷一次，连续施药 3 次。安全间隔期为 2d，每季最多使用 3 次。

（4）防治油菜菌核病　油菜主茎开花 90％～95％时或发病初期开始施药，每次每亩用 50％啶酰菌胺水分散粒剂 30～50g 对水喷雾，间隔 7～10d 再喷一次。安全间隔期为 14d，每季最多使用 2 次。

注意事项　该药不能与石硫合剂、波尔多液等碱性农药混用。

149. 呋吡菌胺（furametpyr）

其他名称　福拉比

制剂　687.5g/L悬浮剂。

毒性　鼠类急性经口 $LD_{50} > 5000mg/kg$，急性经皮 $LD_{50} > 5000mg/kg$；鱼类急性 $LC_{50} > 1.56mg/L$（96h）。

作用特点　呋吡菌胺主要作用于细胞膜和细胞骨架间的特异性蛋白——类血影蛋白，从而影响细胞的有丝分裂，对病原菌的各主要形态均有很好的抑制活性，而且具有很好的持效性。并在病菌生命周期的许多阶段都起作用，影响孢子的释放和芽孢的萌发。且在木质部具有很好的移动性。对叶的最上层进行施药可以保护下一层的叶子，反之亦然。对根部和叶柄进行施药，呋吡菌胺能迅速移向叶尖端。对未成熟的芽进行施药可以保护其生长中的叶子免受感染，具有非常好的内吸活性和保护治疗作用。

防治对象　主要用于防治各类蔬菜和葡萄上的常见卵菌纲病害，如霜霉病、疫病、晚疫病、猝倒病等，具有保护和广谱治疗作用。

150. 吡唑萘菌胺（isopyrazam）

syn-isomers

anti-isomers

制剂　29%悬浮剂。

毒性　鼠类急性经口 LD_{50} 为 2000mg/kg；鱼类急性 LC_{50} 为 0.0258mg/L；蜜蜂急性接触 $LD_{50}>200\mu g/$只（48h）。

作用特点　吡唑萘菌胺是新型广谱杀菌剂，其作用机理是抑制线粒体内膜上电子传递链中的琥珀酸脱氢酶（复合体Ⅱ）的作用，使得病原真菌无法经由呼吸作用产生能量，进而阻止病菌的生长。

防治对象　有效防治小麦、水稻、花生、葡萄、蔬菜、马铃薯、香蕉、柠檬、咖啡、果树、核桃、茶叶、烟草和观赏植物、草坪及其他大田作物上的病害。

使用方法　室内活性试验表明，吡唑萘菌胺对黄瓜白粉病具有较好的杀菌活性，推荐剂量防效在80%左右。推荐使用剂量为每亩 9.75～16.25mL，使用方法为喷雾，每季作物最多使用 3 次，在黄瓜白粉病发病初期使用。安全间隔期为 3d。小麦的最高残留限量为 0.2mg/kg（日本）。

151. 硅噻菌胺（silthiopham）

其他名称　全蚀净、Latittude

制剂　12.5％悬浮剂。

毒性　鼠急性经口 LD_{50}＞5000mg/kg，大鼠雌雄急性经皮 LD_{50} 均大于 2000mg/kg。

作用特点　硅噻菌胺为能量抑制剂，具有良好的保护活性，常用作种子处理，可单独使用，也可与其他种子处理剂混用。

防治对象　目前主要用于防治小麦全蚀病。

使用方法　防治小麦全蚀病，每 100kg 小麦种子用 12.5％硅噻菌胺悬浮剂 160～320mL 拌种，先加入适量水将药剂稀释后再进行拌种处理，拌匀后可闷种 6～12h，晒干后再播种，要使药剂充分浸粘在种子上，以利于药效的发挥并杀死种子所带病菌。最高残留限量为 0.05mg/kg（麦粒）。

152. 咪唑菌酮（fenamidone）

其他名称　Reason、Sagaie

制剂　40％可湿性粉剂。

毒性　鼠类急性 LD_{50} 为 2028mg/kg；鱼类急性 LC_{50} 为 0.74mg/L（96h）；蜜蜂急性经口 LD_{50}＞159.8μg/只（48h），急性接触 LD_{50}＞74.8μg/只（48h）。

作用特点　咪唑菌酮是新型咪唑类杀菌剂，不仅具有广谱的杀菌活性，同时具有触杀、渗透和内吸性，又有良好的保护治疗作用。与其他常用的杀菌剂无交互抗性，同三乙膦酸铝等一起使用具有增效作用。此外对一些非藻菌类病原菌也有很好的效果。

防治对象　咪唑菌酮适用于小麦、棉花、葡萄、烟草、草坪、向日葵、玫瑰、马铃薯、番茄及其他各种蔬菜，防治各种霜霉病、晚疫病、疫霉病、猝倒病、黑斑病、斑腐病等。

使用方法　防治番茄晚疫病，每亩用 40％咪唑菌酮可湿性粉剂 10～25g 对水进行叶面喷雾。在发病前或发病初期进行喷药。咪唑菌酮对番茄晚疫病致病菌生活周期的各阶段均有活性，且效果不受环境影响。最高残留限量为 1mg/kg。

注意事项

（1）使用前请充分摇动至均匀。

（2）为防止出现早期耐药性细菌，请避免过度连续施用本药剂。尽可能与作用机制不同的药剂轮流使用。

（3）本药剂对眼睛有刺激，不要溅入眼中。如果溅入眼中，要立即用水冲洗，接受眼科医生的治疗。

153. 氰霜唑 (cyazofamid)

其他名称 科佳

制剂 20％、100g/L悬浮剂，50％水分散粒剂。

毒性 鼠类急性经口 LD_{50} ＞5000mg/kg；鱼类急性 LD_{50} 为 0.56mg/L（96h）；蜜蜂急性经口 LD_{50} ＞151.7μg/只（48h），急性接触 LD_{50} ＞100μg/只（48h）。

作用机制 氰霜唑为新型氰基咪唑类杀菌剂，通过阻断病菌体内线粒体细胞色素 bc_1 复合体的电子传递来干扰能量的供应，从而导致病菌死亡。与其他杀菌剂无交叉抗性。对卵菌纲真菌所有生长阶段均有作用，兼具保护和治疗效果。

防治对象 可用于防治黄瓜和葡萄霜霉病，马铃薯晚疫病。

使用方法

（1）防治黄瓜霜霉病 每亩用 100g/L氰霜唑悬浮剂 55～65mL 喷雾，也可每亩用 20％氰霜唑悬浮剂 27.5～35mL 喷雾。

（2）防治葡萄霜霉病 用100g/L氰霜唑悬浮剂 2000～2500 倍液喷雾。

注意事项

（1）黄瓜上安全间隔期为 3d，每季最多施药 3 次；葡萄上安全间隔期为 7d，每季最多使用 3 次

（2）建议与其他作用机制不同的杀菌剂轮换使用，以延缓抗性产生。不可与碱性农药等混合使用。

（3）本品应远离水产养殖区施药，禁止在河塘等水体中清洗施药器具，避免药液污染水源地。

四、氨基酸和蛋白质生物合成抑制剂

（1）作用机理 氨基酸是蛋白质的基本结构单元，蛋白质则是生物细胞重要的结构物质和活性物质。尽管很多杀菌剂处理病菌以后，氨基酸和蛋白质含量减少，但是已经确认最初作用靶标是氨基酸和蛋白质生物合成的杀菌剂并不多。苯胺嘧啶类杀菌剂，如嘧霉胺、嘧菌环胺等现代选择性杀菌剂的作用机理是抑制真菌蛋氨酸生物合成，从而阻止蛋白质合成，破坏细胞结构。

（2）化学结构类型 嘧啶类。

（3）通性 强酸强碱条件下不稳定；对哺乳动物毒性低；内吸性杀菌剂，具有保护和治疗作用，可被植物根、茎、叶迅速吸收，并在植物体内运转到各个部位；不易与其他杀菌剂产生交互抗性；在土壤中不易积累，对环境安全。

154. 嘧霉胺（pyrimethanil）

其他名称　施佳乐、Scala

制剂　70%水分散粒剂，25%乳油，20%可湿性粉剂，400g/L悬浮剂等。

毒性　鼠类经口 LD_{50} 为4150mg/kg；鱼类急性 LC_{50} 为10.56mg/L（96h）；蜜蜂急性接触 $LD_{50}>100\mu g/$只（48h），蜜蜂急性经口 $LD_{50}>100\mu g/$只（48h）。

作用特点　嘧霉胺是嘧啶类杀菌剂，是一种具有保护和治疗、兼具内吸传导和熏蒸作用的杀菌剂。其与三唑类、二甲酰亚胺类、甲氧基丙烯酸酯类等多种类型的杀菌剂无交互抗性。可在低温下使用。

防治对象　嘧霉胺可用于葡萄、黄瓜、番茄、草莓、豌豆、韭菜种植地及园林上防治灰霉病，还可预防果树黑星病、斑点落叶病、梨叶斑病等。

使用方法

（1）防治黄瓜灰霉病　每亩用20%嘧霉胺可湿性粉剂120～180g对水喷雾。从发病前或发病初期开始施药，视病情发生情况，每隔7d左右施药1次，可连续施药2次。安全间隔期为3d，每季最多使用2次。最高残留限量为1mg/kg。

（2）防治番茄灰霉病　每亩用25%嘧霉胺乳油68～84mL对水喷雾。从发病前或发病初期开始施药，根据病情发展程度，每隔7～10d施药1次，共施药2～3次。安全间隔期为5d，每季最多使用3次。最高残留限量为0.5mg/kg。

（3）防治葡萄灰霉病　每亩用400g/L嘧霉胺悬浮剂1000～1500倍液整株喷雾。从发病前或发病初期开始施药，视病情发生情况，每隔7d左右施药1次，可连续喷施2次。安全间隔期为3d，每季最多使用2次。最高残留限量为10mg/kg。

注意事项

（1）70%嘧霉胺水分散粒剂不可与呈强碱性或强酸性的农药物质、铜制剂、汞制剂混用和先后紧接使用。

（2）本品在黄瓜上的安全间隔期3d，每季作物最多使用2次。

（3）应与其他作用机制不同的杀菌剂轮换使用，以延缓抗性产生。

（4）本品不可与呈碱性的农药等物质混合使用。

（5）远离水产养殖区用药，禁止在河塘等水体中清洗施药器具，避免药液污染水源地。

155. 嘧菌胺（mepanipyrim）

毒性　鼠类急性经口 $LD_{50} > 5000mg/kg$；鱼类急性 LC_{50} 为 $0.74mg/L$（96h）；蜜蜂急性接触 $LD_{50} > 51.1\mu g$/只（48h），急性经口 $LD_{50} > 51.1\mu g$/只（48h）。

作用特点　嘧菌胺是嘧啶类杀菌剂，具有独特的作用机理，即抑制病原菌蛋白质分泌，包括降低一些水解酶水平。其同三唑类、二硫代氨基甲酸酯类、苯并咪唑类等无交互抗性，因此其对敏感或抗性病原菌均有优异的活性。其对作物安全、无药害。

防治对象　嘧菌胺可用来防治和治疗苹果和梨的黑星病，同时对黄瓜、草莓、葡萄和番茄上由灰葡萄孢菌引起的病害也有效果。

使用方法

（1）防治苹果和梨黑星病　使用剂量为每亩 15～50g 有效成分对水喷雾。

（2）防治黄瓜、玫瑰、草莓白粉病　使用剂量为每亩 10～40g 有效成分，对水喷雾。

156. 嘧菌环胺（cyprodinil）

其他名称　和瑞

制剂　50％水分散粒剂，30％、40％悬浮剂。

毒性　鼠类急性 $LD_{50} > 2000mg/kg$；鱼类急性 LC_{50} 为 $2.41mg/L$（96h）；蜜蜂急性接触 $LD_{50} > 784\mu g$/只（48h），急性经口 LD_{50} 为 $112.5\mu g$/只（48h）。

作用特点　嘧菌环胺为嘧啶类内吸性杀菌剂，具有保护、治疗、叶片穿透及根部内吸活性。嘧菌环胺有很好的向顶和跨层传导的能力及耐雨水冲刷的能力。其与三唑类、二甲酰亚胺类、甲氧基丙烯酸酯类等多种类型的杀菌剂无交互抗性。

防治对象　嘧菌环胺对多种作物的灰霉病、黑星病等多种病害具有预防和治疗作用。靶标作物有草莓、辣椒、韭菜、葡萄等。

使用方法

（1）防治草莓灰霉病　每亩用 50％嘧菌环胺水分散粒剂 60～96g 对水喷雾。从发病前或发病初期开始施药，每隔 7～10d 施药 1 次。安全间隔期为 7d，每季最多使用 3 次。最高残留限量为 2mg/kg。

（2）防治韭菜灰霉病　每亩用 50％嘧菌环胺水分散粒剂 60～90g 对水喷雾。从发病前或发病初期开始施药，每隔 7～10d 施药 1 次。安全间隔期为 14d，每季最多使用 3 次。

（3）防治葡萄灰霉病　每亩用 50％嘧菌环胺水分散粒剂 625～1000 倍液整株喷雾。从发病前或发病初期开始施药，每隔 7～10d 施药 1 次。安全间隔期为 7d，每季最多使用 3 次。最高残留限量为 5mg/kg。

五、信号传递干扰剂

（1）作用机理　近年来的研究发现，拌种咯、咯菌腈等苯基吡咯类杀菌剂和腐霉利、异菌脲等二甲酰亚胺类杀菌剂作用于菌体信号传导途径中某些调控渗透压的相关酶上，抑制其活性。最近 Pillonel 和 Meyer 研究后认为蛋白激酶 PK-Ⅲ是苯基吡咯类杀菌剂的初使靶标，拌种咯和蛋白激酶 PK-Ⅲ结合，抑制了它的活性，使活化的调节蛋白不失活（不被磷酸化），从而导致甘油合成失控，细胞内渗透压加大，细胞发生肿胀而死亡。

早在 1982 年 M. Grindie 曾发现粗糙脉孢菌 os-1 型渗透压突变菌株对二甲酰亚胺类杀菌剂（DCFs）表现抗药性，据此他猜测渗透压调节途径和 DCFs 抗药性之间应存在一定的联系。之后，C. Pinonel（1997）等对粗糙脉孢菌渗透压突变株进行了更深入的研究，发现渗透压的敏感性和 DCFs 抗药性之间确实存在联系，并提出 HK 蛋白激酶（two-component histidine kinase）上游 6 个 90 氨基酸的重复区域内突变的存在是导致植物病原真菌对 DCFs 抗药性产生的原因。B. D. Ian（2004）对 *A. alternata* 田间抗性菌株的抗性分子机理的研究中也证实了渗透压调节相关 HK 蛋白激酶突变会导致抗药性的产生。此外 W. Cui（2002）发现 *N. crassa* os-1 型渗透压突变体对芳香烃类杀菌剂的抗药性与渗透压调节相关蛋白 Hogl 的 os-2 基因相关，而 DCFs 与芳香烃类杀菌剂存在交互抗药性。根据以上研究可以得出植物病原真菌对 DCFs 的抗药性与渗透压之间是相耦联的，抗药性的产生可能是信号传导途径中某些调控渗透压的基因发生了突变。

（2）化学结构类型　喹啉类、吡咯类、二羧酰亚胺类。

（3）通性　对哺乳动物低毒；吡咯类是非内吸性杀菌剂，对灰霉菌有特效，不易与其他杀菌剂产生交互抗性；二羧酰亚胺类杀菌剂具保护和治疗作用，与常用的苯并咪唑类、三唑类和甲氧基丙烯酸酯类杀菌剂无交互抗药性，但与芳烃类和有机磷类（甲基立枯磷）存在交互抗药性。

157. 腐霉利（procymidone）

其他名称　速克灵（Sumilex）、菌核酮

制剂　50%、80%可湿性粉剂，10%、15%烟剂，80%水分散粒剂，10%烟片。

毒性　鼠类急性 $LD_{50} > 5000mg/kg$；鱼类急性 LC_{50} 为 7.22mg/L；蜜蜂急性接触 $LD_{50} > 100\mu g/$只（48h），急性经口 $LD_{50} > 100\mu g/$只（48h）。

作用特点　腐霉利是二羧酰亚胺类杀菌剂，兼具保护和治疗作用，作用机理主要是抑制菌体内甘油三酯的合成，与常用的苯并咪唑类、三唑类和甲氧基丙烯酸酯类杀菌剂无交互抗药性，但与芳烃类和有机磷类（甲基立枯磷）存在交互抗药性。在苯并咪唑类药剂（如多菌灵）防治效果差的情况下，使用腐霉利仍然可以获得满意的防治效果。

防治对象　腐霉利是二羧酰亚胺类杀菌剂，可用于油菜、萝卜、茄子、黄瓜、白菜、番茄、向日葵、西瓜、草莓、洋葱、桃、樱桃、葡萄及花卉等作物的灰霉病、菌核病、花腐病、褐腐病、蔓枯病的防治，其中对葡萄孢属和核盘菌属的病原菌有特效。

使用方法

（1）防治番茄和黄瓜灰霉病　发病初期开始施药，每次每亩用50%腐霉利可湿性

粉剂 50～100g 对水喷雾，间隔 7～14d 喷一次，连续施药 1～2 次。用于番茄安全间隔期为 5d，用于黄瓜安全间隔期为 3d，一季最多使用 3 次。最高残留限量均为 2mg/kg。

(2) 防治葡萄灰霉病　发病初期开始施药，用 50% 腐霉利可湿性粉剂 1000～2000 倍液整株喷雾，间隔 7～10d 喷一次，遇高温天气或视病情发展情况可连续施药 2 次。安全间隔期为 14d，一季最多使用 2 次。最高残留限量为 5mg/kg。

(3) 防治油菜菌核病　发病初期开始施药，每次每亩用 50% 腐霉利可湿性粉剂 40～80g 对水喷雾，轻病田在始花期喷药一次，重病田于初花期和盛花期各喷药一次。安全间隔期为 25d，一季最多使用 2 次。最高残留限量为 2mg/kg。

注意事项

(1) 产品在油菜作物上使用的安全间隔期为 25d，每个作物周期的最多使用次数为 2 次。

(2) 本品不可与呈碱性的农药等物质混合使用。

(3) 该药剂易产生抗药性，不可连续使用，可湿性粉剂、悬浮剂、水分散粒剂应与其他农药交替使用，药剂要现配现用，不要长时间放置。

158. 乙菌利（chlozolinate）

其他名称　Maderol、Serinal

制剂　20%、50% 可湿性粉剂，30% 悬浮剂等。

毒性　鼠类急性 $LD_{50}>2500mg/kg$；鱼类急性 LC_{50} 为 27.5mg/L（96h）；蜜蜂急性经口 $LD_{50}>100\mu g$/只（48h），急性接触 $LD_{50}>100\mu g$/只（48h）。

作用特点　抑制菌体内甘油三酯的合成，具有保护和治疗双重作用。主要作用于细胞膜，阻碍菌丝顶端正常细胞壁合成，抑制菌丝的发育。

防治对象　乙菌利是二羧酰亚胺类杀菌剂，主要用于防治灰葡萄孢和核盘菌属菌。推荐用于葡萄、草莓防治灰葡萄孢，用于核果和仁果类防治桃褐腐核盘菌和果产核盘菌，用于蔬菜防治灰葡萄孢和核盘菌等。也可防治禾谷类叶部病害和种传病害，如小麦腥黑穗病、大麦和燕麦的散黑穗病，还可防治苹果黑星病和玫瑰白粉病等。

使用方法

(1) 防治小麦、大麦、燕麦腥黑穗病、散黑穗病　每亩用 50% 乙菌利可湿性粉剂 100g 对水进行喷雾。最高残留限量为 0.05mg/kg。

(2) 防治苹果黑星病　用 30% 乙菌利悬浮剂 800～1000 倍液喷雾。最高残留限量为 0.05mg/kg。

(3) 防治玫瑰白粉病　用 30% 乙菌利悬浮剂 800～1 000 倍液喷雾。

注意事项　不能与铜制剂及碱性农药混用。

159. 拌种咯（fenpiclonil）

其他名称　Beret、Galbas、CGA

制剂　40％、50％悬浮剂，20％、50％可湿性粉剂等。

毒性　鼠类急性经口 LD_{50}＞5000mg/kg；鱼类急性 LC_{50} 为 0.8mg/L；蜜蜂急性经口 LD_{50} 为 5μg/只（48h）。

作用特点　拌种咯是吡咯腈类保护性杀菌剂，种子处理对禾谷类种传病原菌有特效。

防治对象　拌种咯属广谱保护性杀菌剂，对担子菌、子囊菌和半知菌引起的病害有较好的防治效果。种子处理对禾谷类作物种传病原菌有特效，可防治棉花、马铃薯、麦类、水稻等作物多种病害。

使用方法

（1）防治麦类网腥黑穗病、小麦雪腐病　用50％可湿性粉剂40g拌麦种100kg。

（2）防治水稻恶苗病、胡麻斑病、稻曲病　用40％悬浮剂50mL拌水稻种子100kg。

（3）防治大麦条纹病、网斑病、散黑穗病，马铃薯立枯病　用20％可湿性粉剂100g拌麦种100kg。

注意事项

（1）本剂用于拌种处理必须混拌均匀。

（2）在对多菌灵产生抗药性的地区使用效果更佳。

160. 咯菌腈（fludioxonil）

其他名称　适乐时

制剂　25g/L悬浮种衣剂，50％可湿性粉剂等。

毒性　鼠类急性经口 LD_{50}＞5000mg/kg；鱼类急性 LC_{50} 为 0.23mg/L（96h）；蜜蜂急性经口 LD_{50}＞100μg/只（48h），急性接触 LD_{50}＞100μg/只（48h）。

作用特点　咯菌腈是吡咯类杀菌剂，无内吸活性，主要通过抑制葡萄糖磷酰化有关的转移，并抑制真菌菌丝体的生长，最终导致病菌死亡。因其作用机理独特，故与现有杀菌剂无交互抗性。

防治对象　适用于小麦、大麦、玉米、棉花、大豆、花生、水稻、油菜、马铃薯、蔬菜等作物。主要防治根腐病、枯萎病、菌核病等。

使用方法

（1）防治大豆和花生根腐病、西瓜枯萎病、向日葵菌核病　施药方法为种子包衣，每 100kg 种子用 25g/L 咯菌腈悬浮种衣剂 600～800mL 充分拌匀，直到药液均匀分布到种子表面，晾干后即可播种。

（2）防治水稻恶苗病　施药方法为种子包衣或浸种。种子包衣，每 100kg 种子用 25g/L 咯菌腈悬浮种衣剂 400～600mL，先将药剂用水稀释 1～2L，将药浆与种子以 1：（50～100）的比例充分搅拌，直到药液均匀分布到种子表面，晾干后即可播种。浸种，用 25g/L 咯菌腈悬浮种衣剂 200～300mL，先将药剂用水稀释至 200L，浸水稻种子 100kg，24h 后催芽。

（3）防治棉花立枯病、小麦腥黑穗病、小麦根腐病　施药方法为种子包衣，用 25g/L 咯菌腈悬浮种衣剂 100～200mL，用水稀释至 1～2L，将药浆与种子以 1：（50～100）的比例充分搅拌，直到药液均匀分布到种子表面，晾干后即可播种。

（4）防治观赏菊花灰霉病　用 50% 咯菌腈可湿性粉剂 4000～6000 倍液均匀喷雾，间隔 7～10d 施药一次，一季最多使用 3 次。

注意事项

（1）处理过的种子必须放在有明显标签的容器内，勿与食物、饲料放在一起，不得饲喂禽畜，更不得用来加工饲料或食品。

（2）播种后必须覆土，严禁禽畜进入。

161. 苯氧喹啉（quinoxyfen）

其他名称　Legend、快诺芬

制剂　25%、50% 悬浮剂。

毒性　鼠类急性经口 $LD_{50} > 5000mg/kg$；鱼类急性 LC_{50} 为 0.27mg/L（96h）；蜜蜂急性接触 $LC_{50} > 100\mu g/$只（48h）。

作用特点　苯氧喹啉是喹啉类内吸性杀菌剂，并具有蒸气相活性，它通过内吸作用向顶部、基部传导，并通过蒸气相移动，实现药剂在植株中的再分配。其持效期可达 70d。

防治对象　苯氧喹啉可防治多种作物的白粉病，作用于白粉病侵害前的生长阶段。

如谷物白粉病、甜菜白粉病、瓜类白粉病、辣椒和番茄白粉病、葡萄白粉病、草莓白粉病、桃树白粉病等，但不具备铲除作用。

使用方法

（1）防治小麦白粉病　每亩用25％苯氧喹啉悬浮剂25～75mL对水喷雾。最高残留限量为0.01mg/kg。

（2）防治葡萄白粉病　每亩用50％苯氧喹啉悬浮剂10～20mL对水喷雾。最高残留限量为0.02mg/kg。

162. 乙烯菌核利（vinclozolin）

其他名称　农利灵、烯菌酮、Ronilan、Ornalin、BAF352F

制剂　50％水分散粒剂。

毒性　鼠类急性 LD_{50} ＞15000mg/kg；鱼类急性 LC_{50} 为2.84mg/L（96h）；蜜蜂急性经口 LD_{50} ＞100μg/只（48h）。

作用特点　乙烯菌核利为触杀性杀菌剂，主要干扰细胞核功能，并对细胞膜和细胞壁有影响，改变膜的渗透性，使细胞破裂。

防治对象　对果树、蔬菜等的灰霉病、褐斑病、菌核病有良好的防治效果。

使用方法　防治番茄灰霉病，初花期开始喷药，每次每亩用50％乙烯菌核利水分散粒剂75～100g对水喷雾，每隔7d喷一次。安全间隔期7d，每季最多喷药3次。最高残留限量为3mg/kg。

六、脂质生物合成抑制剂

（1）作用机理　磷脂和脂肪酸是细胞膜双分子层结构的重要组分，干扰磷脂和脂肪酸的生物合成，必将改变细胞膜透性。硫代磷酸酯类的异稻瘟净、稻瘟净和敌瘟磷等的作用机理是抑制细胞膜卵磷脂生物合成。通过抑制 S-腺苷高半胱氨酸甲基转移酶的活性，阻止磷脂酰乙醇胺的三次甲基化反应，使磷脂酰胆碱（卵磷脂）的生物合成受阻，改变细胞膜透性。稻瘟灵（富士一号）的作用靶标是脂肪酸生物合成的关键酶乙酰CoA羧化酶，干扰脂肪酸的生物合成，改变细胞膜透性。

（2）化学结构类型　有机磷类、氨基甲酸酯类、取代苯类、羧酸氨基化合物类和噻唑类。

（3）通性　有机磷杀菌剂大多具有内吸性，对各种白粉病、水稻病害和各种卵菌有效；高残留，对哺乳动物毒性强，但不同类型的有机磷杀菌剂之间也存在负交互抗性；酸性条件下稳定，碱性条件下易分解。氨基甲酸酯类酸性条件下稳定，碱性条件下易分解，与苯并咪唑类有负交互抗性；在土壤中残留时间短，对哺乳动物毒性低。取代苯类杀菌剂大部分无内吸性，对哺乳动物低毒，其中敌磺钠对由腐霉菌属和丝囊霉菌属致病菌引起的病害有特效。羧酸氨基化合物类杀菌剂对卵菌特效，部分碱性条件下不稳定。

163. 异稻瘟净（iprobenfos）

其他名称 IBP、KitazinP

制剂 40%、50%乳油。

毒性 鼠类急性 LD_{50} 为 680mg/kg；鱼类急性 LC_{50} 为 14.7mg/L（96h）。

作用特点 异稻瘟净即异丙稻瘟净，为有机磷类杀菌剂，具有内吸传导作用。其主要通过干扰细胞膜透性，阻止某些亲脂几丁质前体通过细胞质膜，使几丁质的合成受阻碍，细胞壁不能生长，从而抑制菌体的正常发育。

防治对象 该药剂除了防治稻瘟病外，对水稻纹枯病、小球菌核病与玉米小斑病、大斑病等也有一定的防治作用，还可兼治稻叶蝉、稻飞虱等害虫。

使用方法 防治水稻稻瘟病，发病初期开始施药，每次每亩用 40%异稻瘟净乳油150～200mL 对水喷雾。对苗瘟和叶瘟，在发病初期喷一次，5～7d 后再喷一次。节稻瘟、穗颈瘟在水稻破口期、齐穗期各喷一次，抽穗不整齐的田块，在灌浆期应再喷一次，以减轻枝梗瘟的发生。安全间隔期不少于 20d。最高残留限量为 0.5mg/kg。

注意事项

（1）异稻瘟净还是棉花脱叶剂，在棉田附近使用时需注意，防止雾滴飘移。

（2）在稻田使用时，如喷雾不均匀、浓度过高、药量过多，稻苗也会产生褐色病斑，籼稻有时会产生褐色药害斑。

（3）禁止与碱性农药、高毒有机磷杀虫剂及五氯酚钠、敌稗等混用。

（4）安全间隔期不少于 20d，距收获期过近施药或施药量过大会使稻米有臭味。

164. 甲基立枯磷（tolclofos-methyl）

其他名称 利克菌、立枯灭、Rizolex

制剂 20%乳油。

毒性 鼠类急性 LD_{50} >5000mg/kg；鱼类急性 LC_{50} 为 0.69mg/L（96h）；蜜蜂急性

接触 $LD_{50} > 100 \mu g /$ 只（48h）。

作用特点　甲基立枯磷是一种有机磷类广谱性杀菌剂，主要通过抑制病菌卵磷脂的合成而破坏细胞膜的结构，致使病菌死亡。甲基立枯磷具内吸性，是常用的种子处理剂。

防治对象　主要用于防治土传病害，如蔬菜立枯病、枯萎病、菌核病、根腐病、黑根病、褐腐病等，对立枯病有特效。甲基立枯磷可以用于土壤消毒，而且对环境影响甚微。

使用方法

（1）防治棉花立枯病　每100kg棉花种子用20％甲基立枯磷乳油1000～1500mL拌种，先加入适量的水将药剂进行稀释，然后再均匀拌入棉花种子。最大残留限量为0.02mg/kg。

（2）防治水稻苗期立枯病　病害发生前或发生初期施药，每亩用20％甲基立枯磷乳油150～220mL，对水喷雾于水稻苗床。最大残留限量为5mg/kg。

注意事项

（1）本品对蜜蜂、鱼类等水生生物有毒。施药期间应避免对周围蜂群的影响，蜜源作物花期附近禁用。远离水产养殖区施药，禁止在河塘等水体中清洗施药器具。

（2）本品不可与呈碱性的农药等物质混合使用。拌种时不能与草木灰等碱性物质一起拌种，以免影响药效和种子的发芽率。

（3）建议与其他作用机制不同的杀菌剂轮换使用，以延缓抗性产生。

165. 敌瘟磷（edifenphos）

其他名称　克瘟散，稻瘟光

制剂　30％乳油

毒性　鼠急性经口 LD_{50} 为150mg/kg，鱼急性 LC_{50} 为0.43mg/L（96h）。

作用特点　主要通过抑制病菌卵磷脂的合成而破坏细胞质膜的结构，致使病菌死亡。茎叶处理，具有保护和治疗作用。

防治对象　对水稻稻瘟病有良好的预防和治疗作用，同时对水稻纹枯病、胡麻叶斑病、小球菌核病、谷子瘟病和玉米大、小斑病及麦类赤霉病等有良好的防治效果。对飞虱、叶蝉及鳞翅目害虫兼有一定的防效。

使用方法　防治水稻稻瘟病，在病害发生初期施药，每次每亩用30％乳油111～133mL对水喷雾。当稻瘟病持续流行时更应每隔10～14d用药一次。视病害发生情况，可连续施药2～3次。安全间隔期为21d，每季最多使用3次。在大米上最高残留限量为0.1mg/kg。

注意事项

（1）本品不能与碱性农药混用。

(2) 使用除草剂敌稗前后 10d，禁用敌瘟磷。

(3) 敌瘟磷人体每日每千克体重允许摄入量为 0.003mg。

(4) 敌瘟磷中毒时，应立即将中毒者躺卧于空气流通的地方，保持身体温暖，同时服用大量医用活性炭，送医救治。

166. 氟噻唑吡乙酮（oxathiapiprolin）

制剂 10％可分散油悬浮剂

毒性 鼠急性经口 LD_{50} ＞5000mg/kg，鱼急性 LC_{50} ＞0.69mg/L（96h），蜜蜂急性 LD_{50} 大于 100μg/只（48h）。

作用特点 对卵菌具有独特的作用位点，通过对氧化固醇结合蛋白（OSBP）的抑制达到杀菌效果。其对病原菌具有预防、治疗和抑制产孢作用，对马铃薯、葡萄、蔬菜和其他特种作物上的卵菌病害具有优异的杀菌活性，且药效稳定；对霜霉病及晚疫病有特效，并能有效防治根腐病和茎腐病等。

防治对象 马铃薯、葡萄、蔬菜和其他特种作物上的卵菌病害。

使用方法

（1）防治番茄、马铃薯上的晚疫病　发病前保护性用药，每隔 10d 左右施用一次，共计 2～3 次。每次每亩用 10％可分散油悬浮剂 13～20mL 对水喷雾。在番茄的安全间隔期为 3d，在马铃薯的安全期为 5d。

（2）防治黄瓜霜霉病　发病前保护性用药，每隔 10d 左右施用一次，露地黄瓜每季可施药 2 次，保护地黄瓜可于秋季和春季两个发病时期分别施用 2 次。发病前保护性用药，每隔 10d 左右施用一次，露地黄瓜每季可施药 2 次，保护地黄瓜可于秋季和春季两个发病时期分别施用 2 次。在黄瓜的安全期为 3d。

（3）防治辣椒疫病　发病前保护性用药，保护地辣椒于移栽 3～5d 缓苗后开始施药，每隔 10d 左右施用一次，共计 2～3 次，喷药时应覆盖辣椒全株并重点喷施茎基部。每次每亩用 10％可分散油悬浮剂 13～20mL 对水喷雾。辣椒的安全间隔期为 3d。

（4）防治葡萄霜霉病　发病前保护性用药，每隔 10d 左右施用一次，共计 2 次。每次每亩用 10％可分散油悬浮剂 2000～3000 倍液对水喷雾。葡萄安全间隔期为 14d。

注意事项

（1）为预防抗药性产生，建议与其他不同作用机理杀菌剂如代森锰锌、噁唑菌酮等杀菌剂轮换使用。建议与其他作用机制不同的杀虫剂交替使用。

（2）本品不可与强酸、强碱性物质混用。

167. 双炔酰菌胺（mandipropamid）

其他名称 瑞凡

制剂 23.4%悬浮剂。

毒性 鼠类急性 LD_{50}＞5000mg/kg；鱼类急性 LC_{50}＞2.9mg/L（96h）；蜜蜂急性经口 LD_{50}＞200μg/只（48h），急性接触 LD_{50}＞200μg/只（48h）。

作用特点 双炔酰菌胺是羧酸氨基化合物类杀菌剂，作用机制为抑制磷脂的生物合成，对处于萌发阶段的孢子具有较高的活性，并可抑制菌丝成长和孢子形成。

防治对象 对绝大多数由卵菌纲病原菌引起的叶部病害和果实病害均有很好的防效。对处于潜伏期的植物病害有较强治疗作用。可以通过叶片被迅速吸收，并停留在叶表蜡质层中，对叶片起保护作用。

使用方法

（1）防治番茄晚疫病 发病初期或在作物谢花后或雨天来临前开始施药，每次每亩用23.4%双炔酰菌胺悬浮剂 32～43mL 对水喷雾，根据病害发展和天气情况连续使用2～3次，间隔7～10d喷一次。安全间隔期为 7d，一季最多使用 4 次。最高残留限量为 1mk/kg。

（2）防治辣椒和西瓜疫病 作物谢花后或雨天来临前开始施药，每次每亩用23.4%双炔酰菌胺悬浮剂 32～43mL 对水喷雾，根据病害发展和天气情况连续使用2～4次，间隔7～10d喷一次。在辣椒上安全间隔期为 3d，在西瓜上安全间隔期为 5d，一季最多使用 3 次。最高残留限量为 1mg/kg。

（3）防治荔枝霜疫霉病 荔枝树开花前、幼果期、中果期和转色期各使用一次，用23.4%双炔酰菌胺悬浮剂 900～1800 倍液整株喷雾。安全间隔期为 3d，一季最多使用 3次。最高残留限量为 0.2mg/kg。

（4）防治马铃薯晚疫病 发病初期开始施药，每次每亩用23.4%双炔酰菌胺悬浮剂 21～43mL 对水喷雾，根据病害发展和天气情况连续使用2～3次，间隔7～14d喷一次。安全间隔期为 3d，一季最多使用 3 次。最高残留限量为 0.01mg/kg。

（5）防治葡萄霜霉病 发病初期开始施药，用23.4%双炔酰菌胺悬浮剂 1400～1872 倍液整株喷雾，根据病害发展和天气情况连续使用2～3次，间隔7～14d喷一次。安全间隔期为 3d，一季最多使用 3 次。最高残留限量为 2mg/kg。

注意事项

（1）双炔酰菌胺悬浮剂单独使用具有很好的效果，但为了减缓抗药性的发生，尽可能与代森锰锌、百菌清等药剂混用。

（2）该药剂耐雨水冲刷，药后 2h 内遇雨药效不受影响。

（3）该药剂无解毒剂，若误服请勿引吐，应立刻将病人送医院诊治，医生可对症治疗。

168. 稻瘟灵（isoprothiolane）

其他名称　富士一号、IPT

制剂　30％、40％乳油，40％可湿性粉剂。

毒性　大鼠急性经口 LD_{50} 为 1190mg/kg；鱼类急性 LC_{50} 为 6.8mg/L。

作用特点　稻瘟灵是一种内吸杀菌剂，对水稻稻瘟病有特效。水稻植株吸收药剂后积累于叶组织，特别集中于穗轴与枝梗，从而抑制病菌侵入，还可阻碍其脂质代谢，抑制病菌生长，起到预防与治疗作用。稻瘟灵持效期长，耐雨水冲刷，大面积使用还可以兼治稻飞虱，对人、畜安全，对作物无害。

使用方法　防治水稻稻瘟病。防治叶瘟，在叶瘟刚发生时或发生前施药；防治穗瘟，在水稻始穗期或齐穗期施药。每次每亩用 40％稻瘟灵乳油 67～125mL 对水喷雾。安全间隔期为 28d，每季最多使用 2 次。最高残留限量为 1mg/kg。

注意事项

（1）本品用于早稻时安全间隔期为 14d，用于晚稻时安全间隔期为 28d。早稻每季作物最多使用 3 次，晚稻每季作物最多使用 2 次。

（2）本品不可与碱性农药混用。

（3）本品对鱼类等水生生物有毒，施药期间应远离水产养殖区施药，禁止在河塘等水体中清洗施药器具。

169. 土菌灵（etridiazole）

其他名称　Koban、Truban、Aaterra、Pansoil、Terrazole

制剂　35％可湿性粉剂。

毒性 鼠类急性 $LD_{50} > 945mg/kg$；鱼类急性 LC_{50} 为 $2.4mg/L$（96h）

作用机制 土菌灵是噻唑类杀菌剂，是具有保护和治疗作用的触杀性杀菌剂。

防治对象 土壤杀菌剂和拌种剂。防治草坪和观赏植物由土壤带菌引起的病害，以及由丝核菌、腐霉菌和镰刀菌引起的棉苗病害。

使用方法 土壤处理，每平方米 $27\sim54g$ 有效成分，对水 $25kg$。也可用作种子处理。

170. 霜霉威（propamocarb）

其他名称 普力克、丙酰胺、疫霜净

制剂 30%、35%、66.5% 水剂。

毒性 鱼类急性 LC_{50} 为 $96.8mg/L$（96h）；蜜蜂急性接触 $LD_{50} > 100\mu g/$只（48h），急性经口 $LD_{50} > 84\mu g/$只（48h）。

作用特点 霜霉威是氨基甲酸酯类杀菌剂，具有内吸传导作用，其作用机制是通过抑制病菌细胞膜成分磷脂和脂肪酸的生物合成，抑制菌丝生长、孢子囊的形成和孢子萌发。

防治对象 适用于土壤处理、种子处理和叶面喷雾。霜霉威对真菌有效，例如丝囊菌、盘梗霉、霜霉、疫霉、假霜霉、腐霉等菌所致的病害；且对植物有刺激生长作用。

使用方法

（1）防治黄瓜疫病 播种前或播种后以及移栽前可采用苗床浇灌方法，每平方米苗床用 66.5% 霜霉威水剂 $5\sim8mL$，对水配成 $400\sim600$ 倍药液浇灌于苗床。安全间隔期为 3d，仅苗床使用 1 次。最高残留限量为 $5mg/kg$。

（2）防治黄瓜霜霉病 发病初期开始施药，每次每亩用 66.5% 霜霉威水剂 $60\sim100mL$ 对水喷雾，每隔 $7\sim10d$ 喷一次，连续喷施 $2\sim3$ 次。安全间隔期为 3d，每季最多使用 3 次。最高残留限量为 $5mg/kg$。

（3）防治烟草黑胫病 移栽后发病初期施药，每次每亩用 66.5% 霜霉威水剂 $70\sim140mL$ 对水喷雾，每隔 $7\sim10d$ 喷一次，连续喷施 3 次。安全间隔期为 14d，每季最多使用 3 次。

注意事项

（1）本品用于黄瓜上的安全间隔期为 3d，每季最多使用次数为 3 次。

（2）本品不可与呈碱性的农药等物质混合使用。

（3）建议与其他作用机制不同的杀菌剂轮换使用，以延缓抗性产生。

（4）远离水产养殖区施药，禁止在河塘等水体中清洗施药器具，避免污染水源。

171. 缬霉威（iprovalicarb）

主要制剂 70%、80%可湿性粉剂。

毒性 鼠类急性经口 $LD_{50}>5000mg/kg$；鱼类急性 $LC_{50}>22.7mg/L$（96h）；蜜蜂急性经口 $LD_{50}>199\mu g/$只（48h）。

作用特点 缬霉威作为卵菌纲杀菌剂，同时具有保护、治疗和一定的铲除作用。本品为有机硫类保护性杀菌剂，其杀菌机制为抑制病原体内丙酮酸的氧化。含锌量高，能有效促进作物生长，增加果实着色，防治小叶病的发生。本品仅用于加工杀菌剂制剂，不可直接用于农作物和其他场所。

防治对象 对苹果树斑点落叶病、番茄早疫病、晚疫病、黄瓜、大白菜和葡萄霜霉病，柑橘树炭疽病均具有较好的防治效果。可用于多种作物防治霜霉科真菌病害。

使用方法

（1）大白菜霜霉病 70%缬霉威可湿性粉剂喷雾。于病害发病初期施药。

（2）番茄晚疫病 70%缬霉威可湿性粉剂喷雾。于病害发病初期施药。

（3）番茄早疫病 70%缬霉威可湿性粉剂喷雾。于病害发病初期施药。

（4）柑橘树炭疽病 70%缬霉威可湿性粉剂喷雾。于病害发病初期施药。

（5）黄瓜霜霉病 70%缬霉威可湿性粉剂喷雾。于病害发病初期施药。

（6）马铃薯早疫病 70%缬霉威可湿性粉剂喷雾。

（7）苹果树斑点落叶病 70%缬霉威可湿性粉剂喷雾。在苹果春梢或秋梢发病时施药。

（8）葡萄霜霉病 70%缬霉威可湿性粉剂400～600倍液喷雾。于病害发病初期施药。

（9）水稻胡麻斑病 70%缬霉威可湿性粉剂喷雾。

（10）甜椒疫病 70%缬霉威可湿性粉剂喷雾。

（11）西瓜疫病 70%缬霉威可湿性粉剂喷雾。

（12）玉米大斑病 70%缬霉威可湿性粉剂喷雾。

注意事项

（1）产品在苹果树上的安全间隔期为21d，每个作物周期最多使用4次；在番茄上的安全间隔期为7d，每个作物周期最多使用3次；在黄瓜上的安全间隔期为5d，每个作物周期最多使用3次；在大白菜上的安全间隔期为21d，每个作物周期最多使用3次；在葡萄上的安全间隔期为14d，每个作物周期最多使用4次；在柑橘树上的安全间隔期为21d，每个作物周期最多使用3次。

（2）不能与碱性农药或含铜的农药混用，如前后分别使用，间隔期应在7d以上。

（3）为延缓抗性产生，可与其他作用机制不同的杀菌剂轮换使用。

（4）本品对鱼、藻类有毒，应远离水产养殖区用药，禁止在河塘等水体中清洗施药器具，避免药液污染水源地。

七、麦角甾醇生物合成抑制剂

（1）作用机理　麦角甾醇是真菌细胞生物膜的特异性组分，对保持细胞膜的完整性、流动性和细胞的抗逆性等具有重要的作用。麦角甾醇生物合成抑制剂通过中断麦角甾醇生物合成途径，影响细胞分裂速率。

（2）化学结构类型　三唑类、嘧啶类、吗啉类、取代胺类、哌啶类和咪唑类。

（3）通性　具有内吸性和强的向顶传导能力；持效期长，一般3～6周；部分品种对双子叶植物有明显的抑制作用，如三唑酮、三唑醇、丙环唑；抗药性风险低；碱性条件下不稳定；对哺乳动物毒性低。

172. 三唑酮（triadimefon）

其他名称　百理通、粉锈宁、Bayleton

制剂　8％、10％、15％、25％可湿性粉剂，10％、20％、250g/L乳油，15％烟雾剂，15％水乳剂。

毒性　鼠类急性LD_{50}为300mg/kg；鱼类急性LC_{50}为4.08mg/L（96h）；蜜蜂急性经口LD_{50}＞25μg/只（48h）。

作用特点　三唑酮是一种高效、低毒、持效期长、内吸性强的三唑类杀菌剂。被植物的各部分吸收后，三唑酮能在植物体内传导，主要是抑制菌体麦角甾醇的生物合成，从而抑制或干扰菌体附着胞及吸器的发育、菌丝的生长和孢子的形成。

防治对象　三唑酮对在植物活体中的某些病菌活性很强，但离体效果很差，对菌丝的活性比对孢子强。三唑酮可用于防治玉米圆斑病、麦类云纹病、小麦叶枯病、凤梨黑腐病、玉米丝黑穗病等多种作物病害，此外对锈病和白粉病具有预防、铲除、治疗等作用。该药剂可以与许多杀菌剂、杀虫剂、除草剂等现混现用。

使用方法

（1）防治小麦白粉病　拔节前期和中期用药，每次每亩用25％三唑酮可湿性粉剂28～33g对水喷雾，根据发病情况，可喷施1～2次，每次间隔14d左右。最高残留限量为0.2mg/kg。

（2）防治小麦锈病　发病初期开始施药，每次每亩用25％三唑酮可湿性粉剂50～80g对水喷雾，根据发病情况，可喷施1～2次，每次间隔14d左右。最高残留限量为0.2mg/kg。

（3）防治橡胶白粉病　橡胶树抽叶30％以后，叶片盛期或淡绿盛期发病率为20％～30％时开始喷药防治，喷施时要顺风、退行施药，每亩用15％三唑酮烟雾剂40～53g，根据病情喷施2～3次。安全间隔期为20d。

（1）安全间隔期　不少于 20d，每季作物最多使用 2 次。

（2）不可与强碱性物质混用。

（3）不宜长期单一使用本剂，应轮换用药，以避免产生抗药性.

173. 三唑醇（triadimenol）

其他名称　百里坦、百坦、拜丹、羟锈宁

制剂　15％、10％可湿性粉剂，25％干拌剂，25％乳油。

毒性　鼠类急性经口 LD_{50} 为 721mg/kg；鱼类急性 LC_{50} 为 21.3mg/L（96h）；蜜蜂急性接触 $LD_{50} > 200\mu g/$只（48h），急性经口 $LD_{50} > 224.8\mu g/$只（48h）。

作用机制　三唑醇是三唑类广谱性拌种杀菌剂，具有内吸性，通过抑制菌体麦角甾醇的生物合成，而抑制或干扰菌体附着胞及吸器的发育、菌丝的生长和孢子的形成。

防治对象　用于防治麦类、水稻锈病、白粉病、纹枯病以及香蕉叶斑病等病害，具有明显的增产效果。也可作为禾谷类种子处理剂防治谷类丝黑穗病。

使用方法

（1）防治小麦纹枯病　25％三唑醇可湿性粉剂以 1：（556～833）（药种比）拌种。

（2）防治香蕉叶斑病　25％三唑醇乳油 1000～1500 倍液喷雾或 15％三唑醇可湿性粉剂 500～800 倍液喷雾。

（3）防治小麦锈病　25％三唑醇干拌剂以药种比 1：（667～735）拌种。

注意事项

（1）25％三唑醇乳油安全间隔期：香蕉 42d。每季作物最多施药 3 次。

（2）15％三唑醇可湿性粉剂在香蕉上安全间隔期为 35d，每季最多使用 3 次。

（3）不能与碱性农药等物质混合，要尽量减少用药次数和用药量。

（4）赤眼蜂等天敌放飞区域禁用。

（5）该产品对鱼类有毒，应远离水产养殖区施药，禁止在河流、池塘等水体中清洗施药器具。

174. 丙环唑（propiconazole）

其他名称　敌力脱、必扑尔

制剂　25％、50％、62％、70％、250g/L乳油，20％、40％、50％、55％微乳剂。

毒性　鼠类急性经口 LD_{50} 为550mg/kg；鱼类急性 LC_{50} 为2.6mg/L（96h）；蜜蜂急性经口 $LD_{50}>100\mu g/$只（48h），急性接触 $LD_{50}>100\mu g/$只（48h）。

作用特点　丙环唑是一种具有治疗和保护双重作用的三唑类杀菌剂，属甾醇脱甲基化抑制剂，主要通过破坏和阻止病菌的细胞膜重要组成成分麦角甾醇的生物合成，破坏细胞膜的结构与功能，导致菌体生长停滞甚至死亡。丙环唑具内吸性，可被根、茎、叶部吸收，并能很快地在植株体内向上传导。

防治对象　对子囊菌、担子菌和半知菌引起的病害，特别是对小麦全蚀病、白粉病、锈病、根腐病，水稻恶苗病、纹枯病，香蕉叶斑病等病害具有较好的防效，但对卵菌类病害无效。丙环唑残效期在30d左右。

使用方法

（1）防治小麦白粉病　发病初期开始施药，每亩每次用25％丙环唑乳油25～40mL对水喷雾，每隔7～10d喷一次，视病情发展情况施药1～2次。安全间隔期28d，每季最多使用2次。最高残留限量为0.05mg/kg。

（2）防治小麦根腐病、纹枯病　发病初期开始施药，每亩每次用25％丙环唑乳油33～66mL对水喷雾，每隔7～10d喷一次，视病情发展情况施药1～2次。安全间隔期28d，每季最多使用2次。最高残留限量为0.05mg/kg。

（3）防治小麦锈病　发病初期开始施药，每亩每次用25％丙环唑乳油35～45mL对水喷雾，每隔7～10d喷一次，视病情发展情况施药1～2次。安全间隔期28d，每季最多使用2次。最高残留限量为0.05mg/kg。

（4）防治香蕉叶斑病　病斑初现时开始施药，每次用25％丙环唑乳油500～1000倍液整株喷雾，开花结果时再喷施1次，每次间隔15～20d，台风雨来临前或寒潮来临前喷药尤为重要。安全间隔期42d，每季最多使用2次。最高残留限量为1mg/kg。

注意事项

（1）大风或预计1h内降雨，请勿施药。

（2）丙环唑在农作物的花期、苗期、幼果期、嫩梢期易产生药害，使用时应注意不能擅自超量使用，并在植保技术人员的指导下使用。丙环唑可以和大多数酸性农药混配使用。

（3）25％丙环唑乳油在香蕉上的安全间隔期为42d，每季作物最多使用2次；在小麦上的安全间隔期为28d，每季作物最多使用2次；在人参上的安全间隔期为35d，每年最多使用2次。

175. 腈菌唑（myclobutanil）

其他名称　仙星、特菌灵、信生

制剂　5％、6％、10％、12％、12.5％、25％乳油，40％可湿性粉剂。

毒性　鼠类急性经口 LD_{50} 为 1600mg/kg。

作用特点　腈菌唑为内吸性杀菌剂，主要对病原菌的麦角甾醇的生物合成起抑制作用。

防治对象　腈菌唑对子囊菌、担子菌均具有较好的防治效果，持效期长，对作物安全，有一定刺激生长作用，多用于防治作物的白粉病。

使用方法

（1）防治小麦白粉病　在小麦扬花期，白粉病发生前或发生初期开始喷雾施药，每亩用25％腈菌唑乳油8～16mL，15d后再喷一次，共喷2次。安全间隔期为21d，每季最多使用2次。最高残留限量为0.1mg/kg。

（2）防治黄瓜白粉病　发病前或发病初期，每亩用25％腈菌唑乳油12～16mL，加水稀释均匀喷雾，间隔7～10d施药一次，连续施药2～3次。最高残留限量为1mg/kg。

（3）防治葡萄白粉病　病害发生初期、中期施药，用25％腈菌唑乳油1500～2500倍液整株喷雾，间隔7～10d施药一次，连续施药2～3次。安全间隔期为21d，每季最多使用3次。最高残留限量为1mg/kg。

（4）防治香蕉黑星病　病害发生初期使用，用25％腈菌唑乳油2500～3500倍液整株喷雾，间隔7d左右施药一次，连续施药2～3次。安全间隔期为20d，每季最多使用3次。最高残留限量为2mg/kg。

（5）防治香蕉叶斑病　病害发生初期使用，用25％腈菌唑乳油800～1000倍液整株喷雾，间隔7～10d施药一次，连续施药2～3次。安全间隔期为20d，每季最多使用3次。最高残留限量为2mg/kg。

（6）防治梨黑星病　发病前或发病初期使用，用25％腈菌唑乳油4200～6250倍液整株喷雾，间隔7～10d施药一次，连续施药2～3次。安全间隔期为20d，每季最多使用3次。最高残留限量为0.5mg/kg。

注意事项

（1）该药剂不可与碱性农药等物品混用。

（2）该药剂对家蚕、鱼类有毒，施药期间避免对桑源及水源的影响。蚕室及桑园附近禁用，开花植物花期禁用，应远离水产养殖区施药，禁止在河塘等水域清洗施药器具。

（3）建议与其他作用机制不同的杀菌剂轮换使用，以延缓抗性。

176. 氟环唑（epoxiconazole）

其他名称 欧博

制剂 12.5%、50%、30%、125g/L悬浮剂，7.5%乳油。

毒性 鼠类急性经口 LD_{50} 为 3160mg/kg；鱼类急性 LC_{50} 为 3.14mg/L（96h）；蜜蜂急性经口 LD_{50} > $83\mu g$/只（48h），急性接触 LD_{50} > $100\mu g$/只（48h）。

作用特点 氟环唑主要是通过对 C_{14} 脱甲基化酶的抑制作用，抑制病菌麦角甾醇的合成，破坏细胞膜的结构与功能，导致菌体生长停滞甚至死亡。氟环唑还可以提高作物的几丁质酶活性，导致真菌吸器的收缩，抑制病菌侵入，这是氟环唑与其他三唑类产品相比较为独特的性质。

防治对象 氟环唑对禾谷类作物立枯病、白粉病、眼纹病等十多种病害具有良好的防治作用，并能防治甜菜、花生、油菜、咖啡及果树等病害。不仅具有很好的保护、治疗和铲除活性，而且具有内吸和较佳的残留活性。

使用方法

（1）防治香蕉叶斑病 发病初期开始施药，每次每亩用12.5%氟环唑悬浮剂50~100mL整株喷雾，每隔20d左右喷一次。安全间隔期为35d，每季最多使用3次。最高残留限量为3mg/kg。

（2）防治小麦锈病 发病初期用低剂量防治，始盛期用高剂量防治，每次每亩用12.5%氟环唑悬浮剂48~60mL对水喷雾，每隔10~15d喷一次，连续喷施1~3次。安全间隔期为30d。最高残留限量为0.05mg/kg。

（3）防治香蕉黑星病 发病初期开始施药，每次用7.5%氟环唑乳油500~750倍液整株喷雾，视发病情况施药2~3次，每次间隔7~10d。安全间隔期为35d，每季最多使用3次。最高残留限量为3mg/kg。

注意事项

（1）香蕉叶斑病喷药请勿直接喷洒在指蕉上，喷药前应将幼蕉套袋。

（2）氟环唑持效期长，如在谷物上的抑菌作用可达40d以上。

（3）50%氟环唑悬浮剂在小麦、水稻、香蕉作物上使用的安全间隔期分别为30d、20d、35d，每个作物周期的最多使用次数分别为2次、3次、3次。

（4）建议与其他作用机制不同的杀菌剂轮换使用。

（5）本品对水蚤高毒；对鱼类中毒；对鸟类、藻类、家蚕、蚯蚓低毒；蜜蜂急性经口低毒，急性接触中毒；对蜜蜂、家蚕、赤眼蜂风险低。施药时应避免对周围蜂群的影响，开花植物花期慎用；蚕室和桑园、鸟类保护区附近、赤眼蜂等天敌放飞区域慎用。

177. 种菌唑（ipconazole）

制剂 4.23%微乳剂。

毒性　鼠类急性经口 LD_{50} 为 888mg/kg；鱼类急性 $LC_{50}>1.5$mg/L（96h）；蜜蜂急性经口 $LD_{50}>100\mu g$/只（48h），急性接触 $LD_{50}>100\mu g$/只（48h）。

作用特点　种菌唑属甾醇脱甲基化抑制剂，通过抑制病菌的细胞膜重要组成成分麦角甾醇的生物合成，破坏细胞膜的结构与功能，导致菌体生长停滞甚至死亡。

防治对象　种菌唑对水稻和其他作物的种传病害具有防效，特别对水稻恶苗病、由蠕孢引起的叶斑病和稻瘟病有特效。

使用方法

（1）防治棉花立枯病　采用拌种方法处理，每 100kg 棉花种子用 4.23% 种菌唑微乳剂 320～425mL 均匀拌种。最高残留限量为 0.01mg/kg（棉籽，欧盟）。

（2）防治玉米茎基腐病　种子包衣处理，每 100kg 玉米种子用 4.23% 种菌唑微乳剂 80～128mL。种子包衣时先将药剂加 1～3 倍水稀释，再均匀包衣玉米种子。最高残留限量为 0.01mg/kg（欧盟）。

（3）防治玉米丝黑穗病　种子包衣处理，每 100kg 玉米种子用 4.23% 种菌唑微乳剂 213～425mL。种子包衣时先将药剂加 1～3 倍水稀释，再均匀包衣玉米种子。最高残留限量为 0.01mg/kg（欧盟）。

注意事项　避免将该药剂使用在甜玉米、糯玉米和亲本玉米种子上。

178. 腈苯唑（fenbuconazole）

其他名称　应得、唑菌腈

制剂　24% 悬浮剂。

毒性　鼠类急性经口 $LD_{50}>2000$mg/kg；鱼类急性 LC_{50} 为 1mg/L（96h）；蜜蜂急性经口 $LD_{50}>5.2\mu g$/只（48h），急性接触 $LD_{50}>5.5\mu g$/只（48h）。

作用特点　腈苯唑为具有内吸传导性的三唑类杀菌剂。作用机制为通过抑制甾醇脱甲基化，抑制病原菌菌丝伸长，抑制病菌孢子侵染作物组织。在病菌潜伏期使用，能阻止病菌发育，在发病后使用，能使下一代孢子发育畸形，失去侵染能力，对病害既有预防作用又有治疗作用。

防治对象　腈苯唑对禾谷类作物的壳针孢属、柄锈菌属和黑麦喙孢，甜菜上的甜菜生尾孢，葡萄上的葡萄孢属、葡萄球座菌和葡萄钩丝壳，核果上的丛梗孢属，果树上如苹果黑星菌等造成的病害以及对大田作物、水稻、香蕉、蔬菜和园艺作物的许多病害均有效。

使用方法

（1）防治香蕉叶斑病　发病初期开始使用，用 24% 腈苯唑悬浮剂 960～1200 倍液叶面喷雾，每隔 15～22d 喷一次，连续喷施 1～3 次。安全间隔期为 42d，一季最多使用 3 次。最高残留限量为 0.05mg/kg。

（2）防治桃褐腐病　桃花谢花后和采收前（30～45d）是桃褐腐病侵染的两个高峰期，应各施药1～2次，每次用24％腈苯唑悬浮剂2500～3200倍液整株喷雾。安全间隔期为14d，一季最多使用3次。最高残留限量为0.5mg/kg。

（3）防治水稻稻曲病　水稻孕穗后期即破口前的2～6d、抽穗后7d均匀喷雾施药，发病严重的情况下齐穗期再施药一次，每次每亩用24％腈苯唑悬浮剂15～20mL对水喷雾。安全间隔期为21d，一季最多使用3次。最高残留限量为0.1mg/kg。

注意事项

（1）产品在香蕉树上使用的安全间隔期为42d，每个作物周期的最多使用次数为3次。

（2）产品在桃树上使用的安全间隔期为14d，每个作物周期的最多使用次数为3次。

（3）产品在水稻上使用的安全间隔期为21d，每个作物周期的最多使用次数为3次。

（4）为防止抗性产生，本产品应与其他作用机制不同的药剂轮换使用，避免在整个生长季使用单一药剂。

（5）本品对鱼类等水生生物有毒，应远离水产养殖区施药，禁止在河塘等水体中清洗施药器具。应避免药液流入湖泊、河流或鱼塘中污染水源。

179. 联苯三唑醇（bitertanol）

其他名称　双苯三唑醇、双苯唑菌醇、百科

制剂　25％可湿性粉剂。

毒性　鼠类急性经口 LD_{50}＞5000mg/kg；鱼类急性 LC_{50} 为2.14mg/L（96h）；蜜蜂急性接触 LD_{50}＞200μg/只（48h），急性经口 LD_{50}＞104.4μg/只（48h）。

作用特点　联苯三唑醇是三唑类麦角甾醇生物合成抑制剂。麦角甾醇是构成真菌膜所必需的成分。处理后受害真菌体内出现甾醇中间体的积累，而麦角甾醇含量则逐渐下降，最后耗尽，干扰细胞膜的合成，导致细胞变形、菌丝膨大、分枝畸形，抑制生长，但对孢子的萌发和细胞初始生长无抑制作用。

防治对象　联苯三唑醇能渗透叶面的角质层进入植株组织，具有保护、治疗和铲除作用。对锈病、白粉病、黑星病、叶斑病等有较好的防治效果。

使用方法　防治花生叶斑病，于发病初期开始施药，每次每亩用25％联苯三唑醇可湿性粉剂50～83g对水喷雾，间隔12～15d施药一次，可连续施药2～3次。安全间隔期为20d，每季最多使用3次。

注意事项

（1）在花生上使用的安全间隔期为20d，每季最多施药3次。

（2）该药剂对鱼类属于中毒，在使用时应远离水产养殖区施药，不得在河塘等水体中洗涤喷药机械，以免造成对鱼类的危害。

（3）该药剂不宜与强酸性农药混合使用。

180. 氟硅唑（flusilazole）

其他名称　克菌星、新星、福星

制剂　40％氟硅唑乳油，10％氟硅唑水乳剂，5％、25％氟硅唑微乳剂，20％氟硅唑可湿性粉剂，10％氟硅唑水分散粒剂。

毒性　鼠类急性经口 LD_{50} 为 674mg/kg；鱼类急性 LC_{50} 为 1.2mg/L（96h）；蜜蜂急性接触 LD_{50} 为 165μg/只（48h），急性经口 LD_{50} 为 33.8μg/只（48h）。

作用特点　氟硅唑属于三唑类内吸性杀菌剂。对子囊菌、担子菌和半知菌所致病害有效，对卵菌无效，对梨黑星病有特效。不能与强酸和强碱性药剂混用。

防治对象　适宜作物：苹果、梨、黄瓜、番茄和禾谷类等。可用于防治梨赤星病，对梨黑星病有特效，对油菜菌核病高效。还可防治葡萄黑痘病、白腐病、炭疽病，番茄叶霉病、白粉病，菜豆白粉病，黄瓜黑星病、白粉病等病害。

使用方法

（1）防治梨黑星病、赤星病　每次用 40％氟硅唑乳油 8000～10000 倍液整株喷雾。安全间隔期21d，每季最多使用2次。最高残留限量为 0.2mg/kg。

（2）防治番茄叶霉病　每次每亩用 10％氟硅唑水乳剂 40～50mL 对水喷雾。安全间隔期为3d，每季作物最多使用3次。最高残留限量为 0.05mg/kg。

（3）防治葡萄黑痘病、白腐病、炭疽病　每次用 40％氟硅唑乳油 8000～10000 倍液整株喷雾。安全间隔期为28d，每季最多使用3次。最高残留限量为 0.5mg/kg。

（4）防治黄瓜白粉病　每次每亩用 10％氟硅唑水乳剂 40～50mL 对水喷雾。安全间隔期为3d，每季作物最多使用2次。最高残留限量为 1mg/kg。

（5）防治黄瓜黑星病　每次每亩用 40％氟硅唑乳油 8～12mL 对水喷雾。安全间隔期为3d，每季作物最多使用2次。最高残留限量为 1mg/kg。

（6）防治葡萄白腐病　每次用 10％氟硅唑水乳剂 2000～2500 倍液整株喷雾。安全间隔期为28d，每季作物最多使用3次。最高残留限量为 0.5mg/kg。

（7）混用　可与苯醚甲环唑、多菌灵、咪鲜胺、噁唑菌酮、代森锰锌、甲基硫菌灵等药剂复配、混合或轮换使用。

注意事项

（1）不能与强酸和强碱性药剂混用。

（2）酥梨类品种在幼果期对该药剂敏感，应谨慎用药。

（3）10％氟硅唑水乳剂在番茄上使用安全间隔期为3d，每季最多使用次数为2次。

药液及其废液不得污染各类水域、土壤等环境。

(4) 本品对鱼类等水生生物有毒，应远离水产养殖区施药，禁止在河塘等水体中清洗施药器具。赤眼蜂等天敌放飞区域禁用。

181. 粉唑醇（flutriafol）

其他名称　万佳

制剂　12.5％、25％、250g/L、40％悬浮剂，80％、50％可湿性粉剂，10％水乳剂。

毒性　鼠类急性经口 $LD_{50}>1140mg/kg$；鱼类急性 LC_{50} 为 33mg/L；蜜蜂急性接触 $LD_{50}>50\mu g/$只（48h），急性经口 $LD_{50}>2\mu g/$只（48h）。

作用特点　粉唑醇是具有铲除、保护、触杀和内吸活性的三唑类杀菌剂，内吸性强，通过植物的根、茎、叶吸收，再由维管束向上转移。对担子菌和子囊菌引起的许多病害具有良好的保护和治疗作用，但对卵菌和细菌无活性。粉唑醇不论在植物体内或体外都能抑制真菌的生长，对麦类白粉病的孢子堆具有铲除作用。

防治对象　粉唑醇可防治禾谷类作物（主要包括小麦、大麦、黑麦、玉米等）茎叶、穗部病害，如白粉病、锈病、云纹病、叶斑病、网斑病、黑穗病等，同时也可防治土壤和种子传播的病害，对谷物白粉病有特效。

使用方法

(1) 防治小麦白粉病　每次每亩用12.5％粉唑醇悬浮剂 30～60mL 对水喷雾。安全间隔期为 21d，每季作物最多使用 3 次。最高残留限量为 0.5mg/kg。

(2) 防治草莓白粉病　每次每亩用10％粉唑醇水乳剂 30～60mL 对水喷雾。安全间隔期为 50d，每季作物最多使用 4 次。最高残留限量为 0.5mg/kg（欧盟）。

(3) 防治小麦白粉病　每次每亩用40％粉唑醇悬浮剂 10～15mL 对水喷雾。安全间隔期为 35d，每季作物最多使用 2 次。最高残留限量为 0.5mg/kg。

(4) 混用　可与嘧菌酯等药剂复配、混合或轮换使用。

注意事项

(1) 本品对蜜蜂低毒，对鱼类等水生生物有一定毒性，对家蚕低毒。施药期间应避免对周围蜂群的影响，开花植物花期、蚕室和桑园附近禁用。远离水产养殖区施药，禁止在河塘等水体中清洗施药器具。

(2) 25％粉唑醇悬浮剂在作物上使用的安全间隔期为 7d，每季作物最多使用 3 次。

(3) 建议与其他作用机制不同的杀菌剂轮换使用，以缓解抗性产生。

(4) 250g/L 粉唑醇悬浮剂在小麦上的安全间隔期推荐值为 14d，建议每季作物最多使用 3 次。药液及其废液不得污染各类水域、土壤等环境。

182. 戊菌唑（penconazole）

其他名称　赚实

制剂　10％乳油，20％、10％、25％水乳剂。

毒性　鼠类急性 $LD_{50}>2000mg/kg$；鱼类急性 LC_{50} 为 1.13mg/L（96h）；蜜蜂急性经口 $LD_{50}>112\mu g/$只（48h），急性接触 $LD_{50}>30\mu g/$只（48h）。

作用特点　戊菌唑是一种兼具保护、治疗和铲除作用的内吸性三唑类杀菌剂。通过作物的根、茎、叶等活性组织吸收，并能很快地在植株体内随体液向上传导，可用于防治由子囊菌和半知菌引起的作物病害。

防治对象　戊菌唑可防治果树和观赏植物上的病害，尤其对白粉病有很好的防治效果。

使用方法

（1）防治葡萄白粉病　每次用 10％戊菌唑水乳剂 2000～4000 倍液整株喷雾，也可每次用 10％戊菌唑乳油 2000～4000 倍液整株喷雾。安全间隔期为 14d，每季作物最多使用 3 次，最高残留限量为 0.5mg/kg（韩国）。

（2）防治观赏菊花白粉病　每次用 20％戊菌唑水乳剂 4000～5000 倍液叶面喷雾，间隔 10d 左右再喷施一次。

（3）混用　可与不同作用机制的杀菌剂和其他药剂复配、混合或轮换使用。

注意事项

（1）使用过程中可与多位点保护性杀菌剂（硫黄、代森锰锌、福美双）混配使用，效果表现更好。

（2）对鸟类、蜜蜂低毒，对天敌影响小，对鱼类中毒。

（3）10％戊菌唑乳油在葡萄上最多使用 3 次，安全间隔期为 14d。药液及其废液不得污染各类水域、土壤等环境。

183. 灭菌唑（triticonazole）

其他名称　扑力猛

制剂　25g/L、28％悬浮种衣剂。

毒性 鼠类急性经口 $LD_{50}>2000mg/kg$；鱼类急性 $LC_{50}>3.6mg/L$（96h）；蜜蜂急性经口 $LD_{50}>155.5\mu g/$只（48h），急性接触 $LD_{50}>500\mu g/$只（48h）。

作用特点 灭菌唑属三唑类杀菌剂，杀菌谱广，对由镰孢（霉）属、柄锈菌属、麦类核腔菌属、黑粉菌属、腥黑粉菌属、白粉菌属、壳针孢属、柱隔孢属致病菌及圆核腔菌引起的病害有效，主要用于种子处理，也可茎叶均匀喷雾，持效期长达 4～6 周。在推荐剂量下使用对作物安全、无害。

防治对象 如白粉病、锈病、黑星病、网斑病、玉米丝黑穗病。

使用方法

（1）防治小麦腥黑穗病和散黑穗病 每 100kg 种子用 25g/L 灭菌唑悬浮种衣剂 100～200g，先将药剂加适量水稀释成药液，按种子与药液（500～1000）:1 的比例配制好拌种药液后，将药液缓缓倒在种子上，边倒边拌直至药剂均匀包裹在种子上，晾干至种子不粘手时即可播种。最高残留限量为 0.01mg/kg（欧盟）。

（2）防治玉米丝黑穗病 用 28% 灭菌唑悬浮种衣剂以 1:（500～1000）（药种比）进行种子包衣。

184. 烯唑醇（diniconazole）

制剂 12.5% 可湿性粉剂，50% 水分散粒剂，30% 悬浮剂，10% 乳油，5% 微乳剂。

毒性 鼠类急性 LD_{50} 为 474mg/kg；鱼类急性 LC_{50} 为 1.58mg/L（96h）；蜜蜂急性接触 LD_{50} 为 $20\mu g/$只（48h）。

作用特点 烯唑醇是一种三唑类杀菌剂。通过抑制麦角甾醇的生物合成而导致真菌死亡，具有内吸、预防、保护、治疗等多重作用。对由子囊菌、担子菌和半知菌引起的植物病害具有极好作用。

防治对象 对白粉病、锈病、黑星病、网斑病有效。

使用方法

（1）12.5% 烯唑醇可湿性粉剂每亩 25～34g 喷雾用于防治花生叶斑病，每亩 30～38g 用于防治芦笋茎枯病，每亩 38～50g 用于防治水稻纹枯病，每亩 32～64g 用于防治小麦白粉病。

（2）50% 烯唑醇水分散粒剂 10000～15000 倍液喷雾用于防治梨树黑星病。

注意事项

（1）处理后的种子切勿食用或作为饲料。

（2）12.5% 烯唑醇可湿性粉剂在柑橘树、花生、梨树、芦笋、苹果、水稻、香蕉、小麦作物上使用的安全间隔期分别为 12d、21d、20d、3d、30d、14d、35d、21d，每个作物周期的最多使用次数分别为 3 次、2 次、3 次、3 次、4 次、3 次、3 次、2 次。

（3）本品为三唑类杀菌剂，建议与其他作用机制不同的杀菌剂轮换使用。禁与碱性农药等物质混用。

（4）本品对鱼类等水生生物有毒，施药时应远离水产养殖区施药，避免药液流入河塘等水体中，清洗喷药器械时切忌污染水源。

185. 抑霉唑（imazalil）

其他名称　戴唑霉、万利得、仙亮、戴寇唑

制剂　22.2％乳油，0.1％涂抹剂，0.5％可湿性粉剂，0.5％颗粒剂。

毒性　鼠类急性 LD_{50} 为 227mg/kg；鱼类急性 LC_{50} 为 1.48mg/L（96h）；蜜蜂急性经口 LD_{50} 为 35.1μg/只（48h），急性接触 LD_{50} 为 39μg/只（48h）。

作用特点　抑霉唑属咪唑类杀真菌剂，为内吸性专业防腐保鲜剂，可有效抑制病毒的侵入，同时可抑制霉菌孢子的形成和萌发，具有杀灭霉菌的作用，不易产生抗药性。

防治对象　主要用于柑橘防腐保鲜，对柑橘青霉病、绿霉病有较好的防治效果。还可用作果实涂抹剂，它能减少水果干耗，改善水果外观，同时，由于含有杀菌剂抑霉唑，它能起到防腐保鲜的功效。

使用方法

（1）防治柑橘青霉病、绿霉病　用 22.2％抑霉唑乳油 450～900 倍液浸果 1～2min，捞起晾干，室温贮藏单果包装效果更佳；也可每吨果实用 0.1％抑霉唑涂抹剂 2～3L 涂果。安全间隔期为 14d，每季最多使用 1 次。最高残留限量为 5mg/kg。

（2）防治番茄叶霉病　每亩用 15％抑霉唑烟剂 222～333g。安全间隔期为 14d，每季最多使用 3 次，最高残留限量为 0.5mg/kg（欧盟）。

（3）混用　可与咪鲜胺、苯醚甲环唑等药剂复配、混合或轮换使用。

注意事项

（1）不能与碱性农药等物质混用。

（2）本品对鱼类等水生生物有毒，应远离水产养殖区施药，禁止在河塘等水体中清洗施药器具。

186. 氟菌唑（triflumizole）

其他名称　特富灵、三氟咪唑

制剂　30％、40％可湿性粉剂。

毒性　鼠类急性经口 LD_{50} 为 1057mg/kg；鱼类急性 LC_{50} 为 0.57mg/L（96h）；蜜蜂急性经口 LD_{50} 为 14μg/只（48h），急性接触 LD_{50} 为 20μg/只（48h）。

作用特点　氟菌唑属咪唑类杀菌剂，具有预防、治疗、铲除效果，内吸传导性好，具有良好的速效性与持久性，渗透力较强，使用浓度低。正常使用技术条件下对作物以及环境污染较小。病害发生前期使用或病害发生蔓延时使用都能发挥良好的效果。

防治对象　主要用于防治麦类、蔬菜、果树及其他作物的白粉病和锈病，茶树炭疽病和茶饼病，桃褐腐病等多种病害。

使用方法

（1）防治黄瓜白粉病　每亩用 13.3～20g 30％氟菌唑可湿性粉剂对水喷雾，也可用40％氟菌唑可湿性粉剂每亩 12～16g 喷雾。安全间隔期为 2d，每季最多使用 2 次。最高残留限量为 0.2mg/kg。

（2）防治梨树黑星病　用 30％氟菌唑可湿性粉剂 3000～4000 倍液整株喷雾。安全间隔期为 7d，每季最多使用 2 次。最高残留限量为 0.5mg/kg（欧盟）。

注意事项

（1）避免与杀螟硫磷混用。

（2）本品对鱼、大型溞毒性高，水产养殖区、河塘等水体附近禁用；禁止在河塘等水体中清洗施药器具，药液及其废液不得污染各类水域、土壤等环境。

（3）不可与波尔多液等碱性农药和酸性农药等物质混用。

187. 咪鲜胺（prochloraz）

其他名称　施保克、扑霉灵、丙灭菌、咪鲜安

制剂　25％乳油，45％微乳剂，45％、250g/L、450g/L 水乳剂。

毒性　鼠类急性经口 LD_{50} 为 1023mg/kg；鱼类急性 LC_{50} 为 1.5mg/L（96h）；蜜蜂急性接触 LD_{50} 为 141.3μg/只（48h），急性经口 LD_{50}＞101μg/只（48h）。

作用特点　咪鲜胺属咪唑类广谱性杀菌剂。无内吸作用，但具有一定的传导性能。在土壤中主要降解为易挥发的代谢产物，易被土壤颗粒吸附，不易被雨水冲刷。

防治对象　主要用于防治水稻恶苗病，芒果炭疽病、柑橘青霉病、绿霉病、炭疽病、蒂腐病，香蕉炭疽病、冠腐病等病害，还可用于水果采后处理，防治贮藏期病害。另外通过种子处理，对禾谷类种传和土传真菌病害也有较好的抑制活性。

使用方法

（1）防治水稻稻瘟病　每亩用25％咪鲜胺水乳剂80～100mL对水喷雾，安全间隔期为30d，每个作物周期的最多使用次数为3次。

（2）防治大蒜叶枯病　每亩用25％咪鲜胺乳油100～120mL对水喷雾。

（3）防治柑橘蒂腐病、绿霉病、青霉病、炭疽病　每亩用25％咪鲜胺乳油500～1000倍液浸果。

（4）混用　可与杀螟丹、丙环唑、戊唑醇、甲霜灵、噁霉灵、咯菌腈、福美双、多菌灵、氟硅唑、三环唑、噻虫嗪、氟环唑、腈菌唑、抑霉唑、吡虫啉、稻瘟灵、异菌脲等药剂复配、混合或轮换使用。

注意事项

（1）蚕室及桑园附近禁用。

（2）赤眼蜂、蚜茧蜂等天敌释放区域禁用。

（3）配好的药液应当日使用。

（4）本品不可与强酸性、强碱性的农药等物质混合使用。

（5）本品对鱼类有毒，不可污染鱼塘、河道等。

188. 戊唑醇（tebuconazole）

其他名称　立克秀、好力克

制剂　0.2％、6％种子处理悬浮剂，2％湿拌种剂，25％、30％、43％、430g/L悬浮剂，12.5％、25％水乳剂，12.5％、25％、40％、80％可湿性粉剂，25％、250g/L乳油，80％水分散粒剂，250g/L微乳剂。

毒性　鼠类急性经口LD_{50}为1700mg/kg；鱼类急性LC_{50}为4.4mg/L（96h）；蜜蜂急性经口$LD_{50}>83.05$mg/kg，急性接触$LD_{50}>200\mu g$/只（48h）。

作用特点　戊唑醇为甾醇脱甲基化抑制剂，药剂通过抑制病菌的细胞膜重要组成成分麦角甾醇的生物合成，破坏细胞膜的结构与功能，从而导致菌体生长停滞甚至死亡。戊唑醇具有内吸性和双向传导活性，用作种子包衣时，既可防治黏附于种子表面的病菌，也可以进入植物组织内部，在植物体内向顶传导，从而杀死作物内部的病菌，对苗期叶部病害也具有较好防效。

防治对象　戊唑醇主要用于重要经济作物的种子处理或叶面喷洒，可有效地防治禾谷类作物的多种锈病、白粉病、网斑病、根腐病、赤霉病、黑穗病等。

使用方法

（1）防治小麦散黑穗病　每100kg小麦种子用6％戊唑醇种子处理悬浮剂30～45mL均匀拌种，待种子晾干后即可播种。播种时要求将土地耙平，播种深度一般在

2～5cm为宜，出苗可能稍迟，但不影响生长，并能很快恢复正常。最高残留限量为0.05mg/kg。

(2) 防治小麦纹枯病　每100kg小麦种子用6％戊唑醇种子处理悬浮剂50～67mL均匀拌种，待种子晾干后即可播种。播种时要求将土地耙平，播种深度一般在2～5cm为宜，出苗可能稍迟，但不影响生长，并能很快恢复正常。最高残留限量为0.05mg/kg。

(3) 防治玉米丝黑穗病　每100kg玉米种子用6％戊唑醇种子处理悬浮剂100～200mL均匀拌种，待种子晾干后即可播种。最高残留限量为0.2mg/kg（欧盟）。

(4) 防治高粱丝黑穗病　每100kg高粱种子用6％戊唑醇种子处理悬浮剂100～150mL均匀拌种，待种子晾干后即可播种。最高残留限量为0.2mg/kg（欧盟）。

(5) 防治大白菜黑斑病　发病初期开始施药，每次每亩用43％戊唑醇悬浮剂15～23mL对水喷雾，每隔7～10d施用一次。连续施用2次，安全间隔期14d。最高残留限量为1mg/kg（日本）。

(6) 防治大豆锈病　发病初期或发病前开始施药，每次每亩用43％戊唑醇悬浮剂16～20mL对水喷雾，每隔7～10d施用一次，连续施用2～3次。安全间隔期21d，每季最多使用4次。最高残留限量为0.15mg/kg。

(7) 防治黄瓜白粉病　发病初期开始施药，每次每亩用43％戊唑醇悬浮剂15～23mL对水喷雾，每隔7～10d施用一次，连续施用2次。安全间隔期14d。最高残留限量为1mg/kg。

(8) 防治梨黑星病　发病初期开始施药，每次用43％戊唑醇悬浮剂3000～4000倍液整株喷雾，每隔7～10d施用一次，连续施用2～3次。安全间隔期21d，每季最多使用4次。最高残留限量为0.5mg/kg。

(9) 防治苹果轮纹病　发病初期开始施药，每次用43％戊唑醇悬浮剂3000～4000倍液整株喷雾，每隔7～10d施用一次，连续施用3～4次。安全间隔期21d，每季最多使用4次。最高残留限量为2mg/kg。

(10) 防治苹果斑点落叶病　发病初期开始施药，每次用43％戊唑醇悬浮剂4000～6000倍液整株喷雾，每隔7～10d施用一次，连续施用3～4次。安全间隔期21d，每季最多使用4次。最高残留限量为2mg/kg。

(11) 防治水稻纹枯病　发病初期开始施药，每次每亩用43％戊唑醇悬浮剂10～20mL对水喷雾，每隔7d施用一次，连续施用3次。安全间隔期35d，每季最多使用3次。最高残留限量为2mg/kg（欧盟）。

(12) 防治水稻稻曲病　水稻破口前5～7d进行第一次用药，间隔7～10d后再次施药，每次每亩用43％戊唑醇悬浮剂10～15mL对水喷雾，安全间隔期35d，每季最多使用3次。最高残留限量为0.5mg/kg。

(13) 防治花生叶斑病　发病初期施药，每次用25％戊唑醇水乳剂2000～2500倍液喷雾，间隔10～15d喷一次。安全间隔期为30d，每季最多使用3次。最高残留限量为0.1mg/kg。

(14) 防治葡萄白腐病　落花后或发病初期施药，每次用25％戊唑醇水乳剂2000～2500倍液整株喷雾，间隔10～15d喷一次，连续施药2～3次。安全间隔期为7d，每季最多使用3次。最高残留限量为2mg/kg。

（15）防治小麦锈病　田间初见病株时开始施药，每次每亩用 25％戊唑醇水乳剂 20～33mL 对水喷雾，间隔 7～10d 喷一次，连续施药 2 次。安全间隔期为 28d，每季最多使用 2 次。最高残留限量为 0.05mg/kg。

（16）防治香蕉叶斑病　蕉园初见病斑时喷药，每次用 25％戊唑醇水乳剂 1000～1500 倍液整株喷雾，间隔 10～15d 喷一次。安全间隔期为 42d，每季最多使用 3 次。最高残留限量为 0.05mg/kg。

注意事项

（1）该药剂对鱼类等水生生物有毒，应远离水产养殖区施药，禁止在河塘等水体中清洗施药器具。

（2）建议与其他作用机制不同的杀菌剂轮换使用。

（3）430g/L 戊唑醇悬浮剂在苹果树上使用安全间隔期 35d，每季最多使用 3 次。药液及其废液不得污染各类水域、土壤等环境。

189. 四氟醚唑（tetraconazole）

其他名称　朵麦克、杀菌全能王

制剂　12.5％、4％水乳剂。

毒性　鼠类急性 LD_{50} 为 1031mg/kg；鱼类急性 LC_{50} 为 4.3mg/L（96h）；蜜蜂急性经口 LD_{50}＞130μg/只（48h），急性接触 LD_{50} 为 63μg/只（48h）。

作用特点　四氟醚唑为麦角甾醇合成抑制剂，可破坏细胞膜的结构与功能，导致菌体生长停滞甚至死亡。具有内吸传导作用，根施时能向顶传导，但不能向基传导，有很好的保护和治疗活性。持效期长（6 周左右）。既可茎叶处理，也可作种子处理使用。

防治对象　对白粉菌属、柄锈菌属、喙孢属、核腔菌属和壳针孢属致病菌引起的病害，如小麦白粉病、小麦散黑穗病、小麦锈病、小麦腥黑穗病、小麦颖枯病、苹果斑点落叶病、梨黑星病等有防效。与苯菌灵等苯并咪唑药剂有正交互抗药性。

使用方法　防治草莓白粉病，发病初期开始施药，每次每亩用 4％四氟醚唑水乳剂 50～83mL 对水喷雾，间隔 10d 喷一次，安全间隔期为 7d，每季最多使用 3 次。也可用 12.5％四氟醚唑水乳剂每亩 21～27mL 喷雾。

注意事项

（1）与苯菌灵、多菌灵等苯并咪唑类药剂有正交互抗药性，不能与该类药剂轮用。

（2）12.5％四氟醚唑水乳剂产品在草莓作物上使用的推荐安全间隔期为 5d，每个作物周期的最多使用次数为2次。原液及其废液不得污染淡水域、土壤等环境。

190. 苯醚甲环唑（difenoconazole）

其他名称　敌萎丹、世高

主要制剂　3％悬浮种衣剂，10％水分散粒剂，250g/L乳油，10％可湿性粉剂，5％水乳剂，10％微乳剂。

毒性　大鼠急性经口 LD_{50} 为1453mg/kg；鱼类 LC_{50} 为1.1mg/L；蜜蜂急性接触 LD_{50}＞100μg/只（48h）。

作用特点　苯醚甲环唑是一种兼具保护、治疗和铲除作用的内吸性三唑类杀菌剂。可被根、茎、叶部吸收，并能很快地在植物内向上传导，可用作叶面处理或种子处理，对子囊菌纲、担子菌纲和包括链格孢属、壳二孢属、尾孢霉属、刺盘孢属、茎点霉属、柱隔孢属、壳针孢属、黑星菌属在内的半知菌类，以及白粉菌、锈菌及某些种传病原菌有持久的保护和治疗作用。

防治对象　可用于防治葡萄白粉病、梨黑星病、苹果斑点病等病害。

使用方法

（1）防治葡萄白粉病　发病初期开始施药，每次用10％苯醚甲环唑水乳剂2000～4000倍液整株喷雾，每隔10d左右喷一次，连续使用2～3次，安全间隔期为14d，每季作物最多使用3次。最高残留限量为0.2mg/kg（韩国）。

（2）防治梨黑星病　发病初期开始施药，每次用5％苯醚甲环唑水乳剂3000～3600倍液叶面喷雾。安全间隔期为21d，每季作物最多使用3次。最高残留限量为0.2mg/kg（韩国）。

（3）防治苹果树斑点落叶病　在斑点落叶病发生初期施药，每次用10％苯醚甲环唑微乳剂1500～2000倍液叶面喷雾，间隔7d再喷施一次。安全间隔期为21d，每季作物最多使用4次。最高残留限量为0.2mg/kg（韩国）。

（4）混用　可与嘧菌酯、己唑醇、氟硅唑、咪鲜胺、咯菌腈、吡虫啉、丙环唑等药剂复配、混合或轮换使用。

注意事项

（1）该产品不能与石硫合剂或波尔多液等碱性物质混用。

（2）本品对水蚤、藻类有毒，应远离水产养殖区施药，禁止在河塘等水体中清洗施药器具。

191. 亚胺唑 (imibenconazole)

其他名称 霉能灵、酰胺唑、Manage、HF-6305、HF-8505

制剂 5%可湿性粉剂。

毒性 鼠类急性 $LD_{50}>2800mg/kg$；鱼类急性 LC_{50} 为 $0.67mg/L$ (96h)；蜜蜂急性经口 $LD_{50}>125\mu g/只$ (48h)。

作用特点 亚胺唑是一种内吸性三唑类杀菌剂，具有保护和治疗双重作用，渗透性、耐雨性较强，防效稳定，效果较持久。是一种广谱性杀菌剂，能有效防治子囊菌、担子菌和半知菌所致病害，对藻状菌无效。土壤施药不能被根吸收。

防治对象 亚胺唑适用于防治梨树黑星病等多种果树病害，如防治葡萄黑痘病、柑橘树疮痂病、苹果树斑点落叶病、梨树和青梅黑星病等病害。

使用方法

(1) 防治柑橘树疮痂病 用5%亚胺唑可湿性粉剂 600～900 倍液整株喷雾。安全间隔期为 28d，每季最多使用 3 次。最高残留限量为 1mg/kg。

(2) 防治苹果树斑点落叶病 用5%亚胺唑可湿性粉剂 600～700 倍液整株喷雾。安全间隔期为 30d，每季最多使用 3 次。最高残留限量为 1mg/kg。

(3) 防治青梅黑星病 用5%亚胺唑可湿性粉剂 600～800 倍液整株喷雾。安全间隔期为 21d，每季最多使用 4 次。最高残留限量为 3mg/kg。

(4) 防治葡萄黑痘病 用5%亚胺唑可湿性粉剂 600～800 倍液整株喷雾。安全间隔期为 28d，每季最多使用 3 次。最高残留限量为 3mg/kg。

(5) 混用 可与其他不同作用机制的杀菌剂和不同种类药剂复配、混合或轮换使用。

注意事项

(1) 本品不可与酸性和强碱性农药等物质混用。

(2) 不宜在鸭梨上使用，以免引起轻微药害（在叶片上出现褐斑）。

(3) 远离水产养殖区用药，禁止在河塘等水体中清洗施药器具，避免药液污染水源地。

192. 啶斑肟 (pyrifenox)

主要制剂　20％乳油，25％可湿性粉剂。

毒性　鼠类急性经口 LD_{50} 为 2912mg/kg；鱼类急性 LC_{50} 为 6.6mg/L；蜜蜂经口 LD_{50} 为 59μg/只（48h）。

作用特点　啶斑肟是吡啶类广谱性杀菌剂，具有保护、治疗和内吸作用。生物化学研究发现，本药剂属麦角甾醇生物合成抑制剂，可强烈阻止 C_{14} 脱甲基作用。叶面喷洒后能迅速渗透进入叶内，施药后 1～3h 下雨不影响药效。可用于种子处理和根部施药，有内吸性，有效成分在木质部导管中可向顶输导。啶斑肟的应用范围有可能扩展到田间作物。

防治对象　可有效地控制香蕉、葡萄、花生、观赏植物、仁果、蔬菜等作物或果实上的子囊菌、担子菌和半知菌类真菌的生长，以 30～250g（有效成分）/hm² 的低剂量，就具有强烈的治疗和保护活性。

使用方法

（1）防治苹果黑星病　以 50mg/L 有效成分施药。

（2）防治葡萄白粉病　每公顷施药 2.5～3.3g。

（3）防治花生早期叶斑病和晚期叶斑病　每亩施药 4.7～9.3g。

193. 氯苯嘧啶醇（fenarimol）

其他名称　乐必耕

制剂　6％可湿性粉剂。

毒性　鼠类急性经口 LD_{50} 为 2500mg/kg；鱼类急性 LC_{50} 为 4.1mg/L（96h）；蜜蜂急性接触 LD_{50} ＞100μg/只（48h），急性经口 LD_{50} ＞10μg/只（48h）。

作用特点　氯苯嘧啶醇是一种嘧啶类，用于叶面喷洒，具有预防、治疗作用的广谱性杀菌剂，此类杀菌剂虽不能抑制病原菌孢子的萌发，但是能抑制菌丝的生长、发育，致使病菌不能侵染植物组织。

防治对象　氯苯嘧啶醇主要用于防治苹果白粉病、梨黑星病等多种病害。

使用方法

（1）防治苹果黑星病、炭疽病　用 6％氯苯嘧啶醇可湿性粉剂 1500～2000 倍液整株喷雾。在苹果、梨和柑橘上使用的安全间隔期为 21d，每季最多使用 4 次。最高残留限量为 0.3mg/kg。

（2）防治花生黑斑病、褐斑病、锈病　每亩用 30～50g 6％氯苯嘧啶醇可湿性粉剂对水喷雾。安全间隔期为 3d，每季最多使用 2 次。最高残留限量为 0.02mg/kg（欧盟）。

（3）混用　可与不同作用机制的杀菌剂、杀虫剂、生长调节剂等药剂复配、混合或轮换使用。

194. 十三吗啉 (tridemorph)

其他名称 克力星、克啉菌

制剂 750g/L乳油，86%、750g/L、95%油剂。

毒性 鼠类急性LD_{50}为500mg/kg；鱼类急性LC_{50}为3.4mg/L（96h）。

作用特点 十三吗啉属吗啉类兼具保护和治疗双重作用的内吸性杀菌剂。能被植物根、茎、叶所吸收，并在体内上下传导，对担子菌、子囊菌和半知菌引起的多种病害均有效。

防治对象 主要用于防治橡胶树红根病、香蕉叶斑病。

使用方法

（1）防治橡胶树红根病 在病树基部四周挖一条15~20cm深的环形沟，每株橡胶树用750g/L十三吗啉乳油27.5~35mL，对水2kg。施药时先用1kg配备的药液均匀地淋在环形沟内，覆土后再将剩余的1kg配好的药液均匀地浇灌在环形沟上。按以上方法，每隔6个月施药一次，共施药4次。如果作保护性施药，药量可减半，施药方法相同。

（2）防治香蕉叶斑病 每亩用30~36mL95%十三吗啉油剂，再加入70~64mL溶剂油，配制成100mL药液，混合均匀后超低容量喷雾。安全间隔期为14d，每季最多使用3次。最高残留限量为0.07mg/kg（日本）。

注意事项

（1）（周围）开花植物花期禁用，使用时应密切关注对附近蜂群的影响。

（2）蚕室（及桑园）附近禁用。

195. 苯锈啶 (fenpropidine)

制剂 42%乳油。

毒性 大鼠急性经口LD_{50}为1800mg/kg。

作用特点 苯锈啶属哌啶类内吸性杀菌剂。

防治对象 苯锈啶对白粉菌科致病菌特别有效，尤其是禾白粉菌、黑麦孢和柄锈菌。

使用方法

（1）防治小麦白粉病 每亩用40~80mL42%苯锈啶乳油对水喷雾。在春小麦、冬小麦上安全间隔期分别为40d、30d，每季最多使用次数均为2次。最高残留限量为0.5mg/kg（欧盟）。

（2）混用 可与不同作用机制的杀菌剂（如丙环唑）、杀虫剂、生长调节剂等药剂复配、混合或轮换使用。

注意事项　赤眼蜂等天敌释放区域禁用。

八、细胞壁合成抑制剂

（1）作用机理　真菌（除鞭毛菌）细胞壁以几丁质为骨架，还有另一类无定形物质，这一类物质中80%～90%是多糖。几丁质受损虽然是杀菌剂对细胞壁功能破坏最为严重的一种作用方式，但是其他物质异常也会使细胞壁产生变化，导致病菌的中毒。多氧霉素主要用于防梨黑斑病、水稻纹枯病和稻瘟病等，这药剂不会抑制孢子萌发，而会使芽管异形，其机制是药剂的分子结构与合成几丁质的前体物质乙酰氨基葡糖二磷酸尿苷很相似，因此与其争夺几丁质合成酶而降低几丁质的合成，从而影响细胞壁的生成。

（2）化学结构类型　羧酸氨基化合物类、氨基甲酸酯类和酰胺类。

（3）通性　羧酸氨基化合物类杀菌剂对卵菌纲特效，部分碱性条件下不稳定；大多数酰胺类杀菌剂的杀菌谱较窄，对卵菌纲特效；氨基甲酸酯类酸性条件下稳定，碱性条件下易分解，与苯并咪唑类有负交互抗性。在土壤中残留时间短，对哺乳动物毒性低。

196. 烯酰吗啉（dimethomorph）

其他名称　安克

制剂　40%、50%、80%粒剂，25%、30%、50%可湿性粉剂，10%、20%悬浮剂，10%水乳剂，25%微乳剂，50%水分散粒剂。

毒性　鼠类急性LD_{50}为3900mg/kg；鱼类急性LC_{50}为3.4mg/L（96h）；蜜蜂急性经口$LD_{50}>32.4\mu g$/只（48h），急性接触$LD_{50}>102\mu g$/只（48h）。

作用特点　烯酰吗啉是羧酸氨基化合物类杀菌剂，是杀卵菌纲真菌的杀菌剂，内吸作用强，叶面喷雾可渗入叶片内部，具有保护、治疗和抗孢子生产的活性。其作用特点是影响病原细胞壁分子结构的重排，干扰细胞壁聚合体的组装，从而干扰细胞壁的形成，致使菌体死亡。

防治对象　除游动孢子形成及孢子游动期外，烯酰吗啉对卵菌生活史的各个阶段都有作用，其中在孢子囊梗和卵孢子的形成阶段尤为敏感，在极低浓度下（小于0.25mg/mL）即可起到抑制作用，因此在孢子形成之前施药可抑制孢子产生。烯酰吗啉对植物无药害，与苯基酰胺类药剂无交互抗性。

使用方法

（1）防治黄瓜霜霉病　发病前或发病初期开始施药，每次每亩用50%烯酰吗啉水分散粒剂30～40g对水喷雾，间隔7～10d施药一次，连续施用3次。安全间隔期为3d，每季最多使用4次。最高残留限量为5mg/kg。

（2）防治葡萄霜霉病　发病前或发病初期开始施药，每次每亩用50％烯酰吗啉水分散粒剂30～50g整株喷雾，间隔7～10d施药一次，连续施用2～3次。安全间隔期为20d，每季最多使用3次。最高残留限量为5mg/kg。

（3）防治辣椒疫病　发病前或发病初期开始施药，每次每亩用50％烯酰吗啉可湿性粉剂30～40g对水喷雾，视病情发展情况，间隔5～7d施药一次，连续施用3次。安全间隔期为7d，每季最多使用3次。最高残留限量为1mg/kg。

（4）防治荔枝霜疫霉病　发病前或发病初期开始施药，用50％烯酰吗啉可湿性粉剂500～2000倍液整株喷雾，间隔7～10d施药一次，连续施用3～4次。最高残留限量为0.01mg/kg。

（5）防治烟草黑胫病　发病初期开始施药，每次每亩用50％烯酰吗啉可湿性粉剂27～40g对水喷雾，间隔7d左右施药一次，连续施用3次。安全间隔期为21d，每季最多使用3次。

注意事项

（1）该药剂不可与碱性的农药等物质混合使用，应与其他保护性杀菌剂轮换使用。

（2）在施药期间应避免对周围蜂群的影响，蜜源作物花期、蚕室和桑园附近禁用。远离水产养殖区施药，禁止在河塘等水体中清洗施药器具。

197. 氟吗啉（flumorph）

(E)-isomer　　　　(Z)-isomer

制剂　20％可湿性粉剂，60％水分散粒剂。

毒性　鼠类急性经口 LD_{50} 为2710mg/kg；鱼类急性 LC_{50} 为45.12mg/L（96h）；蜜蜂急性接触 LD_{50} 为170μg/只（48h）。

作用特点　氟吗啉是羧酸氨基化合物类杀菌剂，具有高效、低毒、低残留、残效期长、保护及治疗作用兼备、对作物安全等特点。作用机制是抑制病菌细胞壁的生物合成，不仅对孢子囊萌发的抑制作用显著，而且治疗活性突出，具有内吸活性。

防治对象　氟吗啉主要防治由卵菌引起的病害，如霜霉病、晚疫病、霜疫病等。氟吗啉与甲霜灵无交互抗药性，可在对甲霜灵产生抗性的区域使用，以替代甲霜灵。

使用方法　防治黄瓜霜霉病，发病初期开始施药，每次每亩用20％氟吗啉可湿性粉剂25～50g对水喷雾，间隔10～13d喷一次，连续施药3次，安全间隔期3d，每季最多使用3次。最高残留限量为2mg/kg。

注意事项

（1）安全间隔期不低于3d，每季作物最多使用3次。

（2）为了防止和延缓抗性产生，应与其他作用方式不同的杀菌剂交替使用。

（3）勿与铜制剂或碱性药剂等物质混用。

九、细胞壁黑色素生物合成抑制剂

（1）作用机制　菌类黑色素是一类酚类化合物，黑色素在病原菌的致病性中起主要作用。稻梨孢及刺盘孢对植物侵染前先形成一种附着胞的结构，然后该结构穿透寄主表皮细胞壁而产生侵染。在附着胞穿透表皮之前不久，这些附着胞的壁黑化，才能穿透表皮或其他屏障。黑化尤其可使稻梨孢的附着胞的下壁变硬，有助于切断寄主角质层，引起病斑。三环唑、灭瘟唑、稻瘟醇和四氯苯酞等对真菌的作用机理即是抑制细胞壁黑色素的生物合成，而影响病原菌的致病力。

（2）化学结构类型　取代苯类、酰胺类、喹啉类、三唑类。

（3）通性　取代苯类杀菌剂大部分无内吸性，其中敌磺钠对由腐霉菌属和丝囊菌属致病菌引起的病害有特效；大多数酰胺类杀菌剂的杀菌谱较窄，对卵菌纲特效；三唑类杀菌剂具有内吸功能和保护、治疗作用，除对鞭毛菌亚门中卵菌无活性外，对子囊菌亚门、担子菌亚门和半知菌亚门的病原菌均有活性。低残留，持效期长；对哺乳动物毒性低。

198. 双氯氰菌胺（diclocymet）

其他名称　Delaus

制剂　35％颗粒剂，0.3％粉剂，7.5％悬浮剂。

毒性　鱼类急性 LC_{50} 为 8.8mg/L（96h）。

作用特点　双氯氰菌胺属于酰胺类内吸性杀菌剂。在推荐剂量下对植物安全，对水稻稻瘟病特效。

防治对象　水稻稻瘟病。

使用方法　防治水稻稻瘟病，每亩用双氯氰菌胺 8～60g 对水喷雾。糙米最大残留限量为 0.5mg/kg（日本）。

注意事项　本药剂对水生生物有毒，施药时不可污染鱼塘、河道、水沟；鱼套养稻田禁用，施药后的田水不得直接排入水体。

199. 稻瘟酰胺（fenoxanil）

其他名称　氰菌胺

制剂　20％、40％、30％悬浮剂，20％可湿性粉剂。

毒性　鼠类急性经口 LD_{50}＞4211mg/kg；鱼类急性 LC_{50} 为 5.9mg/L。

作用特点　稻瘟酰胺是酰胺类杀菌剂，具有内吸传导性，持效期长，在推荐剂量下对作物安全，对水稻稻瘟病特效。

防治对象　水稻稻瘟病。

使用方法

(1) 防治水稻稻瘟病　在水稻稻瘟病初发期施药，每亩用20％悬浮剂45～60mL 对水喷雾。安全间隔期为21d，每季最多使用3次。最高残留限量为1mg/kg。

(2) 混用　可与醚菌酯、丙环唑、三环唑、戊唑醇、己唑醇、寡糖等药剂复配、混合或轮换使用。

注意事项

(1) 施药时必须保持田间水层 5～7cm，保水 3～5d，以后水管理同常规。

(2) 水稻稻瘟病初发期施药，按设计量均匀喷雾，其后视其天气及病害发生趋势隔7～10d后，再施药 1 次。

(3) 施药时注意药剂飘移，不得让药液飘移到蔬菜幼苗上。

(4) 20％稻瘟酰胺悬浮剂在水稻上使用的安全间隔期为21d，每季最多使用3次。

(5) 本药剂对水生生物有毒，施药时不可污染鱼塘、河道、水沟；鱼套养稻田禁用，施药后的田水不得直接排入水体。

(6) 本品对蜜蜂低毒，但具中等风险性，施药期间应避免对周围蜂群的影响，开花植物扬花期禁用。

200. 三环唑（tricyclazole）

中文名称　比艳三赛唑、克瘟灵、克瘟唑

制剂　20％、75％可湿性粉剂，40％悬浮剂，75％水分散粒剂。

毒性　鼠类急性 LD_{50} 为 289.7mg/kg；鱼类急性 LC_{50} 为 7.3mg/L（96h）；蜜蜂急性经口 LD_{50}＞88.5μg/只（48h），急性接触 LD_{50}＞100μg/只（48h）。

作用特点　三环唑是三唑类杀菌剂，具有较强内吸性和保护性。能迅速被水稻各部位吸收，持效期长，药效稳定，用量低并且抗雨水冲刷。

防治对象　水稻稻瘟病。

使用方法

(1) 防治水稻叶瘟病　在秧苗 3～4 叶期，每亩用75％可湿性粉剂 20～27g 对水喷雾。安全间隔期21d，每季最多使用2次。最高残留限量为2mg/kg（糙米），下同。

(2) 防治水稻穗茎瘟　在水稻孕穗末期或破口初期，每亩用75％可湿性粉剂 20～27g 对水喷雾。安全间隔期21d，每季最多使用2次。

(3) 防治水稻稻瘟病　每亩用 40％三环唑悬浮剂 35～50mL 喷雾。

注意事项

（1）防治穗茎瘟时，第一次用药必须在抽穗前。

（2）40％三环唑悬浮剂在水稻上使用的安全间隔期为28d，每个作物周期最多使用2次。药液及其废液不得污染各类水域、土壤等环境。75％水分散粒剂在水稻上使用的安全间隔期为35d，每季最多使用2次。

201. 咯喹酮（pyroquilon）

其他名称　百快隆

制剂　2％、5％颗粒剂，50％可湿性粉剂。

毒性　大鼠急性经口 LD_{50} 为321mg/kg。

作用特点　咯喹酮属于喹啉类内吸性杀菌剂，咯喹酮由稻株根部迅速吸收，向顶输导至叶和稻穗花序组织。以毒土、种子处理和水中撒施方式施用后，药剂很快被稻根吸收。叶面施用后，咯喹酮被叶面迅速吸收，并在叶内向顶输导。咯喹酮在活体上防治病害的活性大大高于其在离体上对稻瘟病病原的菌丝体生长的抑制效果。产生这一作用主要是基于对稻瘟病菌附着胞中黑色素生物合成的抑制作用，这样就制止了附着胞穿透寄主表皮细胞，病斑产生的分生孢子也可大为减少。

防治对象　水稻稻瘟病。

使用方法

（1）防治水稻叶瘟、穗颈瘟　（叶瘟）首次出现叶瘟前0～10d，（稻颈瘟）抽穗前5～30d，每亩用5％颗粒剂直接撒施于水中。糙米最大残留限量为0.1mg/kg（韩国），下同。

（2）防治水稻叶瘟　育苗箱移植前0～2d，用2％颗粒剂5～10kg/1.8m²，直接撒施。

（3）防治水稻叶瘟（直播稻）　每千克种子用50％可湿性粉剂8g拌种。

202. 四氯苯酞（phthalide）

其他名称　稻瘟酞、氯百杀、热必斯、Rabcide、KF-32、fthalide

制剂　50％可湿性粉剂。

毒性　鼠类急性经口 $LD_{50}>10000$ mg/kg；鱼类急性 LC_{50} 为320mg/L（96h）；蜜蜂急性接触 LD_{50} 为400μg/只（48h）。

作用特点　四氯苯酞属于取代苯类杀菌剂，具有保护作用。在离体条件下不能抑制稻瘟病菌孢子的发芽和菌丝的生长，但在稻株表面能有效地抑制附着胞的形成，延缓病害的流行，有良好的预防作用。

防治对象　水稻稻瘟病。

使用方法

（1）防治水稻稻瘟病　每亩用50％可湿性粉剂64～100g对水喷雾。安全间隔期为21d。糙米最大残留限量为1mg/kg，稻谷为0.5mg/kg。

（2）混用　可与春雷霉素混合使用。

注意事项

（1）喂养桑蚕时会使茧的重量减轻，所以在桑园附近的稻田喷药时要防止雾滴飘移。

（2）不能与碱性农药混合使用。

十、多作用位点杀菌剂

（1）作用机制　多作用位点的杀菌剂多为传统的保护性杀菌剂，主要是指早期开发的没有选择性或选择性较低的一类杀菌剂，主要包括铜制剂、代森类、福美类以及克菌丹、硫菌丹和百菌清等。这类杀菌剂不能进入植物体内，对已侵入植物体内的病菌没有作用，对施药后新长出的植物部分亦不能起到保护作用。多作用位点的杀菌剂主要抑制病原菌能量的形成。病原菌的能量主要来源于细胞呼吸作用。杀菌剂抑制病原菌呼吸作用的结果是破坏能量的生成，导致菌体死亡。传统的多作用位点杀菌剂的作用靶标多为催化物质氧化降解、糖酵解、三羧酸循环、脂质氧化过程中的非特异性酶，而且作用的位点比较多，菌体在物质降解过程中释放的能量较少，所以这些杀菌剂不仅表现活性低，而且缺乏选择性，但此类杀菌剂杀菌谱广，病菌不易产生抗药性。

（2）化学结构类型　有机硫类、无机硫类和取代苯类。

（3）通性　病菌不易产生抗药性。对哺乳动物毒性低。取代苯类杀菌剂大部分无内吸性，其中敌磺钠对由腐霉菌属和丝囊菌属致病菌引起的病害有特效；有机硫类杀菌剂一般为非内吸保护性杀菌剂，兼有保护和治疗作用。碱性或酸性条件不稳定。

203. 福美双（thiram）

其他名称　秋兰姆、赛欧散、阿锐生

制剂　50％、70％、80％可湿性粉剂，80％水分散粒剂。

毒性　鼠类急性LD_{50}＞1800mg/kg；鱼类急性LC_{50}为0.171mg/L（96h）；蜜蜂急性经口LD_{50}为106.8μg/只（48h），急性接触LD_{50}为100μg/只（48h）。

作用特点　福美双属于有机硫类杀菌剂，抗菌谱广，具有保护作用，作用机制是抑制线粒体呼吸作用，作用于呼吸链中的乙酰胆碱辅酶A，抑制其活性，影响病菌的能量代谢。

防治对象 黄瓜白粉病和霜霉病、葡萄白腐病、水稻稻瘟病和胡麻叶斑病、甜菜和烟草根腐病、小麦白粉病。

使用方法

(1) 防治黄瓜白粉病 每次每亩用50%可湿性粉剂70～200g对水喷雾。安全间隔期3d，每季最多使用3次。最高残留限量为5mg/kg。

(2) 防治黄瓜霜霉病 每次每亩用50%可湿性粉剂75～150g对水喷雾。安全间隔期3d，每季最多使用3次。最高残留限量为5mg/kg。也可每亩用70%福美双可湿性粉剂80～120g喷雾，在黄瓜霜霉病发生初期使用效果最佳，使用2～3次，间隔5～6d效果较佳。还可以每亩用80%福美双可湿性粉剂70～87.5g喷雾，在黄瓜霜霉病发生初期使用。

(3) 防治葡萄白腐病 每次每亩用50%可湿性粉剂500～1000倍液对水整株喷雾。安全间隔期15d，每季最多使用3次。最高残留限量为0.1mg/kg（葡萄干）。

(4) 防治水稻稻瘟病和胡麻叶斑病 每100kg种子用50%可湿性粉剂400～500g拌种。仅使用1次。稻谷最高残留限量为0.1mg/kg。

(5) 防治甜菜和烟草根腐病 播种前用50%可湿性粉剂100g拌细土500kg，播种时垫上混合均匀的药土。仅使用1次。最高残留限量为0.1mg/kg（欧盟）。

(6) 防治小麦白粉病 每次每亩用50%可湿性粉剂90～125g对水喷雾。安全间隔期30d，每季最多使用1次。最高残留限量为0.3mg/kg。

(7) 混用 可与氟环唑、甲基硫菌灵、丙环唑、嘧霉胺、福美锌、甲霜灵、阿维菌素、甲基硫菌灵、氯氰菊酯、戊唑醇、拌种灵等药剂复配、混合或轮换使用。

注意事项

(1) 不能与铜、汞和碱性农药混用或前后紧接使用。

(2) 80%福美双可湿性粉剂在黄瓜上的安全间隔期为4d，每个作物周期的最多使用次数为3次。

(3) 70%福美双可湿性粉剂在黄瓜上使用的安全间隔期为15d，每个作物周期的最多使用次数为3次。

(4) 本品对蜜蜂、鱼类等水生生物、家蚕有毒。施药期间应避免对周围蜂群的影响，蜜源作物花期、蚕室和桑园附近禁用。远离水产养殖区施药，禁止在河塘等水体中清洗施药器具。

204. 福美锌（ziram）

其他名称 美邦、韩孚、施普乐、恒田蓝宁、世友、Top

制剂 72%可湿性粉剂，75%水分散粒剂。

毒性 鼠类急性经口 LD_{50} 为267mg/kg；鱼类急性 LC_{50} 为0.00097mg/L（96h）；蜜蜂急性接触 LD_{50} >100μg/只（48h）。

作用特点　福美锌属于有机硫类保护性杀菌剂，可以预防多种真菌引起的炭疽病。水溶性极好，悬浮率高，分散性快，喷雾后可形成致密保护药膜，能有效控制病菌萌发和侵染。黏着性好，药后短时间降雨不受影响，作物全生育期均可使用。

防治对象　苹果树炭疽病，番茄早疫病。

使用方法

（1）防治苹果树炭疽病　用72％可湿性粉剂400～600倍液整株喷雾。安全间隔期为14d，每季最多使用4次。最大残留限量为5mg/kg。

（2）防治番茄早疫病　每亩用140～200g 75％福美锌水分散粒剂喷雾。在番茄早疫病发病前或发病初期开始施药，每亩用药液50～60L，每季作物可用药2次，两次用药间隔7d。

（3）混用　可与福美双、多菌灵、百菌清、甲霜灵等药剂复配、混合或轮换使用。

注意事项

（1）不能与石灰、硫黄、铜制剂和砷酸铅等物质混用，主要以防病为主，宜早期使用。

（2）烟草、葫芦对锌敏感，应慎用。

（3）75％福美锌水分散粒剂在番茄上使用的安全间隔期为7d，每个作物周期的最多使用次数为2次。

（4）远离水产养殖区用药，禁止在河塘等水体中清洗施药器具，避免药液污染水源地。本品对蜜蜂、家蚕有毒，施药期间应避免对周围蜂群的影响，开花植物花期、蚕室和桑园附近禁用。

205. 代森锌（zineb）

其他名称　亚乙基双（二硫代氨基甲酸锌）

制剂　65％、80％可湿性粉剂。

毒性　大鼠急性经口LD_{50}＞5200mg/kg，急性经皮LD_{50}＞6000mg/kg；鱼LC_{50}＞20.8mg/L（96h）。

作用特点　代森锌是有机硫类杀菌剂，其作用机理是有效成分在水中易被氧化成异硫氰化合物，对病原菌体内含有—SH基的酶有强烈的抑制作用，并能直接杀死病菌孢子，抑制孢子的发芽，阻止病菌侵入植物体内，从而达到杀菌效果。

防治对象　可用于防治水稻、麦类、蔬菜、葡萄、果树、烟草等作物的多种病害，如麦类锈病，玉米大斑病，茶赤星病，烟草立枯病、炭疽病、野火病，花生褐斑病，马铃薯疫病、疮痂病、黑痣病，以及番茄早疫病。

使用方法

（1）防治番茄早疫病　将65％代森锌可湿性粉剂采用喷雾的方式施用，每亩用药量为 262～369g。

（2）防治苹果斑点落叶病　用80%代森锌可湿性粉剂 500～800 倍液喷雾。

注意事项

（1）本产品在番茄上的安全间隔期为 3d。

（2）必须遵守一般农药使用守则。该药不能与铜及强碱性制剂等物质混用，在喷过铜、汞、碱性药剂后要间隔一周才能喷此药。

（3）建议与其他作用机制不同的杀菌剂轮换使用，以延缓抗性产生。

（4）80%代森锌可湿性粉剂在苹果树上使用的安全间隔期为 10d，每个作物周期的最多使用次数为 2 次。

（5）本品对蜜蜂、鱼类等水生生物、家蚕有毒。施药期间应避免对周围蜂群的影响，开花植物花期、蚕室和桑园附近禁用。远离水产养殖区施药，禁止在河塘等水体中清洗施药器具，避免污染水源。

206. 代森锰锌（mancozeb）

$$CH_2-NH-C\overset{\displaystyle S}{-}S \\ CH_2-NH-C\underset{\displaystyle S}{-}S \Big] Mn \Big]_x Zn_y$$

其他名称　大生、Dithane、噻克、M-45、Penncozeb

制剂　50%、70%、80%可湿性粉剂，75%水分散粒剂，420g/L、430g/L 悬浮剂。

毒性　鼠类急性经口 LD_{50}＞5000mg/kg；鱼类急性 LC_{50} 为 0.074mg/L；蜜蜂急性经口 LD_{50} 为 140.6μg/只（48h），急性接触 LD_{50} 为 161.7μg/只（48h）。

作用特点　代森锰锌属于有机硫类杀菌剂，抗菌谱广，具有保护作用。作用机制是参与丙酮酸的氧化，使酶失去活性，影响病菌的能量代谢。与内吸性杀菌剂混配可延缓抗药性的产生。

防治对象　对果树和蔬菜上的炭疽病、早疫病特效，也可防治葡萄霜霉病，苹果树斑点落叶病、炭疽病、轮纹病，梨黑星病等多种病害。

使用方法

（1）防治番茄早疫病　发病初期，每次每亩用 80%可湿性粉剂 153～197g 对水喷雾。安全间隔期为 15d，每季最多使用 3 次。最高残留限量为 5mg/kg。

（2）防治柑橘疮痂病和炭疽病　在春芽 2～3mm、花谢 2/3 及幼果期各喷一次，每次每亩用 80%可湿性粉剂 400～600 倍液对水整株喷雾。安全间隔期为 21d，每季最多使用 2 次。最高残留限量为 35mg/kg。

（3）防治梨黑星病　梨树落花后幼叶期、幼果期至套袋前，每次每亩用 80%可湿性粉剂 457～914 倍液对水整株喷雾。安全间隔期为 10d，每季最多使用 3 次。最高残留限量为 5mg/kg。

（4）防治黄瓜霜霉病　发病初期，每次每亩用 80%可湿性粉剂 170～250g 对水喷雾。安全间隔期为 5d，每季最多使用 3 次。最高残留限量为 5mg/kg。

（5）防治苹果树斑点落叶病、炭疽病、轮纹病 春梢期、苹果落花后，每次每亩用80％可湿性粉剂800倍液对水整株喷雾。安全间隔期为10d，每季最多使用3次。最高残留限量为5mg/kg。

（6）防治西瓜炭疽病 发病初期，每次每亩用80％可湿性粉剂130～210g对水喷雾。安全间隔期为21d，每季最多使用3次。最高残留限量为1mg/kg。

（7）防治葡萄白腐病、黑痘病、霜霉病 萌芽开始时，每次每亩用80％可湿性粉剂457～800倍液对水整株喷雾。安全间隔期为10d，每季最多使用4次。最高残留限量为5mg/kg。

（8）混用 可与苯醚甲环唑、腈菌唑、多菌灵、霜脲氰、噁唑菌酮、甲霜灵、精甲霜灵、氟吗啉、烯唑醇、戊唑醇等药剂复配、混合或轮换使用。

注意事项

（1）不能与波尔多液、石硫合剂等碱性药剂及含铜药剂混用。

（2）西瓜收获前21d，番茄收获前15d，梨树、苹果树收获前10d，葡萄收获前28d，柑橘收获前20d，荔枝收获前10d，应停止用药。

（3）对鱼类等水生生物有毒，施药期间应远离水产养殖区施药，禁止在河塘等水体中清洗施药器具。

（4）建议选择不同机制的杀菌剂轮换使用。

（5）420g/L代森锰锌悬浮剂在香蕉上使用的安全间隔期是7d，每季最多使用次数3次。

（6）最后一次施药距收获的天数（安全间隔期）为：辣椒、花生、芦笋7d，黄瓜4d，苹果树、梨树、荔枝树10d，西瓜、烟草21d，葡萄28d，马铃薯3d。烟草每季最多使用2次，其余作物每季最多使用3次。药液及其废液不得污染各类水域、土壤等环境。

（7）本品对蜜蜂、家蚕有毒，施药时应注意避免对其的影响，蜜源作物花期、蚕室和桑园附近禁用。

207. 代森联（metiram）

$$S=C \overset{S^-}{\underset{N}{\overset{|}{\underset{H}{C}}}} \overset{H}{\underset{}{N}} C \overset{}{\underset{S}{\overset{S^-}{\parallel}}} Zn^{2+}$$

制剂 70％可湿性粉剂，70％水分散粒剂。

毒性 大鼠急性经口 LD_{50} ＞5000mg/kg，急性经皮 LD_{50} ＞2000mg/kg；鱼 LC_{50} 为0.33mg/L（96h）；蜜蜂急性接触 LD_{50} 为80μg/只（48h），急性经口 LD_{50} 为80μg/只（48h）。

作用特点 代森联为硫代氨基甲酸酯类杀菌剂。

防治对象 黄瓜霜霉病。

使用方法 防治黄瓜霜霉病，用70％代森联可湿性粉剂对水喷雾，每亩用药量为120～170g。

注意事项

（1）产品在黄瓜上使用的安全间隔期为3d，每个作物周期的最多使用次数为3次。

（2）本品对水生生物中等毒，对天敌赤眼蜂中等至高风险性。使用时应避免接触以

上生物，水产养殖区、河塘等水体附近禁用，禁止在河塘等水体中清洗施药器具，赤眼蜂等天敌放飞区域禁用

（3）建议与其他作用机制不同的杀菌剂轮换使用，以延缓抗性产生。

208. 丙森锌（propineb）

其他名称　丙森辛、安泰生

制剂　70％、80％可湿性粉剂。

毒性　大鼠急性经口 $LD_{50}>5000mg/kg$；鱼 $LC_{50}>0.33mg/L$（96h）。

作用特点　具有内吸渗透性，在作物体内深层追杀病菌，在作物表面形成致密保护膜，保护功能性叶片及幼嫩组织，清除霉层，使作物恢复健康。

防治对象　用于防治马铃薯和番茄的白粉病、早疫病、晚疫病等，大白菜、黄瓜和葡萄的霜霉病，甜椒和西瓜的疫病，苹果树斑点落叶病和玉米大斑病等。

使用方法

（1）防治番茄早疫病　用70％丙森锌可湿性粉剂，于发病初期进行施药，隔7～10d施一次，施药2～3次，注意喷雾均匀、周到。

（2）防治黄瓜霜霉病　每亩用80％丙森锌可湿性粉剂160～190g喷雾，在黄瓜霜霉病发病初期施药，间隔7～10d左右，连续施药2～3次为宜。

（3）防治苹果树斑点落叶病　用80％丙森锌可湿性粉剂700～800倍液喷雾，间隔10～14d左右，连续施药4次为宜，可有效地防治病害的侵染，注意喷雾均匀、周到，以确保药效。

注意事项

（1）本品在番茄上使用的安全间隔期为7d，每季作物最多使用3次；本品在黄瓜上使用的安全间隔期为3d，每季作物最多使用3次；在苹果树上使用的安全间隔期为21d，每季作物最多使用3次。

（2）本品不能与碱性农药或含铜的农药混用。建议与其他不同作用机制的杀菌剂交替使用，以延缓抗性的产生。

（3）本品对鱼有毒，应远离水产养殖区施药，禁止在河塘等水体中清洗施药器具。赤眼蜂等天敌放飞区禁用。

209. 克菌丹（captan）

其他名称 开谱顿

制剂 50％可湿性粉剂，80％水分散粒剂。

毒性 鼠类急性经口 LD_{50} ＞2000mg/kg；鱼类急性 LC_{50} 为 0.186mg/L（96h）；蜜蜂急性经口 LD_{50} ＞100μg/只（48h），急性接触 LD_{50} ＞200μg/只（48h）。

作用特点 克菌丹属于无机硫类多作用位点杀菌剂，杀菌谱广，具有保护作用。作用机制是抑制病菌线粒体呼吸作用，阻碍呼吸链中乙酰辅酶 A 的形成，影响病菌能量代谢。对植物安全，还具有刺激植物生长的作用。

防治对象 用于防治草莓和番茄灰霉病、番茄叶霉病和早疫病、黄瓜和辣椒炭疽病、柑橘树脂病、梨黑星病、葡萄霜霉病等。

使用方法

（1）防治苹果树轮纹病 每次用50％可湿性粉剂 400～800 倍液整株喷雾。安全间隔期 15d，每季最多使用 6 次。最高残留限量为 15mg/kg。

（2）防治番茄灰霉病 每次每亩用 50％可湿性粉剂 155～190g 对水喷雾。安全间隔期 7d，每季最多使用 3 次。最高残留限量为 5mg/kg。

（3）防治番茄叶霉病和早疫病、黄瓜和辣椒炭疽病 每次每亩用50％可湿性粉剂 125～188g 对水喷雾。安全间隔期 7d，每季最多使用 3 次。在番茄、黄瓜和辣椒上的最高残留限量分别为 5mg/kg、5mg/kg 和 0.05mg/kg。

（4）防治梨黑星病 每次每亩用 50％可湿性粉剂 500～700 倍液整株喷雾。安全间隔期 14d，每季最多使用 4 次。最高残留限量为 15mg/kg。

（5）防治葡萄霜霉病 每次每亩用 50％可湿性粉剂 400～600 倍液整株喷雾。安全间隔期 14d，每季最多使用 4 次。最高残留限量为 5mg/kg。

（6）防治草莓灰霉病 每次每亩用 80％水分散粒剂 600～1000 倍液整株喷雾。安全间隔期 3d，每季最多使用 3 次。最高残留限量为 15mg/kg。

（7）混用 可与戊唑醇、多菌灵、多抗霉素等药剂复配、混合或轮换使用。

注意事项

（1）不能与碱性农药混合使用。

（2）葡萄上不能与有机磷杀虫剂混用，也不能与激素及含激素叶面肥混用。

（3）红提葡萄果穗对克菌丹敏感，不推荐直接对果穗用药。可以在巨峰、藤稔、玫瑰香及酿酒葡萄上使用。

（4）使用时应远离蜂场、蚕室等地区，水产养殖区、河塘等水体附近禁用。剩余药液要妥善保管，施药后将器械清洗干净，禁止在河塘等水域清洗施药器具。

210. 灭菌丹（folpet）

制剂 80％可湿性粉剂。

毒性 鼠类急性经口 LD_{50} ＞2000mg/kg，急性经皮 LD_{50} ＞2000mg/kg；鱼 LC_{50} ＞

0.233mg/L（96h）。

作用特点 是一种广谱保护性有机硫类杀菌剂。对人畜低毒，对人黏膜有刺激性。

防治对象 木材霉菌。

注意事项

（1）本品对人畜低毒，对人的黏膜有刺激性，在加工浸泡木材过程中，用药时要穿戴好防护用品，不能与药品直接接触。

（2）本品对鱼有毒，使用药品时应注意勿污染水域，浸泡处理过木材的水不能直接外排，必须通过处理达标后才能排放。

211. 百菌清（chlorothalonil）

其他名称 Daconil、Dacotch、达科宁

制剂 75％可湿性粉剂，10％、20％、28％、40％、45％烟剂，40％、72％悬浮剂，75％、83％水分散粒剂。

毒性 鼠类急性经口 LD_{50} ＞5000mg/kg；鱼类急性 LC_{50} 为 0.017mg/L（96h）；蜜蜂急性经口 LD_{50} ＞63μg/只（48h），急性接触 LD_{50} ＞101μg/只（48h）。

作用特点 百菌清属于取代苯类杀菌剂。主要作用机制是病菌菌体中 3-磷酸甘油醛脱氢酶发生作用，与该酶中含有半胱氨酸的蛋白质相结合，破坏酶活性，使真菌的新陈代谢受到破坏而失去生命力。其主要作用是预防真菌侵染，没有内吸传导作用，但在植物表面有良好的黏着性，不易受雨水冲刷，持效期长，一般持效期为 7～10d。

防治对象 用于防治叶类蔬菜和瓜类霜霉病、白粉病，豆类炭疽病、锈病，梨和苹果斑点落叶病，花生叶斑病和锈病，葡萄白粉病、黑痘病、霜霉病，水稻稻瘟病和纹枯病，茶树和橡胶炭疽病，番茄早疫病、晚疫病等多种病害。

使用方法

（1）防治叶类蔬菜霜霉病和白粉病 发病前或发病初期，每次每亩用 75％可湿性粉剂 113～153g 对水喷雾。安全间隔期为 7d，每季最多使用 2 次。最高残留限量为 5mg/kg。

（2）防治豆类炭疽病和锈病 发病初期，每次每亩用 75％可湿性粉剂 113～206g 对水喷雾。安全间隔期为 7d，每季最多使用 2 次。绿豆、赤豆和大豆的最高残留限量为 0.2mg/kg。

（3）防治花生叶斑病和锈病 发病初期，每次每亩用 75％可湿性粉剂 100～120g 对水喷雾。安全间隔期为 14d，每季最多使用 3 次。花生仁最高残留限量为 0.05mg/kg。

（4）防治瓜类蔬菜霜霉病和白粉病 发病前或发病初期，每次每亩用 75％可湿性粉剂 107～147g 对水喷雾。安全间隔期为 21d，每季最多使用 6 次。最高残留限量为 5mg/kg。

（5）防治梨斑点落叶病　谢花开始7～10d后，每次用75％可湿性粉剂500倍液整株喷雾。安全间隔期为25d，每季最多使用6次。最高残留限量为1mg/kg。

（6）防治苹果斑点落叶病、炭疽病、轮纹病　发病前或发病初期，每次用75％可湿性粉剂600倍液整株喷雾。安全间隔期为25d，每季最多使用6次。最高残留限量为1mg/kg。

（7）防治葡萄白粉病、黑痘病　发病前或发病初期，每次用75％可湿性粉剂600～700倍液整株喷雾。食用葡萄安全间隔期为7d，酿酒葡萄14d，每季最多使用2次。最高残留限量为0.5mg/kg。

（8）防治水稻稻瘟病和纹枯病　发病初期，每次每亩用75％可湿性粉剂100～127g对水喷雾。安全间隔期为10d，早稻每季最多使用3次，晚到每季最多使用5次。最高残留限量为0.2mg/kg。

（9）防治小麦叶斑病和锈病　发病初期，每次每亩用75％可湿性粉剂100～127g对水喷雾。安全间隔期为42d，每季最多使用3次。小麦最高残留限量为0.1mg/kg。

（10）防治小番茄早疫病　发病初期，每次每亩用40％悬浮剂150～200mL对水喷雾。安全间隔期为7d，每季最多使用3次。最高残留限量为5mg/kg。

（11）防治小番茄晚疫病　发病初期，每次每亩用75％水分散粒剂100～130g对水喷雾。安全间隔期为7d，每季最多使用3次。最高残留限量为5mg/kg。

（12）混用　可与氰霜唑、甲霜灵、精甲霜灵、双炔酰菌胺、嘧霉胺、戊唑醇、嘧菌酯、三乙膦酸铝、烯酰吗啉等药剂复配、混合或轮换使用。

注意事项

（1）本剂用于梨和苹果树等使用浓度偏高会发生药害。与杀螟松混用，桃树易发生药害；与克螨特、三环锡等混用，茶树会产生药害。因此，禁止与上述物质混用。

（2）本品不可与呈碱性的农药等物质混合使用。

（3）对鱼类等水生生物有毒，应远离水产养殖区施药，禁止在河塘等水体中清洗施药器具。

（4）建议与其他作用机制不同的杀菌剂轮换使用，以延缓抗性产生。

212. 苯氟磺胺（dichlofluanid）

其他名称　抑菌灵

制剂　50％可湿性粉剂，7.5％粉剂。

毒性　鼠类急性经口LD_{50}＞5000mg/kg；鱼类急性LC_{50}为0.01mg/L（96h）；蜜蜂急性接触LD_{50}＞16μg/只（48h）。

作用特点　苯氟磺胺属于苯基硫酰胺类杀菌剂，具有保护作用。

防治对象 主要防治多种蔬菜的灰霉病和霜霉病，对白粉病也有一定效果。

使用方法

（1）防治柑橘、葡萄、蔬菜等的灰霉病、霜霉病和白粉病 使用 50％可湿性粉剂 1000 倍液喷雾。最大残留限量为 0.1mg/kg（洋葱、马铃薯）、2mg/kg（番茄、辣椒）、5mg/kg（黄瓜、苹果、梨、桃）、10mg/kg（莴苣、草莓）、15mg/kg（葡萄）。

（2）混用 可与其他不同作用机制的药剂复配、轮用。

注意事项

（1）收获前 7～14d 停止用药。

（2）不与碱性农药混用，且刚施用过碱性农药的植物也不宜用此药。

（3）使用高浓度的苯氟磺胺时对核果类果树有药害，施用时请注意。

十一、作用机制未知的杀菌剂

213. 霜脲氰（cymoxanil）

其他名称 克露

主要制剂 20％悬浮剂。

毒性 鼠急性经口 LD_{50} 为 760mg/kg；鱼类急性经口 LD_{50}（96h）为 29mg/kg（96h）；蜜蜂急性经口 $LD_{50}>85.3\mu g/$只（48h）。

作用特点 高效杀菌剂，有内吸作用，与保护性杀菌剂混用能提高残留活性。

防治对象 用于防治番茄、黄瓜等作物的霜霉病和晚疫病。

使用方法

（1）用于防除葡萄灰霉病 采用喷雾法，施用 20％悬浮剂 2000～2500 倍液。最大残留限量为 0.5mg/kg。

（2）用于防治马铃薯晚疫病 推荐剂量每亩 0.9～1.2mL 20％悬浮剂。最大残留限量为 0.5mg/kg。

注意事项

（1）在葡萄上使用的安全间隔期为 14d，每季最多使用 2 次。药液及其废液不得污染各类水域、土壤等环境。

（2）赤眼蜂等天敌放飞区域禁用，避开蜜源作物花期用药，避免对周围蜂群产生影响。远离水产养殖区施药，禁止在河塘等水体中清洗施药器具。

（3）不可与碱性农药等物质混用。

（4）建议与其他作用机制不同的杀菌剂轮换使用，以延缓抗性产生。

214. 三乙膦酸铝（fosetyl-aluminium）

$$\left[\begin{array}{c} \text{H} - \overset{\displaystyle O^-}{\underset{\displaystyle \parallel}{P}} - O - CH_2 - CH_3 \\ \\ H - \overset{\displaystyle O^-}{\underset{\displaystyle \parallel}{P}} - O - CH_2 - CH_3 \\ \\ H - \overset{\displaystyle O^-}{\underset{\displaystyle \parallel}{P}} - O - CH_2 - CH_3 \end{array}\right] \quad Al^{3+}$$

其他名称 疫霜灵、霉疫净

主要制剂 40％、80％可湿性粉剂，80％水分散粒剂，90％可溶粉剂。

毒性 鼠急性经口 $LD_{50} > 2000mg/kg$；鱼类急性经口 LD_{50}（96h）$> 122mg/kg$（96h）；蜜蜂急性经口 $LD_{50} > 100\mu g/$只（48h）。

作用特点 本品是一种内吸性有机磷类杀菌剂，在植物体内能上下传导，具有保护和治疗作用。

防治对象 用于防治黄瓜、白菜的霜霉病，烟草黑胫病，番茄晚疫病。

使用方法

（1）防除黄瓜霜霉病 采用喷雾法，每亩施用80％水分散粒剂144～188g。最大残留限量为30mg/kg。

（2）防治白菜霜霉病 采用喷雾法，每亩施用40％可湿性粉剂144～188g。最大残留限量为0.5mg/kg。

（3）防治烟草黑胫病 采用喷雾法，每亩施用80％可湿性粉剂300～325g。

（4）防治番茄晚疫病 采用喷雾法，每亩施用90％可溶粉剂72～108g。

注意事项

（1）本品在黄瓜上使用的安全间隔期为3d，每季作物最多使用3次。

（2）该产品勿与碱性物质混用，以免分解失效。

（3）连续使用会产生抗药性，应与其他作用机制杀菌剂交替轮换使用，不能盲目增加用药量。

（4）本品在施药期间应避免对周围蜂群的影响，蜜源作物花期、蚕室和桑园附近禁用。远离水产养殖区施药，禁止在河塘等水体中清洗施药器具。

215. 氰烯菌酯

其他名称 2-氰基-3-氨基-3-苯基丙烯酸乙酯

主要制剂 25％悬浮剂。

作用特点 氰烯菌酯为新型杀菌剂，对由镰刀菌引起的小麦赤霉病及水稻恶苗病等病害有较好的防效。

防治对象 用于防治小麦赤霉病和水稻恶苗病。

使用方法 防治小麦赤霉病，用 25％氰烯菌酯悬浮剂 2000～3000 倍液浸种。防治水稻恶苗病，每亩用 100～200mL 25％氰烯菌酯悬浮剂喷雾。

注意事项

（1）本品在小麦上的安全间隔期为 28d，每个作物周期的最多使用次数为 2 次。

（2）本品对鱼和蜜蜂中毒。使用时应注意对鱼和蜜蜂的不利影响，开花植物禁用，药液及其废液不得污染各类水域、土壤等环境。蚕室与桑园附近禁用。远离水产养殖区施药，禁止在河塘清洗施药器具。

216. 噻森铜

$$\text{Cu}^{2+}$$

制剂 30％、20％悬浮剂。

作用特点 噻森铜由两个基团组成。一是噻唑基团，作用在植株的孔纹导管中，使细胞壁变薄，导致细菌死亡。二是铜离子，能与某些酶结合，影响其活性。在两个基团的作用下，有较好的杀菌效果。

防治对象 用于防治大白菜软腐病、番茄青枯病、柑橘树溃疡病、水稻白叶枯病、西瓜角斑病、烟草野火病。

使用方法

（1）防治西瓜角斑病　每亩用 100～160mL 20％噻森铜悬浮剂喷雾。每季作物最多用药 2 次，安全间隔期为 10d。

（2）防治水稻细条病和白叶枯病　每亩用 100～125mL 20％噻森铜悬浮剂喷雾。或每亩用 70～85mL 30％噻森铜悬浮剂喷雾。水稻最后一次用药应不少于收获前 14d，每季作物最多用药 3 次。

（3）防治番茄青枯病　用 20％噻森铜悬浮剂 300～500 倍液喷雾。

（4）防治番茄青枯病和西瓜细菌性角斑病　每亩用 67～107mL 30％噻森铜悬浮剂喷雾。最后一次用药应不少于收获前 3d，每季作物最多用药 3 次。

（5）防治柑橘树溃疡病　30％噻森铜悬浮剂 750～1000 倍液喷雾。最后一次用药应不少于收获前 14d，每季作物最多用药 3 次。

注意事项

（1）对铜敏感作物在花期及幼果期慎用或试后再用。

（2）本剂在酸性条件下稳定，本品不可与强碱性农药混用。

（3）赤眼蜂等天敌常飞区域禁用。

第五章

除 草 剂

一、乙酰乳酸合成酶抑制剂

（1）作用机制　乙酰乳酸合成酶（ALS）是生物合成支链氨基酸异亮氨酸、亮氨酸和缬氨酸中的一种关键酶。在对 ALS 抑制和支链氨基酸生产的反应中造成植物死亡，但是毒害过程的发生顺序尚不清楚。

（2）化学结构类型　磺酰脲类、咪唑啉酮类、嘧啶水杨酸类、三唑并嘧啶类和磺酰氨基羰基三唑啉酮类。

（3）通性　土壤和茎叶处理均可；均防除多种一年生和多年生禾本科杂草以及阔叶杂草；对哺乳动物毒性低；较难淋溶。咪唑啉酮类和三唑并嘧啶类通过茎叶和根吸收后在木质部与韧皮部传导，积累于分生组织，在土壤中不易挥发和光解，残效期长，可达半年之久，对后茬敏感作物有伤害；磺酰脲类和嘧啶水杨酸类通过植物根、茎、叶吸收后，在体内向下或向上传导，迅速分布全株，在土壤中降解速度快。

217. 烟嘧磺隆（nicosulfuron）

其他名称　玉农乐

主要制剂　75％水分散粒剂，8％、20％、40g/L、60g/L 可分散油悬浮剂，80％可湿性粉剂，40g/L 悬浮剂等。

毒性　鼠急性经口 LD_{50}＞5000mg/kg；鱼急性 LC_{50} 为 65.7mg/L（96h）；蜜蜂急性接触 LD_{50} 为 76μg/只（48h）。

作用特点　烟嘧磺隆是磺酰脲类内吸性除草剂，可为杂草茎叶和根部吸收，随后在植物体内传导，造成敏感植物生长停滞、茎叶褪绿、逐渐枯死，一般情况下 20～25d 死亡，但在气温较低的情况下对某些多年生杂草需较长的时间。

防治对象　用于春玉米、夏玉米田防除马唐、牛筋草、狗尾草、野高粱、野黍、反枝苋、藜等杂草，对本氏蓼、马齿苋、龙葵、田旋花、苣荬菜等有较好的抑制作用，但对铁苋菜、萹蓄防效差。持效期 30～50d。

使用方法

（1）防除玉米田杂草　玉米苗 3～5 叶期，杂草 2～5 叶期每亩用 40g/L 烟嘧磺隆悬浮剂 67～100mL，对水茎叶喷雾 1 次。安全间隔期为 30d，每季最多施用 1 次。在玉米中最高残留限量（MRL）0.02mg/kg。

（2）混用　可与辛酰溴苯腈、溴苯腈、硝磺草酮和氯氟吡氧乙酸异辛酯、硝磺草酮和莠去津、辛酰溴苯腈和硝磺草酮、2 甲 4 氯和莠去津、异丙甲草胺和莠去津、乙草胺和莠去津等复配、混合或轮换使用。

注意事项

（1）不同玉米品种对烟嘧磺隆的敏感性有差异，其安全性顺序为马齿形＞硬质玉米＞爆裂玉米＞甜玉米。除了玉米自交系、甜玉米、糯玉米和爆裂玉米对烟嘧磺隆敏感之外，个别普通马齿形玉米也对烟嘧磺隆较敏感，一般玉米 2 叶期前及 10 叶期以后对该药剂敏感。

（2）后茬不宜种植小白菜、甜菜、菠菜等敏感作物，避免药害，在粮菜间作或轮作地区慎用。

（3）用有机磷药剂处理过的玉米对该药剂敏感，两药剂使用安全间隔期为 7d 左右。烟嘧磺隆可与菊酯类药剂混用。

（4）施药 6h 后下雨，对药效无明显影响，不必重喷。

（5）避免高温用药，以上午 10 点以前下午 4 点以后用药为宜。

218. 甲基碘磺隆钠盐（iodosulfuron-methy sodium）

其他名称　碘甲磺隆钠盐

主要制剂　10％水分散粒剂。

毒性　大鼠急性经口 LD_{50} 为 2678mg/kg；虹鳟鱼急性 LC_{50}＞100mg/L（96h）；蜜蜂急性经口 LD_{50}＞80μg/只。

作用特点　属于支链氨基酸合成抑制剂，通过抑制乙酰乳酸合成酶（ALS）而起作用。通过抑制必需氨基酸缬氨酸和异亮氨酸的生物合成从而阻止细胞分裂和杂草生长。通过杂草根、叶吸收后，在植株体内传导，使杂草叶色褪绿、停止生长，而后枯死。而在农作物中能迅速代谢为无害物。因而该药剂对谷物具有选择性，该选择性可以通过安全剂吡唑解草酸二乙酯来增强。不仅对禾谷类作物安全，对后茬作物无影响，而且对环境、生态的相容性和安全性极高。

防治对象　用于防除阔叶杂草（如猪殃殃、荠菜、繁缕、母菊和麦蒿等）以及部分禾本科杂草（如黑麦草、知风草、野燕麦和早熟禾等）。适用作物有冬小麦、春小麦、硬质小麦、黑小麦等。

使用方法 防治麦田阔叶杂草及部分禾本科杂草，苗后茎叶处理，与安全剂吡唑解草酯一起施用，剂量为 $10\sim20g(a.i.)/hm^2$。每季 1 次，我国规定甲基碘磺隆在小麦的最大残留限量为 $0.02mg/kg$，澳大利亚规定在收获小麦的最大残留限量为 $0.01mg/kg$。

注意事项

（1）对白菜、黄瓜比较敏感，使用时应防止飘移其上。

（2）注意会对后茬敏感作物白菜、黄瓜等有药害。

219. 酰嘧磺隆（amidosulfuron）

主要制剂 50%水分散粒剂。

毒性 鼠急性经口 $LD_{50}\geqslant5000mg/kg$；鱼急性 $LC_{50}>320mg/L$（96h）；蜜蜂急性接触 $LD_{50}>100\mu g/$只。

作用特点 酰嘧磺隆属磺酰脲类除草剂，杂草通过茎叶吸收抑制细胞有丝分裂，使植株停止生长而死亡。

防治对象 用于防除小麦田阔叶杂草。

使用方法 防除小麦田一年生阔叶杂草，采用茎叶喷雾的方法，每亩施用 50%酰嘧磺隆水分散粒剂 $1.5\sim2g$。麦类最高残留限量为 $0.01mg/kg$。

注意事项 因对皮肤和眼睛有刺激作用，因此施药时一定要注意防护。

220. 乙氧磺隆（ethoxysulfuron）

其他名称 太阳星、巨能、泰德仕

主要制剂 15%水分散粒剂。

毒性 鼠急性经口 LD_{50} 为 $3270mg/kg$；鱼急性 $LC_{50}>80mg/L$（96h）；蜜蜂急性接触 $LD_{50}>200\mu g/$只（48h）。

作用特点 乙氧磺隆属于磺酰脲类内吸选择性除草剂。通过杂草根及茎叶吸收后传导到植物体内，阻止氨基酸合成，并迅速抑制杂草茎叶的生长和根部伸长，最后导致杂草完全枯死。

防治对象 可防除鸭舌草、三棱草、飘拂草、异型莎草、碎米莎草、牛毛毡、水莎草、萤蔺、野荸荠、眼子菜、泽泻、鳢肠、矮慈姑、慈姑、长瓣慈姑、狼巴草、鬼针草、草龙、丁香蓼、节节菜、耳叶水苋、水苋菜、（四叶）萍、小茨藻、苦草、水绵、谷精草等稻田大多数莎草和阔叶杂草。

使用方法

（1）在水稻播后 10～15d，稻苗 2～4 叶，杂草 2～3 叶期，每亩用 15％水分散粒剂 5～9g 对水 30～50kg 均匀喷雾，在稻田排水后进行杂草茎叶喷雾处理。施药后 2d 恢复水层，并保持 7～10d 只灌不排。在水稻上使用的安全间隔期为 80d，每个作物周期最多使用 1 次。糙米最大残留限量 0.01mg/kg，下同。

（2）于水稻 1 叶 1 心期，杂草 2～4 叶期，每亩用 15％水分散粒剂 5～9g 对水 10～25kg，对全田茎叶均匀喷雾处理。

注意事项

（1）严格按推荐的使用方法均匀施用，不得超范围使用。不宜栽前使用。

（2）本品对水生藻类有毒，应避免其污染地表水、鱼塘和沟渠等，其包装等污染物宜作焚烧处理，禁止他用。

（3）药后 10d 内勿使田内水外流，水层不能淹没稻苗叶心。

221. 啶嘧磺隆（flazasulfuron）

其他名称　秀百官、草坪清、绿坊、金百秀

主要制剂　25％水分散粒剂。

毒性　鼠急性经口 LD_{50}＞5000mg/kg；鱼急性 LC_{50} 为 22mg/L（96h）；蜜蜂急性接触 LD_{50}＞100μg/只（48h）。

作用特点　啶嘧磺隆属于磺酰脲类内吸传导型除草剂。药剂通过叶面吸收传至植物各组织，一般情况下，处理后杂草立即停止生长，吸收 4～5d 后新发出的叶片褪绿，然后逐渐坏死并蔓延至整株植物，20～30d 杂草彻底枯死。芽后早期应用除草效果较好。

防治对象　对暖季型草坪结缕草类（马尼拉等）、狗牙根类（百慕大等）安全性高；高羊茅、黑麦草、早熟禾等冷剂型草坪对该药高度敏感，不能使用本剂。

使用方法

（1）防除草坪杂草　在草坪杂草 3～4 叶期，每亩用 25％啶嘧磺隆水分散粒剂 10～20g 对水茎叶喷雾一次。

（2）混用　可与其他不同作用机制的药剂复配、混用。

注意事项

（1）每季最多使用 1 次。

（2）本剂施药后 4～7d 杂草逐渐失绿，然后枯死，部分杂草在施药 20～40d 完全枯死，勿重新施药。

（3）本剂除草活性高，请严格掌握用药量。喷水量要足，注意喷药均匀，使杂草能充分接触到药液，勿重复施药。

（4）高羊茅、黑麦草、早熟禾等冷剂型草坪对该药高度敏感，不能使用本剂。

（5）清洗器具的废水不能排入河流、池塘等水源；废弃物要妥善处理，不能乱丢乱放，也不能做他用。

222. 氟吡磺隆（flucetosulfuron）

其他名称　韩乐盛、LGC-42153

主要制剂　10％可湿性粉剂。

毒性　鼠急性经口 LD_{50} ＞5000mg/kg；鱼急性 LC_{50} ＞10mg/L（96h）。

作用特点　氟吡磺隆属于磺酰脲类除草剂。具有选择内吸性，可被根、茎、叶吸收并迅速传导到分生组织。在土壤中的持效期为 30～40d，对后茬作物安全。

防治对象　防除一年生阔叶杂草、禾本科杂草和莎草。

使用方法

（1）防除水稻移栽田阔叶杂草和莎草科杂草　水稻移栽田杂草出苗前，每亩用10％氟吡磺隆可湿性粉剂 13.3～20g，混土 30～50kg 均匀撒施；或在杂草 2～4 叶期，每亩用该药剂 20～26.7g 混药土均匀撒施。糙米最大残留限量为 0.05mg/kg，下同。

（2）防除水稻直播田阔叶杂草和莎草科杂草　水稻直播田苗后，每亩用10％氟吡磺隆可湿性粉剂 13.3～20g 对水茎叶喷雾一次。

（3）混用　可与其他不同作用机制的药剂复配、轮用。

注意事项

（1）每季作物最多使用 1 次。

（2）喷雾处理，施药前排干田间积水。

（3）后茬仅可种植水稻、油菜、小麦、大蒜、胡萝卜、萝卜、菠菜、移栽黄瓜、甜瓜、辣椒、番茄、草莓、莴苣。

（4）药后 1～2d 覆水，并保水 3～5d。

（5）药后及时彻底清洗药械，药品废弃物切勿污染水源。

223. 苄嘧磺隆（bensulfuron-methyl）

其他名称　农得时、威农、苄黄隆、便黄隆、超农、稻无草、免速隆

主要制剂　10%、30%可湿性粉剂。

毒性　大鼠急性经口 LD_{50} >5000mg/kg；虹鳟鱼 LC_{50}（96h）>150mg/L；蜜蜂 LD_{50} >12.5μg/只。

作用特点　选择性内吸传导型除草剂，药剂在水中迅速扩散，经杂草根部和叶片吸收后转移到其他部位，阻碍缬氨酸、亮氨酸、异亮氨酸的生物合成，阻止细胞的分裂和生长。敏感杂草生长机能受阻，幼嫩组织过早发黄，叶部、根部生长受抑制。有效成分进入水稻体内迅速代谢为无害的惰性化学物质，对水稻安全。

防治对象　适用于防除阔叶杂草和莎草，在作物芽后、杂草芽前及芽后施药，对鸭舌草、眼子菜、节节菜、繁缕、雨久花、野慈姑、慈姑、陌上草等及莎草科杂草（牛毛草、异型莎草、水莎草等）效果良好，适用于稻田除草。

使用方法

（1）防除阔叶杂草和莎草，适用于水稻秧田和直播田　在水稻出苗晒田覆水后至杂草2叶期以内均可施药，每亩用10%可湿性粉剂20~30g，对水30kg喷雾或混细潮土20kg撒施。也可与禾草敌、二氯喹啉酸等混用。施药时保持水层3~5cm，持续3~4d。直播田使用苄嘧磺隆应尽量缩短整地与播种间隔期，最好随整地随播种。插秧后5~7d施用，保水一周。每季1次。我国规定其在大米、糙米上的最大残留限量为0.05mg/kg。

（2）防除阔叶杂草及莎草科杂草，适用于水稻移栽田　移栽前后3周均可使用，但以插秧后5~7d施药为佳。防除一年生杂草，每亩用10%可湿性粉剂13.3~20g；防除多年生阔叶杂草，药量可提高到20~30g；防除多年生莎草科杂草用30~40g。保持水层5cm施药，可对水喷雾，亦可混细土撒施，保持水层3~4d，自然落干。可选择与莎稗磷、环庚草醚、禾草敌、二氯喹啉酸等混用，以扩大杀草谱。每季使用1次，我国规定其在大米、糙米上的最大残留限量为0.05mg/kg。

（3）防治阔叶杂草，适用于麦田除草　在麦田使用时土壤一定要潮湿，土壤干旱，药效将降低。能有效防除猪殃殃、繁缕、碎米荠、播娘蒿、荠菜、大巢菜、藜、稻槎菜等阔叶杂草。通常在杂草2~3叶期、土壤潮湿时每亩用10%苄嘧磺隆可湿性粉剂30~40g加水喷雾。在水中扩散迅速，温度、土质对除草效果影响小，在土壤中移动性小。苄嘧磺隆和唑草酮混用，对麦田阔叶杂草杀灭速度快，杀草谱广，效果好，而且能有效防止杂草复发。可以依草龄大小每亩用苄嘧磺隆纯药2~3g加唑草酮纯药0.8~1.6g混喷。每季用药1次，我国规定其在小麦上的最大残留限量为0.02mg/kg。

注意事项

（1）苄嘧磺隆对2叶期以内杂草效果好，超过3叶效果差。对稗草效果差，以稗草为主的秧田不宜使用。

（2）施药时稻田内必须有水层3~5cm，使药剂均匀分布。施药后7d不排水和串水，以免降低药效。

（3）晚稻品种（粳稻、糯稻）相对敏感，应尽量避免在晚稻芽期施用，否则易产生药害。

224. 吡嘧磺隆（pyrazosulfuron-ethyl）

其他名称 草克星

主要制剂 10％泡腾片剂，30％可分散油悬浮剂，20％水分散粒剂，10％可湿性粉剂。

毒性 鼠急性经口 LD_{50} >5000mg/kg；鱼急性 LC_{50} 为 180mg/L（96h）；蜜蜂急性接触 LD_{50} 为 100μg/只（48h）。

作用特点 该药属于内吸选择性水田除草剂。有效成分可在水中迅速扩散，被杂草的根部吸收后传导到植物体内，阻碍氨基酸的合成，迅速抑制杂草茎叶部的生长和根部的伸展，然后使杂草完全枯死。

防治对象 吡嘧磺隆对水稻田异型莎草、水莎草、萤蔺、鸭舌草、水芹、节节菜、野慈姑、眼子菜、青萍等阔叶杂草和莎草科杂草防除效果较好，对稗草有一定防效，对千金子无效。

使用方法

（1）防除水稻移栽田、抛秧田杂草 水稻移栽、抛秧后 3～7d，每亩用 10％吡嘧磺隆可湿性粉剂 15～20g，混药土 10～20kg 均匀撒施一次。施药时田间有水层 3～5cm，药后保水 5～7d，但水层不可淹没稻苗心叶。安全间隔期为 80d，每季作物最多施用 1 次。

（2）防除直播水稻（南方）杂草 水稻播种后 5～20d，每亩用 10％吡嘧磺隆可湿性粉剂 10～20g，混药土均匀撒施一次或对水茎叶喷雾一次。药土法施药时田间须有浅水层，保水 3～5d。安全间隔期为 80d，每季作物最多施用 1 次。糙米中最高残留限量为 0.1mg/kg。

（3）混用 可与唑草酮、二氯喹啉酸、苯噻酰草胺、丙草胺和异噁草松、丙草胺、双草醚、莎稗磷等药剂复配、混合或轮换使用。

注意事项

（1）该药剂不可与呈碱性的农药等物质混合使用。

（2）可与除稗剂混用以扩大杀草谱，但不得与氰氟草酯混用，两者施用间隔期至少 10d。

（3）不同品种水稻的耐药性有差异，早籼品种安全性好，晚稻品种相对敏感。应尽量避免在晚稻芽期施用，否则易产生药害。

（4）养鱼稻田禁用，应远离水产养殖区施药，施药后的田水不得直接排入水体。

225. 氯吡嘧磺隆（halosulfuron-methyl）

其他名称 香附净、吓草硫甲、草枯星

主要制剂 25％、50％可湿性粉剂，75％可分散粒剂。

毒性 大鼠急性经口 LD_{50} 为 8865mg/kg；虹鳟鱼 LC_{50}（96h）>131mg/L；蜜蜂经皮 $LD_{50}>100\mu g/$只。

作用特点 内吸性除草剂，通过杂草根和叶吸收，在植物体内传导，杂草即停止生长，而后枯死，杂草在 2～3 周死亡。该药剂为防治玉米田香附子的特效除草剂，不仅仅能防除香附子地上部分及靠近植株的球茎，而且凭借其内吸传导性能到达相邻球茎，从而防除更彻底，持效期更长。对作物安全。

防治对象 防除阔叶杂草和莎草，如苘麻、苍耳、曼陀罗、豚草、反齿苋、野西瓜苗、蓼、马齿苋、龙葵、香附子、牵牛等，适用于小麦、玉米、水稻、甘蔗和草坪田中。

使用方法

（1）防除玉米田阔叶杂草和莎草 可防除苍耳、鸭跖草、反枝苋、香附子等。在玉米苗后 3～5 叶期，杂草的 3～5 叶期，最佳时期为 4～5 叶期，施药 1 次。制剂用药量为 75％氯吡嘧磺隆可分散粒剂 45～60g/hm²，对水 225～450L。可与烟嘧磺隆、氟嘧磺隆、莠去津、溴苯腈、麦草畏、唑嘧磺草胺等混用。氯吡嘧磺隆对玉米田香附子有特效，但见效比较慢，7～10d 香附子才能表现出中毒症状，15d 以上从心叶开始向外腐烂，根茎处深褐色腐烂，至少 20d 以上地上部分才基本腐烂死亡，剖开地下块茎可见变褐发黑，而后逐渐死亡。因其见效慢，最好在香附子 7～11 叶期使用，此时香附子由营养生长向生殖生长过渡，能使香附子的繁殖器官细胞分裂受到重创，进而丧失繁殖能力，达到根除香附子的目的。施药与收获间隔期 30d，每季 1 次。后茬种植棉花需要间隔 4 个月，种植花生间隔 6 个月，种植菜豆、苜蓿、大豆等间隔 9 个月，种植茄子、萝卜等间隔 12 个月，种植白菜、油菜等间隔 15 个月。我国规定氯吡嘧磺隆在玉米上的最大残留限量为 0.05mg/kg。

（2）防除水稻田阔叶杂草和莎草 在水稻 1～3 叶期使用，每亩用 25％可湿性粉剂 15～20g 拌毒土撒施，也可对水喷雾。移栽田，在插后 3～20d 用药，药后保水 5～7d。施药与收获间隔期 30d，每季 1 次。后茬种植棉花需要间隔 4 个月，种植花生间隔 6 个月，种植菜豆、苜蓿、大豆等间隔 9 个月，种植茄子、萝卜等间隔 12 个月，种植白菜、油菜等间隔 15 个月。日本规定氯吡嘧磺隆在大米（糙米）上的最大残留限量为 0.05mg/kg。

（3）防除高粱田阔叶杂草和莎草 在高粱苗后 2 叶期到抽穗前，杂草 2～4 叶期施药，用药量为 50％可湿性粉剂 72～140g/hm²（有效成分 36～70g/hm²）。可与莠去津、

溴苯腈、麦草畏、唑嘧磺草胺等混用。施药与收获间隔期 30d，每季 1 次。后茬种植棉花需要间隔 4 个月，种植花生间隔 6 个月，种植菜豆、苜蓿、大豆等间隔 9 个月，种植茄子、萝卜等间隔 12 个月，种植白菜、油菜等间隔 15 个月。澳大利亚规定氯吡嘧磺隆在高粱上的最大残留限量（临时）为 0.05mg/kg。

（4）防除小麦田阔叶杂草和莎草　推荐使用 75%水分散粒剂，使用量为 75～90g/hm²（有效成分 56.25～67.5g/hm²），于春小麦 3～5 叶期茎叶喷雾，对密花香薷、薄蒴草、藜、冬葵等杂草的防效均可达 80%以上。施药与收获间隔期 30d，每季 1 次。后茬种植棉花需要间隔 4 个月，种植花生间隔 6 个月，种植菜豆、苜蓿、大豆等间隔 9 个月，种植茄子、萝卜等间隔 12 个月，种植白菜、油菜等间隔 15 个月。

（5）防除甘蔗田阔叶杂草和莎草科杂草　可防除苍耳、曼陀罗、豚草、反枝苋、野西瓜苗、蓼、马齿苋、龙葵、决明、牵牛、香附子等。在甘蔗种植后出苗前，于香附子大量萌芽时，保持土层湿润，推荐剂量是每亩 6～8g，对水 30～45kg 喷雾，进行土壤处理。在甘蔗田香附子 7～11 叶时，每亩用 75%氯吡嘧磺隆可分散粒剂 10～15g 对水 60～90kg 喷雾处理，效果最佳。施药与收获间隔期 30d。氯吡嘧磺隆是目前唯一对甘蔗安全又能彻底根除甘蔗田香附子的优秀苗前苗后除草剂，主要特性是用量低、药效高、对阔叶草和莎草科杂草有特效。每季 1 次。日本规定氯吡嘧磺隆在甘蔗上的最大残留限量为 0.05mg/kg。

注意事项

（1）氯吡嘧磺隆活性高，用药量低，必须准确称量。

（2）施药 1h 后下雨，对药效无明显影响，不必重喷。

（3）不推荐玉米苗后与 2,4-滴、2 甲 4 氯等除草剂混用。

226. 环丙嘧磺隆（cyclosulfamuron）

其他名称　金秋、环胺磺隆

主要制剂　10%可湿性粉剂。

毒性　大鼠急性经口 LD_{50}＞5000mg/kg；虹鳟鱼 LC_{50}（96h）＞7.7mg/L；蜜蜂 LD_{50}（24h）＞99μg/只。

作用特点　环丙嘧磺隆能被杂草根和叶吸收，在植株体内迅速传导，阻碍缬氨酸、异亮氨酸、亮氨酸合成，抑制细胞分裂和生长。敏感杂草吸收药剂后，幼芽和根迅速停止生长，幼嫩组织发黄，随后枯死。杂草吸收药剂到死亡需要一个过程。一般一年生杂草 5～15d；多年生杂草要长一些，有时施药后杂草仍呈绿色，多年生杂草虽不死，但已停止生长，失去了与作物竞争的能力。对 ALS 抑制活性（I_{50}，nmol/L），环丙嘧磺隆 0.9，远高于苄嘧磺隆 18.9、氯嘧磺隆 6.9 和咪草烟 11.6。

防治对象　防除雨久花、眼子菜、鸭舌草、节节菜、母草、泽泻、慈姑、陌上菜、尖瓣花、野慈姑、狼把草、水三棱、异型莎草、莎草、牛毛毡、碎米莎草、萤蔺、水绵、小茨藻等一年生和多年生阔叶杂草和莎草科杂草，对禾本科杂草虽有活性，但不能彻底防除，适用于水稻、小麦、大麦和草坪等田中。

使用方法

（1）防除莎草、阔叶杂草及某些禾本科杂草　东北、西北水稻移栽田，插后 7～10d，或直播田播种后 10～15d 施药，每亩用 10％可湿性粉剂 15～20g（有效成分 1.5～2g）。沿海、华南、西南及长江流域，水稻移栽田插后 3～6d，水稻直播田播种后 2～7d，每亩用 10％可湿性粉剂 10～20g（有效成分 1～2g）。防治 2 叶以内的稗草，每亩用 10％可湿性粉剂 30～40g（有效成分 3～4g）。采用毒土法施药，施后稳定水层 2～3cm，保持 5～7d。环丙嘧磺隆施后能迅速吸附于土壤表层，形成非常稳定的药层，稻田漏水、漫灌、串灌、降大雨仍能获得良好的药效。防治多年生莎草科的藨草、日本藨草、扁秆藨草，每亩用 10％可湿性粉剂 40～60g。为防治稗草，可与禾草敌、莎稗磷、丁草胺、环庚草醚、二氯喹啉酸、丙炔噁草酮等混用，一般采用一次性施药。水稻苗后稗草 3 叶期前，每亩用 10％可湿性粉剂 13～17g（有效成分 1.3～1.7g）加 96％禾草敌乳油 100～150mL（有效成分 96～144g），毒土法、毒沙法施药。或在水稻苗后稗草 3～5叶期，用 10％可湿性粉剂 15～20g（有效成分 1.5～2g）加 50％二氯喹啉酸可湿性粉剂 35～40g（有效成分 17.5～20g），施药前 2d 放浅水层或保持田面湿润，喷雾法施药，施药后 2d 放水回田。在北方如黑龙江省因气候原因，两次施药比一次施药效果好。各地可根据自然特点、栽培习惯灵活使用。我国规定环丙嘧磺隆在糙米上的最大残留限量（临时）为 0.1mg/kg。

（2）防除麦田猪殃殃、荠菜、蓝玻璃繁缕、紫堇等阔叶杂草及莎草科杂草　在春季应用效果优于秋季，在春季后期应用效果优于早春。在春季苗后处理时，需用一些植物油作为辅助剂，亩有效用量为 1.6g。在秋季苗后使用，亩有效用量为 5～6.7g。每季1 次。

注意事项

（1）草害严重的地区使用高剂量；当稻田中稗草及多年生杂草或莎草为主要杂草时使用高剂量。

（2）直播稻使用，稻田必须保持潮湿或混浆状态。

（3）无论是移栽稻还是直播稻，保持水层有利于药效发挥，一般施药后保持水层3～5cm，保水 5～7d。

（4）苗前处理对春大麦安全，而苗后处理对大麦则有轻至中度药害。

227. 砜嘧磺隆（rimsulfuron）

其他名称　宝成、玉嘧磺隆
主要制剂　25％水分散粒剂，12％可分散油悬浮剂。

毒性　鼠急性经口 $LD_{50}>5000mg/kg$；鱼急性 LC_{50} 为 $390mg/L$（96h）；蜜蜂急性接触 $LD_{50}>100\mu g/$只（48h）。

作用特点　砜嘧磺隆属磺酰脲类内吸性除草剂，通过抑制植物必需的缬氨酸和异亮氨酸的生物合成从而使细胞分化和植物生长停止。

防治对象　砜嘧磺隆可用于防除玉米田中一年生或多年生禾本科及阔叶杂草，如马唐、稗、阿拉伯高粱、皱叶酸模、反枝苋、苘麻、藜等。

使用方法

（1）防除马铃薯田一年生杂草　在马铃薯田杂草 2～5 叶期，每亩用 25% 砜嘧磺隆水分散粒剂 5～6.7g，对水行间定向喷雾处理。每季最多使用 1 次。

（2）防除烟草田一年生杂草　在烟草移栽后杂草 2～5 叶期，每亩用 25% 砜嘧磺隆水分散粒剂 5～6g，对水行间定向喷雾处理。每季最多使用 1 次。

（3）防除玉米田一年生杂草　在玉米苗后 3～5 叶期，杂草 2～5 叶期，每亩用 25% 砜嘧磺隆水分散粒剂 5～6.7g，对水行间定向喷雾处理。每季最多使用 1 次。最大残留限量为 0.1mg/kg。

（4）混用　可与精喹禾灵、高效氟吡甲禾灵、嗪草酮、莠去津、烯草酮等药剂复配混用。

注意事项

（1）在喷药时，应控制喷头高度，使药液正好覆盖在作物行间，沿行间均匀喷雾。严禁将药液直接喷到烟叶上、马铃薯上及玉米的喇叭口内。

（2）甜玉米、爆裂玉米、黏玉米及制种玉米田不宜使用。

（3）使用该药剂前后 7d 内，禁止使用有机磷农药，避免产生药害。

228. 甲嘧磺隆（sulfometuron-methyl）

其他名称　森草净、嘧磺隆

主要制剂　75% 水分散粒剂，10% 悬浮剂，75% 可湿性粉剂。

毒性　鼠急性经口 $LD_{50}>5000mg/kg$；鱼急性 $LC_{50}>12.5mg/L$（96h）；蜜蜂急性接触 $LD_{50}>100\mu g/$只（48h）。

作用特点　甲嘧磺隆为磺酰脲类内吸传导型芽前、芽后灭生性除草剂，通过抑制乙酰乳酸合成酶（ALS）的活性，使植物体内支链氨基酸合成受阻碍，抑制植物幼芽和根部生长端的细胞分裂，从而阻碍植物生长。植株受药后呈现显著的紫红色并失绿坏死。

防治对象　甲嘧磺隆主要用于林地，如开辟森林防火隔离带，伐木后林地清理，荒地开垦之前，休闲非耕地和荒地除草灭灌。

使用方法

（1）防除林地、非耕地杂草　杂草萌发至 10cm 株高时，每亩用 10% 甲嘧磺隆悬浮剂 250～500mL，每亩对水 50～60kg 茎叶喷雾一次。

（2）防除林地、非耕地杂灌　每亩用 10％甲嘧磺隆悬浮剂 700～2000mL。

（3）防除针叶苗圃杂草　杂草芽前处理，每亩用 10％甲嘧磺隆悬浮剂 70～140g，对水喷雾一次。

（4）可与草甘膦混用，选择天晴时施药。

注意事项

（1）该药禁止同酸性药剂混用。

（2）该药剂禁止在农田施用，严禁药液污染灌溉水渠、池塘。

（3）农作物、观赏植物、绿化落叶树木（如构树、泡桐等）对该药敏感，施药时要防止喷洒液或喷雾滴飘移到这些植物上，中间应有隔离保护带，勿在刮风天喷药。

（4）该药对蜜蜂、鱼类等水生生物、家蚕、鸟类有毒。施药时应避免对周围蜂群的影响，蜜源作物花期、蚕室和桑园附近慎用。应远离水产养殖区施药，避免药液流入河塘等水体中，清洗喷药器械时切忌污染水源。

229. 噻吩磺隆（thifensulfuron）

其他名称　阔叶散、金株、天容、阔收、富宝、宝收、太阳图

主要制剂　15％、20％、25％可湿性粉剂，75％水分散粒剂，75％干悬浮剂。

毒性　鼠急性经口 $LD_{50} > 5000mg/kg$；鱼急性 $LC_{50} > 120mg/L$（96h）；蜜蜂急性接触 $LD_{50} > 100\mu g/$只（48h）。

作用特点　噻吩磺隆属于磺酰脲类选择性内吸传导型除草剂。阔叶杂草经叶面与根系迅速吸收并转移到体内分生组织，抑制缬氨酸和异亮氨酸的生物合成，从而阻止细胞分裂，达到防除杂草的目的。

防治对象　用于小麦、花生、大豆、玉米田防除阔叶杂草，如反枝苋、马齿苋、播娘蒿、猪殃殃、牛繁缕等。

使用方法

（1）防除冬小麦田阔叶杂草　在杂草 2～4 叶期，每亩用 15％噻吩磺隆可湿性粉剂 10～15g 对水茎叶喷雾 1 次。与后茬阔叶作物的安全间隔期为 90d 以上。小麦最大残留限量为 0.05mg/kg。

（2）防除花生田阔叶杂草　花生播后苗前，每亩用 15％噻吩磺隆可湿性粉剂 8～12g 对水土壤喷雾一次。花生仁最大残留限量为 0.05mg/kg。

（3）防除大豆田阔叶杂草　夏大豆，杂草 2～4 叶期，每亩用 75％水分散粒剂 1.8～2.2g 对水茎叶喷雾一次；春大豆播后苗前，每亩用 75％噻吩磺隆水分散粒剂 2～3g 对水土壤喷雾一次。大豆最大残留限量为 0.05mg/kg。

（4）防除玉米田阔叶杂草　夏玉米播后苗前或玉米 3～4 叶期，每亩用 75％噻吩磺

隆水分散粒剂 1.3～2.1g 对水土壤喷雾一次；春玉米播后苗前，每亩用 75％噻吩磺隆水分散粒剂 1.8～2.2g 对水土壤喷雾一次。玉米最大残留限量为 0.05mg/kg。

(5) 混用　可与乙草胺、异丙隆、砜嘧磺隆、苄嘧磺隆、苯磺隆、2,4-滴丁酯等药剂混用。

注意事项

(1) 每季作物最多使用 1 次。

(2) 当作物处于不良环境时（干旱、严寒、土壤水分过饱和及病虫害危害等），不宜施药。

(3) 本品不可与呈碱性的农药等物质混合使用，不能与马拉硫磷等有机磷杀虫剂同时使用。

(4) 对棉花、油菜、豌豆等多种作物敏感，应避免间作或后茬轮作。

230. 苯磺隆（tribenuron-methyl）

其他名称　巨星、巨能、垅清、助锄、旺收、秋硕、喷旺

主要制剂　10％可湿性粉剂，75％水分散粒剂。

毒性　鼠急性经口 LD_{50} ＞5000mg/kg；鱼急性 LC_{50} 为 738mg/L（96h）；蜜蜂急性接触 LD_{50} ＞9.1μg/只（48h）。

作用特点　苯磺隆属磺酰脲类内吸传导型芽后选择性除草剂。可被杂草茎叶、根吸收，并在体内传导。吸收后 10～14d 杂草受到严重抑制作用，心叶逐渐褪绿坏死，一般在冬小麦田药后 30d 杂草逐渐整株枯死。对禾谷类作物有很好的耐药性，在土壤中持效期 30～45d。

防治对象　对一年生阔叶杂草繁缕、荠菜、麦瓶草、麦家公、离子草、猪殃殃、碎米荠、雀舌草、卷茎蓼、泽漆、婆婆纳防效较好。

使用方法

(1) 防除小麦田一年生阔叶杂草　小麦 2 叶至拔节前，杂草 2～4 叶期，冬小麦田每亩用 10％苯磺隆可湿性粉剂 10～15g，春小麦田每亩 12～18g，对水茎叶喷雾一次。小麦籽粒最大残留限量为 0.05mg/kg，下同。

(2) 防除小麦田阔叶杂草　小麦 2 叶至拔节前，杂草 2～4 叶期，冬小麦田每亩用 75％苯磺隆水分散粒剂 0.9～1.7g 对水茎叶喷雾一次。

(3) 混用　可与双氟磺草胺、异丙隆、氯氟吡氧乙酸、2,4-滴丁酯、唑草酮、炔草酯、乙羧氟草醚、苄嘧磺隆、噻吩磺隆等药剂混用。

注意事项

(1) 本品用于冬小麦田时每季最多使用一次，安全间隔期为 90d。

(2) 应选择无风晴天施药，喷洒时注意防止药剂飘移到敏感的阔叶作物上，药后

90d 不可种阔叶作物。

（3）气温适宜（10℃以上）、土壤水分充足等条件下，除草效果最佳；低温条件下施药，药效发挥较缓慢，但不影响最终效果；干旱条件下适当增加对水量，效果更好。

（4）不能超量使用，可结合混土或覆土镇压，以减少药剂损失，提高药效。不可间套种敏感的豆科、瓜类等敏感作物。

（5）赤眼蜂等天敌放飞区禁用。

（6）妥善处理剩余药液，避免污染水源。用过的容器应妥善处理，不可做他用，也不可随意丢弃。

231. 氟唑磺隆（flucarbazone-sodium）

其他名称　彪虎、锄宁、爱利思达

主要制剂　70％水分散粒剂。

毒性　鼠急性经口 LD_{50} > 5000mg/kg；鱼急性 LC_{50} 为 96.7mg/L（96h）。

作用特点　氟唑磺隆属于磺酰脲类内吸传导选择性除草剂，通过抑制杂草体内乙酰乳酸合成酶的活性，破坏杂草正常的生理生化代谢而发挥除草活性。

防治对象　防除小麦田野燕麦、雀麦、狗尾草、看麦娘等禾本科杂草，并能防除多种阔叶杂草。

使用方法

（1）防除小麦田杂草　春小麦田最佳施药时间为春小麦 2～3 叶期，杂草 1～3 叶期，每亩用 70％氟唑磺隆水分散粒剂 2～3g 对水茎叶喷雾一次；冬小麦田最佳施药时间为冬小麦 3 叶至返青期，杂草 2～4 叶期，每亩用 70％氟唑磺隆水分散粒剂 3～4g，对水茎叶喷雾一次。最大允许残留限量为 0.01mg/kg。

（2）混用　可与苯磺隆、2,4-D、2甲4氯、氯氟吡氧乙酸、双氟磺草胺混用。

注意事项

（1）每季最多使用 1 次。

（2）勿在套种或间作大麦、燕麦、十字花科作物、豆类及其他作物的小麦田使用。

（3）使用本品 9 个月后，可以轮作萝卜、大麦、红花、油菜、大豆、菜豆、向日葵、亚麻和马铃薯，11 个月后可种植豌豆，24 个月后可种植小扁豆。后茬不能轮作本标签标注的其他作物，施药时避免药液飘移到邻近作物上。

（4）勿在低温（8℃以下）及干旱等不良气候条件下施药。清洗器具的废水不能排入河流、池塘等水源，废弃物要妥善处理，不能随意丢弃，也不能做他用。

232. 三氟啶磺隆（trifloxysulfuron）

其他名称 英飞特

主要制剂 75％水分散粒剂，10％可湿性粉剂，11％可分散油悬浮剂。

毒性 大鼠急性经口 $LD_{50}>5000mg/kg$；虹鳟鱼急性 $LC_{50}>103mg/L$（96h）；蜜蜂急性经口和接触 $LD_{50}>100\mu g/$只（48h）。

作用特点 内吸性除草剂，易被幼芽和根部吸收，通过木质部和韧皮部传导至地上部、根部和顶端分生组织。通过抑制杂草乙酰乳酸合成酶（ALS）的活性，从而影响支链氨基酸的生物合成而发挥除草效果。易感杂草在几天内出现褪绿现象，生长点坏死，叶脉失绿，植物生长受到严重抑制、矮化，最终全株枯死，在 1～3 周内死亡。棉花的耐受性取决于对其代谢的促进作用和处理叶片对该药剂的低传导性，被棉花植株所吸收的三氟啶磺隆大部分被固定在棉花叶片中不能移动并且被迅速代谢掉。

防治对象 一年生阔叶杂草和部分禾本科杂草，如小飞蓬、苍耳、马齿苋、狗尾草、千金子和稗草等，对莎草科香附子有特效。适用于棉花田、甘蔗田和草坪除草，也可用于园林和赛马场除草。

使用方法

（1）防除棉花田一年生阔叶杂草和部分禾本科杂草 适用于棉花 4 叶期以后至现蕾期，苗后茎叶处理或苗后定向喷雾除草。苗后茎叶处理用量为 $5～7.5g(a.i.)/hm^2$，苗后定向喷雾处理用量为 $10～15g(a.i.)/hm^2$。对苗后早期生长阶段到后期快速生长阶段的杂草均有效。每季 1 次。日本规定三氟啶磺隆在棉花籽中最大残留限量为 0.03mg/kg。

（2）防除甘蔗田一年生阔叶杂草和部分禾本科杂草 对香附子、苍耳、胜红蓟、绿苋、牵牛等有显著效果，对恶性杂草阔叶丰花草也有显著防效。在甘蔗生长期，杂草 3～6 叶期用药，使用剂量为 $22.5～33.75g(a.i.)/hm^2$，均匀喷雾杂草茎叶，施药时注意避免药液接触甘蔗叶片。在禾本科、莎草科和阔叶杂草共生的甘蔗田，宜与防除禾本科杂草的除草剂混用，以扩大杀草谱，提高总体防效。每季 1 次。日本规定三氟啶磺隆在甘蔗中最大残留限量为 0.01mg/kg。

（3）防除香附子、苍耳等一年生阔叶杂草和部分禾本科杂草 钠盐用于草坪和种植园杂草防除，使用剂量为 $22.5～33.75g(a.i.)/hm^2$。

注意事项

（1）如果用于其他作物，需要先进行安全性试验。

（2）在棉花田喷药时，尽量避开棉花心叶。

（3）对部分敏感的棉花品种如 stripper，仅限于在苗后进行定向喷雾处理。

（4）只能用于旱地糖蔗，水田甘蔗、果蔗、套种与间种甘蔗、夏繁与秋繁种苗等甘蔗地不能使用三氟啶磺隆。5月份以后不能使用三氟啶磺隆防除甘蔗田杂草。

（5）要求对甘蔗进行定向茎叶喷雾，避免药液接触甘蔗叶片。

233. 甲氧咪草烟（imazamox）

其他名称　金豆

主要制剂　4%水剂。

毒性　鼠急性经口 $LD_{50}>5000mg/kg$；鱼急性 $LC_{50}>58mg/L$（96h）；蜜蜂急性接触 LD_{50} 为 $122\mu g$/只（48h）。

作用特点　甲氧咪草烟是咪唑啉酮类内吸传导选择性除草剂，茎叶处理后，敏感性杂草会很快变黄，生长也停止，最终导致死亡，或不再有竞争力。

防治对象　用于豆科类作物，能较好地防除及持效控制豆田多种禾本科及阔叶杂草，如狗尾草、野燕麦、稗草、马唐、野黍、异型莎草、碎米莎草、苋、蓼、龙葵、藜、马齿苋、苍耳、荠菜、苘麻、荞麦蔓、鸭跖草等。

使用方法　防除大豆田一年生杂草，在大豆真叶展开至复叶展开，稗草为 2～4 叶期，阔叶杂草为 2～7cm 高时，每亩 4% 甲氧咪草烟水剂 75～83mL，加水 15～30L 茎叶喷雾处理。每季最多使用一次。在大豆中最大残留限量为 0.1mg/kg。

注意事项

（1）本品在土壤中残效期较长，按推荐剂量使用后应合理安排后茬作物。间隔 4 个月后播种冬小麦、春小麦、大麦；12 个月后播种玉米、棉花、谷子、向日葵、烟草、西瓜、马铃薯，移栽稻；18 个月后播种甜菜、油菜（土壤 pH 值≥6.2）。

（2）施药后，作物偶尔会出现暂时矮化，生长点受抑制或褪绿现象，这些现象会在 1～2 周内消失，作物很快恢复正常生长，并不影响产量。

（3）加入 2% 的硫酸铵可提高对杂草的防效。

（4）加入增效剂可增加除草活性，但也可能增加大豆药害。本药剂不可与 YZ-901 混用，能与何种增效剂混用应先小试评价后再用。

（5）在低温或作物长势较弱的情况下，应慎重使用。

234. 甲咪唑烟酸（imazapic）

其他名称　甲基咪草烟、百垄通、高原

主要制剂　240g/L水剂。

毒性　鼠急性经口 $LD_{50}>5000mg/kg$；鱼急性 LC_{50} 为 100mg/L（96h）；蜜蜂急性接触 $LD_{50}>100000\mu g/$只（48h）。

作用特点　甲咪唑烟酸属咪唑啉酮类内吸性除草剂，药物通过根、茎、叶吸收，并在木质部和韧皮部传导，积累于植物分生组织内，抑制植物的乙酰乳酸合成酶，阻碍支链氨基酸的生物合成，从而破坏蛋白质的合成，干扰 DNA 合成及细胞分裂与生长，最终导致植株死亡。

防治对象　花生田一年生杂草。

使用方法　用于花生田防除一年生杂草，在播后苗前或苗后早期用药。苗后早期于禾本科杂草 1～3 叶期或阔叶杂草 2～4 叶期，花生 3～4 片复叶期用药。均匀喷雾，用药量为每亩 20～30mL。在花生仁中最大残留限量为 0.1mg/kg。

注意事项

（1）按照标签推荐剂量使用本品，合理安排后茬作物，仅限于花生和小麦，及甘蔗、花生轮作区使用。水产养殖区、河塘等水体附近禁用，禁止在河塘等水域清洗施药器具。

（2）本品在土壤中残留时间长，推荐剂量使用后，应合理安排后茬作物。间隔 4 个月播种小麦，9 个月播种玉米、大豆、烟草，18 个月播种甜玉米、棉花、大麦，24 个月播种黄瓜、油菜、菠菜，36 个月播种香蕉、番薯等。

（3）每季作物使用本品 1 次。

（4）大风天或 1h 内有降雨，请勿施药。

（5）操作时避免污染水源、溪流、水渠等。

（6）用后的药瓶/罐立即销毁，不可再用。

235. 咪唑烟酸（imazapyr）

其他名称　AC252 925、CL252 925

主要制剂　25％水剂。

毒性　鼠急性经口 $LD_{50}>5000mg/kg$；鱼急性 $LC_{50}>100mg/L$（96h）；蜜蜂急性经口 LD_{50} 为 $0.5\mu g/$只（48h）。

作用特点　咪唑烟酸为咪唑啉酮类灭生性除草剂，能被植物叶片和根吸收，施药后，草本植物 2～4 周内失绿，组织坏死，1 个月内树木幼龄叶片变红或变褐色，一些树种在 3 个月内全部落叶并死亡。

防治对象　非耕地多年生杂草和一年生杂草。

使用方法　防治非耕地多年生杂草和一年生杂草，将 25％咪唑烟酸水剂，采用喷雾的方式施用，每亩用药量为 200～400mL。

注意事项

（1）施药、倒灌及冲洗施药器械的废水不能排入河流、池塘等水源及其他场所。

（2）不要在雨雾或大风气候条件下施药。不要用此药剂处理作物旁边的垄沟等区域。防止药剂飘移至非靶标植物。

（3）不要施药于作为灌溉水的水渠。操作时避免污染水源、溪流、水渠等。

（4）不要施药于那些有可能流入农田的水体，以避免对作物的伤害。

（5）在土壤中持效期可达1年，若用于农田要注意安排好后茬作物。

（6）采用涂抹或注射法可防止落叶树的树桩萌发使不生萌条。

236. 咪唑乙烟酸（imazethapyr）

其他名称　普施特

主要制剂　5％、10％、15％、50g/L、100g/L水剂，70％可湿性粉剂，5％微乳剂，20％、405g/L乳油。

毒性　鼠急性经口 LD_{50} ＞5000mg/kg；鱼急性 LC_{50} 为340mg/L（96h）；蜜蜂急性接触 LD_{50} ＞100μg/只（48h）。

作用特点　咪唑乙烟酸属咪唑啉酮类选择性芽前及早期苗后除草剂。通过根、叶吸收，并在木质部和韧皮部内传导，积累于植物分生组织内，阻止乙酰乳酸合成酶的作用，影响缬氨酸、亮氨酸、异亮氨酸的生物合成，从而使蛋白质合成受阻，使植物生长受抑制而死亡。

防治对象　咪唑乙烟酸杀草谱广，能防除多种一年生、多年生禾本科杂草和阔叶杂草，如稗草、马唐、狗尾草、野高粱、马齿苋、反枝苋、荠菜、藜、酸模叶蓼、苍耳、香薷、曼陀罗、龙葵、苘麻、狼把草、刺儿菜、苣荬菜、3叶期以前的鸭跖草等。

使用方法

（1）防除春大豆田一年生杂草　苗后早期，即大部分杂草在3叶期前或株高小于5cm时施药，每亩施用5％咪唑乙烟酸水剂100～134mL，对水10～20L，进行茎叶喷雾。苗前土壤封闭时，按每亩需药量对水30～40L，选无风天气，全田喷雾。施药后浅混土（2～3cm），镇压，有利于提高药效。每季最多使用一次。在大豆中最大残留限量为0.1mg/kg。

（2）混用　可与氟磺胺草醚、异噁草松、精喹禾灵、灭草松、二甲戊灵等复配混用。

注意事项

（1）本品每季作物最多使用1次。

（2）长期高温干旱地区，空气相对湿度低于65％时，苗后使用可能会影响药效。应在早晚气温低、湿度大时用药。土壤有机质含量高，土质黏重，土壤干旱，宜采用较高药量；土壤有机质含量低，沙质土壤，土壤墒情好，宜采用较低药量。

（3）切勿采用飞机高空喷药或超低容量喷雾器施药。

（4）低洼田块、酸性土壤慎用，该药在土壤中的残效期较长。对药敏感的作物，如白菜、油菜、黄瓜、马铃薯、茄子、辣椒、番茄、甜菜、西瓜、高粱等，均不能在施用咪唑乙烟酸三年内种植。如按推荐剂量处理，后茬可种春小麦、大豆或玉米。

（5）本品对蜂、鸟、鱼、蚕低毒。

237. 咪唑喹啉酸（imazaquin）

其他名称　灭草喹

主要制剂　5％水剂。

毒性　鼠急性经口 $LD_{50}>5000mg/kg$；鱼急性 $LC_{50}>100mg/L$（96h）；蜜蜂急性接触 LD_{50} 为 $100\mu g/$ 只（48h）。

作用特点　该药剂属咪唑啉酮类选择性除草剂，是侧链氨基酸合成抑制剂。通过植株的根和叶吸收，在木质部和韧皮部传导，积累于分生组织中。茎叶处理后，敏感杂草立即停止生长，经 2~4d 后死亡。土壤处理后，杂草顶端分生组织坏死，生长停止，而后死亡。

防治对象　主要用于春大豆田除草，可有效防除反枝苋、蓼、藜、龙葵、苘麻、苍耳等一年生阔叶杂草，对刺儿菜、苣荬菜、鸭跖草也有一定的抑制作用。

使用方法

（1）防除春大豆田阔叶杂草　在东北地区春大豆播后苗前，每亩用 5％咪唑喹啉酸水剂 150~200mL，对水 20~30kg 茎叶喷雾一次。每季最多使用一次。在大豆中最大残留限量为 0.05mg/kg。

（2）混用　可与咪唑乙烟酸复配混用。

注意事项

（1）严格按登记剂量使用，每季最多使用一次。

（2）该药在土壤中的残效期较长，对本品敏感的作物，如白菜、油菜、黄瓜、马铃薯、茄子、辣椒、番茄、甜菜、西瓜、高粱、水稻等，均不能在施用本品三年内种植。

（3）低洼田块、酸性土壤慎用。

（4）远离水产养殖区施药，禁止在河塘等水体中清洗施药器具。

238. 氯酯磺草胺（cloransulam-methyl）

主要制剂 40％、84％水分散粒剂。

毒性 鼠急性经口 $LD_{50}>5000mg/kg$；鱼急性 $LC_{50}>86mg/L$（96h）；蜜蜂急性接触 $LD_{50}>25\mu g/$只（48h）。

作用特点 氯酯磺草胺属磺酰胺类除草剂，经杂草叶片、根吸收，累积于生长点，抑制乙酰乳酸合成酶，影响蛋白质合成，使杂草停止生长，最后枯死。

防治对象 春大豆田阔叶杂草。

使用方法 防除春大豆田一年生阔叶杂草，在春大豆第一片三出复叶后，鸭跖草3～5叶期施药，每亩用水量 15～30L，常规喷雾。每亩施用 40％氯酯磺草胺水分散粒剂 1.6～2g，或每亩施用 84％氯酯磺草胺水分散粒剂 2～2.5g。

注意事项

（1）用药后所有药械必须彻底洗净，以免对其他敏感作物产生药害。

（2）本品仅限于黑龙江、内蒙古地区一年一茬的春大豆田使用。正常推荐剂量下第二年可以安全种植小麦、水稻、玉米（甜玉米除外）、杂豆、马铃薯；不得种植本标签未标明的作物。

（3）如鸭跖草叶龄较大，需在登记规定范围内使用高剂量。

（4）施药时添加适量有机硅助剂、甲基化植物油助剂，可提高干旱条件下的除草效果。

（5）严格按照推荐剂量施用，避免重喷、漏喷、误喷；避免药物飘移到邻近敏感作物田。

（6）施药后大豆叶片可能出现暂时轻微褪色，很快恢复正常，不影响产量。对甜菜、向日葵、马铃薯（12个月）敏感，后茬种植此类敏感作物需慎重。种植油菜、亚麻、甜菜、向日葵、烟草及十字花科蔬菜等，安全间隔期需 24 个月以上。

239. 双氟磺草胺（florasulam）

其他名称 麦施达

主要制剂 10％可湿性粉剂，50g/L 悬浮剂。

毒性 鼠急性经口 LD_{50} 为 5000mg/kg；鱼急性 $LC_{50}>100mg/L$（96h）；蜜蜂急性接触 $LD_{50}>100\mu g/$只（48h）。

作用特点 双氟磺草胺属磺酰胺类除草剂，通过阻止支链氨基酸（如缬氨酸、亮氨酸、异亮氨酸）的生物合成，从而抑制细胞分裂，导致敏感杂草死亡。双氟磺草胺主要由植物的根、茎、叶吸收，经木质部和韧皮部传导至植物的分生组织。主要中毒症状为植株矮化，叶色变黄、变褐，最终导致死亡。

防治对象 可防除麦田猪殃殃、播娘蒿、荠菜、繁缕等多种阔叶杂草。

使用方法

(1) 防除小麦田阔叶杂草　冬小麦苗后，阔叶杂草 3～5 叶期，每亩用 50g/L 双氟磺草胺悬浮剂 5～6mL，对水茎叶喷雾施药 1 次。在小麦中最大残留限量为 0.01mg/kg。

(2) 混用　可与 2,4-滴异辛酯、氟氯吡啶酯、氯氟吡氧乙酸异辛酯、苯磺隆、氟唑磺隆、2 甲 4 氯异辛酯、唑嘧磺草胺等药剂复配混用。

注意事项

(1) 使用前，请先摇匀。悬浮剂易黏附在袋子上，请用水将其洗下再进行二次稀释，力求喷雾均匀。

(2) 每季作物最多使用 1 次。

240. 唑嘧磺草胺（flumetsulam）

其他名称　阔草清、豆草能

主要制剂　80％水分散粒剂，10％悬浮剂。

毒性　鼠急性经口 LD_{50} ＞5000mg/kg；鱼急性 LC_{50} 为 300mg/L（96h）；蜜蜂急性接触 LD_{50} ＞100μg/只（48h）。

作用特点　唑嘧磺草胺属磺酰胺类除草剂，通过抑制支链氨基酸的合成使蛋白质合成受阻，使植物停止生长。

防治对象　春玉米田、大豆田、冬小麦田一年生阔叶杂草。

使用方法

(1) 防治春玉米田一年生阔叶杂草　用 80％唑嘧磺草胺水分散粒剂对水进行土壤喷雾，每亩用药量为 3.75～5g。

(2) 防治大豆田一年生阔叶杂草　用 80％唑嘧磺草胺水分散粒剂对水进行土壤喷雾，每亩用药量为 3.75～5g。

(3) 防治冬小麦田一年生阔叶杂草　用 80％唑嘧磺草胺水分散粒剂对水进行茎叶喷雾，每亩用药量为 1.5～2.5g。在小麦中最大残留限量为 0.01mg/kg。

注意事项

(1) 每季最多使用 1 次。

(2) 正常推荐剂量下后茬可以安全种植玉米、小麦、大麦、水稻、高粱。后茬如果种植油菜、棉花、甜菜、向日葵、马铃薯、亚麻及十字花科蔬菜等敏感作物应隔年；如果种植其他后茬作物，应咨询当地植保部门或生物测定安全通过时方可种植。

(3) 避免污染水塘等水体，不要在水体中清洗施药器具。用过的容器应妥善处理，不可做他用，也不可随意丢弃。

241. 五氟磺草胺（penoxsulam）

其他名称　稻杰

主要制剂　25g/L 可分散油悬浮剂，0.12％颗粒剂，22％悬浮剂。

毒性　鼠急性经口 $LD_{50}>5000mg/kg$；鱼急性 $LC_{50}>100mg/L$（96h）；蜜蜂急性接触 $LD_{50}>100\mu g/$只（48h）。

作用特点　五氟磺草胺属磺酰胺类选择性除草剂，药液经由杂草叶片、叶鞘部或根部吸收，传导至分生组织，造成杂草生长停止，黄化，然后死亡。

防治对象　该药对禾本科杂草、莎草科杂草和阔叶杂草有较好的防效。

使用方法

（1）防除水稻移栽田杂草　稗草 2～3 叶期施药，每亩用 25g/L 五氟磺草胺可分散油悬浮剂 40～80mL，对水茎叶喷雾 1 次，或用 25g/L 五氟磺草胺可分散油悬浮剂 60～100mL，药土法均匀撒施 1 次。茎叶处理时，施药前排田水，使杂草茎叶 2/3 以上露出水面，施药后 1～2d 灌水，保持 3～5cm 水层 5～7d；土壤处理施药时应保有 3～5cm 浅水层。

（2）防除水稻秧田杂草　在稗草 1.5～2.5 叶期，每亩用 25g/L 五氟磺草胺可分散油悬浮剂 33～47mL，对水茎叶喷雾 1 次。在水稻中最大残留限量为 0.05mg/kg（日本）。

（3）混用　该药可与丁草胺、氰氟草酯、氯氟吡氧乙酸、甲基磺草酮、吡嘧磺隆等药剂复配混用。

注意事项

（1）每季最多使用 1 次。在东北、西北秧田，须根据当地示范试验结果使用。

（2）使用毒土法应根据当地示范试验结果。

（3）施药量按稗草密度和叶龄确定，稗草密度大、草龄大，使用上限用药量。

242. 啶磺草胺（pyroxsulam）

主要制剂　7.5%水分散粒剂，4%可分散油悬浮剂。

毒性　鼠急性经口 LD_{50} >2000mg/kg；鱼急性 LC_{50} >87mg/L（96h）；蜜蜂急性接触 LD_{50} >100μg/只（48h）。

作用特点　啶磺草胺属磺酰胺类除草剂，药物由杂草叶片、鞘部、茎部或根部吸收，在生长点累积，抑制乙酰乳酸合成酶，使无法合成支链氨基酸，进而影响蛋白质合成，最终影响杂草的细胞分裂，造成杂草停止生长，黄化，然后死亡。

防治对象　小麦田一年生杂草。

使用方法

(1) 防除小麦田一年生杂草　将4%啶磺草胺可分散油悬浮剂采用茎叶喷雾的方式施用，每亩用药量为20~25mL。

(2) 防除冬小麦田一年生杂草　在冬前或早春施用，7.5%啶磺草胺水分散粒剂采用茎叶喷雾的方式施用，每亩用药量为9.4~12.5g。麦苗4~6叶期，一年生禾本科杂草2.5~5叶期，杂草出齐后用药越早越好，用水量30L，茎叶均匀喷雾。小麦起身拔节后不得施用。

注意事项

(1) 在冬麦区建议，啶磺草胺冬前茎叶处理使用正常用量（每亩20~25mL），3个月后可种植小麦、大麦、燕麦、玉米、大豆、水稻、棉花、花生、西瓜等作物，6个月后可种植番茄、小白菜、油菜、甜菜、马铃薯、苜蓿、三叶草等作物，如果种植其他后茬作物，事前应先进行安全性测试，测试通过后方可种植。

(2) 不宜在霜冻低温（最低气温低于2℃）等恶劣天气前后施药，不宜在遭受干旱、涝害、冻害、盐害、病害及营养不良的麦田施用本剂，施用前后2d内也不可大水漫灌麦田。

(3) 施药后麦苗有时会出现临时性黄化或蹲苗现象，正常使用条件下小麦返青后黄化消失，一般不影响产量。请勿在制种田施用本剂。

(4) 施药后杂草即停止生长，一般2~4周后死亡；干旱、低温时杂草枯死速度稍慢；施药1h后降雨不显著影响药效。

243. 双氯磺草胺（diclosulam）

主要制剂　84%水分散粒剂。

毒性　大鼠急性经口 LD_{50} >5000mg/kg；虹鳟鱼急性 LC_{50}（96h）>110mg/L；蜜蜂急性接触 LD_{50}（48h）>25μg/只。

作用特点　通过根和叶吸收，并转移到新生长点，在分生组织内积累，阻止细胞分裂，导致植株死亡，很少量的双氯磺草胺积累在植物根部。当双氯磺草胺在分生组织中的含量累积至致死量时，则药剂会发挥效应阻止细胞分裂，导致植物死亡。主要活性部位在植物分生组织的叶绿体内，选择性归因于大豆和花生内的有限输导及迅速代谢成无活性物质，在大豆植株中半衰期为3h。

防治对象　一年生阔叶杂草，适用于大豆和花生田苗前、种植前土壤处理。

使用方法

（1）防除大豆田一年生阔叶杂草　使用剂量为26～35g(a.i.)/hm²，每季1次。日本规定干大豆中双氯磺草胺的最大残留限量为0.02mg/kg。

（2）防除花生田一年生阔叶杂草　使用剂量为17.5～26g(a.i.)/hm²，每季1次。日本规定干花生中双氯磺草胺的最大残留限量为0.02mg/kg。

244. 双草醚（bispyribac-sodium）

其他名称　农美利

主要制剂　10％、40％、100g/L、400g/L悬浮剂，20％、40％可湿性粉剂。

毒性　鼠急性经口LD_{50}为2635mg/kg；鱼急性LC_{50}＞95mg/L（96h）；蜜蜂急性接触LD_{50}＞200μg/只（48h）。

作用特点　双草醚属嘧啶水杨酸类除草剂，施药后能很快被杂草的茎叶吸收，并传导至整个植株，抑制植物分生组织生长，从而杀死杂草。

防治对象　双草醚可防除稻田稗草及其他禾本科杂草，兼治多数阔叶杂草和某些莎草科杂草，如稗草、双穗雀稗、稻李氏禾、马唐、看麦娘、狼把草、异型莎草、日照飘拂草、碎米莎草、萤蔺、花蔺、鸭舌草、雨久花、野慈姑、泽泻、牛毛毡、节节菜等稻田常见杂草。

使用方法

（1）防除水稻田杂草　在水稻5叶期后，稗草3～4叶期，南方地区每亩用100g/L双草醚悬浮剂15～20mL，北方地区每亩用100g/L双草醚悬浮剂20～25mL，对水茎叶喷雾1次。施药前排干田水，施药后1～2d覆水，保持3～5cm浅水层。每季最多使用1次。在水稻中最大残留限量为0.1mg/kg（日本）。

（2）混用　可与二氯喹啉酸、苄嘧磺隆、吡嘧磺隆等药剂复配混用。

注意事项

（1）施药2d后，覆水3～5cm或保持湿润状态。

（2）大风天或预计1h内有降雨，请勿使用。

（3）施药时避免药液飘移到邻近作物上，以免产生药害。

245. 嘧啶肟草醚（pyribenzoxim）

其他名称　韩乐天

主要制剂　5%乳油。

毒性　鼠急性经口 $LD_{50}>5000mg/kg$；鱼急性 LC_{50} 为 $100mg/L$（96h）。

作用特点　嘧啶肟草醚属嘧啶水杨酸类除草剂，可被植物的茎叶吸收，在体内传导，抑制敏感植物氨基酸的合成。敏感杂草吸收药后，幼芽和根停止生长，幼嫩组织如心叶发黄，随后整株枯死。

使用方法

（1）防除水稻直播田、水稻移栽田稗草和阔叶杂草　在水稻田杂草 2～5 叶期，南方地区每亩用 5%嘧啶肟草醚乳油 40～50mL，北方地区每亩用 5%嘧啶肟草醚乳油 50～60mL，对水茎叶喷雾 1 次。水稻中最大残留限量为 0.1mg/kg（美国）。

（2）混用　可与丙草胺、氰氟草酯复配混用。

注意事项

（1）施药前排干田水，露出杂草，施药后 1～2d 灌浅水层，保水 5～7d。

（2）对粳稻处理后有时会出现轻微的叶片发黄现象，但 1 周后迅速恢复，不影响水稻分蘖和产量。

（3）处理 4～7d 后见效果，避免重复施药。

246. 嘧草醚（pyriminobac-methyl）

其他名称　必利必能

主要制剂　10％可湿性粉剂。

毒性　鼠急性经口 LD_{50}＞5000mg/kg；鱼急性 LC_{50}＞21.2mg/L（96h）；蜜蜂急性接触 LD_{50}＞200μg/只（48h）。

作用特点　嘧草醚属嘧啶水杨酸类内吸传导选择性除草剂，它可以通过杂草的茎、叶和根吸收，并迅速传导至全株，抑制乙酰乳酸合成酶（ALS）的活性，从而抑制氨基酸的生物合成，抑制和阻碍杂草体内的细胞分裂，使杂草停止生长，最终使杂草白化而枯死。

防治对象　防除水稻田稗草。

使用方法　防除水稻直播田和移栽田杂草，在稗草 3 叶期前，每亩用 10％嘧草醚可湿性粉剂 20～30g，混药土撒施 1 次。施药时田间有浅水层，药后保水 5～7d。在水稻中最大残留限量为 0.05mg/kg（日本）。

注意事项

（1）禁止与其他农药混用。

（2）只适用于水稻，禁止使用在其他作物上。

247. 环酯草醚（pyriftalid）

主要制剂　24.3％悬浮剂。

毒性　鼠急性经口 LD_{50}＞5000mg/kg；鱼急性 LC_{50} 为 81mg/L（96h）；蜜蜂急性接触 LD_{50}＞100μg/只（48h）。

作用特点　环酯草醚属嘧啶水杨酸类除草剂，可被植物茎叶或根尖所吸收，并快速向其他部位传导，通过抑制植物的乙酰乳酸合成酶的合成而导致支链氨基酸的合成受阻，从而实现对杂草的防治。一般施药 3～5d 后，即可用肉眼观测到一定防效，但靶标杂草一般要在 21d 左右才能完全死亡。

防治对象　用于水稻移栽田，防除一年生禾本科、莎草科及部分阔叶杂草。

使用方法　防除水稻移栽田杂草，在水稻移栽后 5～7d，杂草 2～3 叶期（稗草 2 叶期前），每亩用 24.3％环酯草醚悬浮剂 50～80mL，对水茎叶喷雾 1 次。施药前一天排干田水，施药后 1～2d 覆水 3～5cm，保持 5～7d。

注意事项

（1）仅限用于南方移栽水稻田的杂草防除。

（2）宜较早施药，施药时避免雾滴飘移至邻近作物。

（3）每季作物最多使用 1 次。

248. 嘧草硫醚（pyrithiobac-sodium）

其他名称　嘧硫草醚

主要制剂　10%、80%可湿性粉剂，10%水剂，10%水分散粒剂。

毒性　大鼠急性经口 LD_{50}：雄性 3300mg/kg，雌性 3200mg/kg；虹鳟鱼急性 LC_{50}（96h）>1000mg/L；蜜蜂急性接触 LD_{50}>25μg/只。

作用特点　通过阻止杂草氨基酸的生物合成而起作用，初步症状为生长停止并变黄，接着终端组织坏死，最后死亡。对棉花安全，基于其在棉花植株中的快速降解。

防治对象　防除一年生和多年生禾本科杂草及大多数阔叶杂草，对难除杂草如牵牛、苍耳、苘麻、刺黄花稔、田普、阿拉伯高粱等都有很好的防除效果。适用于棉花田苗前苗后除草，土壤处理和茎叶处理均可。

使用方法　防除一年生和多年生禾本科杂草及大多数阔叶杂草，适用于棉花田苗前苗后除草。苗后除草，包括番薯属、苍耳属和苋科杂草，使用剂量为 40～105g(a.i.)/hm²。苗期除草，包括苋科杂草、刺黄花稔和苘麻，使用剂量为 40～105g(a.i.)/hm²。每季 1次。澳大利亚规定嘧草硫醚在棉籽中最大残留限量为 0.01mg/kg。

注意事项　苗后需同表面活性剂一起使用。

二、乙酰辅酶 A 羧化酶抑制剂

（1）作用机制　乙酰辅酶 A 羧化酶（ACCase）催化脂肪酸合成中第一步。据推测，ACCase 抑制剂类除草剂通过阻碍用于构建细胞生长所需新膜的磷脂的生成，从而抑制脂肪酸合成。由于对 ACCase 的不敏感性，阔叶杂草对环己烯酮和芳氧苯氧丙酸类除草剂具有天然抗性。类似地，一些杂草存在自然耐受，也是由于对 ACCase 缺乏敏感性。如今，已经提出了另一种作用机制——破坏细胞膜的电化学势，但对于这一假设仍存在疑问。

（2）化学结构类型　芳氧苯氧丙酸酯类、环己烯酮类和新苯基吡唑啉类。

（3）通性　为内吸传导型除草剂，以茎叶处理为主，该类除草剂具有高度的选择性，仅对禾本科杂草有效，而对阔叶杂草无效；在环境中降解速度快；较难淋溶；对哺乳动物毒性低；芳氧苯氧丙酸酯类和环己烯酮类由植物体的叶片和叶鞘吸收，韧皮部传导，积累于植物体的分生组织内；杂草对芳氧苯氧丙酸酯类药剂容易产生抗药性。

249. 烯草酮（clethodim）

其他名称　赛乐特、收乐通

主要制剂　35％、240g/L、120g/L 乳油。

毒性　鼠急性经口 $LD_{50}>1133mg/kg$；鱼急性 LC_{50} 为 $25mg/L$（96h）；蜜蜂急性接触 $LD_{50}>51\mu g/$只（48h）。

作用特点　烯草酮属环己烯酮类除草剂，通过抑制支链脂肪酸和黄酮类化合物的生物合成而起作用，破坏细胞分裂，抑制植物分生组织的活性，使植物干枯死亡。

防治对象　大豆田一年生禾本科杂草。

使用方法　防除大豆田一年生禾本科杂草，将 35％烯草酮乳油采用茎叶喷雾的方式施用，每亩用药量为 20～40mL。或用 120g/L 烯草酮乳油，每亩用药量为 35～40mL。在大豆中最大残留限量为 0.1mg/kg。

注意事项

（1）产品在大豆作物上每个作物周期的最多使用次数为 1 次。

（2）本品应于大豆出苗后 1～2 片复叶期，一年生禾本科杂草 3～5 叶期施药，注意喷雾均匀周到，最多用药 1 次。

（3）本品对小麦、大麦、高粱、玉米、水稻、谷子等禾本科作物敏感，施药时应避免药液飘移到邻近作物上，以防产生药害。

（4）大风天或预计 6h 内降雨，请勿施药。

（5）本品对蜜蜂、鱼类等水生生物、家蚕有毒。施药时应避免对周围蜂群的影响，开花植物花期、蚕室和桑园附近禁用。远离水产养殖区施药，应避免药液流入河塘等水体中，清洗喷药器械时切忌污染水源。

250. 吡喃草酮（tepraloxydim）

其他名称　快灭净、快捕净

主要制剂　5％、20％乳油。

毒性　大鼠急性经口 $LD_{50}>2200mg/kg$；鳟鱼急性 LC_{50}（96h）$>100mg/L$；蜜蜂

急性经口 LD$_{50}$＞200μg/只。

作用特点　属于内吸传导型乙酰辅酶 A 羧化酶（ACCase）抑制剂，茎叶处理后迅速被植株吸收和转移，传导至整个植株生长点，积累于植物分生组织，抑制植物体内ACCase，导致脂肪酸合成受阻从而抑制新芽的生长，杂草先失绿，后变色，于 2～4 周内完全枯死。

防治对象　防除一年生和多年生禾本科杂草，如早熟禾、阿拉伯高粱、狗牙根、马兰草等以及自生的小粒谷物（如玉米），主要用于大豆、棉花、油菜、甜菜等阔叶作物田。

使用方法　防除一年生和多年生禾本科杂草，适用于阔叶作物（如大豆、棉花、油菜、甜菜等）苗后喷雾处理，使用剂量为 50～100g(a.i.)/hm^2。每季 1 次。日本规定其在大米（糙米）、其他谷物、白菜、菜花上的最大残留限量为 0.01mg/kg。

注意事项　在土壤中极易降解，不适合土壤处理。

251. 肟草酮（tralkoxydim）

其他名称　苯草酮、三甲苯草酮

主要制剂　40％、80％水分散粒剂，40％悬浮剂，10％乳油。

毒性　大鼠急性经口 LD$_{50}$：雄性 1258mg/kg，雌性 934mg/kg；鲫鱼急性 LC$_{50}$（96h）＞100mg/L；蜜蜂急性经口 LD$_{50}$＞54μg/只。

作用特点　选择性内吸性除草剂，被叶片吸收，在韧皮部向顶传导到生长点，抑制新芽的生长，杂草先失绿，后变色，一般 3～4 周内完全枯死。

防治对象　防除燕麦属、黑麦草属、狗尾草、看麦娘和知风草等一年生杂草，主要用于小麦和大麦苗后处理。

使用方法　防除燕麦属、黑麦草属、狗尾草、看麦娘和知风草等一年生杂草，适用于小麦和大麦田苗后喷雾处理，使用剂量为 150～350g(a.i.)/hm^2，以 200～350g(a.i.)/hm^2 防除野燕麦的效果优于推荐剂量下禾草灵的效果，几乎可以彻底防除分蘖终期以前的野燕麦，抑制期可延至拔节期，可与许多阔叶杂草除草剂混用。每季 1 次，日本规定其在小麦、大麦和大米（糙米）上的最大残留限量为 0.02mg/kg。

注意事项　叶面喷雾使用需要 1h 内无雨，需添加 0.1％～0.5％表面活性剂。

252. 炔草酯（clodinafop-propargyl）

其他名称 麦极

主要制剂 15％、20％可湿性粉剂，8％乳油，15％微乳剂，8％可分散油悬浮剂。

毒性 鼠急性经口 LD_{50} 为 1392mg/kg；鱼急性 LC_{50} 为 0.21mg/L（96h）；蜜蜂急性接触 LD_{50} 为 40.9μg/只（48h）。

作用特点 炔草酯属芳氧苯氧丙酸酯类内吸传导型除草剂，由植物体的叶片和叶鞘吸收，韧皮部传导，积累于植物体的分生组织内，抑制乙酰辅酶 A 羧化酶的活性，使脂肪酸合成停止，导致细胞的生长分裂不能正常进行，破坏膜系统等含脂结构，最后导致植物死亡。从炔草酯被吸收到杂草死亡比较缓慢，一般需要 1～3 周。

防治对象 主要用于小麦田防除野燕麦、看麦娘、硬草、茵草等禾本科杂草。

使用方法

（1）防除小麦田禾本科杂草 小麦苗期，杂草 2～5 叶期，春小麦田每亩用 15％炔草酯可湿性粉剂 13.3～20g；冬小麦田每亩用 15％炔草酯可湿性粉剂 20～30g，对水茎叶喷雾 1 次。最大残留限量为 0.1mg/kg。

（2）混用 可与乙羧氟草醚、苄嘧磺隆、唑啉草酯、唑草酮、苯磺隆等药剂复配混用。

注意事项

（1）每季最多使用 1 次。

（2）不建议与阔叶草除草剂混用。

（3）本品为芳氧苯氧丙酸酯类除草剂，建议与其他作用机制不同的除草剂轮换使用。

（4）本品对蜜蜂、鱼类等水生生物、家蚕、鸟类有毒。施药时应避免对周围蜂群的影响。开花植物花期、蚕室和桑园附近、鸟类保护区附近禁用。远离水产养殖区施药，应避免药液流入河塘等水体中，清洗喷药器械时切忌污染水源。赤眼蜂等天敌放飞区域禁用。

253. 氰氟草酯（cyhalofop-butyl）

其他名称 千金

主要制剂 10％、15％、20％、25％、100g/L 水乳剂，10％、15％、20％、100g/L 乳油，10％、20％、30％可分散油悬浮剂。

毒性 鼠急性经口 LD_{50}＞5000mg/kg；鱼急性 LC_{50} 为 0.79mg/L（96h）；蜜蜂急性接触 LD_{50}＞100μg/只（48h）。

作用特点 该药剂属于芳氧苯氧丙酸酯类除草剂，具有内吸传导性。由植物体的叶片和叶鞘吸收，韧皮部传导，积累于植物的分生组织区，抑制乙酰辅酶 A 羧化酶的活性，使脂肪酸合成停止，导致细胞的生长分裂不能正常进行，破坏膜系统等含脂结构，最后导致植物死亡。从氰氟草酯被吸收到杂草死亡比较缓慢，一般需要 1～3 周。

防治对象 用于水稻田防除千金子、稗草等禾本科杂草，对莎草科杂草无效。

使用方法

（1）防除水稻直播田禾本科杂草 在稻苗 3～4 期时，禾本科杂草 2～3 叶期，每亩用 100g/L 氰氟草酯乳油 50～70mL。施药前排干田水，使杂草茎叶 2/3 以上露出水面，采用喷雾法对杂草茎叶均匀喷雾。药后 2d 灌水，水深以不淹没稻苗心叶为准，保持浅水层 3～5d。干燥情况或防治大龄杂草时应使用核准剂量的高剂量。最大残留限量为 0.1mg/kg。

（2）防除水稻秧田禾本科杂草 水稻田稗草 1.5～2.5 叶期，每亩用 100g/L 氰氟草酯乳油 50～70mL，对水茎叶喷雾 1 次。

（3）混用 可与精噁唑禾草灵、嘧啶肟草醚、二氯喹啉酸等药剂复配混用。

注意事项

（1）每季最多使用 1 次，不可与阔叶草除草剂混用。如需防除阔叶草及莎草科杂草，最好施用氰氟草酯 7d 后再施用防阔叶杂草除草剂。

（2）氰氟草酯为茎叶处理剂，不可用作土壤处理。

（3）该药剂对鱼类等水生生物有毒，应远离水产养殖区施药。

254. 精喹禾灵（quizalofop-P-ethyl）

其他名称 精禾草克

主要制剂 5％、10％、15％、20％乳油，8％微乳剂。

毒性 鼠急性经口 LD_{50}＞1182mg/kg；鱼急性 LC_{50} 为 0.21mg/L（96h）；蜜蜂急性接触 LD_{50}＞100μg/只（48h）。

作用特点 精喹禾灵属芳氧苯氧丙酸酯类除草剂，是在合成喹禾灵的过程中去除了非活性的光学异构体后的改良药剂。通过杂草茎叶吸收，在植物体内向上和向下双向传导，积累在顶端和居间分生组织，抑制细胞脂肪酸合成，使杂草坏死。

防治对象 精喹禾灵适用于大豆、棉花、油菜、花生等作物地，防治禾本科杂草，如稗草、牛筋草、马唐、狗尾草、看麦娘、画眉草等，对狗牙根、白茅、芦苇等多年生禾本科杂草也有效。

使用方法

（1）防除大豆田禾本科杂草 大豆出苗后，一年生禾本科杂草 3～5 叶期，春大豆田每亩用 5％精喹禾灵乳油 60～100mL，夏大豆田每亩用 5％精喹禾灵乳油 50～80mL，对水茎叶喷雾 1 次。最大残留限量为 0.1mg/kg。

（2）防除油菜田禾本科杂草 禾本科杂草 3～5 叶期，每亩用 5％精喹禾灵乳油 50～80mL，对水茎叶喷雾 1 次。最大残留限量为 0.1mg/kg。

（3）防除花生田禾本科杂草 禾本科杂草 3～5 叶期，每亩用 5％精喹禾灵乳油

40～60mL，对水茎叶喷雾 1 次。最大残留限量为 0.1mg/kg。

（4）防除棉花田禾本科杂草　禾本科杂草 3～5 叶期，每亩用 5％精喹禾灵乳油 40～60mL，对水茎叶喷雾 1 次。最大残留限量为 0.05mg/kg。

（5）防除西瓜田禾本科杂草　禾本科杂草 3～5 叶期，每亩用 5％精喹禾灵乳油 50～60mL，对水茎叶喷雾 1 次。最大残留限量为 0.05mg/kg（日本）。

（6）防除芝麻田禾本科杂草　禾本科杂草 3～5 叶期，每亩用 5％精喹禾灵乳油 50～60mL，对水茎叶喷雾 1 次。最大残留限量为 0.05mg/kg（日本）。

（7）防除甜菜田禾本科杂草　禾本科杂草 3～5 叶期，每亩用 5％精喹禾灵乳油 80～100mL，对水茎叶喷雾 1 次。最大残留限量为 0.1mg/kg。

（8）混用　可与草除灵、氟磺胺草醚、砜嘧磺隆、异噁草松、灭草松等复配混用。

注意事项

（1）在干旱条件下使用，某些作物如大豆有时会出现轻微药害，但能很快恢复生长，对产量无不良影响。干旱及杂草生长缓慢情况下，可以使用推荐剂量上限。

（2）禾本科作物对该药敏感，喷药时切勿喷到邻近水稻、玉米、大麦、小麦等禾本科作物上以免产生药害。间、套有禾本科作物的夏大豆田不能使用。

（3）对莎草科杂草和阔叶杂草无效。

（4）该药剂不可与呈碱性的农药等物质混合使用。

255. 高效氟吡甲禾灵（haloxyfop-P-methyl）

其他名称　高效盖草能

主要制剂　108g/L、158g/L、10.8％、22％乳油，17％微乳剂。

毒性　鼠急性经口 $LD_{50} \geqslant 300mg/kg$；鱼急性 LC_{50} 为 0.088mg/L（96h）；蜜蜂急性接触 $LD_{50} > 100\mu g/$只（48h）。

作用特点　高效氟吡甲禾灵属芳氧苯氧丙酸酯类内吸传导型除草剂，由叶片、茎秆和根系吸收，在植物体内抑制脂肪酸的合成，使细胞分裂生长停止，破坏细胞膜含脂结构，导致杂草死亡。受药杂草一般在 48h 后可见受害症状。

使用方法

（1）防除大豆田禾本科杂草　在大豆苗后 2～4 片复叶，一年生禾本科杂草 3～5 叶期，每亩用 108g/L 高效氟吡甲禾灵乳油 25～45mL，对水茎叶喷雾 1 次；防除芦苇时，每亩用 60～90mL，对水茎叶喷雾 1 次。最大残留限量为 0.1mg/kg。

（2）防除棉花田禾本科杂草　直播棉田、移栽棉田一年生禾本科杂草 3～5 叶期，每亩用 108g/L 高效氟吡甲禾灵乳油 25～30mL，对水茎叶喷雾 1 次；防除芦苇时，每亩用 60～90mL，对水茎叶喷雾 1 次。最大残留限量为 0.2mg/kg。

（3）防除马铃薯田禾本科杂草　一年生禾本科杂草 3～5 叶期，每亩用 108g/L 高效氟吡甲禾灵乳油 35～50mL，对水茎叶喷雾 1 次。

（4）防除油菜田禾本科杂草　直播油菜田、移栽油菜田一年生禾本科杂草 3～5 叶期，每亩用 108g/L 高效氟吡甲禾灵乳油 20～30mL，对水茎叶喷雾 1 次。最大残留限量为 1mg/kg。

（5）防除花生田禾本科杂草　在花生苗后 2～4 片复叶，一年生禾本科杂草 3～5 叶期，每亩用 108g/L 高效氟吡甲禾灵乳油 20～30mL，对水茎叶喷雾 1 次。最大残留限量为 0.1mg/kg。

（6）防除甘蓝田禾本科杂草　甘蓝田一年生禾本科杂草 3～5 叶期，每亩用 108g/L 高效氟吡甲禾灵乳油 30～40mL，对水茎叶喷雾 1 次。最大残留限量为 0.2mg/kg。

（7）防除西瓜田禾本科杂草　一年生禾本科杂草 3～5 叶期，每亩用 108g/L 高效氟吡甲禾灵乳油 30～40mL，对水茎叶喷雾 1 次。

（8）混用　可与氟磺胺草醚、异噁草松、烯草酮、砜嘧磺隆等药剂复配混用。

注意事项

（1）在大豆、棉花上最多施药次数为 1 次。

（2）大风天或预计 4h 内下雨，不宜施药。

（3）避免药雾飘移到玉米、小麦和水稻等禾本科作物上，以防产生药害。

（4）避免药液流入池塘、河流、湖泊，以防毒死鱼、虾，污染水源。

（5）该药剂对家禽有毒，使用时应注意。

256. 精吡氟禾草灵（fluazifop-P-butyl）

其他名称　精稳杀得

主要制剂　15%、150g/L 乳油。

毒性　鼠急性经口 LD_{50}＞2451mg/kg；鱼急性 LC_{50}＞1.41mg/L（96h）；蜜蜂急性接触 LD_{50}＞200μg/只（48h）。

作用特点　精吡氟禾草灵属芳氧苯氧丙酸酯类内吸传导型茎叶处理除草剂，具有优良的选择性。对禾本科杂草有很强的杀伤作用，对阔叶作物安全。杂草吸收药剂的部位主要是茎和叶，但施入土壤中的药剂也能被根部吸收。进入植物体内的药剂成酸的形态，经筛管和导管传导到生长点及节间分生组织，干扰植物的 ATP 的产生和传递（三羧酸循环），破坏光合作用并抑制禾本科植物的茎节、根、茎和芽的细胞分裂，阻止其生长。

防治对象　精吡氟禾草灵适用于油菜、花生、大豆、西瓜、棉花等作物，可防除看麦娘、日本看麦娘、野燕麦、狗尾草、马唐、千金子、稗草、牛筋草等一年生禾本科杂草。

使用方法

（1）防除油菜田禾本科杂草　在油菜田禾本科杂草 1～1.5 个分蘖时，每亩用 15%

精吡氟禾草灵乳油 50～67mL，对水茎叶喷雾施药 1 次，每季最多使用 1 次。最大残留限量为 0.5mg/kg（日本）。

（2）防除大豆田禾本科杂草　在大豆 2～3 叶期，禾本科杂草 3～5 叶期，每亩用 15％精吡氟禾草灵乳油 50～67mL，对水茎叶喷雾施药 1 次，每季最多使用 1 次。防除芦苇时，在草高 20～50cm 时，每亩用 15％精吡氟禾草灵乳油 83～130mL，对水茎叶喷雾施药 1 次，每季最多使用 1 次。大豆中最大残留限量为 0.5mg/kg。

（3）防除花生田禾本科杂草　在花生 2～3 片复叶，禾本科杂草 3～5 叶期，每亩用 15％精吡氟禾草灵乳油 50～67mL，对水茎叶喷雾施药 1 次，每季最多使用 1 次。最大残留限量为 0.1mg/kg。

（4）防除棉花田禾本科杂草　在棉花田禾本科杂草 3～5 叶期，每亩用 15％精吡氟禾草灵乳油 40～67mL，对水茎叶喷雾施药 1 次，每季最多使用 1 次。最大残留限量为 0.1mg/kg。

（5）防除西瓜田禾本科杂草　在西瓜田禾本科杂草 3～5 叶期，每亩用 15％精吡氟禾草灵乳油 50～67mL，对水茎叶喷雾施药 1 次，每季最多使用 1 次。最大残留限量为 0.1mg/kg（日本）。

（6）混用　可与草甘膦、氟磺胺草醚、异噁草松等复配混用。

注意事项

（1）该药剂每季最多使用 1 次。

（2）玉米、水稻和小麦等禾本科作物对该药剂敏感，施药时应避免药雾飘移到上述作物上。与禾本科作物间、混、套种的田块不能使用。

（3）该药剂对鱼类等水生生物有毒，应远离水产养殖区施药，禁止在河塘等水体中清洗施药工具。

257. 精噁唑禾草灵（fenoxaprop-P-ethyl）

其他名称　威霸、骠马（含安全剂）

主要制剂　10.8％、7.5％、6.9％、6.5％、69g/L 水乳剂，10％、80.5g/L、100g/L 乳油。

毒性　鼠急性经口 $LD_{50} > 3150mg/kg$；鱼急性 LC_{50} 为 0.19mg/L（96h）；蜜蜂急性接触 $LD_{50} > 36.4\mu g/$ 只（48h）。

作用特点　精噁唑禾草灵属芳氧苯氧丙酸酯类选择性内吸传导型芽后茎叶处理剂。被叶、茎吸收后传导到叶基、节间分生组织和根的生长点，迅速转变成苯氧基游离酸，抑制脂肪酸生物合成，损坏杂草生长点和分生组织。施药 2～3d 内杂草停止生长，5～7 心叶失绿变紫，分生组织变褐，随后分蘖基部坏死，叶部变紫逐渐死亡。在耐药性作物中精噁唑禾草灵则会被分解成无活性的代谢物而解毒。

防治对象　未加安全剂的产品适用于大豆、花生、油菜、棉花等阔叶作物田防除稗草、马唐、狗尾草等禾本科杂草；有效成分中加入安全剂的产品，可用于小麦田防除看麦娘、日本看麦娘、野燕麦等禾本科杂草。

使用方法

（1）防除油菜田禾本科杂草　在油菜 3～5 叶期，一年生禾本科杂草 3～5 叶期，冬油菜田每亩用 69g/L 精噁唑禾草灵水乳剂 40～50mL，春油菜田每亩用 69g/L 精噁唑禾草灵水乳剂 50～60mL，对水茎叶喷雾 1 次。最大残留限量为 0.5mg/kg。

（2）防除大豆田禾本科杂草　在大豆 2～3 片复叶，一年生禾本科杂草 2 叶期至分蘖期，夏大豆每亩用 69g/L 精噁唑禾草灵水乳剂 50～60mL，春大豆田每亩用 69g/L 精噁唑禾草灵水乳剂 60～80mL，对水茎叶喷雾 1 次。最大残留限量为 0.1mg/kg（日本）。

（3）防除花生田禾本科杂草　在花生 2～3 叶期，一年生禾本科杂草 3～5 叶期，每亩用 69g/L 精噁唑禾草灵水乳剂 45～60mL，对水茎叶喷雾 1 次。最大残留限量为 0.1mg/kg。

（4）防除棉花田禾本科杂草　在直播棉田或移栽棉田，一年生禾本科杂草 2 叶期至分蘖期，每亩用 69g/L 精噁唑禾草灵水乳剂 50～60mL，对水茎叶喷雾 1 次。最大残留限量为 0.02mg/kg。

（5）防除小麦田禾本科杂草　在冬小麦田看麦娘等一年生禾本科杂草 2 叶期至分蘖期，每亩用 69g/L 精噁唑禾草灵水乳剂 40～50mL，对水茎叶喷雾 1 次。晚播麦田在第二年麦苗返青至拔节前施药。在春小麦 3 叶期至分蘖期，每亩用 69g/L 精噁唑禾草灵水乳剂 50～60mL，对水茎叶喷雾 1 次。最大残留限量为 0.1mg/kg。

（6）混用　可与草除灵、氰氟草酯、异丙隆等药剂复配混用。

注意事项

（1）不含安全剂的制剂不能用于小麦田。冬后施药可能造成个别小麦品种叶片暂时性失绿现象。

（2）有效成分在土壤中的半衰期小于 1d；在一般水体中半衰期为 13～20d，在含厌氧微生物的水体中半衰期为 4～9d。

（3）小麦田一季最多使用 1 次。

（4）该药剂在平均气温低于 5℃ 时使用效果不佳。

258. 喹禾糠酯（quizalofop-P-tefuryl）

其他名称　喷特

主要制剂　40g/L 乳油。

毒性　鼠急性经口 LD_{50} 为 1012mg/kg；鱼急性 LC_{50} 为 0.23mg/L（96h）；蜜蜂急性接触 $LD_{50}>100\mu g/$ 只（48h）。

作用特点 喹禾糠酯属芳氧苯氧丙酸酯类内吸传导型苗后除草剂，在禾本科杂草和阔叶杂草之间具有高度选择性。药剂从叶面吸收传导到植物体内，在木质部和韧皮部中传导，在分裂组织中积累。

防治对象 油菜田、大豆田禾本科杂草。

使用方法

（1）防除大豆田禾本科杂草 在大豆田杂草 2～5 叶期，每亩用 40g/L 喹禾糠酯乳油 60～80mL，对水茎叶喷雾 1 次。最大残留限量为 0.02mg/kg（澳大利亚）。

（2）防除油菜田禾本科杂草 在油菜田杂草 2～5 叶期，每亩用 40g/L 喹禾糠酯乳油 50～80mL，对水茎叶喷雾 1 次。最大残留限量为 0.02mg/kg（澳大利亚）。

注意事项

（1）每季最多使用 1 次。

（2）该药剂对鱼类等水生生物有毒，应远离水产养殖区施药。

（3）该药剂对赤眼蜂高风险，施药时需注意保护天敌生物。

（4）间、套种禾本科作物的田块，不能使用该药剂。避免药剂飘移到水稻、小麦、谷子等禾本科作物田。

（5）该药剂耐雨水冲刷，施药后 1h 不会影响药效，不要重喷。

259. 唑啉草酯（pinoxaden）

主要制剂 5％乳油。

毒性 大鼠急性经口 LD_{50}＞5000mg/kg；虹鳟鱼急性 LC_{50}（96h）为 10.3mg/L；蜜蜂急性经口 LD_{50}＞200μg/只。

作用特点 选择性内吸传导型禾本科杂草除草剂，通过茎叶快速吸收，抑制乙酰辅酶 A 羧化酶（ACCase）的活性，阻碍脂肪酸的生物合成，干扰细胞膜形成，导致杂草生长停止，最终死亡。一般施药后 48h 敏感杂草停止生长，1～2 周内杂草叶片开始发黄，3～4 周内杂草彻底死亡。施药后杂草受害的反应速度与气候条件、杂草种类、生长条件等有关。该药对大麦安全性高。药物在土壤中降解快，很少被根部吸收，只有很低的土壤活性，对后茬作物无影响。耐雨水冲刷，施药后 1h 遇雨基本不影响除草效果。

防治对象 一年生禾本科杂草，如看麦娘、日本看麦娘、野燕麦、黑麦草、䓖草、狗尾草、硬草、茵草和棒头草等。主要用于小麦和大麦苗后处理，也用于草坪和园艺田中。

使用方法

（1）防除看麦娘、日本看麦娘、野燕麦、黑麦草、䓖草、狗尾草等一年生杂草 适用于小麦和大麦田苗后喷雾处理，使用剂量为 30～60g(a.i.)/hm²。用药适期灵活，在小麦 2 叶 1 心期至旗叶期均可施药，最佳时期为田间大多数禾本科杂草出苗后 3～5 叶期。在禾本科和阔叶杂草混生的田块，为了达到 1 次用药防除全田杂草的目的，唑啉草酯可与大多数防治阔叶杂草的除草剂混用。唑啉草酯非常适用于春季谷物，为了提高产品的安全性，需加入安全剂解草酯。唑啉草酯是目前防除藕草的最好药剂。全国农技推广中心开展的试验示范结果表明，在藕草 3～4 叶期，每亩使用 5％乳油 70～80 mL，防效为 90％以上。唑啉草酯对多花黑麦草等顽固禾本科杂草也具有优异防除效果。每季使用 1 次。英国规定其在小麦、大麦上的最大残留限量为 0.05mg/kg。

（2）防除一年生杂草　应用于非作物田（草坪和园艺等）中，使用剂量为 40～60g(a.i.)/hm²。尤其是在欧洲和北美地区，2014 年唑啉草酯在该领域的销售额为 1.7 亿美元，占比 40％。但目前先正达在国内并未将唑啉草酯投放此领域，这也是唑啉草酯未来的一个增长点。

注意事项

（1）在小麦和大麦田中使用，为了提高产品的安全性，需加入安全剂解草酯。

（2）唑啉草酯很少被植物根部吸收，土壤活性很小，不适合土壤处理。

（3）在不良气候条件下（低温或高湿）施药，大麦叶片可能会出现暂时的失绿症状，但不影响其正常生长发育和最终产量。

（4）不推荐与 2,4-滴、2 甲 4 氯、麦草畏、氯氟吡氧乙酸等药混用。

（5）混用磺酰脲类除草剂（如苯磺隆）、磺酰胺类除草剂（如 58g/L 双氟·唑嘧胺悬浮剂）可能会降低该药对禾本科杂草的防效，混用时应适当增加用药量。

260. 喔草酯（propaquizafop）

其他名称　喔草酸、噁草酸、爱捷

主要制剂　10％、24％乳油。

毒性　大鼠急性经口 LD_{50}＞5000mg/kg；鲫鱼急性 LC_{50}（96h）＞0.19mg/L；蜜蜂急性经口 LD_{50}＞20μg/只。

作用特点　苗后选择性除草剂，茎叶吸收后能很快被禾本科杂草的叶子吸收，传导至整个植株，积累于植株分生组织，抑制植株体内的乙酰辅酶 A 羧化酶，导致脂肪酸合成受阻而杀死杂草。苗后施药 4d 后，杂草停止生长，施药后 7～12d，植株组织发黄或者发红，再经 3～7d 后枯死，从施药到杂草死亡一般需要 10～20d。在相对低温下，也具有良好的防除活性，在杂草幼苗期和生长期施药防效最好，作用迅速，施药后 1h 降雨对防效无影响。

防治对象　主要用于防除一年生和多年生禾本科杂草，如阿拉伯高粱、匍匐冰草、狗牙根等，用于大豆、棉花、油菜、甜菜、马铃薯、花生和蔬菜田中。

使用方法　主要用于防除一年生和多年生禾本科杂草，适用于大豆、棉花、油菜、甜菜、马铃薯、花生和蔬菜田中，视杂草的种类，施用剂量为 $60\sim120\mathrm{g(a.i.)/hm^2}$。防治多年生杂草时，施用剂量为 $140\sim280\mathrm{g(a.i.)/hm^2}$。每季 1 次。每日允许摄入量（ADI）为 $0.125\mathrm{mg/kg}$。

注意事项

（1）高剂量下大豆叶有褪绿现象或灼烧斑点，但对产量无影响。

（2）添加助剂可提高防效 2~3 倍。

261. 噁唑酰草胺（metamifop）

其他名称 韩秋好

主要制剂 10％乳油，10％可湿性粉剂。

毒性 鼠急性经口 $\mathrm{LD_{50}} > 2000\mathrm{mg/kg}$。

作用特点 噁唑酰草胺属芳氧苯氧丙酸酯类内吸传导型除草剂，由植物体的叶片吸收，韧皮部传导，积累于植物体的分生组织内，抑制乙酰乳酸辅酶 A 羧化酶的活性，使脂肪酸合成停止，导致细胞的生长分裂不能正常进行，破坏膜系统等含脂结构，引起叶片黄化，最后导致植物死亡。用药几天内敏感杂草出现叶面褪绿，生长受抑制等症状，有些在药后 2 周出现干枯，最后死亡。与同类除草剂不同的是它对水稻非常安全。

防治对象 噁唑酰草胺可有效防除稗草、千金子等稻田中主要禾本科杂草。

使用方法

（1）防除直播水稻田禾本科杂草 稻田稗草、千金子等禾本科杂草 2~3 叶期，每亩用 10％噁唑酰草胺乳油 60~80mL，对水茎叶喷雾施药 1 次。随着草龄、密度增大，适当增加用水量。施药前排干田水，均匀喷雾，药后 1d 覆水，保持水层 3~5d。最大残留限量为 $0.05\mathrm{mg/kg}$（韩国）。

（2）混用 可与灭草松复配混用。

注意事项

（1）每季作物最多使用 1 次，安全间隔期 90d。

（2）避免药液飘移到邻近的禾本科作物田。

（3）该药剂对鱼类等水生生物有毒，应远离水产养殖区施药。

（4）该药对赤眼蜂高风险，施药时需注意保护天敌生物。

三、光合作用光系统 Ⅱ 抑制剂

（1）作用机制 PS（光系统）Ⅱ 抑制剂类除草剂通过结合叶绿体类囊体膜上的光合系统 Ⅱ 复合体 D1 蛋白的 QB 结合位点来抑制光合作用。该类除草剂通过阻止从 QA

到 QB 的电子运输，来阻止植物生长所必需的 CO_2 的固定和 ATP、$NADPH_2$ 的产生。然而，在大多数情况下，植物死亡是由其他过程引起的。通过不再氧化 QA，促进能与基态氧相互作用形成单态氧的三重态叶绿素的形成。三重态叶绿素和单态氧可以从不饱和脂质中提取氢，产生脂质自由基，引发脂质过氧化反应，造成脂类和蛋白质被攻击和氧化，导致叶绿素和类胡萝卜素的丧失，以及细胞膜的渗漏，使细胞和细胞器迅速干燥和分解。

(2) 化学结构类型　三嗪类、三嗪酮类、三唑啉酮类、尿嘧啶类、哒嗪酮类、苯基氨基甲酸酯类、脲类、腈类、苯并噻二嗪酮类等。

(3) 通性　所有处理的植物（除了因为缺乏除草剂结合位点而有抗性的那些植物），二氧化碳固定的速率在几个小时内下降。在耐受性植物中，光合作用的速率没有像在敏感植物中一样低，易感植株在 1～2d 内降到接近于零，并且没有恢复，几天之后处理植物的叶片上出现受害的症状。这些除草剂在推荐使用剂量下对根系生长没有直接作用。根可以吸收所有的化合物，叶子吸收最多，但是叶片吸收差异很大。由于在土壤中不同的行为，从根到叶的移位、叶面喷雾的吸收等，一些这类除草剂仅在施用于土壤时才具有实际价值，有些仅在施用于叶面时才有实用价值，还有一些在两种类型的应用中都是有效的。所有的除草剂在这个分类中主要是靠木质部运输，因此，多年生植物只能通过土壤施用而使其死亡。芽后喷雾时，由于叶片的移位少，作用是"紧密的"而不是"全身的"，所以叶子的覆盖面很广，通常添加表面活性剂或油以增加叶面作用。喷药前几天光照较弱，喷药后光照强度较大时，植株对苗后喷雾最为敏感。剂量反应曲线非常尖锐。由于这个原因，除叶面接触而不是全身作用外，这些化合物对敏感作物的飘移问题不如生长调节剂和其他全身性除草剂严重。这些化合物在土壤中的迁移是低到中等的，随土壤和降雨量不同有所区别。根据除草剂施用量、气候和土壤的不同，在土壤中的保存时间从 1 个月到 2 年不等。光合作用抑制剂除草剂的重复施用并没有导致土壤中分解速率的增加。当光合作用抑制剂除草剂在与胆碱酯酶抑制剂杀虫剂同时或几乎同时施用时，经常发生协同作用。本组所有化合物对哺乳动物毒性均较低。

262. 莠去津 (atrazine)

其他名称　阿特拉津

主要制剂　20%、38%、45%、50%、55%、60%、500g/L 悬浮剂，48%、80% 可湿性粉剂，90% 水分散粒剂。

毒性　鼠急性经口 LD_{50} 为 1869mg/kg；鱼急性 LC_{50} 为 4.5mg/L (96h)；蜜蜂急性接触 LD_{50} ＞100μg/只 (48h)。

作用特点　莠去津属三氮苯类选择性内吸传导型苗前、苗后除草剂。以根吸收为主，茎叶吸收较少，迅速传导到植物分生组织及叶部，干扰光合作用，使杂草死亡。

防治对象　主要用于玉米田防除稗草、马唐、狗牙草、牛筋草、苘麻、蓼等一年生杂草。

使用方法

（1）防除玉米田杂草　在玉米播后苗前，春玉米每亩用38％莠去津悬浮剂300～400mL，夏玉米每亩用38％莠去津悬浮剂200～300mL，对水茎叶喷雾施药1次。最大残留限量为0.05mg/kg。

（2）防除高粱田杂草　杂草将出土时，东北地区每亩用38％莠去津悬浮剂300～375mL，对水茎叶喷雾1次。最大残留限量为0.5mg/kg（美国）。

（3）混用　可与硝磺草酮、乙草胺、烟嘧磺隆、2,4-滴异辛酯、异丙甲草胺、氯氟吡氧乙酸等药剂复配混用。

注意事项

（1）每季最多使用一次。

（2）施药期间应避免对周围蜂群的影响，开花植物花期、蚕室和桑园附近禁用。

（3）莠去津易被土壤有机质吸附，土壤有机质含量超过6％的玉米田不宜使用。与其他作物间作或套种的夏玉米田，不能使用本品。

（4）莠去津持效期长，易对后茬作物造成危害，后茬只能种玉米、高粱；敏感作物如大豆、水稻、谷子、甜菜、油菜、亚麻、瓜类、桃树、小麦、大麦、蔬菜等均不能种植。

（5）远离水产养殖区施药，禁止在河塘等水体中清洗施药器具。用过的容器应妥善处理，不可做他用，也不可随意丢弃。

263. 氰草津（cyanazine）

其他名称　百得斯、草净津、赛类斯

主要制剂　50％、80％可湿性粉剂，43％、50％胶悬剂，15％颗粒剂。

毒性　大鼠急性经口LD_{50}为182～334mg/kg；虹鳟鱼急性LC_{50}（96h）为16mg/L；蜜蜂急性经口LD_{50}＞190μg/只。

作用特点　选择性内吸传导型除草剂，主要被根部吸收，叶部也能吸收，通过抑制光合作用，使杂草枯萎而死亡。玉米本身含有一种酶能分解氰草津，因此对玉米安全，其除草活性与土壤类型密切相关。

防治对象　主要用于防除马唐、蟋蟀草、狗尾草、稗草、早熟禾、田旋花、马齿苋、莎草等多种禾本科和阔叶杂草。芽前用于蚕豆、玉米和豌豆田中，苗后用于小麦和大麦田中，此外还可用于棉花、林业、甘蔗等田中除草。

使用方法

（1）防除作物苗前一年生禾本科和阔叶杂草　芽前用于蚕豆、玉米和豌豆田中，施用剂量为 $1000\sim3000g(a.i.)/hm^2$。每季 1 次。新西兰规定豌豆、甜玉米、粮谷中氰草津的最大残留限量为 0.01mg/kg。

（2）防除作物苗后一年生禾本科和阔叶杂草　苗后用于小麦、大麦和玉米田中，苗后分蘖早期与其他除草剂联合施用，施用剂量为 $260\sim330g(a.i.)/hm^2$。每季 1 次。我国规定在玉米中的最大残留限量为 0.05mg/kg，美国、德国规定小麦中氰草津最大残留限量为 0.1mg/kg。

注意事项

（1）沙性重、有机质含量少于 1% 的田块不能使用，以免对作物产生药害。

（2）玉米 4 叶期后使用，易产生药害。

264. 西草净（simetryn）

其他名称　西散净、西散津

主要制剂　25% 可湿性粉剂，13% 乳油。

毒性　鼠急性经口 $LD_{50}>750mg/kg$；鱼急性 LC_{50} 为 7mg/L（96h）。

作用特点　西草净属三氮苯类选择性内吸传导型除草剂。可由根部吸收，也可由茎叶透入植物体内，运输至绿色叶片，抑制光合作用希尔反应，影响糖类的合成和淀粉的积累，从而发挥除草作用。

防治对象　适用于稻田防除稗草、牛毛草、眼子菜、泽泻、野慈姑、母草、小慈姑等杂草。与杀草丹、丁草胺、禾大壮等除草剂混用，可扩大杀草谱。亦可用于玉米、大豆、小麦、花生、棉花等作物田除草。

使用方法

（1）防除水稻田杂草　防除眼子菜，于水稻移栽后 $15\sim20d$，直播田在分蘖后期，眼子菜发生盛期，叶片大部分由红转绿时，每亩用 25% 西草净可湿性粉剂 $100\sim200g$，混细潮土 20kg 左右，均匀撒施。施药时水层 $2\sim5cm$，保持 $5\sim7d$。亦可防除 2 叶前稗草和阔叶杂草，在东北地区和内蒙古东部 6 月上旬至 7 月下旬，每亩用 25% 可湿性粉剂 $200\sim250g$，华北地区每亩用 $133\sim150g$，南方每亩用 $100\sim150g$。大米的最高残留限量为 0.05mg/kg。

（2）防除旱地杂草　作物播种后出苗前，每亩用 25% 可湿性粉剂 $150\sim500g$，对水 40kg，对土表均匀喷雾。

注意事项

（1）施药时温度应在 30℃ 以下，超过 30℃ 易产生药害，所以主要用于北方。

（2）要求土地平整，用药均匀。

265. 莠灭净（ametryn）

其他名称 阿灭净

主要制剂 40％、75％、80％可湿性粉剂，45％、50％悬浮剂，80％、90％水分散粒剂。

毒性 鼠急性经口 $LD_{50}>1009mg/kg$；鱼急性 LC_{50} 为 5mg/L（96h）；蜜蜂急性经口 $LD_{50}>100\mu g$/只（48h）。

作用特点 莠灭净属三氮苯类选择性内吸传导型除草剂，是典型的光合作用抑制剂。通过对光合作用电子传递的抑制，导致叶片内亚硝酸盐积累，致植物受害死亡。其选择性与植物生态和生化反应的差异有关，对刚萌发的杂草防治效果较好。

防治对象 莠灭净适用于甘蓝、玉米等作物田防除稗草、马唐、狗牙根、牛筋草、雀稗、苘麻、蓼、鬼针草、田旋花等一年生杂草。

使用方法

（1）防除甘蔗田杂草 在甘蔗种植后出苗前或甘蔗种植后3～4叶期、杂草2～3叶期，每亩用80％莠灭净可湿性粉剂 130～200g，对水土壤喷雾或行间定向茎叶喷雾施药1次。在稗草、田旋花、空心莲子草、胜红蓟、狗牙根较重的甘蔗田，采用苗前施药效果好。最大残留限量为 0.05mg/kg。

（2）防除夏玉米田杂草 玉米播后苗前，每亩用80％莠灭净可湿性粉剂 120～180g，对水土壤喷雾施药1次。最大残留限量为 0.05mg/kg（美国）。

（3）防除菠萝田杂草 菠萝种植后萌芽2～3叶期，每亩用80％莠灭净可湿性粉剂 120～150g，对水土壤喷雾施药1次。最大残留限量为 0.2mg/kg。

（4）混用 可与溴苯腈、2甲4氯钠、敌草隆、乙草胺、唑草酮等药剂复配混用。

注意事项

（1）不可与碱性农药使用。

（2）稗草、千金子、胜红蓟、田旋花、空心莲子草及狗芽根较重田块建议杂草萌发前施药，并与防治这些杂草的药剂混用。

（3）地势低洼、沙壤地用药量过大时易造成叶片发黄、生长缓慢症状，一般两周左右可恢复正常，不影响甘蔗产量。

（4）施药时尽量喷到杂草的根和茎叶部，避免直接喷到作物上。

（5）套种其他作物田块不能使用莠灭净；莠灭净对果蔗不安全，有一定的抑制作用，不推荐使用。

（6）对香蕉苗、水稻、花生、红薯及谷类、豆类、茄类、瓜类、菜类均有药害，均不宜使用，间作大豆、花生等甘蔗田不能使用。

266. 扑草净（prometryn）

其他名称　割草佳

主要制剂　66%、50%、40%、25%可湿性粉剂。

毒性　鼠急性经口 $LD_{50} > 2000mg/kg$；鱼急性 LC_{50} 为 $5.5mg/L$（96h）；蜜蜂急性接触 LD_{50} 为 $99\mu g/$ 只（48h）。

作用特点　扑草净属三氮苯类选择性内吸传导型除草剂，可由根部吸收，也可由茎叶渗入植株，运输至绿色叶片内，抑制光合作用，使杂草失绿干枯死亡。

防治对象　可有效地防除多种一年生杂草和多年生恶性杂草，如马唐、狗尾草、稗草、鸭舌草、节节草、看麦娘等以及一些莎草科杂草。适应作物有水稻、小麦、大豆、棉花、甘蔗、果树等，也可用于蔬菜，如芹菜、芫荽等。

使用方法

（1）防除水稻田稗草、莎草及阔叶杂草　采用毒土法，每亩施用50%扑草净可湿性粉剂 $10\sim60g$，每亩拌湿润细沙 $20\sim30kg$，均匀撒施，施药后保持水层 $3\sim5cm$，稳定水层 $7\sim10d$。南方移栽稻田前期插后 $5\sim7d$ 施药；中后期防治在插后 $15\sim25d$ 施药。北方稻田在插后 $20\sim25d$ 眼子菜由红变绿时施药。或每亩施用25%扑草净可湿性粉剂 $20\sim37.5g$。

（2）防除谷子田一年生杂草　采用喷雾法，每亩施用 66% 扑草净可湿性粉剂 $49.5\sim75.9g$。

注意事项

（1）每季最多使用1次。

（2）有机质含量低的沙质土地，一般不宜使用本品。

（3）施药期间应避免对周围蜂群的影响，开花植物花期、蚕室和桑园附近禁用。远离水产养殖区施药，禁止在河塘等水体中清洗施药器具。

（4）清洗施药器具的废水禁止倒入河流、池塘等水源。用过的容器应妥善处理，不可做他用，也不可随意丢弃。

267. 环嗪酮（hexazinone）

其他名称　威尔柏、林草净

主要制剂　75％水分散粒剂，25％可溶液剂，5％颗粒剂。

毒性　鼠急性经口 LD_{50} 为 1690mg/kg；鱼急性 LC_{50}＞320mg/L（96h）；蜜蜂急性接触 LD_{50}＞100μg/只（48h）。

作用特点　环嗪酮属三氮苯类内吸选择性除草剂。植物根系和叶面吸收环嗪酮后，主要通过木质部运输，抑制植物的光合作用，使代谢紊乱，导致死亡。

防治对象　适用于常绿针叶林，如红松、樟子松、云杉、马尾松等幼林抚育。也用于造林前除草灭灌、维护森林防火线及林分改造等，可防除大部分单子叶和双子叶杂草及木本植物黄花忍冬、珍珠梅、榛子、柳叶绣线菊、刺五加、山杨、木桦、椴、水曲柳、黄波罗、核桃楸等。

使用方法

（1）造林前整地使用　东北林区在 6 月中旬至 7 月中旬用药，用喷枪喷射各植树点。灌木密集林地用 3mL/点，可用水稀释 1～2 倍，也可用制剂直接点射。20～45d 后形成无草穴。

（2）幼林抚育使用　6 月中下旬或 7 月上旬用药，平均每株树用药 0.25～0.5mL，用水稀释 4～6 倍喷雾。

（3）消灭非目的树种　在树根周围点射，每株 10cm 胸径树木，点射 8～10mL 25％环嗪酮可溶液剂。

（4）维护森林防火道　每公顷用 25％环嗪酮可溶液剂 6L，对水 150～300kg 喷雾。个别残存灌木和杂草，可再点射补足药量。

（5）林分改造　可用飞机撒施 10％环嗪酮颗粒剂，除去非目的树种。

注意事项

（1）最好在雨季前用药。

（2）对水稀释药液时，温度不可过低，否则药剂溶解不好，影响药效。

（3）使用时注意树种，落叶松敏感，不能使用。

268. 苯嗪草酮（metamitron）

主要制剂　70％、75％水分散粒剂，58％悬浮剂。

毒性　鼠急性经口 LD_{50} 为 1183mg/kg；鱼急性 LC_{50}≥190mg/L（96h）；蜜蜂急性接触 LD_{50}＞100μg/只（48h）。

作用特点　属三氮苯类除草剂，通过对光合作用电子传递的抑制，致植物受害死亡。

防治对象　主要用于防治单子叶和双子叶杂草，如龙葵、繁缕、早熟禾、看麦娘、猪殃殃等，适用于糖用甜菜和饲料甜菜。

使用方法　防除甜菜田一年生阔叶杂草，采用喷雾法，每亩施用 70％苯嗪草酮水分散粒剂 315～350g。最大残留限量为 30mg/kg。

注意事项 对水源有危害，不要让未稀释或大量的产品接触地下水、水道或者污水系统。

269. 嗪草酮（metribuzin）

其他名称 塞克、塞克津、立克除、甲草嗪

主要制剂 50%、70%可湿性粉剂，70%水分散粒剂。

毒性 鼠急性经口 LD_{50} 为 322mg/kg；鱼急性 $LC_{50}>74.6mg/L$（96h）；蜜蜂急性接触 LD_{50} 为 200μg/只（48h）。

作用特点 嗪草酮属三氮苯类选择性除草剂。有效成分被杂草根系吸收随蒸腾流向上部传导，也可以被叶片吸收到体内做有限的传导。通过抑制敏感植物的光合作用发挥杀草活性，施药后各敏感杂草萌发出苗不受影响，出苗后叶片褪绿，最后营养枯竭而致死。

防治对象 适用于大豆、马铃薯、番茄、苜蓿、芦笋、甘蔗等作物田防除蓼、苋、藜、芥菜、苦荬菜、繁缕、荞麦蔓、香薷、黄花蒿、鬼针草、狗尾草、鸭跖草、苍耳、龙葵、马唐、野燕麦等1年生阔叶草和部分1年生禾本科杂草，对多年生杂草防效差。

使用方法

（1）防除大豆田杂草 大豆播前或播后到出苗前3～5d土壤处理。土壤有机质含量2%以下，沙质土不用嗪草酮；壤质土每亩用70%嗪草酮40～50g；黏质土每亩用70%嗪草酮50～70g。土壤有机质含量2%～4%，沙质土每亩用70%嗪草酮50g；壤质土每亩用70%嗪草酮50～70g；黏质土每亩用70%嗪草酮70～80g。土壤有机质含量4%以上，沙质土每亩用70%嗪草酮70g；壤质土每亩用70%嗪草酮70～80g；黏质土每亩用70%嗪草酮70～90g，大豆最高残留限量为0.05mg/kg。

（2）防除马铃薯田杂草 在播种后出苗前使用，每亩用70%可湿性粉剂66～76g，对水30kg，均匀喷布土表。出苗后使用，一般在马铃薯株高10cm以上时，耐药性下降，易产生药害。

（3）防除玉米田杂草 嗪草酮可用于土壤有机质大于2%、pH低于7的玉米田，可与乙草胺、阿特拉津等除草剂混用。在pH大于7和土壤有机质低于2%的条件下，播后苗前施药遇大雨易造成淋溶药害，药害症状在玉米四片叶时开始出现，首先叶尖变黄，重者可造成死苗。玉米最高残留限量0.05mg/kg。

（4）防除番茄直播田杂草 苗后4～6叶期，每亩用70%嗪草酮30～35g。移栽番茄在移栽缓苗后（移栽后2周）喷雾，每亩用70%嗪草酮35～47g。移栽前土壤处理用药量参看马铃薯田。苗前喷液量每亩人工30～50L，拖拉机15L以上。苗后喷液量每亩人工20～30L，拖拉机10～15L。

（5）防除苜蓿田杂草 多年生苜蓿在春季杂草出苗前施药，每亩用70%嗪草酮100～200g。喷液量每亩人工30～50L，拖拉机15L以上。

（6）防除甘蔗田杂草　甘蔗种植后出苗前，每亩用70％嗪草酮70g，或甘蔗苗后株高 1m 以上定向喷雾。

注意事项

（1）大豆田只能苗前使用，苗期使用有药害。

（2）有机质含量低于 2％ 以下的沙质土壤不宜使用。

（3）气温高有机质含量低的地区，施药量用低限，相反则用高限。

（4）对下茬或隔后茬白菜、豌豆之类有药害影响，注意使用时期的把握。

270. 氟吡草酮（bicyclopyrone）

主要制剂　可湿性粉剂，94％、89.6％湿膏（wet paste），乳油，微囊悬浮剂。

毒性　大鼠急性经口 $LD_{50} > 5000mg/kg$；虹鳟鱼急性 LC_5 为 93.7mg/L（96h）；蜜蜂急性经口 $LD_{50} > 200\mu g/$只。

作用特点　属于对羟苯基丙酮酸双氧化酶（HPPD）抑制剂类除草剂，通过抑制植物体内的对羟苯基丙酮酸双氧化酶，干扰类胡萝卜素的合成，最终造成叶绿素合成受抑制。促使植物分生组织、新生组织产生白化，导致植株死亡。杂草在死亡之前的首个症状即为叶片白化。

防治对象　防除禾本科杂草和阔叶杂草，如两耳草、稗草、阿根廷飞蓬、苋菜、虎尾草，可有效地防除对草甘膦产生抗性的杂草，对三裂叶豚草和苍耳等大型种子阔叶杂草防效较高，适用于小麦、大麦、玉米、甘蔗等田中。

使用方法　防除禾本科杂草和阔叶杂草，在小麦田、大麦田、玉米田、甘蔗田中使用，在苗前或苗后施用，施用剂量为 $37.5 \sim 300g(a.i.)/hm^2$。为了提高安全性，产品中有时加入安全剂解草酯等。氟吡草酮适配性良好，多以复配制剂上市，也可桶混施用。如先正达 Acuron™（氟吡草酮＋硝磺草酮＋精异丙甲草胺＋莠去津），Talinor™（氟吡草酮＋辛酰溴苯腈）。Acuron™ 登记用于玉米和甘蔗田防除狗尾草、卷茎蓼、豚草等许多一年生禾本科杂草和阔叶杂草。芽前、苗后单次施用的剂量约为有效成分 50 g/hm^2，再施间隔期（RTI）为 14 d 以上，安全间隔期 45 d。Talinor™ 对冬小麦、春小麦、硬粒小麦、大麦田抗合成激素类除草剂、ALS 抑制剂类除草剂及草甘膦等的恶性阔叶杂草防效高，苗后施用推荐用量为 $1000 \sim 1350\ mL/hm^2$。

271. 胺唑草酮（amicarbazone）

主要制剂　70％水分散粒剂。

毒性　大鼠急性经口 LD_{50}：雌性 1015mg/kg，雄性 2050mg/kg；虹鳟鱼急性 LC_{50} ＞ 120mg/L（96h）；蜜蜂急性经口 LD_{50} 为 24.8μg/只。

作用特点　为光合作用抑制剂，植物通过根系吸收，也通过叶面吸收，显现触杀效果，使地表杂草即残留杂草得到清除。敏感植物的典型症状为褪绿，停止生长，组织枯黄直至最终死亡。与其他光合作用抑制剂（如三嗪类除草剂）有交互抗性。

防治对象　大多数双子叶和一年生单子叶杂草，如苘麻、藜、苋属杂草、苍耳等。适用于玉米田苗前、甘蔗田苗前苗后处理。

使用方法

（1）防除玉米田双子叶杂草　如苘麻、藜、苍耳和苋菜等，适用于玉米田苗前喷雾处理，使用剂量为 500g(a. i.)/hm² 每季 1 次。日本规定其在小麦、洋葱、油菜上的最大残留限量为 0.05mg/kg。

（2）防除甘蔗田双子叶杂草　如泽漆、甘薯属杂草、车前墩行草和刺蒺藜草等，使用于甘蔗田苗前苗后处理，使用剂量为 500～1200g(a. i.)/hm²。

272. 甜菜安（desmedipham）

其他名称　甜菜灵

主要制剂　16％乳油。

毒性　鼠急性经口 LD_{50}＞2000mg/kg；鱼急性 LC_{50} 为 0.25mg/L（96h）；蜜蜂急性接触 LD_{50}＞25μg/只（48h）。

作用特点　甜菜安属氨基甲酸酯类选择性内吸型除草剂，通过叶面吸收，抑制光合作用。

防治对象　用于甜菜田苗后防除阔叶杂草，如反枝苋、藜、马齿苋、豚草、龙葵、野燕麦、野荠菜等。对甜菜安全，可与甜菜宁混用。

使用方法　防除甜菜田阔叶杂草，在阔叶杂草 2～4 叶期，每亩用 16％甜菜安乳油 400～500mL，对水茎叶喷雾一次。在甜菜上的最高残留限量为 0.1mg/kg。

注意事项

（1）应使用清水配制，避免与碱性介质混配，以避免在碱性介质水中失效。

（2）避免在蜜源作物附近与水源附近施用本药剂，以避免对蜜蜂与水生生物产生影响。

（3）每季作物最多使用一次。

273. 甜菜宁（phenmedipham）

其他名称　凯米丰、苯敌草

主要制剂　16％乳油。

毒性　鼠急性经口 LD_{50}＞5000mg/kg；鱼急性 LC_{50} 为 1.71mg/L（96h）；蜜蜂急性接触 LD_{50}＞100μg/只（48h）。

作用特点　甜菜宁为氨基甲酸酯类选择性苗后茎叶处理剂，杂草通过茎叶吸收，传导到各部分。其主要作用是阻止合成三磷酸腺苷和还原型烟酰胺腺嘌呤磷酸二苷之前的希尔反应中的电子传递作用，从而使杂草的光合同化作用遭到破坏。甜菜对进入体内的甜菜宁可进行水解代谢，使之转化为无害化合物，从而获得选择性。

防治对象　甜菜宁为选择性苗后茎叶处理剂，适用于甜菜、草莓等作物田防除多种双子叶杂草，如藜属杂草、荠菜、野芝麻、萹蓄、卷茎蓼、繁缕、野萝卜等，但蓼、龙葵、苦苣菜、猪殃殃等杂草耐药性强，对禾本科杂草、莎草科杂草和未萌发的杂草无效。

使用方法　用药的适宜时间在杂草 2～4 叶期。在气候条件不好、干旱、杂草出苗不齐的情况下宜采用低量分几次用药。一次施药的剂量为每亩用 16％甜菜宁乳油 330～400mL，低量分几次喷药推荐亩用 200mL，每隔 7～10d 重复喷药一次，共 2～3 次即可。每亩对水 20L 均匀喷雾，高温高湿有助于杂草叶片吸收。为扩大杀草谱可用甜菜宁与甜菜安的混合剂，也可以与其他防除禾本科杂草除草剂，如烯禾定、喹禾灵等混用，施药后要求 6h 内无降雨。本品可与其他防除单子叶杂草的除草剂（如拿捕净等）混用。在甜菜中最高残留限量为 0.1mg/kg。

注意事项

（1）应使用清水配制，避免与碱性介质混配，以避免在碱性介质水中失效。

（2）避免在蜜源作物附近与水源附近施用本药剂，以避免对蜜蜂与水生生物产生影响。

（3）每季作物最多使用一次。

274. 敌草隆（diuron）

其他名称　地草净

主要制剂　25%、50%、80%可湿性粉剂，80%水分散粒剂，20%悬浮剂。

毒性　鼠急性经口$LD_{50}>437mg/kg$；鱼急性LC_{50}为$6.7mg/L$（96h）；蜜蜂急性接触$LD_{50}>100\mu g$/只（48h）。

作用特点　敌草隆属取代脲类内吸性除草剂，杂草根系吸收药剂后，传到地上叶片中，并沿着叶脉向周围传播。抑制光合作用中的希尔反应，该药剂杀死植物需要光。受害杂草从叶尖和边缘开始褪色，终至全叶枯萎，不能制造养分，饥饿而死。

防治对象　可防除非耕作区一般杂草，防止杂草重新蔓延。主要用于水稻、大豆、玉米、马铃薯、甘蔗、果园等作物田，可以有效地防除稗草、马唐、狗尾草、苋菜、蓼和藜等一年生杂草，对某些多年生杂草也有一定的抑制作用，也可以防除稻田里的眼子菜。

使用方法

（1）防除水稻田杂草　在分蘖末期，每亩用25%敌草隆可湿性粉剂100～125g，毒土法田中保持浅水层5～7d。糙米最高残留限量为0.1mg/kg。

（2）防除棉花田杂草　播后苗前，每亩用25%敌草隆可湿性粉剂250～350g，进行喷雾土壤处理。棉籽最高残留限量为0.05mg/kg。

（3）防除玉米田杂草　播后苗前，每亩用25%敌草隆可湿性粉剂200～250g，进行喷雾土壤处理。

（4）防除甘蔗田杂草　播后苗前，每亩用25%敌草隆可湿性粉剂200～300g，进行喷雾土壤处理。最高残留限量为0.1mg/kg。

（5）防除果园、苗圃杂草　杂草萌芽前，每亩用25%敌草隆可湿性粉剂300～400g，进行土壤喷雾处理。苹果最高残留限量为0.1mg/kg。

注意事项

（1）套种其他作物时严禁使用，使用敌草隆的甘蔗地后茬作物可种植甘蔗、芦笋、花生、大豆、棉花；轮作花生、大豆、西瓜的安全间隔期不少于240d；毁种时只能种甘蔗。

（2）对辣椒、西瓜、油菜、小麦、桃树等作物敏感，施药时避免飘移药害。

（3）由于敌草隆残效期长，不建议在后茬轮作作物种类较多的果蔬上推广。

（4）沙性土壤用药量应比黏性土壤适当减少。

（5）对鱼有毒，对藻类有危害，应远离水产养殖区施药和清洗施药器具，避免污染水系；对家蚕有毒，应避免在蚕室和桑园附近施药。

275. 绿麦隆（chlortoluron）

其他名称　氯麦隆

制剂　25%可湿性粉剂

主要制剂　鼠急性经口 $LD_{50}>10000mg/kg$。

作用特点　绿麦隆属取代脲类选择性内吸传导型除草剂。药剂主要通过植物根系吸收，并有叶面触杀作用，施药后 3d，杂草开始表现受害症状，叶片褪绿，叶尖和叶心相继失绿，10d 左右整株干枯而死亡。

防治对象　主要用于小麦田、玉米田防除看麦娘、早熟禾、野燕麦、繁缕、猪殃殃、藜、婆婆纳等多种禾本科杂草，对田旋花、问荆、锦葵等杂草无效。

使用方法

（1）防除麦田杂草　播种后出苗前，每亩用 25%绿麦隆可湿性粉剂 250～300g 或 25%绿麦隆可湿性粉剂 150g 加 50%杀草丹乳油 150mL，对水 50kg 均匀喷布土表。或拌细潮土 20kg 均匀撒施土表。出苗后 3 叶期以前，每亩用 25%绿麦隆可湿性粉剂 200～250g，对水 50kg，均匀喷布土表。麦苗 3 叶期以后不能用药，易产生药害。最高残留限量为 0.1mg/kg。

（2）防除棉田杂草　播种后出苗前，每亩用 25%绿麦隆可湿性粉剂 250g，对水 35kg 均匀喷布土表。

（3）防除玉米田、高粱田、大豆田杂草　播种后出苗前，或者玉米 4～5 叶期施药，每亩用 25%绿麦隆可湿性粉剂 200～300g，对水 50kg 均匀喷布土表。玉米和大豆的最高残留限量为 0.1mg/kg。

注意事项

（1）本品的用量应根据土质掌握。以每亩用 25%绿麦隆可湿性粉剂 150～300g 为宜，不能超过 300g，以防残留产生后茬药害。

（2）本品药效与气温和土壤湿度密切相关。干旱及气温在 10℃ 以下不利于药效的发挥，且易产生药害。

（3）严禁在稻田使用本品；小麦、大麦、青稞基本安全；油菜、蚕豆、豌豆、红花等敏感作物不能使用。

（4）苗期茎叶处理宜在麦苗 1 叶 1 心期至 2 叶 1 心期，此期施药较为安全。超过 3 叶期，除草效果明显下降，且易产生药害。施药后如遇寒潮，应加强田间管理。

276. 异丙隆（isoproturon）

主要制剂　25％、50％、70％、75％可湿性粉剂，50％悬浮剂。

毒性　鼠急性经口 LD_{50} 为 1826mg/kg；鱼急性 LC_{50} 为 18mg/L（96h）；蜜蜂急性接触 LD_{50} 为 $200\mu g$/只（48h）。

作用特点　异丙隆属取代脲类选择性芽前、芽后除草剂。主要由杂草根系吸收，茎叶吸收少，在导管内随水分向上传导到叶，多分布在叶尖和叶缘，在绿色细胞内发挥作用。是光合作用电子传递的抑制剂，干扰植物光合作用的进行，使之在光照下不能放出氧和二氧化碳，有机物生产停止，敏感杂草死亡。

防治对象　异丙隆可防除一年生杂草，如马唐、藜、早熟禾、看麦娘、牛繁缕等，适用于番茄、马铃薯、育苗韭菜、甜（辣）椒、茄子、蚕豆、豌豆、洋葱等部分菜田除草。

使用方法

（1）防除育苗韭菜、直播洋葱、采籽洋葱、马铃薯等菜田杂草　于播种后至出苗前，或杂草萌发前，每亩用 20％异丙隆可湿性粉剂 250g，对水喷雾于土表，进行土壤处理。

（2）防除番茄、甜（辣）椒等移栽田杂草　于移栽成活后，亩用 20％异丙隆可湿性粉剂 200g，对水定向喷雾土表。

（3）防除麦田杂草　异丙隆施药适期较宽，冬小麦前或春季麦田返青期均可使用。每亩用 50％异丙隆可湿性粉剂 120～180g，对水茎叶喷雾一次。小麦中最高残留限量为0.05mg/kg。

注意事项

（1）土壤湿度高有利于根系吸收和传导药剂，喷药前后降雨有利于药效发挥，土壤干旱时用药效果差。

（2）温度高利于药效发挥，低温（日平均气温 4～5℃）时冬小麦可能出现褪绿及生长抑制，施药后若遇寒流，会加重冻害，而且随用药量的升高而加重。因此施药应在冬前早期进行，寒流来前不能施药。

（3）与露籽麦或麦根接触，易出现死苗现象，成苗减少，施药时必须做到整地平、精细盖籽、不露籽、不露根。药剂不宜施于播种层中。

277. 敌稗（propanil）

其他名称　斯达姆

主要制剂　34％、16％乳油。

毒性　鼠急性经口 LD_{50} 为 960mg/kg；鱼急性 LC_{50} 为 5.4mg/L（96h）；蜜蜂急性接触 $LD_{50} > 100\mu g$/只（48h）。

作用特点　敌稗属酰胺类具有高度选择性的触杀型除草剂。在水稻体内被芳基酰胺酶水解成 3,4-二氯苯胺和丙酸而解毒，稗草由于缺乏此类解毒机能，细胞膜先遭到破坏，导致水分代谢失调，很快失水枯死。以 2 叶期稗草最为敏感，敌稗遇到土壤后分解失效，仅宜作茎叶处理剂。

防治对象 敌稗主要用于水稻田防除稗草，也可以防治鸭舌草、水马齿苋，还可用于旱稻田防除马唐、狗尾草、野苋菜等杂草幼苗。

使用方法

（1）防除水稻插秧田杂草 在稗草一叶一心期，每亩用 1000mL；稗草 2~3 叶期应加大药量，每亩用 1000~1500mL。对水 30L，喷药前排干水田，药后 1~2d 不灌水。可与多种除草剂混用。大米最高残留限量为 2mg/kg。

（2）防除水稻秧田杂草 在稗草一叶一心期，稻苗立针时，每亩用 750~1000mL，对水 30~40kg，于秧田喷药前排田水，喷药后 1~2d 不灌水。薄膜育秧苗可在揭开薄膜 2~3d 后喷药，每亩用 750g，对水 30kg 做茎叶喷雾。

（3）防除水稻直播田杂草 水稻苗立针时，每亩用 750mL，对水 30~40L，排田水后喷药，晾干后再正常排水、灌水。以稗草为主的田块，在稗草 2 叶期每亩用 1000mL茎叶处理，方法同秧田。

（4）防除旱直播田杂草 于水稻 2~3 叶期、稗草 1 叶期，每亩用 1000mL，对水 30~50L，茎叶处理，或与杀草丹、噁草灵、丁草胺等药剂混用。

注意事项

（1）施药时最好为晴天，但不要超过 30℃。水层不要淹没秧苗。

（2）敌稗在土壤中易分解，不能作土壤处理剂使用。

（3）不能与有机磷和氨基甲酸酯类农药混用，也不能在施用敌稗前两周或施用后两周内使用有机磷和氨基甲酸酯类农药，以免产生药害。

（4）喷雾器具用后要反复清洗干净。

（5）敌稗与 2,4-滴丁酯混用可防除稻田稗草、千金。

（6）避免敌稗与液体肥料一起混用。

（7）盐碱较重的秧田，由于晒田引起泛盐，也会伤害水稻，可在保浅水或秧根湿润情况下施药，以免产生药害。

278. 灭草松（bentazone）

其他名称 苯松达、排草丹

主要制剂 480g/L、560g/L、48%、40%、25%水剂，480g/L 可溶液剂。

毒性 鼠急性经口 LD_{50} 为 1400mg/kg；鱼急性 $LC_{50}>100mg/L$（96h）；蜜蜂急性接触 $LD_{50}>200\mu g/$只（48h）。

作用特点 灭草松是有机杂环类触杀型选择性苗后除草剂，用于苗后茎叶处理，通过叶片接触而起作用。旱田使用，通过叶面渗透传导到叶绿体内抑制光合作用。水田使用，既能通过叶面渗透又能通过根吸收，传导到茎叶，强烈阻碍杂草光合作用和水分代谢，造成杂草营养饥饿，生理机能失调而死之。有效成分在耐性作物体内向活性弱的糖轭合物代谢而解毒，对作物安全。

防治对象 可用于水稻、花生、大豆等作物田防除一年生阔叶杂草和莎草科杂草。如蓄蓄、鸭跖草、蚤缀、苍耳、地肤、苘麻、麦家公、猪殃殃、荠菜、播娘蒿（麦蒿）、马齿苋、刺儿菜、藜、蓼、龙葵、繁缕、异型莎草、碎米莎草、球花莎草、油莎草、莎草、香附子等。对禾本科杂草无效。

使用方法

（1）防除稻田杂草 水直播田、插秧田均可使用。插秧田插秧后 20～30d，直播田播后 30～40d，杂草 3～5 叶期，每亩用有效成分 64～96g，对水 30L。施药前把田水排干使杂草全部露出水面，选高温、无风晴天喷药，将药液均匀喷洒在杂草茎叶上，喷药后 1～2d 再灌水入田。防除莎草科杂草和阔叶杂草效果显著，对稗草无效。最高残留限量为 0.1mg/kg。

（2）防除大豆田杂草 大豆 1～3 片复叶、杂草 3～4 叶期为施药适期。每亩用有效成分 48～96g，对水 30～40kg。用喷雾器喷洒做茎叶处理，可防除豆田苍耳、苋、蓼、猪毛菜、猪殃殃、巢菜等阔叶杂草及碎米莎草等杂草，对稗草无效。最高残留限量为 0.05mg/kg。

（3）防除麦田杂草 在小麦 2 叶 1 心至 3 叶期，杂草子叶至两轮叶，每亩用有效成分 48～96g，对水 30～40kg，茎叶喷雾，防除麦田猪殃殃、麦家公等阔叶杂草。最高残留限量为 0.1mg/kg。

（4）防除花生田杂草 防除花生田苍耳、蓼、马齿苋、油莎草等阔叶草及莎草，于花生 2～5 叶期，每亩用液剂 133～200mL，对水 30L 茎叶处理。

注意事项

（1）因本品以触杀作用为主，喷药时必须充分湿润杂草茎叶。

（2）喷药后 8h 内不应降雨，否则影响药效。

（3）本品对禾本科杂草无效，如与防除禾本科杂草的除草剂混用，应先试验，再推广。

（4）高温、晴朗的天气有利于药效的发挥，故应尽量选择高温晴天施药。在阴天或气温低时施药，则效果欠佳。

（5）在干旱、水涝或气温大幅度波动的不利情况下使用苯达松，容易对作物造成伤害或无除草效果。施药后部分作物叶片会出现干枯、黄化等轻微受害症状，一般 7～10d 后即可恢复正常生长，不影响最终产量。

279. 溴苯腈（bromoxynil）

其他名称 伴地农、氰基苯

主要制剂 80%可溶粉剂。

毒性 鼠急性经口LD_{50}为81.2mg/kg；鱼急性LC_{50}为29.2mg/L（96h）；蜜蜂急性接触LD_{50}为120μg/只（48h）。

作用特点 溴苯腈属腈类选择性苗后茎叶处理触杀型除草剂。主要经由叶片吸收，在植物组织内进行有限的传导，通过抑制光合作用的各个过程迅速使植物组织坏死。施药24h内叶片褪绿，出现坏死斑。在气温较高、阳光较强的条件下，叶片极速枯死。

防治对象 适用于小麦、玉米等作物田防除蓼、苋、麦瓶草、龙葵、苍耳、猪毛菜、麦家公、田旋花等阔叶杂草。

使用方法

（1）防除小麦田阔叶杂草 在小麦3～5叶期，杂草3～4叶期，每亩用80%溴苯腈可溶粉剂30～40g，对水茎叶喷雾施药1次。小麦最高残留限量为0.05mg/kg。

（2）防除玉米田阔叶杂草 在玉米3～5叶期，杂草3～4叶期，每亩用80%溴苯腈可溶粉剂40～50g，对水茎叶喷雾施药1次。玉米最高残留限量为0.1mg/kg。

注意事项

（1）施用溴苯腈遇到低温或高湿的天气，除草效果可能降低，作物安全性降低。当气温超过35℃、湿度过大时不能施药，否则会发生药害。施药后需6d内无雨。

（2）不宜与肥料混用，也不可添加辅助剂，否则易产生药害。

（3）对鱼类等水生生物有毒，应远离水产养殖区施药，禁止在河塘等水域清洗施药器具。

280. 辛酰碘苯腈（ioxynil octanoate）

主要制剂 乳油，悬浮剂。

毒性 大鼠急性经口：雄性430.1mg/kg，雌性384.9mg/kg；丑鱼急性LC_{50}为48mg/L（48h）。

作用特点 能被植物茎、叶迅速吸收，并通过抑制植物的电子传递、光合作用及呼吸作用而呈现杀草活性。属于触杀型除草剂，故植物的根部几乎无吸收作用，并且，它可吸附于土壤中，故不易移行，其对土壤中的杂草种子无作用。在土壤的半衰期很短，仅为7～8d，无残留影响。在植物体不会渗透，宜在杂草幼期使用，对再生能力大的杂草及多年生杂草，虽能引起枯萎，但不致死。必须在具光的条件下才能呈现活性，杀草活性和温度十分相关，温度高呈现快，低温时见效慢。

防治对象 防除一年生阔叶杂草，用于麦类、洋葱、马铃薯、大豆、菜豆、苹果等作物田中及非耕地防除杂草。

使用方法 防除一年生阔叶杂草，于杂草生长初期，茎叶喷雾，施用剂量100～200g(a.i.)/hm²；秋移栽洋葱，施药剂量为100～200g(a.i.)/hm²；马铃薯萌芽前，杂草生长初期，施药剂量为100～300g(a.i.)/hm²；大豆、小豆、菜豆播后发芽前，杂草生长初期，施药剂量为 200g(a.i.)/hm²；苹果和非耕地田，于杂草生长初期施药，剂量为 200～400g(a.i.)/hm²。每季 1 次。我国规定辛酰碘苯腈在小麦、玉米上的最大残留限量（临时限量）为 0.1mg/kg 和 0.05mg/kg，在青蒜、蒜薹和大蒜上的最大残留限量（临时限量）为 0.1mg/kg。

注意事项

(1) 黑暗条件下无作用。

(2) 在植物生长期使用本剂，对稻科、百合科等单子叶植物几乎无影响。

(3) 如果本剂飞散到作物茎叶上，会造成叶子出现枯萎及黄化的药害症状。

四、光系统 I 电子传递抑制剂

(1) 作用机制　该类药剂通过接受来自光系统 I 的电子，被还原成一种除草剂自由基，这个自由基会减少分子氧，形成超氧自由基。超氧自由基在超氧化物歧化酶存在的情况下与自身发生反应，形成过氧化氢，过氧化氢又和过氧化物反应生成羟基自由基。然而，羟基自由基是非常活泼的，容易破坏不饱和的脂质，包括膜脂肪酸和叶绿素。羟基自由基产生与氧反应的脂质自由基，形成脂质氢过氧化物，再与另一个脂质自由基，引发脂质氧化的自永久连锁反应。这种脂质氢过氧化物破坏细胞膜的完整性，使细胞质渗入细胞间隙，从而导致快速的叶片萎蔫和干枯。这些化合物可以被多次还原/氧化。

(2) 化学结构类型　联吡啶类。

(3) 通性　碱性条件下不稳定；对阔叶杂草有很强的防除能力；一般应用于植物地上部分才有效；高度水溶性化合物，能在木质部内传导，因而影响植物需水的因素都影响其传导；此类药剂在植物表面进行光化学分解，在植物体内不进行代谢与降解；接触土壤后，迅速被吸收而丧失活性。

281. 百草枯（paraquat）

$$CH_3-N^+ \! \diagdown \! \diagdown \! - \! \diagdown \! \diagdown \! N^+-CH_3$$

其他名称　克芜踪、紫精、紫罗碱

主要制剂　250g/L、200g/L、20%水剂。

毒性　鼠急性经口 LD_{50} 为 110mg/kg；鱼急性 LC_{50} 为 19mg/L（96h）；蜜蜂急性接触 LD_{50} 为 9.26μg/只（48h）。

作用特点　百草枯属联吡啶类速效触杀型灭生性除草剂，联吡啶阳离子迅速被植物叶子吸收后，在绿色组织中通过光合作用和呼吸作用被还原成联吡啶自由基，又经自氧化作用使叶组织中的水合氧形成过氧化氢和过氧自由基。这类物质对叶绿体层膜破坏力极强，使光合作用和叶绿素合成很快中止，叶片着药后 2～3h 即开始受害变色。

防治对象　可防除各种一年生杂草；对多年生杂草有强烈的杀伤作用，但其地下茎和根能萌出新枝；对已木质化的棕色茎和树干无影响。适用于防除果园、桑园、胶园及林带的杂草，也可用于防除非耕地、田埂、路边的杂草，对于玉米、甘蔗、大豆以及苗圃等宽行作物，可采取定向喷雾防除杂草。

使用方法

(1) 防除果园杂草　在杂草出齐，处于生长旺盛期时，每亩用 20%百草枯水剂

100～200mL，对水 25kg，均匀喷雾杂草茎叶。当杂草长到 30cm 以上时，用药量要加倍。其中最高残留限量为苹果 0.05mg/kg，香蕉 0.02mg/kg，柑橘 0.2mg/kg。

（2）防除玉米、甘蔗、大豆等宽行作物田杂草　可播前处理或播后苗前处理，也可在作物生长中后期，采用保护性定向喷雾防除行间杂草。播前或播后苗前处理，每亩用 20％百草枯水剂 75～200mL，对水 25kg 喷雾防除已出土杂草。作物生长期，每亩用 20％百草枯水剂 100～200mL，对水 25kg，做行间保护性定向喷雾。其中最高残留限量为玉米 0.1mg/kg，大豆 0.05mg/kg，菜籽 0.05mg/kg。

（3）防除免耕田杂草　用于水稻田、小麦田、油菜田轮作倒茬时免耕除草，小麦、油菜收割后，不经翻耕，对田间杂草进行防除，每亩用 20％百草枯水剂 200～300mL，对水茎叶喷雾施药 1 次，3d 后残株呈褐色，变软，此时放水入田，可加速腐烂速度，经浅耕平整后即可插秧播种。水稻收割后按上述剂量处理，不经翻耕，可直接移栽油菜。其中最高残留限量为小麦 0.5mg/kg，油菜 0.05mg/kg。

（4）防除非耕地杂草　在非耕地杂草旺盛生长期，每亩用 20％百草枯水剂 200～300mL，对水定向茎叶喷雾施药 1 次。

注意事项

（1）百草枯为灭生性除草剂，在园林及作物生长期使用，切忌污染作物，以免产生药害。配药、喷药时要有防护措施，戴橡胶手套、口罩，穿工作服。如药液溅入眼睛或皮肤上，要马上进行冲洗。

（2）使用时不要让药液飘移到果树或其他作物上，菜田一定要在没有蔬菜时使用。

（3）喷洒要均匀周到，可在药液中加入 0.1％洗衣粉以提高药液的附着力。施药后 30min 遇雨时基本能保证药效。

282. 敌草快（diquat）

其他名称　杀草快、立收谷、利克除

主要制剂　20％水剂。

毒性　鼠急性经口 LD_{50} 为 214mg/kg；鱼急性 LC_{50} 为 21mg/L（96h）；蜜蜂急性接触 LD_{50} 为 60μg/只（48h）。

作用特点　敌草快为联吡啶类非选择性触杀型除草剂。稍具传导性，可被植物绿色组织迅速吸收。在植物绿色组织中，联吡啶化合物是光合作用电子传递抑制剂，还原状态的联吡啶化合物在光诱导下，有氧存在时很快被氧化，形成活泼的过氧化氢，这种物质的积累使植物细胞膜破坏，使受药部位枯黄。但本品不能穿透成熟的树皮，对地下根茎基本无破坏作用。

防治对象　敌草快一般用于大田、果园、非耕地、收割前等除草，也可以用作马铃薯和地瓜的茎叶催枯。在禾本科杂草严重的地方，和百草枯一起使用效果更好。

使用方法

（1）防除苹果园杂草　在苹果园杂草生长旺盛期，每亩用 20％敌草快水剂 200～300mL，对水茎叶喷雾施药 1 次。对菊科、十字花科、茄科、唇形花科杂草有较好的防

除效果，但对蓼科、鸭跖草科和田旋花科杂草防效差。苹果最高残留限量为 0.05mg/kg，十字花科蔬菜最高残留限量为 2mg/kg。

（2）防除非耕地杂草　于非耕地杂草生长旺盛期，每亩用 20% 敌草快水剂 300～350mL，对水茎叶喷雾施药 1 次。

（3）防除免耕小麦田杂草　在免耕小麦田杂草生长旺盛时期，每亩用 20% 敌草快水剂 150～200mL，对水茎叶喷雾施药 1 次。小麦最高残留限量为 2mg/kg，小麦粉最高残留限量为 0.5mg/kg。

注意事项

（1）敌草快属非选择性除草剂，切勿对作物、幼树进行直接喷雾，否则作物绿色部分接触到药液会产生严重药害。

（2）切勿与碱性磺酸盐润湿剂、激素型除草剂的碱金属盐类等化合物混合使用。

（3）对鱼、蜜蜂、蚕有毒。施药时应远离水产养殖区，应避免敌草快或使用过的容器污染水塘、河道或沟渠。蜜源作物区、鸟类保护区、蚕室及桑园禁用。

（4）避免在大风和高温天气施药；施药时应避免雾滴飘移。勿将本品及废液弃于水中。施药地块 24h 之内禁止放牧和畜禽进入。

（5）切勿用手动超低容量喷雾器或弥雾式喷雾器。推荐使用背负式手动喷雾器。喷雾前检查喷雾器，确保喷雾系统无渗漏。

五、原卟啉原氧化酶抑制剂

（1）作用机制　原卟啉原氧化酶（protoporphyrinogen IX oxidase，PPO 或 protox）是叶绿素和血红素生物合成的一种酶，能催化原卟啉原 IX（PPGIX）氧化为原卟啉 IX（PPIX）。原卟啉原氧化酶抑制剂导致 PPGIX 的积累，作为第一个吸收光的叶绿素前体物质，PPGIX 的积累显然是短暂的，因为它在正常环境下从类囊体膜上溢出，并氧化为 PPIX。在其原生环境之外形成的 PPIX 可能与 Mg 螯合酶及其他通常阻止 PPIX 积累的途径酶分离。PPIX 吸收光产生了与基态氧相互作用形成单态氧的三重态 PPIX。三重态 PPIX 和单态氧都可以从不饱和脂质中提取氢，产生脂质自由基，引发脂质过氧化反应。脂类和蛋白质被攻击和氧化，导致叶绿素和类胡萝卜素的丧失，以及细胞膜的渗漏，使细胞和细胞器快速干燥和分解。

（2）化学结构类型　二苯醚、环状亚胺、苯并噁嗪酮类、噁二唑、苯基吡唑、噁唑烷二酮、三唑啉酮、嘧啶二酮等。

（3）通性　对阔叶杂草有很强的防除能力；对哺乳动物毒性低；在土壤中易降解，对后茬作物无影响；选择傍晚，甚至于夜间喷药，可使其在植物叶片内充分渗透扩散，次日在光照下充分发挥作用，这样可以提高除草效果。

283. 氟磺胺草醚（fomesafen）

其他名称 虎威、龙威

主要制剂 25％水剂，30％微乳剂，75％水分散粒剂。

毒性 鼠急性经口 LD_{50} 为 1250mg/kg；鱼急性 LC_{50} 为 170mg/L（96h）；蜜蜂急性经口 LD_{50} 为 50μg/只（48h）。

作用特点 氟磺胺草醚属于二苯醚类选择性除草剂，抑制原卟啉原氧化酶，造成原卟啉合成或积累，原卟啉不能迅速被镁或铁螯合，结果积累至临界浓度，在光照条件下促使形成单态氧和脂类过氧化，造成膜丧失完整性，导致细胞死亡。

防治对象 适用于防除大豆田马齿苋、苍耳、铁苋菜、地肤、苘麻、鬼针草、曼陀罗、龙葵、反枝苋等阔叶杂草，对鸭跖草、苦菜、刺儿菜、问荆的防效差。

使用方法

（1）防除大豆田中一年生阔叶杂草　采用喷雾的方式施用 25％氟磺胺草醚水剂，每亩用药量为 67～133mL。也可将 30％氟磺胺草醚微乳剂采用茎叶喷雾的方式施用，每亩用药量为 55～80mL。大豆最高残留限量为 0.1mg/kg。

（2）防除大豆田中一年生杂草　将 75％氟磺胺草醚水分散粒剂采用茎叶喷雾的方式施用，每亩用药量为 20～26.7g。大豆最高残留限量为 0.1mg/kg。

（3）防除花生田中一年生杂草　将 75％氟磺胺草醚水分散粒剂采用茎叶喷雾的方式施用，每亩用药量为 20～26.7g。花生最高残留限量为 0.2mg/kg。

注意事项

（1）氟磺胺草醚在土壤中持效期长，如用药量偏高，对第二年种植的敏感作物，如白菜、谷子、高粱、甜菜、玉米、小米、亚麻等均有不同程度药害。在推荐剂量下，不翻耕种玉米、高粱，都有轻度影响。应严格掌握药量，选择安全后茬作物。

（2）在果园中使用，切勿将药液喷到树叶上。

（3）氟磺胺草醚对大豆安全，但对玉米、高粱、蔬菜等作物敏感，施药时注意不要污染这些作物，以免产生药害。

（4）用量较大或高温施药，大豆或花生可能会产生灼伤性药斑，一般情况下几天后可正常恢复生长，不影响产量。

（5）该药在土壤中残留期长，在土壤中不会钝化，可保持活性数个月，并为植物根部吸收，有一定的残余杀草作用。

284. 乙氧氟草醚（oxyfluorfen）

其他名称 氟硝草醚、果尔、割草醚

主要制剂 20％、24％、240g/L 乳油，25％悬浮剂，10％水乳剂，30％微乳剂，2％颗粒剂。

毒性 鼠急性经口 LD_{50} ＞5000mg/kg；鱼急性 LC_{50} 为 0.25mg/L（96h）；蜜蜂急性接触 LD_{50} ＞100μg/只（48h）。

作用特点　乙氧氟草醚属于氟苯醚类触杀型的除草剂，在有光的情况下发挥杀草作用。主要通过胚芽鞘、中胚轴进入植物体内，经根部吸收较少，并有极微量通过根部向上运输进入叶部。

防治对象　可用于移栽稻、大蒜、甘蔗、花生等作物田，防除稗草、鸭跖草、牛毛毡、异型莎草、千金子、鸭舌草、节节菜、雀麦、狗尾草、曼陀罗、藜、蓼、反枝苋等杂草。

使用方法

（1）防除大蒜田杂草　在大蒜播后苗前每亩用 240g/L 乙氧氟草醚乳油 40～50mL，对水土壤喷雾施药 1 次；在大蒜田播后苗前每亩用 24％乙氧氟草醚乳油 40～60mL，对水土壤喷雾 1 次；在大蒜播后苗前每亩用 25％乙氧氟草醚悬浮剂 180～216g，对水土壤喷雾 1 次。在大蒜田每季最多使用 1 次。最高残留限量为 0.05mg/kg。

（2）防除水稻移栽田杂草　南方水稻移栽田每亩用 240g/L 乙氧氟草醚 8～10mL 乳油先拌 10kg 沙土配成母土，然后与其他的土混均匀，均匀撒施。在水稻移栽后 5～7d、稗草芽期至 1.5 叶期，秧龄 30d 以上，苗高 20cm 以上的大苗移植田使用，露水干后，毒土法均匀撒施，保持水层 3～5cm，至少保水 5～6d，严禁水层淹没水稻心叶。东北地区水稻移栽前 3～5d，每亩用 240g/L 乙氧氟草醚乳油 15～20mL，混药土均匀施撒一次，施药后保持水层在 3～4cm，需至少维持 5～6d。

（3）防除甘蔗田杂草　在甘蔗和杂草未萌发前，每亩用 240g/L 乙氧氟草醚乳油 30～50mL，对水土壤喷雾施药 1 次。每个作物周期最多使用 1 次。

（4）混用　可与二甲戊灵、丙草胺、乙草胺、异丙甲草胺、草甘膦、草铵膦、扑草净、噁草酮等混用。

（5）安全间隔期　乙氧氟草醚的安全间隔期为 50d。

（6）最高残留限量　美国规定在水果、大豆、玉米、坚果中的最高残留限量为 0.005mg/kg，在家禽和肉、蛋、奶中的最高残留限量也为 0.005mg/kg，在棉籽油、薄荷油中的最高残留限量为 0.25mg/kg。

注意事项

（1）该药为触杀型除草剂，喷药时要求均匀周到，施药剂量要准确，避免药害。

（2）晴朗时除草效果好，施药后作物出苗前灌溉或降雨时易发生药害，下雨之前严禁施药，如有积水应及时排水。

（3）该药用量少，活性高，对水稻、大豆易产生药害。初次使用时应根据不同气候带先经小规模试验，找出适合当地使用的最佳施药方法和最适剂量后，再大面积使用。

（4）本品对鱼类等水生生物有毒，应远离水产养殖区施药，禁止在河塘等水体中清洗施药器具。

285. 乙羧氟草醚（fluoroglycofen）

其他名称　克草特、阔锄

主要制剂　10％、15％、20％乳油，10％微乳剂。

毒性　按照我国农药分级标准，乙羧氟草醚属低毒农药。大鼠急性经口 LD_{50} 为 926mg/kg；急性经皮 LD_{50} 为 2150mg/kg；对皮肤和眼睛有轻度刺激作用；对鸟类、蜜蜂、鱼类低毒。

作用特点　乙羧氟草醚属于二苯醚类选择性触杀型除草剂，乙羧氟草醚被植物吸收后，抑制原卟啉原氧化酶活性，生成对植物细胞具有毒性的四吡咯积聚而发生作用。

防治对象　适用于大豆田、花生田防除反枝苋、荠菜、野芝麻、苍耳、龙葵、马齿苋、鸭跖草、大刺儿菜等阔叶杂草。

使用方法

（1）防除大豆田一年生阔叶杂草　春大豆田每亩用 10％乙羧氟草醚乳油 40～60mL；夏大豆田每亩用 10％乙羧氟草醚乳油 40～50mL，对水喷雾施药 1 次。也可每亩用 10％乙羧氟草醚微乳剂 50～60mL，对水茎叶喷雾施药 1 次。在大豆上最高残留限量为 0.05mg/kg。

（2）防除花生田一年生阔叶杂草　每亩用 20％乙羧氟草醚微乳剂 20～30mL，对水茎叶喷雾施药 1 次。

注意事项

（1）该药是苗后触杀型除草剂，用药量是经过科学试验总结出来的，不要随意加大用药量。喷施后，遇到气温过高或在作物上局部触药过多时，作物上会产生不同程度的灼伤斑，由于不具有内吸传导作用，经过 10～15d 的恢复期后，作物会完全得到恢复，不造成减产，反而能起到增产效果。

（2）运用正确的施药技术。人工施药时最好选择扇形喷嘴，顺垄施药，不可左右甩动施药，避免因重复施药而引起较重药害。

（3）田间杂草的种类对药效发挥具有重大影响。应根据具体情况来选择用量，当为敏感性杂草时可用推荐用量的低限量。

（4）在光照条件下才能发挥效力，所以应在晴天施药。

286. 三氟羧草醚（acifluorfen）

其他名称　杂草焚、达克尔、达克果

主要制剂　14.8％、21％、21.4％水剂，28％微乳剂。

毒性　鼠急性经口 LD_{50} 为 1370mg/kg；鱼急性 LC_{50} 为 54mg/L（96h）；蜜蜂急性接触 LD_{50} 为 100μg/只（48h）。

作用特点　三氟羧草醚属于二苯醚类触杀性除草剂。作用机制为抑制原卟啉原氧化酶，造成原卟啉合成或积累，原卟啉不能迅速被镁或铁螯合，结果积累至临界浓度，在

光照条件下促使形成单态氧和脂类过氧化，造成膜丧失完整性，导致细胞死亡。

防治对象　主要用于大豆田防除多种阔叶杂草，如马齿苋、铁苋菜、鸭跖草、龙葵、藜、苍耳、水棘针、辣子草、鬼针草、苋等。对1～3叶期的狗尾草、野高粱等禾本科杂草也有效。对多年生的苣荬菜、刺儿菜、大蓟、问荆等有一定抑制作用。

使用方法

（1）防除大豆田杂草　于夏大豆1～3片复叶期，一年生阔叶杂草基本出齐（2～4叶期）时，每亩用21.4%三氟羧草醚水剂112～150mL，对水茎叶喷雾施药1次；于春大豆1～3片复叶期，一年生阔叶杂草基本出齐（2～4叶期）时，每亩用21.4%三氟羧草醚水剂360～481.5mL，对水茎叶喷雾施药1次。在大豆上的安全间隔期为70d，每季作物最多施药1次。最高残留限量为0.1mg/kg。

（2）防除大豆田一年生阔叶杂草　将28%三氟羧草醚微乳剂采用茎叶喷雾的方式施用，每亩用药量为85～115mL。

（3）混用　可与灭草松、精喹禾灵、异噁草松、氟磺胺草醚混用。

注意事项

（1）对阔叶杂草的使用时期不能超过6叶期，否则防效较差。

（2）施药前注意天气情况，天气恶劣时或大豆受其他除草剂伤害时不要使用，施药前6h不可有雨，否则影响药效发挥，若施药6h内下雨，应酌情补药。

（3）施药时注意风向，不要使雾剂飘入棉花、甜菜、向日葵、观赏植物与敏感作物中。

（4）大豆生长在不良环境中，如干旱、水淹、肥料过多，或土壤含盐、碱过多，风伤、霜伤、寒流，最高日温低于21℃或土温低于15℃及大豆苗已受其他除草剂伤害、病害、虫害严重等均不宜使用三氟羧草醚，以免产生药害。

（5）施用三氟羧草醚可能会引起大豆幼苗灼伤、变黄、高温下药害加重，但轻度药害几天后即可恢复正常，对大豆产量无影响；大豆3片复叶后用药，因叶片遮盖杂草，使药效受影响，而大豆受药量增加产生药害。

（6）对鱼类有毒，远离水产养殖区施药，禁止在河塘等水体中清洗施药器具，避免药液进入地表水体；养鱼稻田禁用，施药后的田水不得直接排入河塘等水域。

287. 乳氟禾草灵（lactofen）

其他名称　克阔乐

主要制剂　24%、240g/L乳油。

毒性　鼠急性经口LD_{50}＞5000mg/kg；鱼急性LC_{50}＞0.1mg/L（96h）；蜜蜂急性接触LD_{50}＞160μg/只（48h）。

作用特点　乳氟禾草灵属于二苯醚类选择性除草剂。作用机制为抑制原卟啉原氧化酶，造成原卟啉合成或积累，原卟啉不能迅速被镁或铁螯合，结果积累至临界浓度，在光照条件下促使形成单态氧和脂类过氧化，造成膜丧失完整性，导致细胞死亡。

防治对象　用于大豆田、玉米田、花生田防除鸭跖草、马齿苋、反枝苋、藜、铁苋菜、鬼针草、苘麻、刺儿菜、龙葵、苣荬菜、地肤、播娘蒿、荠菜、牵牛、豚草等。

使用方法

（1）防除大豆田阔叶杂草　夏大豆每亩用240g/L乳氟禾草灵乳油25～30mL，春大豆每亩用240g/L乳氟禾草灵乳油30～40mL，对水茎叶喷雾施药1次。在大豆上最高残留限量为0.05mg/kg。

（2）防除花生田阔叶杂草　在花生苗后1～2片复叶，阔叶杂草2～3叶期，每亩用240g/L乳氟禾草灵乳油22.5～30mL，对水茎叶喷雾施药1次。在花生上最高残留限量为0.05mg/kg。

注意事项

（1）本品安全性较差，故施药时应尽可能保证药液均匀，做到不重喷、不漏喷，且严格限制用药量。

（2）本品对4叶期以前生长旺盛的杂草活性高。在气温、土壤、水分有利于杂草生长时施药，药效得以充分发挥；反之，低温、持续干旱影响药效，施药后连续阴天、光照不足，会影响药效迅速发挥。

（3）施药后大豆茎叶可能出现枯斑式黄化现象，但这是暂时接触性药斑，不影响新叶的生长。1～2周便恢复正常，不影响产量。

（4）施药时切勿让药液接触皮肤、眼睛，一旦接触药剂要及时用水冲洗。

（5）对鱼类高毒，应避免药液污染池塘和河渠。

288. 噁草酮（oxadiazon）

其他名称　农思它、噁草灵

主要制剂　12.5%、12%、13%、250g/L、120g/L、25%乳油，35%悬浮剂。

毒性　鼠急性经口LD_{50}＞5000mg/kg；鱼急性LC_{50}为1.2mg/L（96h）；蜜蜂急性接触LD_{50}＞100μg/只（48h）。

作用特点　噁草酮属于环状亚胺类选择性触杀型除草剂。为芽前、芽后土壤处理除草剂，药剂通过与杂草幼芽或幼苗接触而引起作用。苗后施药，药剂通过杂草地上部分被吸收，进入植物体后积累在生长旺盛部位，在有光的条件下，使触药部位的细胞组织及叶绿素遭到破坏，分生组织停止生长，最终致使杂草幼芽枯萎死亡。本剂在光照条件下才能发挥杀草作用，但并不影响光合作用的希尔反应。

防治对象　适用于水稻、大豆、棉花、甘蔗等作物及果园防除稗草、千金子、雀稗、异型莎草、球花碱草、鸭舌草、瓜皮草、节节草以及苋科、藜科、大戟科、酢浆草科、旋花科等1年生禾本科杂草及阔叶杂草。

使用方法

(1) 防除水稻田杂草　防除旱稻、旱稻水灌直播田杂草，播种后出苗前，每亩用 12％噁草酮乳油 100～150mL，对水 50kg，均匀喷布土表。秧田、水直播田一般整好地后，最好田间还处于泥水状时，每亩用 12％噁草酮乳油 100～150mL，对水 25kg，喷布全田。保持水层 2～3d，排水后播种。亦可在秧苗 1 叶 1 心至 2 叶期，每亩用 12％噁草酮乳油 100mL，对水 30kg 均匀喷布全田，保持浅水层 3d。稻米最高残留限量为0.1mg/kg。

移栽田，可于水稻移栽前 1～2d 或移栽后 4～5d，每亩用 12％噁草酮乳油 125～150mL，用原瓶装甩施，施药后保持浅水层 3d。自然落干。以后正常管理。

(2) 防除花生、棉花田杂草　播种后出苗前，每亩用 25％噁草酮乳油 75～100mL，对水 35kg，均匀喷布土表。花生最高残留限量为 0.1mg/kg，棉籽最高残留限量为0.05mg/kg。

(3) 防除春大豆田杂草　春大豆播种出苗前，每亩用 25％噁草酮乳油 200～300mL，对水喷雾施药。大豆最高残留限量为 0.05mg/kg。

(4) 防除果园杂草　每亩用 25％噁草酮乳油 150～200mL，对水 45kg 于杂草芽前进行土壤处理。水果最高残留限量为 0.05mg/kg。

(5) 防除直播水稻田一年生杂草　将 35％噁草酮悬浮剂采用毒土法施用，用药量为每亩 63.2～84.2mL。水稻最高残留限量为 0.1mg/kg。

注意事项

(1) 噁草酮用于水稻插秧田，弱苗、小苗或超过常规用药量、水层淹没心叶，易发生药害；秧田及水直播田使用，催芽谷易发生药害。

(2) 旱季使用噁草酮时，土壤湿润是药效发挥的关键。

(3) 每季作物最多使用 1 次。

(4) 对蜜蜂、鸟类及水生生物有毒。施药时应避免对周围蜂群的影响，蜜源作物花期禁用。远离水产养殖区施药，禁止在河塘等水体中清洗施药器具。

289. 丙炔噁草酮（oxadiargyl）

其他名称　炔噁草酮、稻思达

主要制剂　80％可湿性粉剂。

毒性　鼠急性经口 LD_{50}＞802mg/kg；鱼急性 LC_{50} 为 0.201mg/L（96h）；蜜蜂急性经口 LD_{50}＞200μg/只（48h）。

作用特点　丙炔噁草酮属于噁二唑含氮杂环类选择性除草剂，主要经幼芽吸收，幼苗和根也能吸收，积累在生长旺盛的部位而抑制原卟啉原氧化酶的活性起杀草作用。

防治对象　主要用于防除稻田一年生禾本科、莎草科、阔叶杂草及某些多年生杂草，有较好的防效，对恶性杂草四叶萍有良好效果。

使用方法

（1）防除水稻移栽田杂草 在水稻移栽前 3～7d，杂草萌发初期，南方地区每亩用 80％丙炔噁草酮可湿性粉剂 6g，北方地区每亩用 6～8g。水稻最高残留限量为 0.1mg/kg。

（2）防除马铃薯田杂草 在马铃薯播后苗前，每亩用 80％丙炔噁草酮可湿性粉剂 15～18g，对水土壤喷雾施药 1 次。马铃薯最高残留限量为 0.01mg/kg。

注意事项

（1）丙炔噁草酮对水稻的安全幅度较窄，不宜在弱苗田、制种田、抛秧田及糯稻田，否则易产生药害。

（2）整地时田面要整平，施药时不要超过推荐用量，把药拌匀施用，并要严格控制好水层。以免因施药过量、稻田高低不平、缺水、水淹没稻苗心叶或施药不均匀等造成药害。

（3）在杂草发生严重地块，应与磺酰脲类除草剂混用或搭配使用。

（4）不推荐在抛秧田和直播水稻田及盐碱地水稻田中使用。

290. 唑草酮（carfentrazone-ethyl）

其他名称 快灭灵、唑草酯、福农、三唑酮草酯

主要制剂 10％可湿性粉剂，40％水分散粒剂，400g/L 乳油。

毒性 鼠急性经口 LD_{50}＞5000mg/kg；鱼急性 LC_{50} 为 1.6mg/L（96h）；蜜蜂急性接触 LD_{50}＞200μg/只（48h）。

作用特点 唑草酮属于三唑啉酮类触杀型除草剂，通过抑制叶绿素生物合成过程中原卟啉原氧化酶活性而造成细胞膜被破坏。

防治对象 目前主要应用在小麦地防除播娘蒿、猪殃殃、荠菜、糖芥、宝盖草、麦家公、婆婆纳、泽漆等阔叶杂草。

使用方法

（1）防除春小麦田阔叶杂草 在春小麦 3～4 叶期，每亩用 40％唑草酮水分散粒剂 5～6g。

（2）防除冬小麦田中杂草 每亩用 40％唑草酮水分散粒剂 4～5g，对水茎叶喷雾施药 1 次。在大豆上的安全间隔期为 70d，每季作物最多施药一次。最高残留限量为 0.1mg/kg。

（3）混用 可与 2 甲 4 氯钠、莠灭净、氯氟吡氧乙酸异辛酯、苯磺隆、苄嘧磺隆、噻吩磺隆混用。

注意事项

（1）最佳用药时期在 2～3 叶期，小麦倒 2 叶抽出后勿用药。

（2）喷液量过少时小麦叶片可能出现灼伤斑点，但不影响正常生长。

（3）药剂配制采用两次稀释，充分混合，严禁加洗衣粉等助剂。

291. 吡草醚（pyraflufen-ethyl）

其他名称 速草灵、霸草灵、丹妙药、吡氟苯草酯

主要制剂 2%悬浮剂。

毒性 鼠急性经口 $LD_{50}>5000mg/kg$；鱼急性 LC_{50} 为 0.1mg/L（96h）；蜜蜂急性接触 $LD_{50}>100\mu g/$只（48h）。

作用特点 吡草醚属于苯基吡唑类触杀性苗后除草剂，通过抑制杂草体内的原卟啉原氧化酶而实现对杂草的防治。其对阔叶杂草有较好的防效，因在禾本科作物体内可被迅速代谢降解，而对禾本科作物安全。

防治对象 用于防除小麦田阔叶杂草，如苘麻、反枝苋、马齿苋、藜等。

使用方法 防除冬小麦田阔叶杂草，在冬小麦田冬前或春后杂草 2～4 叶期，每亩用 2%吡草醚悬浮剂 30～40mL，对水茎叶喷雾施药 1 次。最高残留限量为 0.03mg/kg。

注意事项

（1）使用后小麦会出现轻微的白色小斑点，但一般对小麦的生长发育无影响。对后茬棉花、大豆、瓜类、玉米等安全性好。

（2）安全间隔期为收获前 45d，每季最多用 2 次。

（3）施药时，避免药液飘移到邻近的敏感作物上。

（4）勿与尚未确定效果及药害问题的药剂（特别是乳油剂型、展着剂以及叶面肥）混用。勿与有机磷类药剂混用。

（5）施药后降雨会降低防效。

292. 甲磺草胺（sulfentrazone）

其他名称　磺酰唑草酮、甲基磺酰甲胺

主要制剂　40%悬浮剂。

毒性　鼠急性经口 LD_{50} >2855mg/kg；鱼急性 LD_{50} >93.8mg/L（96h）；蜜蜂急性接触 LD_{50} >25.1μg/只（48h）。

作用特点　甲磺草胺属于三唑啉酮类灭生性除草剂，通过抑制叶绿素生物合成过程中原卟啉原氧化酶而破坏细胞膜，使叶片迅速干枯、死亡。

防治对象　适用于大豆、玉米、高粱、花生、向日葵等作物田防除一年生阔叶杂草、禾本科杂草和莎草。

使用方法　防除甘蔗田一年生杂草，采用喷雾法，每亩施用40%甲磺草胺悬浮剂24～36mL。

注意事项

（1）请勿将含本品的废液排入湖泊、河流、池塘、港湾（或河口）、海洋或其他水体。

（2）贮存或处置时，请勿将含本品的废液排入下水道。

（3）发生泄漏或遗洒时，严禁接触。隔离该区域，禁止动物和无防护人员进入。划定泄漏或遗洒区域，筑堤埂或用沙子、猫砂或商用黏土吸附。

293. 苯嘧磺草胺（saflufenacil）

主要制剂　70%水分散粒剂。

毒性　鼠急性经口 LD_{50} >2000mg/kg；鱼急性 LC_{50} >98mg/L（96h）；蜜蜂急性接触 LD_{50} >100μg/只（48h）。

作用特点　苯嘧磺草胺属于脲嘧啶类灭生性除草剂，通过抑制叶绿素生物合成过程中原卟啉原氧化酶而破坏细胞膜。

防治对象　用于非耕地和柑橘园中防除阔叶杂草。

使用方法

（1）防除非耕地阔叶杂草　采用茎叶喷雾法，每亩施用70%水分散粒剂5～7.5g。最大残留限量为30mg/kg。

（2）防治柑橘园阔叶杂草　采用定向茎叶喷雾法，每亩施用70%水分散粒剂5～7.5g。最大残留限量为0.5mg/kg。

注意事项

（1）避免药剂接触皮肤和眼睛。避免吸入蒸气及雾液。

（2）操作时避免污染水源、溪流、水渠等。

294. 丙炔氟草胺（flumioxazin）

其他名称　速收

主要制剂　50％可湿性粉剂。

毒性　鼠急性经口 $LD_{50}>5000mg/kg$；鱼急性 LC_{50} 为 2.3mg/L（96h）；蜜蜂急性接触 $LD_{50}>200\mu g/$只（48h）。

作用特点　丙炔氟草胺属于酰亚胺类触杀型的选择性除草剂，可被植物的幼芽和叶片吸收，在植物体内进行传导，抑制叶绿素的合成，造成敏感杂草迅速凋萎、白化、坏死及枯死。

防治对象　可用于大豆田、花生田、柑橘园防治一年生阔叶杂草及禾本科杂草。

使用方法

（1）防除大豆田杂草　在大豆播后苗前，每亩用50％丙炔氟草胺可湿性粉剂8～12g，对水土壤喷雾施药1次；在大豆苗后早期，春大豆田每亩用50％丙炔氟草胺可湿性粉剂3～4g对水进行土壤处理，夏大豆田每亩用50％丙炔氟草胺可湿性粉剂3～3.5g喷雾处理。最高残留限量为 0.02mg/kg。

（2）防除花生田杂草　在花生播后苗前，每亩用50％丙炔氟草胺可湿性粉剂5.3～8g对水土壤喷雾1次。最高残留限量为 0.02mg/kg。

（3）防除柑橘园杂草　用50％丙炔氟草胺可湿性粉剂53～80g/亩对水均匀定向茎叶喷雾1次。最高残留限量为 0.1mg/kg。

（4）混用　可与乙草胺混用。

注意事项

（1）在大豆田、花生田、柑橘园施用，每季最多施药1次。

（2）最好现配现用，不宜长时间搁置。

（3）不要过量使用，大豆拱土或出苗期不能施药。柑橘园施药应定向喷雾于杂草上，避免喷施到柑橘树的叶片及嫩枝上。

（4）禾本科杂草较多的田块，在技术人员指导下，和防禾本科杂草的除草剂混用。避免药剂飘移到敏感作物田。

（5）为保证杀草效果，药剂喷洒后注意不要破坏药剂层。

295. 氟烯草酸（flumiclorac-pentyl）

其他名称　胺氟草酯、氟胺草酯、利收、阔氟胺、氟亚胺草酯

主要制剂　10％乳油。

毒性　大鼠急性经口 $LD_{50}>3.6$（0.86EC）g/kg；虹鳟鱼急性 LC_{50} 为 1.1mg/L（96h）；蜜蜂急性接触 $LD_{50}>196\mu g/$只。

作用特点　氟烯草酸是原卟啉原氧化酶抑制剂，为触杀型选择性除草剂。药剂被敏感杂草叶面吸收后，迅速作用于植物组织，引起原卟啉积累，使细胞膜质过氧化作用增强，从而导致敏感杂草的细胞膜结构和细胞功能不可逆损害。阳光和氧是除草活性必不可少的。常常在 24～48h 出现叶面白化、枯斑等症状。大豆对氟烯草酸有良好的耐药性，该药剂在大豆体内能被分解，但在高温条件下施药，大豆可能出现轻微触杀型药害，对新长出的叶无影响，1 周左右可恢复，对产量影响甚小。

防治对象　阔叶杂草，如苍耳、豚草、藜、苋属杂草、斑地锦、黄花稔、曼陀罗、苘麻等，对多年生的刺儿菜、大蓟等有一定的抑制作用。适宜于大豆田和玉米田，对大豆和玉米安全的选择性是基于药剂在作物和杂草植株中的代谢不同。

使用方法

（1）防除大豆田阔叶杂草　在大豆苗后 2～3 片复叶期，阔叶杂草 2～4 叶期，最好在大豆 2 片复叶期，大多数杂草出齐时施药，施用剂量 40～100g(a.i.)/hm²。杂草小，水分条件适宜，杂草生长旺盛期用低剂量。杂草大，天气干旱少雨时用高剂量。每季 1 次。日本规定其在干大豆上的最大残留限量为 0.01mg/kg，国际食品法典委员会（CAC）规定其在大豆种子上的最大残留限量为 0.01mg/kg。

（2）防除玉米田阔叶杂草　在玉米田苗后使用，施用剂量 40～100g(a.i.)/hm²。杂草小，水分条件适宜，杂草生长旺盛期用低剂量。杂草大，天气干旱少雨时用高剂量。每季 1 次。日本规定其在玉米上的最大残留限量为 0.01mg/kg。

注意事项

（1）大豆苗后不要进行超低容量喷雾，因药液浓度过高对大豆叶有伤害。

（2）施药 1 周后，大豆叶片可能出现皱缩、枯斑、新叶发黄等症状，两周后会恢复正常，可降低用量，对产量没有影响。

（3）选择早晚气温低，风小时施药，上午 9 时到下午 3 时应停止施药。

（4）在高湿条件下，大豆有轻微的触杀性斑点，但对生长无影响。

（5）切记不要在高温、干旱、大风条件下施药。

296. 嗪草酸甲酯（fluthiacet-methyl）

其他名称　阔草特、阔少

主要制剂　5％乳油，5％可湿性粉剂。

毒性　鼠急性经口 $LD_{50}>5000$mg/kg；鱼急性 LC_{50} 为 0.043mg/L（96h）；蜜蜂急性接触 $LD_{50}>100\mu g/$只（48h）。

作用特点　嗪草酸甲酯属于稠杂环类选择性触杀型苗后除草剂，通过抑制敏感植物叶绿素合成中的原卟啉原氧化酶，造成原卟啉的积累，导致细胞膜坏死，植株枯死。

防治对象　主要用于大豆田、玉米田防除一年生阔叶杂草，如反枝苋、藜、苘麻。

使用方法

（1）防除大豆田阔叶杂草　在大豆 1～2 片复叶，一年生阔叶杂草出齐 2～4 叶期，春大豆每亩用 5％嗪草酸甲酯乳油 10～15mL，夏大豆每亩用 5％嗪草酸甲酯乳油 8～12mL，对水茎叶喷雾施药。

（2）防除玉米田阔叶杂草　在玉米 2～4 叶期，一年生阔叶杂草 2～4 叶期，春玉米每亩用 5％嗪草酸甲酯乳油 10～15mL，夏玉米每亩用 5％嗪草酸甲酯乳油 8～12mL，对水茎叶喷雾施药。

注意事项

（1）施药后大豆和玉米会产生轻微灼伤斑，1 周后可恢复正常生长，对产量无不良影响。

（2）宜在早上或傍晚施药，高温下（大于 28℃）用药量酌减。

（3）为茎叶处理除草剂，不可用作土壤处理。

（4）如果需同时防除田间禾本科杂草，可以与防除禾本科杂草的除草剂配合使用，但不可与呈碱性的农药等物质混用。

（5）嗪草酸甲酯降解速度较快，无后茬残留影响。间套作或混种有敏感阔叶作物田块不能使用。

六、类胡萝卜素合成抑制剂

（1）作用机制　类胡萝卜素合成抑制剂抑制了植物烯脱硫酶，类胡萝卜素在消散单态 O_2 氧化能量方面起着重要的作用。在正常的光合电子输运中，低水平的光系统 Ⅱ 反应中心叶绿素由第一激发态转化为三重态（3Chl）。这种带电的 3Chl 可以与基态分子氧（O_2）相互作用形成单线态氧（$1O_2$）。在健康的植物中，$1O_2$ 的能量会被类胡萝卜素和其他保护分子中断。类胡萝卜素在氟化物处理过的植物中基本不存在，允许 $1O_2$ 和 3Chl 从不饱和的脂质（例如膜脂肪酸、叶绿素）中提取出一个脂质自由基与过氧化脂和另一脂质自由基相互作用。因此，脂质过氧化的自维持链反应是在功能上破坏叶绿素和膜脂的。蛋白质也被 $1O_2$ 破坏。破坏膜组件完整性将导致膜渗漏和加速组织干化。

（2）化学结构类型　哒嗪酮类、吡啶酰胺类、三唑类、异噁唑啉二酮类、脲类、二苯醚类等。

（3）通性　这类除草剂对植物无专一性，其选择性相对较差，使其应用范围受到限制；对哺乳动物毒性低。

297. 氟草敏（norflurazon）

其他名称 达草灭、哒草伏

主要制剂 颗粒剂，水分散粒剂。

毒性 大鼠急性经口 $LD_{50} > 5000mg/kg$；虹鳟鱼急性 LC_{50} 为 8.1mg/L（96h）；以 0.235mg/只处理对蜜蜂无毒。

作用特点 通过抑制八氢番茄红素脱氢酶，阻碍类胡萝卜素的生物合成。胡萝卜素会消散在光合作用过程中产生的单线态氧的氧化能。在达草灭处理过的植物中有类胡萝卜素存在时，单线态氧会导致过氧化，破坏叶绿素和膜脂质。内吸性除草剂，通过根部吸收，在木质部向顶部传导。在敏感的苗上引起叶脉间和茎组织白化，从而导致坏死或死亡。

防治对象 苗前处理防除禾本科杂草、阔叶杂草和莎草，如马唐、稗草、狗尾草、牛毛毡、马齿苋、猪毛菜和荠菜等，适用于棉花田、花生田和大豆田，也在坚果、柑橘、葡萄、仁果、核果、观赏植物、啤酒花和工业植被管理上使用。

使用方法

（1）防除棉花田、花生田和大豆田禾本科杂草 阔叶杂草和莎草等，苗前土壤处理，使用剂量为 0.5～2kg（a.i.）/hm^2。每季 1 次。日本规定其在干大豆中的最大残留限量为 0.1mg/kg，在干花生上的最大残留限量为 0.05mg/kg。

（2）防除禾本科杂草、阔叶杂草和莎草等 用于坚果、柑橘、葡萄、仁果、核果、观赏植物、啤酒花和工业植被管理中，剂量为 1.5～4kg（a.i.）/hm^2。每季 1 次。日本规定其在葡萄中的最大残留限量为 0.1mg/kg，在桃、油桃、杏及其他水果、美国山核桃、杏仁及其他坚果中的最大残留限量为 0.2mg/kg。

298. 吡氟酰草胺（diflufenican）

其他名称 吡氟草胺、普草克

主要制剂 50％可湿性粉剂，50％悬浮剂。

毒性 大鼠急性经口 $LD_{50} > 5000mg/kg$；虹鳟鱼急性 LC_{50} 为 56～100mg/L（96h）；蜜蜂急性经口无毒性反应。

作用特点 选择性触杀和残效型除草剂。通过抑制八氢番茄红素脱氢酶而阻断类胡萝卜素的生物合成，吸收药剂的杂草植株中类胡萝卜素含量下降，导致叶绿素被破坏，细胞膜破裂，杂草则表现为幼芽脱色或白色，最后整株萎蔫死亡。主要通过嫩芽吸收，传导有限。在杂草发芽前后施用可在土表形成抗淋溶的药土层，在作物整个生长期保持活性。当杂草萌发通过药土层的幼芽或根系均能吸收药剂最后导致死亡。老的植物组织会因新叶的光合作用受抑制而最终受影响死亡。死亡速度与光的强度有关，光强则快，光弱则慢。土壤中药效期长，药效稳定，可与其他除草剂混配。

防治对象 水田苗前在保水条件下可很好防除稗草、鸭舌草、泽泻等。旱田防除旱熟禾、猪殃殃、卷茎蓼、马齿苋、龙葵、繁缕、巢菜、田旋花、鼬瓣花、酸模叶蓼、柳叶刺蓼、反枝苋、鸭跖草、香薷、遏蓝菜、野豌豆、播娘蒿及小旋花等杂草。适宜作物包括小麦、大麦、水稻、春桥豌豆、白羽扇豆、胡萝卜和向日葵。

使用方法 防除小麦田和大麦田一年生禾本科杂草和阔叶杂草 于小麦、大麦苗前和苗后早期施用，对猪殃殃、婆婆纳和堇菜杂草有特效，使用剂量为 $125\sim250g(a.i.)/hm^2$。若单防猪殃殃使用剂量为 $180\sim250g(a.i.)/hm^2$。随着杂草叶龄的增加防效下降，但猪殃殃在 $1\sim2$ 分枝时对本药最敏感。土壤中残效期较长，秋季施药效果可维持到春季杂草萌发期。苗前施用对小麦最安全，大麦轻度敏感。冬小麦比春小麦安全，苗后早期施用比苗前施用安全。为了增加对禾本科杂草的防除效果，可与防除禾本科杂草的除草剂混用，如异丙隆、绿麦隆等。如将 $1500\sim2000g(a.i.)/hm^2$ 异丙隆与吡氟草胺 $200\sim250g(a.i.)/hm^2$ 混用，可使其对鼠尾看麦娘的防效由 50% 提高至 95%。每季 1 次。我国规定其在小麦中的最大残留限量为 0.05mg/kg。

注意事项

（1）施药时如遇持续大雨，尤其是芽期降雨，可造成作物叶片暂时脱色，但一般可以恢复。

（2）移栽稻田施用有时会暂时失绿。在直播稻田施用，用药前应严密盖种，避免药剂与种子接触。

299. 异噁草酮（clomazone）

其他名称 广灭灵

主要制剂 48%乳油。

毒性 大鼠急性经口 LD_{50}：2077mg/kg（雄），1369mg/kg（雌）。对眼睛有刺激，对皮肤有轻微刺激。对鸟类低毒，对鱼毒性较低。

作用特点 是选择性芽前除草剂，可通过根、幼芽吸收，随蒸腾作用向上传导到植物的各部分，从而控制敏感植物叶绿素及胡萝卜素的生物合成。植物虽能萌芽出土，但无色素，这种植物在短期内死亡。大豆具特异代谢作用，可使其变为无杀草作用的代谢物而具有选择性。适用于大豆、棉花、花生、马铃薯、玉米、油菜、甘蔗、烟草等作物。

防治对象 防除一年生禾本科杂草及部分双子叶杂草，如稗草、狗尾草、马唐、牛筋草、龙葵、香薷、水棘针、马齿苋、藜、蓼、苍耳、遏蓝菜、苘麻等。

使用方法

（1）防除大豆田杂草 大豆播种前或播后芽前，一般每亩用 $137\sim167mL$，有机质含量大于 3% 的黏壤土用高量，有机质低于 3% 的沙质土用低量。土壤湿度大有利于对药剂的吸收，干旱条件下需浅混土。

（2）防除甘蔗田杂草 甘蔗放植后出芽前，每亩用 48% 乳油 $66.7\sim100mL$，加水

30L喷于土表，对稗草、狗尾草、牛筋草、藿香蓟、辣子草、马齿苋、反枝苋等有较好防效，对甘蔗安全，亦适用于甘蔗套种花生、大豆田，还适用于蔗—稻轮作地使用。

（3）防除水稻田杂草　水稻插秧3～5d，稗草1.5叶期，用48%乳油每亩25～30mL，药土法撒施，可防除稗草、雨久花等杂草，但对多年生杂草效果差。

注意事项

（1）在土壤中残效长，对后茬玉米、高粱、谷子出苗无不良影响，但对小麦有严重药害，出苗率降低20%左右，出苗的白化率30%～40%。减量混用后由于重喷也会有小麦药害，因此避免在后茬小麦田用药。

（2）喷雾飘移可能导致邻近某些敏感作物如蔬菜、小麦、柳树等产生药害，因此应选无风晴天施药，与敏感作物应有300m以上隔离带。

（3）根据土壤有机质含量严格掌握用药剂量，勿施药过量或重喷，以免对下茬作物造成影响。

300. 氟草隆（fluometuron）

其他名称　伏草隆、高度蓝、棉草伏、棉草完、棉草隆

主要制剂　50%、80%可湿性粉剂，20%粉剂，50%悬浮剂。

毒性　大鼠急性经口 $LD_{50} > 6000mg/kg$；虹鳟鱼急性 LC_{50} 为 $30mg/L$（96h）；蜜蜂急性经口 $LD_{50} > 155\mu g/$只。

作用特点　属于电子传递抑制剂，作用于光系统Ⅱ受体，也抑制类胡萝卜素生物合成，靶标酶还不清楚。选择性内吸性除草剂，根比叶更容易吸收，叶部活性低，向顶传导。

防治对象　防除稗草、马唐、狗尾草、千金子、蟋蟀草、看麦娘、早熟禾、繁缕、龙葵、小旋花、马齿苋、铁苋菜、藜、碎米莎等一年生禾本科杂草和阔叶杂草，适用于棉花、玉米、甘蔗等作物田及果园中。

使用方法

（1）防除棉田一年生阔叶杂草和禾本科杂草　棉田使用，播种后4～5d出苗前施用，剂量为1.2～1.5kg(a.i.)/hm²。棉花苗床使用，于播后覆土后施用，剂量为0.9～1.2kg(a.i.)/hm²。对棉叶有很强的触杀作用，苗后只做定向喷雾。每季1次。日本和澳大利亚规定其在棉籽上的最大残留限量为0.1mg/kg。

（2）防除玉米田一年生阔叶杂草和禾本科杂草　玉米田使用，播种出苗前施用，剂量为0.75kg(a.i.)/hm²。也可在玉米喇叭口期，中耕除草后，定向喷布行间土表，施用剂量为1.2kg(a.i.)/hm²，切勿喷到玉米叶片上。每季1次。澳大利亚规定其在粮谷上的最大残留限量为0.1mg/kg。

（3）防除果园中一年生阔叶杂草和禾本科杂草　果园使用，均匀喷布土表，施用剂量为1.2kg(a.i.)/hm²，和莠去津混用为1.125kg(a.i.)/hm²，然后进行混土或灌水，

使药剂渗入土壤，提高药效。

注意事项

（1）玉米、棉花出苗后用药，以及果园用药，切勿将药液喷到幼芽及叶片上，以免产生药害。

（2）在沙质土壤中使用应适当减少用药量。

（3）对甜菜、大豆、菜豆、番茄、豆类蔬菜、瓜类蔬菜、茄子等有药害。

301. 苯草醚（aclonifen）

主要制剂　60%悬浮剂，水乳剂。

毒性　大鼠急性经口 $LD_{50}>5000mg/kg$；虹鳟鱼急性 LC_{50} 为 0.67mg/L（96h）；蜜蜂急性经口 $LD_{50}>100\mu g/$只。

作用特点　属于类胡萝卜素生物合成抑制剂，靶标位点还不明确。内吸选择性除草剂，苯草醚施用后，在土壤表面沉积成一层药膜，当杂草穿透土壤表面时，除草剂分别被杂草幼苗的嫩芽、下胚轴或胚芽鞘吸收，几天后，幼苗就变黄，生长受阻，最后死亡。制作良好的具有易碎土壤结构的种子床可增强除草的功能。施药后必须避免耕作，保证药膜的完整性，才有最佳的除草效果，将除草剂混入土壤中则大幅度降低除草功能。苯草醚对土壤的依赖性，比大多数除草剂都小。

防治对象　防除禾本科杂草和阔叶杂草，如鼠尾看麦娘、知风草、猪殃殃、野芝麻、田野勿忘我、繁缕、常青藤、婆婆纳等。适宜于马铃薯、向日葵、冬小麦、豌豆、胡萝卜、蚕豆等田中。

使用方法

（1）防除鼠尾看麦娘、知风草、猪殃殃等禾本科杂草和阔叶杂草　苗前施用，可防除马铃薯、向日葵、玉米、冬小麦等田中杂草，施用剂量为 2.4kg(a.i.)/hm²。每季 1 次。欧盟规定其在玉米粒上的最大残留限量为 0.01mg/kg，在土豆和葵花籽上的最大残留限量为 0.02mg/kg。

（2）防除禾本科杂草和阔叶杂草　苗前施用，可防除豌豆、胡萝卜、蚕豆等田中杂草，施用剂量为 2.4kg(a.i.)/hm²，在豌豆田、胡萝卜田及蚕豆田的试验表明，对鼠尾看麦娘的防效为 90%，对知风草的防效为 97%，与对照药剂绿麦隆相当，而对猪殃殃、野芝麻、田野勿忘草、繁缕、常青藤、婆婆纳、波斯水苦荬以及田菫菜等防效超过对照药剂，对母菊、荞麦蔓的防效低于对照药剂。对作物安全，土壤翻耕后，在施药后 4～6 周即可种植。每季 1 次。欧盟规定其在干豌豆、胡萝卜上的最大残留限量为 0.08mg/kg。

注意事项

（1）施药后避免耕作，保证药膜的完整性。

（2）高剂量使用时对谷物和玉米可能有药害。

七、微管组装抑制剂

（1）作用机制　微管是存在于所有真核细胞中的丝状亚细胞结构。微管组装抑制剂通过抑制微管系统，阻碍细胞壁或细胞板形成，造成细胞异常，进而死亡。在以蛋白质为基础的微管的组装端，除草剂-微管蛋白复合物抑制微管的聚合，但对另一端微管的解聚没有影响，导致微管结构和功能的丧失。因此，纺锤体缺失，从而阻止染色体在有丝分裂时的排列和分离。此外，细胞板也不能形成，微管在细胞壁形成中也起作用。除草剂诱导的微管丢失使该区域的细胞既不分裂也不伸长，导致根尖肿胀。

（2）化学结构类型　二硝基苯胺类、吡啶类、苯甲酰胺类和苯甲酸类。

（3）通性　对哺乳动物毒性低；碱性条件下一般不稳定；在土壤中不易积累。二硝基苯胺类对一年生禾本科杂草特效，难淋溶，光照条件下不稳定，在作物种植前或出苗前土壤处理（只能用于土壤处理），在土壤中降解速度中等；吡啶类主要用于防除一年生与多年生阔叶杂草，对禾本科杂草防效差，由植物体的叶片吸收，木质部与韧皮部传导，积累于植物体的叶片和分生组织内，易淋溶，在土壤中残效期长；酰胺类除草剂多数为土壤处理剂，其中单子叶植物的主要吸收部位是幼芽，双子叶植物主要通过根部吸收，其次是胚轴或幼芽，大多数品种都是防治一年生禾本科杂草的除草剂，对多年生及阔叶杂草作用差；苯甲酸类主要防除一年生和多年生双子叶杂草和莎草科杂草，易淋溶，残效期因品种不同而差异很大。

302. 二甲戊灵（pendimethalin）

其他名称　除草通、施田补、二甲戊乐灵、胺硝草

主要制剂　33％、330g/L、400 g/L、500 g/L乳油，450 g/L微囊悬浮剂，20％、30％、35％、40％悬浮剂。

毒性　鼠急性经口 LD_{50} 为4665mg/kg；鱼急性 LC_{50} 为0.196mg/L（96h）；蜜蜂急性接触 LD_{50} 为100μg/只（48h）。

作用特点　二甲戊灵属于二硝基苯胺类内吸型除草剂，是典型的有丝分裂抑制剂。不影响杂草种子的萌发，而是在杂草种子萌发过程中幼芽、茎和根吸收药剂后而起作用。双子叶植物吸收部位为下胚轴，单子叶植物为幼芽，其受害症状是幼芽和次生根被抑制。

防治对象　适用于玉米田、大豆田、棉花田、烟草田、蔬菜地及果园中防除稗草、马唐、狗尾草、早熟禾、藜、苋等杂草。

使用方法

（1）防除大豆田杂草　在大豆播种前，每亩用33％二甲戊灵乳油200～300mL，对水土壤喷雾施药1次。施药时若土壤含水量低，可浅混土。每季作物最多使用1次。最高残留限量为0.2mg/kg。

（2）防除玉米田杂草　在玉米播种后出苗前 5d 内，春玉米每亩用 33％二甲戊灵乳油 200～300mL，夏玉米每亩用 33％二甲戊灵乳油 150～225mL，对水土壤喷雾施药 1 次。施药时若土壤含水量低，可浅混土。也可在玉米播后苗前，每亩用 330 g/L 二甲戊灵乳油 150～250mL，对水土壤喷雾施药 1 次。每个作物周期最多使用 1 次。最高残留限量为 0.1mg/kg。

（3）防除棉花田杂草　在棉花播种前或播种后出苗前，每亩用 33％二甲戊灵乳油 150～167mL，对水土壤喷雾施药 1 次；也可在棉花播种前或播种后出苗前，每亩用 330 g/L 二甲戊灵乳油 150～200mL，对水土壤喷雾施药 1 次。每季作物最多使用 1 次。最高残留限量为 0.1mg/kg。

（4）防除花生田杂草　在花生播种前或播种后出苗前，每亩用 330g/L 二甲戊灵乳油 150～167mL，对水土壤喷雾 1 次。每季作物最多使用 1 次。最高残留限量为 0.2mg/kg。

（5）防除马铃薯田杂草　在马铃薯播种后 3d 内，杂草与马铃薯出土前，每亩用 33％二甲戊灵乳油 167～300mL，对水土壤喷雾施药 1 次。马铃薯种植前或露芽出土后不能用，否则会出现药害。每季作物最多使用 1 次。最高残留限量为 0.2mg/kg。

（6）防除蔬菜田杂草　在韭菜、甘蓝、白菜、姜、大蒜等播种前或播种后出苗前，每亩用 33％二甲戊灵乳油 100～150mL，对水土壤喷雾施药 1 次。每季作物最多使用 1 次。在甘蓝、白菜、姜、大蒜上的最高残留限量分别为 0.2mg/kg、0.2mg/kg、0.05mg/kg、0.1mg/kg。

（7）混用　可与乙氧氟草醚、异丙甲草胺、乙草胺、苄嘧磺隆、吡嘧磺隆、莠去津等混用。

注意事项

（1）不能与碱性农药等物质混合。应随用随配，最好不要长时间使用金属容器混配或盛放。使用前药液需要摇匀，若有结晶需全部溶解后使用。

（2）对鱼有毒，应避免污染水源。

（3）防除单子叶杂草比双子叶杂草效果好，在双子叶杂草多的田，应与其他除草剂混用。

（4）施药量应在登记用药量范围内根据土质、有机质含量而定。黏性重或有机质含量超过 2％时，使用高剂量，有机质含量低的土壤用低剂量。有机质含量低的沙质土壤，不宜苗前处理。

303. 氟乐灵（trifluralin）

其他名称　特福利、氟特力、氟利克

主要制剂　45.5％、48％、480g/L 乳油。

毒性　鼠急性经口 LD_{50}＞5000mg/kg；鱼急性 LC_{50} 为 0.088mg/L（96h）；蜜蜂急

性接触 LD$_{50}$＞100μg/只（48h）。

作用特点　氟乐灵属于二硝基苯胺类内吸型除草剂，是典型的有丝分裂抑制剂，是在杂草种子发芽生长穿过土层的过程中被吸收的。主要被禾本科植物的幼芽和阔叶植物的下胚轴吸收，子叶和幼根也能吸收，但出苗后的茎和叶不能吸收。

防治对象　适用于棉田、大豆田、玉米田、蔬菜田、花生田等，可防除稗草、马唐、狗尾草、牛筋草、千金子、早熟禾、看麦娘、野燕麦、雀麦、苋、藜、繁缕、马齿苋等杂草。

使用方法

（1）防除大豆田杂草　大豆播种前施药，用药量根据土壤有机质含量不同而异。土壤有机质含量 3% 以下，每亩用 48% 氟乐灵乳油 80～110mL，对水土壤喷雾施药 1 次；有机质含量 5%～10% 时，每亩用 48% 氟乐灵乳油 140～175mL，对水土壤喷雾施药 1 次；土壤有机质含量 10% 以上时不宜使用。超量使用危害作物根部，减少根瘤，使根部肿大，还容易对后茬作物产生药害。每季作物最多使用 1 次。最高残留限量为 0.05mg/kg。

（2）防除棉花田杂草　在棉花播种后出苗前，每亩用 480g/L 氟乐灵乳油 100～150mL，对水土壤喷雾施药 1 次，施药后立即混土。每季作物最多使用 1 次。最高残留限量为 0.05mg/kg。

（3）防除花生田杂草　在花生播后苗前，每亩用 480g/L 氟乐灵乳油 100～150mL，对水土壤喷雾施药 1 次。每季作物最多使用 1 次。最高残留限量为 0.05mg/kg。

（4）混用　可与扑草净混用。

注意事项

（1）大豆应在播前 5～7d 施药，施药与播种间隔时间过短，对大豆出苗有影响。

（2）低温干旱地区，持效期较长，下茬不宜种高粱、谷子等敏感作物。

（3）瓜类作物及育苗韭菜、直播小葱、菠菜、甜菜、小麦、玉米、谷子、高粱等对氟乐灵较敏感，不宜应用。因此施药时应防止药液飘移到上述作物上，以免产生药害。

（4）本品不得与碱性农药混用，以免降低药效。

304. 仲丁灵（butralin）

其他名称　丁乐灵、地乐胺、双丁乐灵、止芽素

主要制剂　30% 水乳剂，36%、360g/L、48% 乳油。

毒性　鼠急性经口 LD$_{50}$ 为 1049mg/kg；鱼急性 LC$_{50}$ 为 0.37mg/L（96h）；蜜蜂急性接触 LD$_{50}$＞100μg/只（48h）。

作用特点　仲丁灵属于二硝基苯胺类内吸选择性除草剂，是典型的有丝分裂抑制剂，药剂进入植物体内后，主要抑制分生组织的细胞分裂，从而抑制杂草幼芽及幼根的生长，导致杂草死亡。

防治对象 用于花生田、棉花田、西瓜田、大豆田等防除一年生禾本科杂草及部分阔叶杂草。

使用方法

(1) 防除花生田杂草 在花生播后苗前，每亩用48％仲丁灵乳油225～300mL，对水土壤喷雾施药1次。每季最多使用1次。最高残留限量为0.05mg/kg。

(2) 防除棉花田杂草 每亩用48％仲丁灵乳油200～250mL，对水土壤喷雾施药1次。每季最多使用1次。最高残留限量为0.05mg/kg。

(3) 防除水稻移栽田杂草 在水稻移栽返青后，每亩用48％仲丁灵乳油200～250mL，混药土均匀撒施1次。每季最多使用1次。

(4) 防除西瓜田杂草 在西瓜播种前或移植前，每亩用48％仲丁灵乳油150～200mL，对水土壤喷雾施药1次。每季最多使用1次。

(5) 防除大豆田杂草 在大豆播种前2～3d，夏大豆每亩用48％仲丁灵乳油200～250mL，春大豆每亩用48％仲丁灵乳油250～300mL，对水土壤喷雾施药1次。用于防治大豆菟丝子时，应于大豆始花期或菟丝子转株危害时施药。每季最多使用1次。

(6) 混用 可与乙草胺、异噁草松、扑草净混用。

注意事项

(1) 遇天气干旱时，应适当增加土壤湿度，灌水后再施药以充分发挥药效。

(2) 本品属芽前除草剂，对已出苗杂草无效，用药前应先拔除已出苗杂草。

(3) 使用时一般要混土，混土深度3～5cm可以提高药效。

(4) 本品饱和蒸气压较高，在花生地膜中使用，用量应适当降低。

305. 氨氟乐灵 (prodiamine)

主要制剂 65％水分散粒剂。

毒性 鼠急性经口 LD_{50}＞5000mg/kg；鱼急性 LC_{50} 为 0.829mg/L (96h)；蜜蜂急性接触 LD_{50}＞100μg/只 (48h)。

作用特点 本品为二硝基苯胺类内吸型除草剂，是典型的有丝分裂抑制剂，通过抑制新萌芽的杂草种子的生长发育来控制敏感杂草。

防治对象 可用于防治草坪上多种禾本科杂草和阔叶杂草，如一年生早熟禾、稗草、马唐、一年生狗尾草、反枝苋、繁缕、龙爪茅、马齿苋等。

使用方法

(1) 防除冷季型草坪杂草 每亩用65％氨氟乐灵水分散粒剂80～120g，土壤喷雾。

(2) 防除暖季型草坪杂草 每亩用65％氨氟乐灵水分散粒剂80～120g，土壤喷雾。

(3) 防除非耕地一年生杂草 每亩用65％氨氟乐灵水分散粒剂80～115g，土壤喷雾。

注意事项

（1）施药后12h内，请勿进入施药区域，严禁进行划破草皮等作业。切勿在施药地区放牧，勿将喷施本品后的草饲喂家畜。

（2）切勿将本品及其废液弃于池塘、河溪和湖泊等，以免污染水源。

306. 氨磺乐灵（oryzalin）

其他名称　安磺灵、黄草消

主要制剂　颗粒剂，水分散粒剂，可湿性粉剂，悬浮剂。

毒性　大鼠急性经口 $LD_{50} > 10000mg/kg$；虹鳟鱼急性 LC_{50} 为 3.26mg/L（96h）；蜜蜂急性经口 LD_{50} 为 25μg/只。

作用特点　本品是一种二硝基苯胺类除草剂，为芽前选择性除草剂，通过它与微管的高亲和力实现除草，它可以与微管聚合末端的微管蛋白亚基结合，抑制生长端的微管聚合，破坏有丝分裂过程中微管列阵的组装，影响种子萌发的生理生长过程，从而杀伤杂草的幼芽和幼根，导致杂草死亡。

防治对象　芽前防除多种一年生禾本科杂草和阔叶杂草，适用作物有棉花、果树、藤本植物、观赏植物、大豆、水稻、浆果、观赏性草坪和无作物区域。

使用方法

（1）防除水稻田多种一年生禾本科杂草和阔叶杂草　芽前土壤处理，施用剂量为 $240\sim480g(a.i.)/hm^2$。每季1次。日本规定其在大米（糙米）上的最大残留限量为 0.05mg/kg。

（2）防除棉花田多种一年生禾本科杂草和阔叶杂草　芽前土壤处理，施用剂量为 $0.72\sim0.96kg(a.i.)/hm^2$。每季1次。

（3）防除大豆田多种一年生禾本科杂草和阔叶杂草　芽前土壤处理，施用剂量为 $0.96\sim2.16kg(a.i.)/hm^2$。每季1次。

（4）防除葡萄、果树、乔木、无作物区域多种一年生禾本科杂草和阔叶杂草　芽前土壤处理，施用剂量为 $1.92\sim4.5kg(a.i.)/hm^2$。每季1次。日本规定其在葡萄、香蕉、菠萝、芒果等水果上的最大残留限量为 0.1mg/kg。

注意事项　与碱性物质不相容。

307. 氟硫草定（dithiopyr）

主要制剂 32%乳油。

毒性 鼠急性经口 $LD_{50} > 5000mg/kg$；鱼急性 LC_{50} 为 0.36mg/L（96h）；蜜蜂急性接触 $LD_{50} > 53\mu g/$只（48h）。

作用特点 氟硫草定为吡啶羧酸类除草剂，通过干扰杂草的微管合成而防除杂草。

防治对象 在建植的早熟禾草坪使用，可有效防除马唐、稗草、牛筋草、一年生早熟禾、狗尾草、一年生黑麦草、宝盖草、酢浆草、鸭舌草、节节菜、陌上菜、鬼针草、繁缕等。

使用方法 防除高羊茅和早熟禾草坪杂草，在草坪杂草芽前，每亩用32%氟硫草定乳油 75～100mL，对水喷雾施药1次。

注意事项

（1）为保证药效，施药后不能搅动土壤表层。应在草坪生长健壮的情况下使用，在修葺后草坪未完全恢复时严禁用药。

（2）避免让施药后修剪下来的草坪污染作物田造成药害。

（3）对鱼等水生生物有毒，应远离河塘等水域施药，禁止在河塘等水体中清洗施药器具。

308. 炔苯酰草胺（propyzamide）

其他名称 拿草特

主要制剂 50%可湿性粉剂，80%水分散粒剂。

毒性 鼠急性经口 $LD_{50} > 5000mg/kg$；鱼急性 $LC_{50} > 4.7mg/L$（96h）；蜜蜂急性接触 $LD_{50} > 136\mu g/$只（48h）。

作用特点 炔苯酰草胺属于苯甲酰胺类选择性除草剂，该产品通过根系吸收传导，干扰杂草细胞的有丝分裂。

防治对象 主要防除莴苣田和姜田杂草。

使用方法

（1）防除莴苣田杂草 在莴苣种植前，每亩用50%炔苯酰草胺可湿性粉剂 200～267g，对水土壤喷雾施药1次。每季作物最多用药1次。

（2）防除姜田杂草 在姜播后苗前，每亩用80%炔苯酰草胺水分散粒剂 120～140g，对水土壤喷雾施药1次。

注意事项

（1）不可与其他药剂混用，勿与碱性物质混用。

（2）请选择在雨后或土壤潮湿时施药，药后尽量不要破坏地表土层。湿冷的气候条件下，对药效发挥有利。

（3）应用时应注意有机质含量，如含量过低，则适当减少使用剂量，并避免因雨水或灌水而造成淋溶药害。

八、长链脂肪酸合成抑制剂

（1）作用机制　目前被认为抑制长链脂肪酸（VLCFA）合成的除草剂，通常影响敏感杂草出芽，但不抑制种子萌发。VLCFA抑制剂类除草剂主要有氯酰胺类、乙酰胺类和氧乙酰胺类。

（2）通性　这些除草剂抑制幼苗的根和芽的生长；只有少数特殊情况才能杀死一年生植物和多年生植物；这些除草剂在植物中很少或没有移位；在已定植植物的叶子中几乎没有活动；这些除草剂在物种中具有中等至高度的选择性；它们对土壤中的淋溶有适度的抵抗力；对哺乳动物低毒；碱性条件下一般不稳定。

309. 甲草胺（alachlor）

其他名称　拉索、澳特拉索、草不绿、杂草锁

主要制剂　43%、480g/L乳油。

毒性　鼠急性经口 LD_{50} 为930mg/kg；鱼急性 LC_{50} 为1.8mg/L（96h）；蜜蜂急性接触 LD_{50} 为16μg/只（48h）。

作用特点　甲草胺属于氯酰胺类选择性除草剂。有效成分进入植物体内抑制蛋白酶活性，造成杂草芽和根停止生长。

防治对象　大豆、玉米、花生、棉花、甘蔗、油菜、烟草、洋葱和萝卜等作物对甲草胺有较强的抗药性。甲草胺能有效防除马唐、稗草、牛筋草、狗尾草、硬草等一年生禾本科杂草以及苋、藜、马齿苋等部分阔叶杂草，对菟丝子也有一定的防除效果，对狗牙根等多年生杂草无效。

使用方法

（1）防除大豆田杂草　大豆播种后出苗前，每亩用43%甲草胺乳油350~400mL，对水土壤喷雾施药1次。每季作物最多使用1次。最高残留限量为0.2mg/kg。

（2）防除花生田杂草　花生播种前，每亩用43%甲草胺乳油250~300mL，对水土壤喷雾施药1次，随即混土3cm后播种。若在施药混土后覆盖塑料薄膜，覆膜后播种花生，剂量应减少。每季作物使用1次，最高残留限量为0.05mg/kg。

（3）防除棉花田杂草　棉花播种后出苗前，每亩用43%甲草胺乳油250~300mL，对水土壤喷雾施药1次。每季作物使用1次。最高残留限量为0.02mg/kg。

（4）混用　可与乙草胺、莠去津、异丙甲草胺混用。

注意事项

（1）使用该药半月后若无降雨，应进行浇水或浅混土，以保证药效，但土壤积水会发生药害。

（2）高粱、谷子、水稻、小麦、黄瓜、瓜类、胡萝卜、韭菜、菠菜不宜使用甲

草胺。

（3）低于 0℃贮存会出现结晶，已出现结晶在 15～20℃ 条件下可复原，对药效不影响。

（4）甲草胺乳油能溶解聚氯乙烯、丙烯腈、丁二烯、苯二烯等材质的塑料和其他塑料制品，不腐蚀金属容器，可用金属制品贮存。

310. 乙草胺（acetochlor）

其他名称　乙基乙草安、禾耐斯、消草安

主要制剂　50%、81.5%、88%、89%、90%、90.5%、880g/L、900g/L、990g/L 乳油，40%、48%、50%、900g/L 水乳剂，25% 微囊悬浮剂，50% 微乳剂，20%、40% 可湿性粉剂。

毒性　鼠急性经口 LD_{50} 为 1929mg/kg；鱼急性 LC_{50} 为 0.36mg/L（96h）；蜜蜂急性接触 $LD_{50} > 200\mu g/$只（48h）。

作用特点　乙草胺属于氯酰胺类选择性除草剂，有效成分在植物体内干扰核酸代谢及蛋白质合成，使幼芽、幼根停止生长。

防治对象　适用于大豆、花生、玉米、油菜、棉花、马铃薯等作物田，芽前防除一年生禾本科杂草及部分阔叶杂草。对马唐等禾本科杂草活性高，反枝苋敏感，对藜、马齿苋、龙葵等双子叶杂草有一定防效并可抑制其生长，活性比对禾本科杂草低，对大豆菟丝子有良好防效。大豆等耐药性作物吸收乙草胺在体内迅速代谢为无活性物质，正常使用对作物安全。

使用方法

（1）防除大豆田杂草　在大豆播后苗前，春大豆每亩用 50% 乙草胺乳油 160～250mL，夏大豆每亩用 50% 乙草胺乳油 100～140mL，对水土壤喷雾施药 1 次。每季作物最多使用 1 次。最高残留限量为 0.1mg/kg。

（2）防除玉米田杂草　在玉米播后苗前，春玉米每亩用 50% 乙草胺乳油 120～250mL，夏玉米每亩用 50% 乙草胺乳油 100～140mL，对水土壤喷雾施药 1 次。土壤湿度适宜对防除禾本科杂草效果好。每季作物最多使用 1 次。最高残留限量为 0.05mg/kg。

（3）防除花生田杂草　在花生播后苗前，每亩用 50% 乙草胺乳油 80～100mL，对水土壤喷雾施药 1 次。覆膜时药量酌减。每季作物最多使用 1 次。最高残留限量为 0.1mg/kg。

（4）防除油菜田杂草　在油菜移栽前或移栽后 3d，每亩用 50% 乙草胺乳油 70～100mL，对水土壤喷雾施药 1 次。每季作物最多使用 1 次。最高残留限量为 0.2mg/kg。

（5）防除棉花田杂草　在棉花播后苗前，每亩用 50% 乙草胺乳油 150～200mL，对

水土壤喷雾施药 1 次。每季作物最多使用 1 次。最高残留限量为 0.2mg/kg。

(6) 防除马铃薯田杂草　在马铃薯播后苗前，每亩用 50％乙草胺乳油 180～250mL，对水土壤喷雾施药 1 次。每季作物最多使用 1 次。

(7) 防除水稻移栽田杂草　在水稻移栽后 5～7d，水稻完全缓苗后、杂草萌芽期，北方地区每亩用 20％乙草胺可湿性粉剂 35～50g，长江以南地区每亩用 20％乙草胺可湿性粉剂 30～40g，混药土均匀施药 1 次。施药时田间水层 3～5cm，施药后保水 5～7d，水不足时缓慢补水，但不能排水、串水，水深不能淹没水稻心叶。每季作物最多使用 1 次。最高残留限量为 0.05mg/kg。

(8) 防除冬油麦菜田杂草　在冬油麦菜播后苗前，每亩用 20％乙草胺可湿性粉剂 200～250g，对水土壤喷雾施药 1 次。每季作物最多使用 1 次。

(9) 混用　可与烟嘧磺隆、扑草净、2,4-滴丁酯、苄嘧磺隆、莠去津等混用。

注意事项

(1) 杂草对本剂的主要吸收部位是芽鞘，因此必须在杂草出土前施药。只能做土壤处理，不能做杂草茎叶处理。

(2) 本剂的应用剂量取决于土壤湿度和土壤有机质含量，应根据不同地区，不同季节确定使用剂量。

(3) 黄瓜、水稻、菠菜、小麦、韭菜、谷子、高粱不宜用该药，水稻秧田绝对不能用。

(4) 不可与碱性物质混用。

(5) 在大豆苗期遇低温、多湿，田间长期渍水时，乙草胺对大豆有抑制作用，症状为大豆叶皱缩，待大豆 3 片复叶后，可恢复生长，一般对产量无影响。

311. 丙草胺（pretilachlor）

其他名称　扫弗特

主要制剂　30％、50％、52％、300g/L、500g/L 乳油，40％可湿性粉剂，50％、55％水乳剂，30％细粒剂，85％微乳剂。

毒性　鼠急性经口 LD_{50} 为 6099mg/kg；鱼急性 LC_{50} 为 0.9mg/L（96h）；蜜蜂急性接触 LD_{50} 为 93μg/只（48h）。

作用特点　丙草胺属于 2-氯化乙酰替苯胺类除草剂，可通过植物下胚轴、中胚轴和胚芽鞘吸收，根部略有吸收，直接干扰杂草体内蛋白质合成，并对光合及呼吸作用有间接影响。

防治对象　丙草胺芽前或苗后早期能防除稗草、马唐、千金子、硬草等一年生禾本科杂草，对鸭舌草、鳢肠、陌上菜、丁香蓼、节节菜等小粒种子阔叶杂草也有一定防效，对水莎草、水芹、眼子菜、矮慈姑等防效差。

使用方法

（1）防除水稻直播田杂草　南方热带或亚热带稻区及籼稻区水稻直播田在播种（催芽）后当天或播后4d，每亩用30%丙草胺乳油100～150mL，对水茎叶喷雾或混药土均匀撒施。施药时，土壤应呈水分饱和状态，土表应有水膜。药后24h，可灌注浅水层，勿使表土干燥，3d后恢复正常水分管理及田间管理。若塑料薄膜育秧，可揭膜喷洒药液，然后盖膜保温，再隔数日揭膜。北方寒温带水稻直播田一般应在播种后10～15d，稗草1.5叶期以下，稻苗2叶期且已扎根时，每亩用30%丙草胺乳油100～120mL，对水茎叶喷雾或混药土均匀撒施。若播后太早用药，稻苗没有扎根，对安全剂无吸收能力，易出现药害。每季作物最多使用1次。最高残留限量为0.1mg/kg。

（2）防除水稻抛秧田杂草　在南方水稻抛秧后4～5d，每亩用30%丙草胺乳油110～150mL，药土法撒施。施药时田间保持3～4cm水层，药后保水5～7d。每季作物使用1次。最高残留限量为0.1mg/kg。

（3）混用　可与吡嘧磺隆、苄嘧磺隆、乙氧氟草醚、噁草酮等混用。

注意事项

（1）在北方水稻直播田和抛秧田使用时，应先试验，取得经验后再推广。

（2）直播田水稻需先催芽，在大多数稻谷达到芽长1/2谷粒至1谷粒长后再进行播种，播种的稻谷要根芽正常，切忌播种有芽无根的稻谷。地整好后要及时播种，否则杂草出土，影响药效。

（3）丙草胺对大多数的水稻品种具有良好的安全性。但是，少数米质优良、抗逆性差的品种比较敏感。

（4）对鱼中至高毒，对藻类高毒，施药时应远离鱼塘或水渠，尽量避免接触水生生物，施药后的田水及残药或洗涤用水不得直接排入水体，不能在养鱼、虾、蟹的水稻田使用。

（5）使用剂量过高时，对早期水稻株高有抑制。

312. 异丙草胺（propisochlor）

其他名称　普乐宝

主要制剂　50%、72%、720g/L、868g/L、900g/L乳油；30%可湿性粉剂。

毒性　鼠急性经口LD_{50}为2290mg/kg；鱼急性LC_{50}为1.3mg/L（96h）；蜜蜂急性接触LD_{50}>100μg/只（48h）。

作用特点　异丙草胺属于氯酰胺类选择性除草剂，由幼芽吸收，进入植物体内抑制蛋白酶合成，使植物芽和根停止生长，不定根无法形成。单子叶植物通过胚芽鞘吸收，双子叶植物通过下胚轴吸收，然后向上传导，种子和根也可吸收传导，但吸收量较少且传导速度慢，出苗后靠根部吸收向上方传导。

防治对象　可用于移栽水稻、玉米、大豆等作物防除多种一年生单子叶杂草与双子叶杂草，如稗草、狗尾草、牛筋草、马唐、早熟禾、藜、反枝苋、龙葵、鬼针草、猪毛菜、香薷、千金子、碎米莎草、异型莎草、矮慈姑、节节菜、鸭舌草、泽泻、陌上菜、眼子菜等。

使用方法

（1）防除玉米田杂草　在玉米播种后出苗前，夏玉米田每亩用50%异丙草胺乳油140~180mL，春玉米田每亩用50%异丙草胺乳油180~250mL，对水土壤喷雾施药1次；也可在春玉米、夏玉米播种后出苗前，春玉米田每亩用72%异丙草胺乳油150~200mL，夏玉米田每亩用72%异丙草胺乳油100~150mL，对水土壤喷雾施药1次。每季作物最多使用1次。最高残留限量为0.1mg/kg。

（2）防除大豆田杂草　在大豆播种后出苗前，夏大豆田每亩用50%异丙草胺乳油140~180mL，春大豆田每亩用50%异丙草胺乳油180~250mL，对水土壤喷雾施药1次；也可在春大豆、夏大豆播种后出苗前，春大豆田每亩用72%异丙草胺乳油150~200mL，夏大豆田每亩用72%异丙草胺乳油100~150mL，对水土壤喷雾施药1次。每季作物使用1次。最高残留限量为0.1mg/kg。

（3）防除花生田杂草　在花生播种后出苗前，每亩用720g/L异丙草胺乳油120~150mL，对水喷雾施药1次。每季作物最多使用1次。

（4）防除水稻移栽田杂草　南方地区在水稻移栽5~7d缓苗后，每亩用50%异丙草胺乳油15~20mL，混药土均匀撒施1次。施药时田间保持3~5cm浅水层，药后保水5~7d，以后恢复正常水层管理，注意水层不能淹没稻心叶。每季作物最多使用1次。

（5）防除甘薯田杂草　在甘薯移栽前，每亩用50%异丙草胺乳油200~250mL，对水喷雾施药1次。每季作物最多使用1次。最高残留限量为0.05mg/kg。

（6）混用　可与莠去津、烟嘧磺隆、硝磺草酮、苄嘧磺隆、2,4-滴丁酯等混用。

注意事项

（1）严格掌握用药剂量和使用时间，水稻小苗、弱苗和病苗不宜使用。

（2）异丙草胺对鱼类有毒，施药时应远离鱼塘、沟渠等水源，残药、药液避免流入河道、池塘。

（3）本品不可与呈碱性的农药等物质混合使用。

（4）本品除草效果受土壤湿度和温度影响较大，应根据具体情况确定用药量和对水量，严重干旱时应于施药后15d内进行喷灌以保证药效发挥。

（5）沙质土壤不宜封闭处理，避免大风天施药，以免药液飘移。低温（15℃以下）、大风、干旱不利于药效发挥，施药后24h内如遇大雨应进行补喷。

313. 精异丙甲草胺（S-metolachlor）

(S)-isomer

其他名称 金都尔

主要制剂 960g/L乳油。

毒性 鼠急性经口 LD_{50} 为2577mg/kg；鱼急性 LC_{50} 为1.23mg/L（96h）；蜜蜂急性接触 $LD_{50} > 200\mu g/$ 只（48h）。

作用特点 精异丙甲草胺是氯酰胺类除草剂，能抑制杂草细胞分裂，使芽和根停止生长，不定根无法形成。

防治对象 适用于大豆、花生、向日葵、玉米、棉花、甘蔗、某些蔬菜及果园、苗圃等旱田防除一年生禾本科杂草，如稗草、马唐、狗尾草、画眉草、早熟禾、牛筋草、臂形草、黑麦草等，对繁缕、藜、小藜、反枝苋、猪毛菜、马齿苋、荠菜、柳叶刺蓼、酸模叶蓼等阔叶杂草有较好的防除效果，但对看麦娘、野燕麦防效差。

使用方法

（1）防除大豆田杂草 大豆播种后出苗前，夏大豆每亩用960g/L精异丙甲草胺乳油50～85mL，春大豆每亩用960g/L精异丙甲草胺乳油60～85mL，对水土壤喷雾施药1次。每季作物最多使用1次。最高残留限量为0.5mg/kg。

（2）防除夏玉米田杂草 夏玉米播种前，每亩用960g/L精异丙甲草胺乳油50～85mL，对水土壤喷雾施药1次。每季作物最多使用1次。最高残留限量为0.1mg/kg。

（3）防除花生田杂草 花生播种后出苗前，每亩用960g/L精异丙甲草胺乳油45～60mL，对水土壤喷雾施药1次。每季作物最多使用1次. 最高残留限量为0.5mg/kg。

（4）防除马铃薯田杂草 马铃薯播种后出苗前，土壤有机质含量小于3%的田地每亩用960g/L精异丙甲草胺乳油52.5～65mL，土壤有机质含量3%～4%的田地每亩用960g/L精异丙甲草胺乳油100～130mL，对水土壤喷雾施药1次。每季作物最多使用1次。

（5）防除棉花田杂草 棉花播种前，每亩用960g/L精异丙甲草胺乳油50～85mL，对水土壤喷雾施药1次。每季作物最多使用1次。

（6）防除西瓜田杂草 西瓜播种前，每亩用960g/L精异丙甲草胺乳油40～65mL，对水土壤喷雾施药1次。每季作物最多使用1次。

（7）防除番茄田杂草 番茄播种后出苗前，南方地区每亩用960g/L精异丙甲草胺乳油50～65mL，东北地区每亩用960g/L精异丙甲草胺乳油65～85mL，对水土壤喷雾施药1次。每季作物最多使用1次。

（8）防除大蒜田杂草 大蒜播种后出苗前，每亩用960g/L精异丙甲草胺乳油52.5～65mL，对水土壤喷雾施药1次。每季作物最多使用1次。

（9）防除甘蓝田杂草 甘蓝移栽前，每亩用960g/L精异丙甲草胺乳油47～56mL，对水土壤喷雾施药1次。每季作物最多使用1次。

（10）防除洋葱田杂草 洋葱播种后出苗前，每亩用960g/L精异丙甲草胺乳油52.5～65mL，对水土壤喷雾施药1次。每季作物最多使用1次。

（11）防除甜菜田杂草 甜菜播种后出苗前，每亩用960g/L精异丙甲草胺乳油60～90mL，对水土壤喷雾施药1次。每季作物最多使用1次。最高残留限量为0.1mg/kg。

（12）防除向日葵田杂草 向日葵播种后出苗前，每亩用960g/L精异丙甲草胺乳油

100～130mL，对水土壤喷雾施药 1 次。每季作物最多使用 1 次。

（13）防除烟草田杂草　烟草移栽前，每亩用 960g/L 精异丙甲草胺乳油 40～75mL，对水土壤喷雾施药 1 次。每季作物最多使用 1 次。

（14）防除油菜田杂草　在油菜移栽前，每亩用 960g/L 精异丙甲草胺乳油 45～60mL，对水土壤喷雾施药 1 次。每季作物最多使用 1 次。最高残留限量为 0.1mg/kg。

（15）防除芝麻田杂草　在芝麻播种后出苗前，每亩用 960g/L 精异丙甲草胺乳油 50～65mL，对水土壤喷雾施药 1 次。每季作物最多使用 1 次。最高残留限量为 0.1mg/kg。

（16）混用　可与硝磺草酮、莠去津混用。

注意事项

（1）稀释时，先在容器中加入所需水量的一半，然后按所需剂量加入药剂，再加足剩余的水，搅拌均匀即可使用。

（2）对鱼、藻类和水蚤有毒，应避免污染水源。施药地块严禁放牧和畜禽进入。

314. 丁草胺（butachlor）

其他名称　马歇特、灭草特、去草胺、丁草锁

主要制剂　50％、60％、85％、90％、600g/L、900g/L 乳油，40％、60％、400g/L、600g/L 水乳剂，50％微乳剂，5％颗粒剂，10％微粒剂，25％微囊悬浮剂。

毒性　鼠急性经口 LD_{50} 为 2000mg/kg；鱼急性 LC_{50} 为 0.44mg/L（96h）；蜜蜂急性接触 $LD_{50}>100\mu g/$只（48h）。

作用特点　丁草胺属于氯酰胺类选择性除草剂。主要通过杂草幼芽和幼小的次生根吸收，抑制敏感杂草体内蛋白质合成，使杂草幼株肿大、畸形，色深绿，最终导致死亡。

防治对象　可用于水田和旱地防除以种子萌发的禾本科杂草、一年生莎草及一些一年生阔叶杂草，如对稗草、千金子、异型莎草、碎米莎草、牛毛毡等有良好的防效。对鸭舌草、节节草、尖瓣花和萤蔺等有较好预防作用。对碎米莎草、扁秆藨草、野慈姑等多年生杂草则无明显防效。

使用方法

（1）防除水稻移栽田杂草　水稻移栽后 5～7d（南方为 3～5d），稗草等种子处于萌动期，每亩用 60％丁草胺乳油 83～141mL，混药土均匀撒施或对水茎叶喷雾施药 1 次；也可在水稻移栽后 3～5d，最迟不超过 7d，杂草萌芽至 1.5 叶期，每亩用 5％丁草胺颗粒剂 1000～1700g，混药土均匀撒施或对水茎叶喷雾施药 1 次。施药时田间保持水层 3～5cm，保水 3～5d，以后恢复正常田间水层管理。北方移栽水稻气温低，秧苗生长缓慢，应用秧龄 25～30d 的壮秧。稗草三叶以后除草效果下降。每季作物最多使用 1 次。

最高残留限量为 0.5mg/kg。

（2）混用　可与五氟磺草胺、苄嘧磺隆、二甲戊灵、噁草酮、莠去津等混用。

注意事项

（1）在稻田和直播稻田使用，60％丁草胺乳油每亩用量不得超过 150mL，切忌田面淹水。一般南方用量采用下限。早稻秧田若气温低于 15℃ 时施药会有不同程度药害。

（2）丁草胺对三叶期以上的稗草效果差，因此必须掌握在杂草一叶期以后、三叶期之前使用，水不要淹没秧心。

（3）目前麦田除草一般不用丁草胺。如用于菜地，土壤水分过低会影响药效的发挥。

（4）丁草胺对鱼毒性较强，不能用于养鱼稻田，用药后的田水也不能排入鱼塘。

315. 敌草胺（napropamide）

其他名称　大惠利、萘丙酰草胺、草萘胺、敌草胺、萘丙胺、萘氧丙草胺

主要制剂　50％可湿性粉剂，20％乳油，50％水分散粒剂。

毒性　鼠急性经口 $LD_{50}>4680mg/kg$；鱼急性 LC_{50} 为 6.6mg/L（96h）；蜜蜂急性接触 $LD_{50}>100\mu g/$只（48h）。

作用特点　敌草胺属于乙酰胺类选择性除草剂，杂草根和芽鞘能吸收药液使进入种子，抑制细胞分裂和蛋白质合成，降低杂草的呼吸作用，使根、芽不能正常生长，心叶皱缩，最后死亡。

防治对象　用于防除单子叶杂草，如稗草、马唐、狗尾草、野燕麦、千金子、看麦娘、早熟禾等，以及双子叶杂草，如藜、猪殃殃等。本品适用于茄科、十字花科、葫芦科、豆科、石蒜科等作物田地以及果桑茶园除草，对由地下茎发生的多年生单子叶杂草无效，因而能施用于绿化草地。

使用方法

（1）防除烟草田杂草　烟草苗床，于播种前每亩用 50％敌草胺可湿性粉剂 100～120g，对水土壤喷雾施药 1 次；本田，于烟草移植后每亩用 50％敌草胺可湿性粉剂 100～260g，对水土壤喷雾施药 1 次。土壤干旱时，可浅混土 3～5cm。为节约施药量，可采用苗带施药。每季作物最多使用 1 次。最高残留限量为 0.1mg/kg。

（2）防除西瓜田杂草　在春、秋杂草萌发前，每亩用 50％敌草胺可湿性粉剂 150～250g，对水压低喷头定向土壤喷雾施药 1 次。春季天气干旱，用药量应高于秋季。每季作物使用 1 次。最高残留限量为 0.1mg/kg。

（3）防除大蒜田杂草　在大蒜移植后，每亩用 50％敌草胺可湿性粉剂 120～200g，对水喷雾施药 1 次。每季作物使用 1 次。最高残留限量为 0.1mg/kg。

（4）防除油菜田杂草　在播后或移植前，每亩用50％敌草胺可湿性粉剂100～120g，对水喷雾施药1次。每季作物使用1次。最高残留限量为0.1mg/kg。

注意事项

（1）对芹菜、茴香等有药害，不宜使用。

（2）在西北地区的油菜田，在推荐剂量下应用，对后茬小麦出苗及幼苗生长无不良影响，但对青稞出苗和幼根生长有一定的抑制作用。因此，使用过大惠利的田块要选择好后作。用量过高时，其残留物会对下茬水稻、大麦、小麦、高粱、玉米等禾本科作物产生药害。每亩用量在150g以下，当作物生长期超过90d以上时，一般不会对后茬作物产生药害。

（3）敌草胺对已出土的杂草效果差，故应早施药，对已出土的杂草事先予以清除。

（4）土壤湿度是药效发挥的关键因素，施药后5～7d如遇天气干燥应采取人工措施保持土壤湿润。土壤湿度大，利于提高防治效果。

（5）本品不可与碱性农药等物质混用。

316. 苯噻酰草胺（mefenacet）

其他名称　环草胺

主要制剂　50％、88％可湿性粉剂，30％泡腾颗粒剂。

毒性　鼠急性经口LD_{50}＞5000mg/kg；鱼急性LC_{50}为6mg/L（96h）。

作用特点　苯噻酰草胺属于氧乙酰胺类除草剂。主要通过芽鞘和根吸收，经木质部和韧皮部传导至杂草的幼芽和嫩叶，阻止杂草生长点细胞分裂伸长，最终造成植株死亡。

防治对象　对生长点处在土壤表层的稗草等杂草有较强的阻止生育和杀死能力，并对表层的种子繁殖的多年生杂草也有抑制作用，对深层杂草效果低。可用于水稻田防除稗草、节节菜、鸭舌草、异型莎草等一年生杂草。

使用方法

（1）防除水稻移栽田、抛秧田杂草　北方地区水稻插秧或抛秧后5～7d，每亩用50％苯噻酰草胺可湿性粉剂60～80g，南方地区在水稻插秧或抛秧后4～6d，每亩用50％苯噻酰草胺可湿性粉剂50～60g，与少量潮湿细土或细沙混匀撒施1次。每季作物最多使用1次。最高残留限量为0.05mg/kg。

（2）混用　可与吡嘧磺隆、苄嘧磺隆、异丙甲草胺、西草净混用。

注意事项

（1）田应耙平。露水地段、沙质土、漏水田使用效果差。

（2）稗草基数大的田块用推荐剂量上限，基数小的用下限。为扩大杀草谱，应与农得时或草克星等混用。

（3）施药后保持水层 3～5cm，保水 5～7d，如缺水可缓慢补水，不能排水，水层淹过水稻心叶、飘秧易产生药害。

（4）本品不可与碱性物质混用。

（5）本品对蜜蜂、鱼类等水生生物、家蚕有毒，施药期间应避免对周围蜂群的影响，禁止在开花植物花期、蚕室和桑园附近使用。

317. 四唑酰草胺（fentrazamide）

其他名称　四唑啉酮、四唑草胺

主要制剂　悬浮剂，水分散粒剂，颗粒剂，袋剂。

毒性　大鼠急性经口 $LD_{50}>5000mg/kg$；虹鳟鱼急性 LC_{50} 为 3.4mg/L（96h）；蜜蜂急性经皮 $LD_{50}>150\mu g/$只。

作用特点　细胞分裂抑制剂，主要作用位点可能是脂肪酸代谢。选择性是定位的，它被吸附到土壤表层，但是并不接触移栽水稻种子的生长点。可被植物的根、茎、叶吸收并传导到根和芽顶端的分生组织，抑制其细胞分裂，使生长停止，组织变形，生长点、节间分生组织坏死。施药后可在土壤表层迅速形成牢固稳定的处理层，能长时间地保持除草效果。水溶性小，在水田土壤中移动性弱，对移栽水稻有优良的安全性。当把药剂加入灌溉稻田的水中，药剂很快被吸附在土壤表层，从而在稻田表层覆盖了一层稳定的处理层。此外四唑酰草胺的功效及耐药性不受温度、土壤等条件影响。对稗草的残效保留时间较长，至少可以保持50d。

防治对象　可有效防除一年生禾本科杂草及一年生莎草，对稗草防效优异，用于水稻田防除杂草。即使低剂量对高龄稗草也有高的除草活性，对稗草有长的残效和宽的处理适用期，可以在移栽同时施药，达到施药省力化的目。

使用方法　防除一年生禾本科杂草及一年生莎草，如稗草、异型莎草、萤蔺、母草、鸭舌草、三蕊沟繁缕、节节菜、莎草、泽泻等，尤其对稗草类和异型莎草在出苗前至二叶期的效果最佳，在水稻出苗前或苗后三叶期前使用，施用剂量为 125～500g（a. i.）/hm²。

目前，适用于移栽后即可使用的有颗粒剂和悬浮剂。袋剂是一种抛撒型制剂，可以方便地把袋剂抛在水田中，而不需要容器。水分散粒剂被水稀释后成悬浮液，可以喷洒或手撒；颗粒剂通常在移栽几天后用粒剂撒施机或用手撒于较湿的水田表面。

四唑酰草胺需要与其他除草剂复配来防除萤蔺和一些多年生的稻田杂草，如与磺酰脲类或其他一些防除杂草的活性物质复配以扩大杂草防除谱，同样能起到良好的除草效果。每季使用 1 次。日本规定其在大米上的最大残留限量为 0.1mg/kg。

318. 莎稗磷 (anilofos)

其他名称　阿罗津

主要制剂　20%水乳剂，30%、300g/L、40%、45%乳油，36%微乳剂，50%可湿性粉剂。

毒性　鼠急性经口 LD_{50} 为 472mg/kg；鱼急性 $LC_{50} > 2.8mg/L$（96h）；蜜蜂急性接触 LD_{50} 为 5.9μg/只（48h）。

作用特点　莎稗磷属于有机磷类选择性除草剂。主要通过植物的幼芽和地中茎吸收，抑制细胞分裂与伸长。

防治对象　莎稗磷可在水稻移栽田使用，防除三叶期以前的稗草、千金子、一年生莎草、牛毛草等，但对扁秆藨草无效，对水稻安全。莎稗磷也可以用于棉花田、大豆田、油菜田除草，可以防除的杂草有稗草、马唐、狗尾草、牛筋草、野燕麦、异型莎草、碎米莎草等，对阔叶杂草效果差。

使用方法

（1）防除水稻田杂草　水稻移栽后 5～7d，每亩用 30%莎稗磷乳油 60～70mL，对水茎叶喷雾或混药土施药 1 次。喷雾施药前应排干田水，施药 24h 后覆水，以后正常管理。若用药土法施药，施药时应保持浅水层。在水稻移栽田，也可于水稻移栽后 4～8d，禾本科杂草 2 叶 1 心期以前，南方每亩用 40%莎稗磷乳油 37.5～45mL，北方每亩用 40%莎稗磷乳油 45～52.5mL，用湿润细沙（或土）15～20kg，拌匀撒施于稻田中。每季作物最多使用 1 次。

（2）混用　可与噁草酮、乙氧氟草醚、吡嘧磺隆、苄嘧磺隆混用。

注意事项

（1）严格按推荐的使用技术均匀施用，不得超范围使用。稗草 2 叶期用药时宜采用推荐的高剂量；排盐良好的盐碱地，应采用推荐的低剂量，药后 5d 可换水排盐。

（2）直播水稻 4 叶期以前对该药敏感。可用于大苗移栽田，不可用于小苗秧田，抛秧田用药也要慎重。

（3）施药 4h 后降雨或灌溉对药效影响不大。

（4）若误服，用 5%碳酸氢钠水灌胃，然后喂服 200mL 液体石蜡。严重时，立即注射 2mg 硫酸阿托品，如有必要，每隔 15min 注射 1 次，直至口和皮肤变干。在注射阿托品后，才可用 0.5～1g 的 2-PAM 输液，禁止使用肾上腺素。

九、脂类合成抑制剂

（1）作用机制　脂类包括脂肪酸、磷酸甘油酯与蜡质等。抑制作用包括以下几方面：①抑制生物合成脂肪酸和脂质，减少表皮蜡沉积；②抑制蛋白质、类异戊二烯（包括赤霉素）和类黄酮（包括花青素）的生物合成；③贝壳松烯合成受到抑制进而导致抑制赤霉素合成。光合作用也可能受到抑制。一种目前可行的假设认为，包括乙酰辅酶A和其他含硫代氨基磺酸盐的生物分子的结合，都可能与这些影响有关。亚砜形式可能是活性除草剂。

（2）化学结构类型　脂类合成抑制剂类除草剂包括硫代氨基甲酸酯类、二硫代磷酸酯类和苯并呋喃类。

（3）通性　用于一年生和多年生禾本科杂草的苗后防治。选择性发生在杂草和草类作物种类中。非洲草种类有抗性。很容易被植物叶子吸收，迁移可能因物种而异，但在木质部和韧皮部均有发生。通常需要在喷雾溶液中添加表面活性剂或其他喷雾添加剂以获得最大活性。这些除草剂用于未经压榨、生长迅速的禾本科植物时效果最佳，如果草坪受到压力则效果不佳。易感物种死亡缓慢，需要一周或更长时间才能完全死亡，受害症状包括快速停止枝条和根部生长，在2～4d内在叶片上发生色素变化，随后在分生组织区域开始进行性坏死并蔓延到整株植物上。在土壤中迅速降解。正常使用率下，大部分除草剂土壤活性不足以防治杂草。当这些除草剂与一些芽后阔叶除草剂如2,4-D、氟锁草醚或苯达松混合时，观察到拮抗作用。已有20多种草对这类除草剂产生了抗性。

319. 野麦畏（triallate）

其他名称　燕麦畏、阿畏达

主要制剂　400g/L、37%乳油。

毒性　鼠急性经口 LD_{50} 为1100mg/kg；鱼急性 LC_{50} 为0.95mg/L（96h）；蜜蜂急性接触 $LD_{50} > 100\mu g$/只（48h）。

作用特点　野麦畏属于硫代氨基甲酸酯类除草剂，药剂在萌发出土的过程中通过芽鞘和第一片叶子吸收，根系吸收很少，影响细胞的蛋白质合成和有丝分裂，抑制细胞伸长，使杂草未出生就死亡。

防治对象　可用于大麦和小麦防除野燕麦等杂草，也可用于油菜、豌豆、亚麻、甜菜、青稞和大豆等作物。该药是防除野燕麦的高效选择性除草剂。

使用方法　防除小麦田野燕麦，于小麦播种前，每亩用400g/L野麦畏乳油150～200mL，对水土壤喷雾施药1次。最大残留限量为0.05mg/kg。

注意事项

（1）野麦畏易挥发，光分解快，施药后2h内应及时浅混土。播种深度与药效、药害关系极大，如果麦种在药土层中直接接触药剂，会造成药害。

（2）每季最多使用1次。

320. 禾草丹（thiobencarb）

$$CH_3{-}H_2C \diagdown \atop CH_3{-}H_2C \diagup N{-}\underset{\underset{S{-}CH_2{-}}{\overset{\displaystyle \parallel}{}}}{C}{\overset{\displaystyle O}{\overset{\displaystyle \parallel}{}}}$$

其他名称　杀草丹、灭草丹、稻草完、除田莠

主要制剂　50%、90%、900g/L 乳油。

毒性　鼠急性经口 LD_{50} 为 560mg/kg；鱼急性 LC_{50} 为 0.98mg/L（96h）；蜜蜂急性接触 $LD_{50}>100\mu g$/只（48h）。

作用特点　禾草丹为氨基甲酸酯类选择性内吸传导型土壤处理除草剂，可被杂草的根部和幼芽吸收，阻碍 α-淀粉酶和蛋白质合成，对植物细胞的有丝分裂也有强烈抑制作用，因而导致萌发的杂草种子和萌发初期的杂草枯死。

防治对象　常用于直播稻、秧田及移栽稻田，防除稗草、鸭跖草、萤蔺、牛毛毡等杂草。

使用方法

（1）防除水稻田一年生杂草　在稗草 2.5 叶期前，每亩使用 50% 禾草丹乳油 266～400mL，使用喷雾法或者毒土法进行施药。也可在稗草 2.5 叶期前，每亩使用 90% 禾草丹乳油 148～222mL，使用喷雾法或者毒土法进行施药。

（2）防除直播水稻田一年生杂草　在水稻直播后 3d 内（播种、盖籽、上水自然落干后）使用，将药液加水搅拌后均匀土壤喷雾，用药后保持土面润湿。每亩使用 50% 禾草丹乳油 260～320mL，进行播后苗前土壤喷雾；或者每亩使用 90% 禾草丹乳油 80～120mL 进行土壤喷雾。在稗草 3 叶前，秧苗 1.5 叶期后施药，田间湿润无明水时，每亩使用 90% 禾草丹乳油 100～180mL，对水茎叶喷雾施药或拌药土均匀撒施。

（3）防除移栽水稻田一年生杂草　于水稻移栽后 5～7d，田间杂草大量萌发时，每亩使用 50% 禾草丹乳油 266～400mL 进行茎叶喷雾。施药时及施药后田间保持水层 3～5cm，保持 5～7d。也可于水稻移栽后 5～8d，每亩用 900g/L 禾草丹乳油 150～220mL 拌湿润细土 10～15kg 均匀撒施。施药时田间水深 3～5cm，施药后保水 5～7d，在此期间缺水时应缓灌补水，切勿排水。在稗草 3 叶期前，秧苗 1.5 叶期后施药，田间湿润无明水时，使用 90% 禾草丹乳油 125～150mL，对水茎叶喷雾施药或拌药土均匀撒施。

（4）混用　晚稻秧田播前使用，可与呋喃丹混用，能控制虫、草危害，与 2 甲 4 氯、苄嘧黄隆、西苯净混用，在移栽田可并除瓜皮草等阔叶杂草。

注意事项

（1）禾草丹对 3 叶期稗草效果差，应掌握在 2 叶 1 心前使用。稻草还田的移栽稻田，不宜使用杀草丹。不能与 2,4-滴混用，否则会降低除草效果。

（2）插秧田、水直播田及秧田，施药后应注意保持水层，但勿淹没水稻心叶；水稻出苗至立针期不宜使用，否则会产生药害。

（3）冷湿田块或使用大量未腐熟有机肥的田块，禾草丹用量过高时易形成脱氯杀草丹，使水稻产生矮化药害。发生这种现象时，应注意及时排水、晒田。沙质田及漏田不要使用。

（4）在水稻上的最高残留限量为 0.2mg/kg，每季作物最多施药一次。

321. 禾草敌（molinate）

其他名称　禾大壮、禾草特

主要制剂　90.9％乳油。

毒性　鼠急性经口 LD_{50} 为 483mg/kg；鱼急性 LC_{50} 为 16mg/L（96h）；蜜蜂急性经口 LD_{50} 为 11μg/只（48h）。

作用特点　禾草敌属于硫代氨基甲酸酯类内吸传导型除草剂，杂草通过药层时，药剂能迅速被初生根和芽鞘吸收，并积累在生长点和分生组织，阻止蛋白质合成，使增殖的细胞缺乏蛋白质及原生质。禾草敌还能抑制 α-淀粉酶活性，停止或减弱淀粉的水解，使蛋白质合成及细胞分裂失去能量供给，造成细胞膨大，生长点扭曲而死亡。

防治对象　常用于直播稻、秧田及移栽稻田，防除 1～4 叶期稗草。

使用方法

（1）防除水稻田稗草　水稻移栽后 3～5d 或直播水稻灌水后播种前，稗草萌发至 2 叶 1 心期时，华南、华中、华东地区每亩用 90.9％禾草敌乳油 100～150mL，华北及东北地区每亩用 90.9％禾草敌乳油 150～220mL，对水茎叶喷雾施药或混药土均匀撒施 1 次。药后保水 7～10d。最大残留限量为 0.1mg/kg。

（2）混用　可与苄嘧磺隆混用。

注意事项

（1）禾草敌挥发性很强，需与细土、细沙混拌均匀使用，并应随拌随施，施药后应用塑料布严密覆盖。要按要求保持水层，漏水田或整地不平的田块，均会降低效果。

（2）在施药后田间保水期间，切勿排水、过水或干水。

（3）禾草敌含有氨基甲酸酯，勿接触有机磷、氨基甲酸酯或氨基甲酸乙酯等相关化学品。解毒剂为肟化物。

322. 乙氧呋草黄（ethofumesate）

其他名称　灭草呋喃、草定完、呋草黄、甜菜呋、乙呋草黄

主要制剂　20％乳油，悬浮剂。

毒性　大鼠急性经口 $LD_{50} > 5000$mg/kg；虹鳟鱼急性 LC_{50} 为 11.92～20.2mg/L（96h）；蜜蜂急性经口 $LD_{50} > 50$μg/只。

作用特点　抑制脂质的合成，但不是 ACCase 抑制剂，抑制分生组织的生长和细胞分裂，限制形成蜡状表皮。选择性内吸性除草剂，双子叶植物对该除草剂的主要吸收部

位在根部，单子叶杂草主要是经萌发的幼芽吸收，然后传导到叶。当杂草已经形成成熟的角质层后，一般不容易吸收。早熟禾、黑麦草等草坪草的主要吸收部位是叶片。乙氧呋草黄在土壤中持效期较长。

防治对象　可有效防除看麦娘、野燕麦、早熟禾、狗尾草等一年生禾本科杂草和多种阔叶杂草，主要适用于甜菜、洋葱、胡萝卜、各种草坪草场除草。

使用方法

（1）防除甜菜田一年生禾本科杂草和多种阔叶杂草，可防除藜、蓼、苘麻等，甜菜苗后，杂草 $2 \sim 4$ 叶期，20% 乙氧呋草黄乳油施用剂量为 $1.0 \sim 3.0 kg(a.i.)/hm^2$，但与其他甜菜地用触杀型除草剂桶混的推荐剂量为 $0.5 \sim 2.0 kg(a.i.)/hm^2$。在干旱和杂草叶龄偏大时，会降低防效，建议在杂草 4 叶期前施药，如果干旱，可适当增大喷雾量。为扩大除草谱，乙氧呋草黄可与其他除草剂甜菜安、甜菜宁、莠去津、噁唑禾草灵、禾草敌等混用。每季 1 次。我国规定其在甜菜中的最大残留限量（临时）为 $0.1mg/kg$。

（2）防除冬小麦田杂草　英国乙氧呋草黄用于防治冬小麦田间的一年生杂草，最大使用剂量 $0.6kg/hm^2$。目前仅用于芽后除草。此外乙氧呋草黄对甘蔗恶性杂草鼠尾看麦娘具有良好防控效果。每季 1 次。

注意事项　依据应用时间，草莓、向日葵、菜豆和烟草也表现出高度的耐受性，洋葱耐受性中等，这取决于施用时间。

十、5-烯醇式丙酮酰莽草酸-3-磷酸合成酶抑制剂

（1）作用机制　甘氨酸（草甘膦）是一种 5-烯醇式丙酮酰莽草酸-3-磷酸（EPSP）合成酶抑制剂类除草剂，该合成酶可以在莽草酸途径通过磷酸莽草酸和磷酸烯醇丙酮酸产生 EPSP。EPSP 合成酶抑制剂导致芳香族氨基酸色氨酸、酪氨酸和苯丙氨酸的损耗，而这些氨基酸都是蛋白质合成或生长过程中生物合成所需要的。研究表明，除了蛋白质合成抑制外，还可能涉及其他因素。虽然植物死亡显然是由于 EPSP 合成酶抑制作用引起的，但植物中毒过程尚不清楚。

（2）化学结构类型　有机磷类。

（3）通性　能有效地防除所有一年生与多年生的禾本科杂草、双子叶杂草及灌木等；杂草不易对其产生抗性；对哺乳动物低毒；极易为土壤吸附，基本上无迁移性；在土壤中易为各种微生物降解，不残留在土壤中影响后茬作物；在植物体内会缓慢代谢；使用时加入表面活性剂，可提高除草效果；非选择性除草剂。

323. 草甘膦（glyphosate）

其他名称　农达、镇草宁

主要制剂　30%、41%、46%、62%、450g/L 水剂，50%、58%、68%、70%、

75.7％可溶粒剂，30％、50％、58％、65％可溶粉剂。

毒性 鼠急性经口 $LD_{50}>2000mg/kg$；鱼急性 LC_{50} 为 $38mg/L$（96h）；蜜蜂急性接触 $LD_{50}>100\mu g/$只（48h）。

作用特点 草甘膦属于内吸传导型广谱灭生性除草剂。对天敌及有益生物较安全。主要通过抑制植物体内 EPSP 合成酶，从而抑制莽草素向苯丙氨酸、酪氨酸及色氨酸的转化，使蛋白质的合成受到干扰导致植物死亡。

防治对象 草甘膦杀草谱很广，对 40 多科的植物有防除作用，包括单子叶和双子叶、一年生和多年生、草本和灌木等植物。豆科和百合科一些植物对草甘膦的抗性较强。

使用方法

（1）防除柑橘园杂草 在杂草生长旺盛期，每亩用 30％草甘膦可溶粉剂 250～500g，定向喷雾到杂草茎叶上；或在杂草生长旺盛时期，每亩用 50％草甘膦可溶粉剂 150～300g，定向喷雾到杂草茎叶上；或在杂草生长旺盛时期，每亩用 60％草甘膦可溶粒剂 125～250g，定向喷雾到杂草茎叶上。视杂草发生情况，可连续用药 1～2 次。最高残留限量为 0.5mg/kg。

（2）防除非耕地杂草 在杂草出苗后，每亩用 30％草甘膦可溶粉剂 150～250g，茎叶喷雾防除一年生杂草，每亩用 30％草甘膦可溶粉剂 250～500g，茎叶喷雾防除多年生杂草；或在杂草生长旺盛时期，每亩用 60％草甘膦可溶粒剂 125～333g，对水茎叶喷雾施药；或在杂草生长旺盛时期，每亩用 62％草甘膦水剂 121～323mL，对水茎叶喷雾施药；或在杂草生长旺盛时期，每亩用 68％草甘膦可溶粒剂 88～265g，对水茎叶喷雾施药。

（3）防除苹果园杂草 在杂草生长旺盛时期，每亩用 30％草甘膦水剂 267～547mL，定向喷雾到杂草茎叶上；或在杂草生长旺盛时期，每亩用 50％草甘膦可溶粒剂 203～267g，茎叶喷雾防除一年生杂草，每亩用 50％草甘膦可溶粒剂 250～300g，茎叶喷雾防除多年生杂草。最高残留限量为 0.5mg/kg。

（4）混用 可与乙氧氟草醚、精吡氟禾草灵、2 甲 4 氯、敌草隆、苄嘧磺隆、乙羧氟草醚等混用。

注意事项

（1）为非选择性除草剂，因此施药时应防止药液飘移到作物茎叶上，以免产生药害。

（2）用药量应根据作物对药剂的敏感程度确定。

（3）草甘膦与土壤接触立即失去活性，宜做茎叶处理。

（4）使用时加入适量的洗衣粉、柴油等表面活性剂，可提高除草效果。

（5）温暖晴天用药效果优于低温天气。

（6）草甘膦对金属制成的镀锌容器有腐化作用，易引起火灾。

（7）低温贮存时会有结晶析出，用时应充分摇动容器，使结晶溶解，以保证药效。

十一、谷氨酰胺合成酶抑制剂

（1）作用机制 谷氨酰胺合成酶（glutamine synthetase, GS）是参与高等植物氮同化过程的关键酶，在 ATP 和 Mg^{2+} 存在下催化植物体内谷氨酸形成谷氨酰胺。GS 抑制剂通过对 GS 的不可逆抑制，减少氮素化合物的合成，导致细胞内氨积累、氨基酸合成及光合作用受到抑制、叶绿素被破坏而引起植物死亡。

次磷酸（葡萄糖酸盐和生物荧光素）抑制谷氨酰胺合成酶的活性，这种酶将谷氨酸和氨转化为谷氨酰胺。植物中氨的积累破坏细胞，直接抑制光系统Ⅰ和光系统Ⅱ反应。氨降低了膜上的 pH 梯度，解耦光合磷酸化过程。

（2）通性　非选择性除草剂。对哺乳动物毒性低。在一定温度范围内，为正温度系数除草剂。环境湿度越大，除草活性越好。土壤活性低，在土壤中降解很快。

324. 草铵膦（glufosinate-ammonium）

其他名称　草丁膦

主要制剂　10％、18％、23％、30％、50％、200g/L 水剂，18％可溶液剂，88%可溶粒剂。

毒性　鼠急性经口 LD_{50} 为 416mg/kg；鱼急性 LC_{50} 为 710mg/L（96h）；蜜蜂急性接触 $LD_{50}>345\mu g/$ 只（48h）。

作用特点　草铵膦属于有机磷类非选择性触杀型除草剂，是谷氨酰胺合成酶抑制剂。施药后短时间内，植物体内铵代谢陷于紊乱，细胞毒剂铵离子在植物体内累积，与此同时，光合作用被严重抑制，达到除草目的。

防治对象　主要用于柑橘园、葡萄园及非耕地防除一年生和多年生双子叶及单子叶杂草，如马唐、稗、狗尾草、鸭茅、羊茅、黑麦草、早熟禾、野燕麦、辣子草、猪殃殃、野芝麻、龙葵、繁缕、拂子茅、苔草、狗牙根、反枝苋等。

使用方法

（1）防除非耕地杂草　在杂草生长旺盛时期，每亩用 200g/L 草铵膦水剂 350～580mL，进行茎叶喷雾；或在杂草生长旺盛时期，每亩用 50％草铵膦水剂 180～250mL，进行茎叶喷雾。每季最多使用一次。

（2）防除柑橘园杂草　在杂草生长旺盛时期，每亩用 200g/L 草铵膦水剂 300～500mL，进行定向均匀的茎叶喷雾。在柑橘上的最高残留限量为 0.2mg/kg。每季最多使用一次。

（3）防除香蕉园杂草　在杂草生长旺盛时期，每亩用 18％草铵膦水剂 200～300mL，进行定向均匀的茎叶喷雾；或在杂草生长旺盛时期，每亩用 200g/L 草铵膦水剂 200～300mL，进行定向均匀的茎叶喷雾。在香蕉上的最高残留限量为 0.2mg/kg。每季最多使用一次。

（4）混用　可与乙氧氟草醚、乙羧氟草醚混用。

注意事项

（1）对作物的嫩株、叶片会产生药害，喷雾时切勿将药液喷洒到作物上。

（2）不可与其他强碱性物质混用，以免影响药效。

（3）高温、高湿、强光可增进杂草对草铵膦的吸收而显著提高活性。

（4）对蜜蜂、鱼类等水生生物、家蚕有毒。施药期间应避免对周围蜂群的影响，开花植物花期、蚕室和桑园附近禁用。赤眼蜂等天敌放飞区域禁用。远离水产养殖区施药。

十二、对羟苯基丙酮酸双氧化酶抑制剂

（1）作用机制　对羟苯基丙酮酸双氧化酶（HPPD）将对羟苯基丙酮酸转化为尿黑酸（2,5-二羟基苯基乙酸），这是质体醌生物合成中的关键一步。它的抑制作用导致了新生长过程的白化症状，而这些症状是通过抑制质体醌作为植物烯脱硫酶的共同因子参与的类胡萝卜素合成导致的。

（2）化学结构类型　目前，主要有三酮类除草剂。

（3）通性　防除禾本科杂草和阔叶杂草。芽前芽后都可以使用。对哺乳动物毒性低。在土壤中易降解，不影响后茬作物。

325. 磺草酮（sulcotrione）

主要制剂　15％水剂，26％悬浮剂。

毒性　鼠急性经口 LD_{50} >5000mg/kg；鱼急性 LC_{50} 为 227mg/L（96h）；蜜蜂急性接触 LD_{50} 为 200μg/只（48h）。

作用特点　磺草酮属于对羟苯基丙酮酸双氧化酶（HPPD）抑制剂。通过植物根系和叶片吸收并在体内传导，抑制对羟苯基丙酮酸双氧化酶的合成，导致酪氨酸的积累，使质体醌和生育酚的前体物质尿黑酸生物合成停止，进而造成八氢番茄红素及类胡萝卜素生物合成下降，最终使植物分生组织失绿白化死亡。

防治对象　可用于玉米田、甘蔗田、冬小麦田防除反枝苋、藜、龙葵、酸模叶蓼、苘麻、马唐等一年生阔叶杂草及某些禾本科杂草，但对稗草、狗尾草、苍耳、马齿苋及多年生杂草防效差。

使用方法　防除玉米田杂草，在玉米 3～6 叶期，禾本科杂草 2～4 叶期，阔叶杂草 2～6 叶期，春玉米每亩用 15％磺草酮水剂 400～500mL，夏玉米每亩用 15％磺草酮水剂 300～400mL，对水茎叶喷雾施药 1 次；或者在玉米 3～6 叶期，禾本科杂草 2～4 叶期，阔叶杂草 2～6 叶期，每亩用 26％磺草酮悬浮剂 507～780mL，对水茎叶喷雾施药 1 次。每季最多使用 1 次。在玉米上的最高残留限量为 0.05mg/kg。

注意事项

（1）施药遇干旱或在低洼地施药时，玉米叶会有短期的脱色症状。

（2）施药后有时玉米叶片会暂时性白化，大约一周后可恢复，不影响玉米生长发育及产量。

（3）糯玉米田和制种玉米田不宜使用。

326. 硝磺草酮（mesotrione）

其结构式中标注：O、O、NO₂、S、O、O、CH₃

其他名称　米斯通、甲基磺草酮

主要制剂　9％、10％、15％、20％、25％、40％悬浮剂，10％、15％、20％、25％可分散油悬浮剂，75％水分散粒剂。

毒性　鼠急性经口 $LD_{50}>5000mg/kg$；鱼急性 $LC_{50}>120mg/L$（96h）；蜜蜂急性接触 $LD_{50}>100\mu g/$只（48h）。

作用特点　硝磺草酮属于选择性除草剂，抑制对羟苯基丙酮酸双氧化酶（HPPD）的活性。HPPD可将氨基酸酪氨酸转化为质体醌，质体醌是八氢番茄红素去饱和酶的辅助因子，八氢番茄红素去饱和酶是类胡萝卜素生物合成的关键酶。

防治对象　能有效防除玉米田一年生阔叶杂草和一些禾本科杂草，不仅对玉米安全，而且对环境、后茬作物安全。可防除苘麻、苍耳、刺苋、藜、地肤、蓼、野荠菜、稗草、繁缕、马唐等杂草。

使用方法

（1）防除玉米田杂草　在玉米 3～7 叶期，禾本科杂草 1～3 叶期（以杂草叶龄为主），每亩用 9％硝磺草酮悬浮剂 70～100mL，对水茎叶喷雾施药 1 次；或于玉米 3～5 叶期，杂草 2～4 叶期，每亩用 10％硝磺草酮可分散油悬浮剂 85～100mL，对水茎叶喷雾施药 1 次。每个作物周期最多使用 1 次。最高残留限量为 0.01mg/kg。

（2）混用　为扩大杀草谱，芽前除草可与乙草胺混用，芽后除草可与烟嘧磺隆混用。

注意事项

（1）尽量较早用药，除草效果更佳。本品对豆类、十字花科作物敏感，施药时须防止飘移，以免其他作物发生药害。

（2）勿将本品用于爆裂玉米和观赏玉米，不得用于玉米与其他作物间作、混种田。

（3）勿将本品与任何有机磷类、氨基甲酸酯类杀虫剂混用或在间隔 7d 内使用，请勿通过任何灌溉系统使用本品，请勿将本品与悬浮肥料、乳油剂型的苗后茎叶处理剂混用。

（4）正常气候条件下，本品对后茬作物安全，但后茬种植甜菜、苜蓿、烟草、蔬菜、油菜、豆类需先做试验，后种植。一年两熟制地区，后茬作物不得种植油菜。

327. 环磺酮（tembotrione）

其结构式中标注：O、O、Cl、CH_2-O-CH_2-C、F、F、F、S、O、O、CH₃

主要制剂 乳油，悬浮剂和可分散油悬浮剂。

毒性 大鼠急性经口 $LD_{50} > 2000mg/kg$；虹鳟鱼急性 $LC_{50} > 100mg/L$（96h）；蜜蜂急性经口 $LD_{50} > 92.8\mu g/$只（72h）。

作用特点 通过对羟苯基丙酮酸双氧化酶（HPPD）抑制剂表现出来，可阻断杂草体内异戊二烯基醌的生物合成，杂草分生组织中酪氨酸积累和质体醌缺乏，3～5d 后，杂草出现黄化症状，最终蔓延至整株，2 周内杂草白化死亡。具有良好的吸收、运输和代谢稳定性。环磺酮有较强的抗雨水冲刷能力。除草适期长，对后茬作物安全。

防治对象 用于玉米田，可有效防除一年生狗尾草属和野藜属杂草，对蓟属、旋花属、婆婆纳属、辣子草属、荨麻属等属杂草及春黄菊和猪殃殃等也具有一定的灭杀作用。

使用方法 玉米芽后至 8 叶之前施药，施药剂量为 90～120g(a.i.)/hm²。环磺酮还可与莠去津、特丁津、噻酮磺隆等复配。必要情况下，14d 后可同样药量进行第二次施药。英国规定其在玉米中的最大残留限量为 0.1mg/kg。

328. 苯唑草酮（topramezone）

主要制剂 30%悬浮剂。

毒性 鼠急性经口 $LD_{50} > 2000mg/kg$；鱼急性 $LC_{50} > 100mg/L$（96h）；蜜蜂急性接触 $LD_{50} > 100\mu g/$只（48h）。

作用特点 苯唑草酮是三酮类苗后茎叶处理剂。可以被植物的叶、根和茎吸收。抑制对羟苯基丙酮酸双氧化酶（HPPD），抑制质体醌，间接地抑制类胡萝卜素的生物合成，叶绿体合成和功能紊乱，由于叶绿素的氧化降解，导致发芽的敏感杂草白化，伴随生长抑制。

防治对象 用于防治玉米田一年生杂草，如马唐、稗草、牛筋草、狗尾草、野黍、藜、蓼、苘麻、反枝苋、豚草、曼陀罗、牛膝菊、马齿苋、苍耳、龙葵、一点红等。

使用方法 防除玉米田一年生杂草，将 30%苯唑草酮悬浮剂采用茎叶喷雾的方式施用，用药量为每亩 5～6mL。

注意事项

（1）操作时不要污染水源或灌渠。

（2）药剂应现混现对，配好的药液要立即使用。

（3）赤眼蜂等天敌放飞区域禁用。

329. 异噁唑草酮（isoxaflutole）

其他名称　异噁氟草、百农思

主要制剂　4.0%、240 g/L、480g/L悬浮剂，75%、80%水分散粒剂，可湿性粉剂。

毒性　大鼠急性经口 LD_{50} >5000mg/kg；虹鳟鱼急性 LC_{50} >1.7mg/L（96h）；蜜蜂急性经口 LD_{50} >100μg/只。

作用特点　属于对羟苯基丙酮酸双氧化酶（HPPD）抑制剂，这种酶可以将对羟苯基丙酮酸转化为尿黑酸，是质体醌生物合成中关键的一步。该药剂是选择性内吸型苗前处理除草剂，主要通过杂草根或叶吸收，在韧皮部与木质部传导至整个植株。敏感植物吸收了该药之后，通过抑制对羟苯基丙酮酸双氧化酶，间接影响类胡萝卜素的生物合成（类胡萝卜素在光合作用过程中发挥着重要作用，它可以收集光能，同时还有保护叶绿素使其免受光照伤害的功能），从而导致敏感植物受害后失绿、白化、枯萎。

异噁唑草酮在玉米田使用后，杂草不发芽，或者产生白化，在潮湿的条件下用药，可以获得最佳效果。异噁唑草酮在种植前使用，可以提供8~10周的持效期。异噁唑草酮使用时或使用后，因土壤墒情不好而滞留于表层土壤中的有效成分虽不能及时发挥杂草防除作用，但仍能保持较长时间不被分解，一旦遇到降雨或灌溉，仍能发挥防除杂草作用，甚至对长至4~5叶的敏感杂草也能起到杀伤和抑制作用，具有其他除草剂所没有的二次杀草特性。对环境、生态的相容性和安全性极高，虽然有一些残留活性，但可在生长季节内消失，不会对下茬作物产生影响。

防治对象　防除苘麻、藜、地肤、猪毛菜、龙葵、反枝苋、柳叶刺蓼、鬼针草、马齿苋、繁缕、香薷、苍耳、铁苋菜、水棘针、酸模叶蓼、婆婆纳等多种一年生阔叶杂草，对马唐、稗草、牛筋草、千金子、大狗尾草和狗尾草等部分一年生禾本科杂草也有较好的防效，广泛用于芽前或芽后早期防除玉米、甘蔗和甜菜等作物田杂草。

使用方法

（1）防除玉米田多种一年生阔叶杂草与稗草、牛筋草、马唐等禾本科杂草　该药剂是一种新型的用于玉米田的苗前和苗后广谱除草剂，施药剂量为75~140g(a.i.)/hm²。异噁唑草酮要在玉米播后1周内及早施用，使用时先将药剂溶于少量水中，然后按每亩对水60~75L配成药液，经充分搅拌后再均匀喷于地表。为了更好地防除禾本科杂草，特别推荐异噁唑草酮与乙草胺、异丙草胺等酰胺类除草剂混用。除了混用，在禾本科杂草发生很少的地块也可以单用。在春玉米种植区，每亩用75%水分散粒剂8~10g加50%乙草胺乳油130~160mL。在夏玉米种植区，每亩用75%水分散粒剂5~6g加50%乙草胺乳油100~130mL，或加90%乙草胺55~70mL，或加72%异丙草胺或异丙甲草胺 80～100mL。具有使用时期灵活，且不依赖天气等条件的特点。每季 1 次。日本规定其在玉米中的最大残留限量为 0.1mg/kg。

（2）防除甜菜田、甘蔗田多种一年生阔叶杂草与稗草、牛筋草、马唐等禾本科杂草 该药剂是一种新型的用于甜菜田、甘蔗田的苗前和苗后广谱除草剂，施药剂量为 75～140g(a.i.)/hm²。具有使用时期灵活，且不依赖天气等条件的特点。每季 1 次。日本规定其在甘蔗中的最大残留限量为 0.01mg/kg。

注意事项

（1）用药量过大以及碱性土壤、沙质土、有机质含量低的土壤条件下，玉米易产生药害。

（2）部分玉米品种也易发生药害，玉米产生黄化、白化现象。爆裂型玉米对该药较为敏感，在这些玉米田上不宜使用。

（3）无内吸传导性，死草速度快，但除草易复发，且对繁缕、大巢菜等效果较差，可与苯磺隆、2甲4氯等复配使用，在杂草 3～4 叶期使用最佳。

（4）使用异噁唑草酮同使用其他土壤处理除草剂一样，在干旱少雨、土壤墒情不好时不易充分发挥药效，因此要求播种前把地整平，播种后把地压实，配制药液时要把水量加足。不然，则难以保证药效。

（5）异噁唑草酮的杀草活性较高，施用时不要超过推荐用量，并力求把药喷施均匀，以免影响药效和产生药害。

330. 双唑草酮

其他名称　雪鹰

主要剂型　10％可分散油悬浮剂。

毒性　低毒。

作用特点　属于 HPPD 抑制剂类除草剂，通过抑制 HPPD 的活性，使对羟苯基丙酮酸转化为尿黑酸过程受阻，从而导致生育酚及质体醌无法正常合成，影响靶标体内类胡萝卜素合成，导致叶片发白，影响植物体内光合作用的正常进行，最终使彻底死亡。正常情况下，施药后 3～5d，杂草整株扭曲、轻微褪绿、黄白化。随着时间的推移，白化加重，药后 3～4 周，杂草出现死亡。杂草的死亡速度因草而异，常见杂草的死亡速度：播娘蒿＞荠菜＞麦家公；牛繁缕＞荠菜＞猪殃殃。

双唑草酮作用机理独特，具有较高的安全性和复配活性，与当前麦田常用的双氟磺草胺、苯磺隆、苄嘧磺隆、噻吩磺隆等 ALS 抑制剂类除草剂，唑草酮、乙羧氟草醚等 PPO 抑制剂类除草剂，2甲4氯钠、2,4-D 等激素类除草剂等不存在交互抗性，可有效解决当前抗性及多抗性（ALS、PPO 和激素类）的播娘蒿、荠菜、野油菜、繁缕、牛繁缕、麦家公、宝盖草等阔叶类杂草。杀草谱广，可有效解决小麦田大多数常见的阔叶杂草，安全性高，可混性强，可与麦田主流禾本科除草剂混用。

防治对象　用于冬小麦田防除一年生阔叶杂草，尤其对抗性及多抗性的播娘蒿、荠菜、野油菜、繁缕、牛繁缕、麦家公等阔叶杂草效果优异。

使用方法　用于冬小麦田防除播娘蒿、荠菜、印度蔊菜、猪殃殃、繁缕、牛繁缕、麦瓶草、麦家公、泽漆、大巢菜等大部分阔叶杂草。在小麦 3 叶 1 心至拔节前均可茎叶喷雾施药，10%双唑草酮可分散油悬浮剂有效成分用药量为 20～25mL/亩。

注意事项

(1) 可分散油悬浮剂分层属于正常现象，用前"摇一摇"。配药采取二次稀释法，每亩对水 15～30kg（具体遵循当地的用水量），杂草密度较大时，每亩对水 30kg，确保喷透。

(2) 最适施药温度为 10～25℃，白天施药时温度不低于 10℃

(3) 大风天或预计 6h 内有降雨，请勿使用。

(4) 本品对阔叶类作物敏感，施药时应避免药液飘移到阔叶作物上。

331. 环吡氟草酮

其他名称　普草克

主要剂型　6%可分散油悬浮剂。

作用特点　属于新型 HPPD 类除草剂，通过抑制 HPPD 的活性，使对羟苯基丙酮酸转化为尿黑酸过程受阻，从而导致生育酚及质体醌无法正常合成，影响靶标体内类胡萝卜素合成，导致叶片发白，影响植物体内光合作用的正常进行，最终使彻底死亡。正常情况下，施药后 10d 左右，杂草褪绿白化；2 周左右杂草叶片逐渐干枯（茎秆仍然青绿），3～4 周杂草开始干枯死亡。HPPD 抑制剂可以通过切断光合作用能量转换、切断维生素合成、破坏叶绿素合成三个途径导致杂草死亡，杂草很难产生抗药性。

环吡氟草酮作用机理独特，是小麦田多抗性禾本科杂草的克星，与当前麦田常用的精噁唑禾草灵、炔草酯、唑啉草酯、三甲苯草酮、啶磺草胺、甲基二磺隆、氟唑磺隆、异丙隆等不存在交互抗性，可有效解决当前抗性及多抗性（ALS、ACCase 和 PPO）的看麦娘、日本看麦娘、硬草、棒头草、蜡烛草、䅟草、早熟禾等禾本科杂草及部分阔叶类杂草。

防治对象　用于防除麦田的看麦娘、日本看麦娘、硬草、棒头草、蜡烛草、䅟草、早熟禾等禾本科杂草及播娘蒿、荠菜、繁缕、牛繁缕、麦家公、婆婆纳等部分阔叶类杂草。

使用方法　用于防除禾本科杂草及部分阔叶杂草，对多种恶性杂草及抗性杂草活性高，适用于冬小麦田除草，6%环吡氟草酮可分散油悬浮剂有效成分用药量为 150～200mL/亩。

注意事项

（1）冬小麦施药窗口期 2 月 20 日～3 月 15 日，最佳时期 2 月 25 日～3 月 5 日。

（2）可分散油悬浮剂分层属于正常现象，用前"摇一摇"。配药采取二次稀释法，每亩对水 15～30kg（具体遵循当地的用水量），杂草密度较大时，每亩对水 30kg，确保喷透。

（3）最适施药温度为 10～25℃，白天施药时温度不低于 10℃。大风天或预计 24h 内有降雨，请勿使用。

（4）以荠草、野燕麦、雀麦、节节麦、多花黑麦草为主的地块，禁止使用。

（5）本品对阔叶类作物敏感，施药时应避免药液飘移到阔叶作物上。

十三、合成激素类

（1）**作用机制** 是一类具植物激素作用的除草剂。该类除草剂的机理尚未清楚。与 IAA 和拟生长激素除草剂的作用有关的特定细胞或分子结合位点尚未确定。然而，这些化合物的主要作用似乎是影响细胞壁的可塑性和核酸的代谢。这些化合物通过刺激膜结合的 ATP 酶质子泵的活性来酸化细胞壁。通过增加酶的活性，使细胞壁的活性降低，从而诱导细胞的伸长。低浓度的除草剂也能刺激 RNA 聚合酶，从而导致 RNA、DNA 和蛋白质生物合成的增加。这些过程中的异常增加可能导致不受控制的细胞分裂和生长，导致血管组织破坏。与此相反，高浓度的除草剂通常在分生区域抑制细胞分裂和生长，从韧皮部积累光合作用的同化物和除草剂。该类除草剂能刺激乙烯的进化，在某些情况下可能产生与这些除草剂接触有关的典型的偏上性症状。

（2）**化学结构类型** 苯氧羧酸类、苯甲酸类、吡啶羧酸类、芳香基吡啶甲酸类和喹啉羧酸类。

（3）**通性** 人工合成植物生长素以类似的方式影响植物生长，并且似乎在与天然植物生长素 IAA 相同的位点起作用。然而，所有这些都比 IAA 活跃得多，并且坚持了更长的时间。所有的生长调节剂除草剂都是弱酸，其 pK_a 值在 2～4 之间。水溶性受制剂影响很大，对于盐来说是高的，对于酸来说是适度的，对于酯来说是很低的。挥发性取决于配方，酯类挥发性最高，胺类挥发性较差。该类化合物主要用于防治谷类和其他草类作物以及阔叶杂草。这些除草剂对植物的生长和结构产生了深远的影响，包括畸形叶片、茎的弯曲和肿胀、变形的根和组织衰变。它们使薄壁细胞迅速分裂，经常产生愈伤组织，幼叶中维管组织过量，韧皮部堵塞，根部生长受抑制，分生组织比成熟组织更受影响，形成层、内胚层、圆周和韧皮薄壁组织特别敏感。生长调节剂除草剂的物理特性（弱酸）与韧皮部运输一致，对多年生杂草有良好的防治效果；这些除草剂具有低剂量反应，并且在远低于致死剂量的浓度下诱导植物产生症状，这对易感作物或植物造成潜在的问题。

332. 2,4-滴（2,4-D）

其他名称 穗穗欢

主要制剂 85％可湿性粉剂。

毒性 鼠急性经口 $LD_{50} > 300mg/kg$；鱼急性 LC_{50} 为 $100mg/L$（96h）；蜜蜂急性接触 $LD_{50} > 100\mu g/$ 只（48h）。

作用特点 2,4-滴属于苯氧羧酸类内吸传导型茎叶处理剂，可从根、茎、叶进入植物体内，降解缓慢，故可积累至一定浓度，从而干扰植物体内激素平衡，破坏核酸与蛋白质代谢，促进或抑制某些器官生长，使杂草茎叶扭曲，茎基变粗、肿裂等，从而杀死杂草。

防治对象 防除小麦田一年生阔叶杂草。

使用方法 防除小麦田一年生阔叶杂草，在小麦 4～5 叶期，杂草 2～4 叶期时，每亩用 85％ 2,4-滴钠盐 80～104g，对水茎叶喷雾 1 次。最大残留限量为 2mg/kg。

注意事项

（1）对阔叶作物敏感，施药时应避免药液飘移到这些作物上，以防产生药害。

（2）施用本品应选择晴天，光照强、气温高有利于药效发挥，可加速杂草死亡。

（3）大风天或预计 6h 内降雨，请勿施药。

333. 2,4-滴异辛酯（2,4-D isooctyl ester）

其他名称 欢悦

主要制剂 87.5％乳油。

毒性 鼠急性经口 $LD_{50} > 850mg/kg$。

作用特点 2,4-滴异辛酯属于苯氧羧酸类选择性除草剂，具有较强的内吸传导性。主要用于苗后茎叶处理，穿过角质层和细胞膜，最后传导到各部位。在不同部位对核酸和蛋白质的合成产生不同影响。在植物顶端抑制核酸代谢和蛋白质合成，使生长点停止生长，幼嫩叶片不能伸展，抑制光合作用的正常进行。传导到植株下部时使植物茎部组织的核酸和蛋白质的合成增加，促进细胞异常分裂，根尖膨大，丧失吸收能力，造成茎秆扭曲、畸形，还会使筛管堵塞、韧皮部破坏、有机物运输受阻，从而破坏植物正常的生活能力，最终导致植物死亡。

防治对象 一年生阔叶杂草。

使用方法

（1）防除春玉米田阔叶杂草 在春玉米播后苗前，每亩用 87.5％ 2,4-滴异辛酯乳油 40～50mL，对水土壤喷雾施药 1 次。最大残留限量为 0.05mg/kg。

（2）防除春大豆田阔叶杂草 在春大豆播后苗前，每亩用 87.5％ 2,4-滴异辛酯乳油 40～50mL，对水土壤喷雾施药 1 次。

（3）防除冬小麦田阔叶杂草 于小麦 4～5 叶期至拔节期前，阔叶杂草 3～5 叶期时，每亩用 87.5％ 2,4-滴异辛酯乳油 40～50mL，对水土壤喷雾施药 1 次。

（4）混用 可与双氟磺草胺、烟嘧磺隆等药剂复配。

注意事项

（1）不可与呈碱性的农药等物质混用。

（2）禾本科作物幼苗、幼芽、幼穗分化期对 2,4-滴异辛酯较敏感。用药过早、过晚或者用药量过大都可能造成药害，需严格掌握用药时期和用药量，春大豆拱土期严禁使用。

（3）间套作或近距离内种有敏感阔叶作物的冬小麦田、春玉米田、春大豆田不能使用。

（4）需使用标准喷雾器喷雾，不能用弥雾机或超低容量器械施药。施药时应压低喷头均匀喷雾，应在无风或微风的晴天上午 10 时前或下午 4 时后施药。

（5）对水蚤、藻类有毒，应远离水产养殖区施药，禁止在河塘等水体中清洗施药器具，避免药液进入地表水体。

334. 2 甲 4 氯（MCPA）

其他名称　2-甲基-4-氯苯氧乙酸

主要制剂　13% 水剂。

毒性　鼠急性经口 LD_{50} 为 962mg/kg；鱼急性 $LC_{50}>72mg/L$（96h）；蜜蜂急性接触 $LD_{50}>200\mu g/$只（48h）。

作用特点　2 甲 4 氯属于苯氧羧酸类除草剂，可从根、茎、叶进入植物体内，降解缓慢，故可积累至一定浓度，从而干扰植物体内激素平衡，破坏核酸与蛋白质代谢，促进或抑制某些器官生长，使杂草茎叶扭曲，茎基变粗、肿裂等，从而杀死杂草。

防治对象　防除水稻田、小麦田中的多种阔叶杂草、莎草科杂草及某些单子叶杂草。

使用方法

（1）防除水稻田杂草　4 叶期以后至拔秧前 7d 施用，13% 2 甲 4 氯水剂每亩用 150～250mL，均对水 50～60kg 喷雾。

（2）防除旱地杂草　麦类和青稞在拔节以前施用，每亩用 200～300mL，对水 100kg 左右，茎叶喷雾。

注意事项

（1）气温对除草效果有影响，一般应在 18℃ 以上施用，18℃ 以下不宜施用。

（2）本品不能接触棉花、豆类和瓜菜等阔叶作物，因此喷药时要注意风向，避免药液飘移到上述作物上，以防产生药害。

（3）施药工具最好专用或彻底清洗，在敏感作物使用前，应先小试，如无出现药害方可使用。

（4）小麦 3 叶期前及拔节开始后不可施药。

335. 麦草畏（dicamba）

其他名称　百草敌

主要制剂　48%、480g/L 水剂，70%水分散粒剂。

毒性　鼠急性经口 LD_{50} 为 1581mg/kg；鱼急性 $LC_{50}>100$mg/L（96h）；蜜蜂急性接触 $LD_{50}>100\mu$g/只（48h）。

作用特点　麦草畏属于苯甲酸类内吸传导型除草剂，药剂很快被杂草的叶、茎、根吸收，通过韧皮部及木质部向上向下传导，药剂多集中在分生组织及代谢活动旺盛的部位，阻碍植物激素的正常活动，从而使其死亡。

防治对象　主要用于小麦田、玉米田防除猪殃殃、荞麦蔓、藜、牛繁缕、大巢菜、播娘蒿、苍耳、田旋花、刺菜、问荆、鳢肠等。

使用方法

（1）防除小麦田阔叶杂草　在冬小麦 4 叶分蘖末期，每亩用 48%麦草畏水剂 20～30mL，对水茎叶喷雾施药 1 次。在春小麦 3～5 叶期，每亩用 48%麦草畏水剂 25～30mL，对水茎叶喷雾施药 1 次。最高残留限量为 0.5mg/kg。

（2）防除玉米田阔叶杂草　在玉米 3～4 叶期，每亩用 48%麦草畏水剂 25～40mL，对水茎叶喷雾施药 1 次。最高残留限量为 0.5mg/kg。

（3）混用　可与烟嘧磺隆、2 甲 4 氯钠、2,4-滴二甲胺盐等混用。

注意事项

（1）小麦 3 叶期前、冬小麦越冬期和拔节后严禁使用；玉米生长后期（即雄花抽出前 15d）严禁使用。小麦受到不良天气影响或病虫害引起生长发育不正常时，不宜使用麦草畏。

（2）药剂正常使用后，对小麦苗、玉米苗在初期有匍匐、倾斜或弯曲现象，1 周后可恢复。

（3）不同小麦品种对此药有不同的敏感反应，施药前要进行敏感性测定。

（4）大风时不得施药，避免因飘移问题伤害邻近敏感的双子叶作物。

336. 二氯吡啶酸（clopyralid）

其他名称　怒虎

主要制剂　75%可溶粉剂，30%水剂。

毒性　鼠急性经口 $LD_{50}>5000$mg/kg；鱼急性 $LC_{50}>99.9$mg/L（96h）；蜜蜂急性

接触 $LD_{50}>98.1\mu g/$只（48h）。

作用特点　二氯吡啶酸属于吡啶羧酸类除草剂，由叶片或根部吸收，在植物体内上下移动，迅速传导到整个植株。其杀草的作用机理为促进植物核酸的形成，产生过量的核糖核酸，致使根部生长过量，茎及叶生长畸形，维管束疏导功能受阻，导致杂草死亡。

防治对象　菊科、豆科、茄科和伞形科等阔叶杂草。

使用方法

（1）防除油菜田阔叶杂草　在阔叶杂草2～5叶期，春油菜田每亩用75％二氯吡啶酸可溶粉剂8.9～9g，冬油菜田每亩用75％二氯吡啶酸可溶粉剂6～10g，对水茎叶喷雾施药。最大残留限量为2mg/kg。

（2）防除玉米田阔叶杂草　在阔叶杂草2～5叶期，每亩用75％二氯吡啶酸可溶粉剂18～21g，对水茎叶喷雾施药1次。

（3）混用　可与氨氯吡啶酸、烯草酮复配混用。

注意事项

（1）不能在芥菜型油菜上使用。

（2）主要由微生物分解，降解速度受环境影响较大。正常推荐剂量下药后60d后茬可种植小麦、大麦、油菜、十字花科蔬菜。后茬如果种植大豆、花生等作物需间隔1年；如果种植棉花、向日葵、西瓜、番茄、红豆、绿豆、甘薯需间隔18个月；如果种植其他后茬作物，需咨询当地植保部门或经过试验安全后方可种植。

（3）禾本科杂草与阔叶杂草混生地块，可与防除禾本科杂草的药剂搭配使用。

（4）间、混或套种有阔叶作物的玉米田，不能使用。

337. 氨氯吡啶酸（picloram）

其他名称　毒莠定

主要制剂　24％、21％水剂。

毒性　鼠急性经口 LD_{50} 为4012mg/kg；鱼急性 LC_{50} 为8.8mg/L（96h）；蜜蜂急性接触 $LD_{50}>100\mu g/$只（48h）。

作用特点　氨氯吡啶酸属于吡啶羧酸类内吸传导型除草剂，主要作用于核酸代谢，并且使叶绿体结构及其他细胞器发育畸形，干扰蛋白质合成，作用于分生组织活动等，最后导致植物死亡。

防治对象　主要用于防除森林等非耕地阔叶杂草、灌木等。

使用方法　防除非耕地紫茎泽兰，在非耕地杂草生长期，每亩用24％氨氯吡啶酸水剂300～600mL，对水茎叶喷雾施药1次。

注意事项

（1）施药后4h降雨需重喷。

（2）使用氨氯吡啶酸12个月后，才能种植其他阔叶植物。

（3）豆类、葡萄、蔬菜、棉花、果树、烟草、向日葵、甜菜、花卉、桑树、桉树等对本品敏感，不宜在上述植物邻近地块做弥雾处理，也不宜在径流严重的地块施药。

（4）对蜜蜂、鱼类等水生生物及家蚕有毒。周围蜜源作物花期禁用，施药期间应密切注意对周围蜂群的影响，蚕室及桑园附近禁用。远离水产养殖区施药，禁止在河塘等水体中清洗施药器具。

（5）不可与呈碱性的农药等物质混合使用。

338. 三氯吡氧乙酸（triclopyr）

其他名称　盖灌能

主要制剂　480g/L 乳油。

毒性　鼠急性经口 LD_{50} 为 630mg/kg；鱼急性 LC_{50} 为 117mg/L（96h）；蜜蜂急性接触 LD_{50}＞100μg/只（48h）。

作用特点　三氯吡氧乙酸属于吡啶氧乙酸类内吸传导型除草剂，能迅速被植物叶和根吸收，并在体内传导。作用于核酸代谢，使植物产生过量的核酸，使一些组织转变成分生组织，造成叶片、茎和根生长畸形，出现典型激素类除草剂的受害症状，最终贮藏物质耗尽，维管束组织被栓塞或破裂，植物逐渐死亡。

防治对象　用来防治针叶树幼林地中的阔叶杂草和灌木，也用于防火道和造林前的灭灌。

使用方法　用于造林前化学整地或森林防火道杂草、杂灌的防除，在杂草和灌木旺盛生长时期，每亩用 480g/L 三氯吡氧乙酸乳油 280~420mL，对水喷雾施药 1 次。

注意事项

（1）每亩用量超过 140mL 时，对松林和云杉会有不同程度的药害。需防止药液飘移对非靶标林木造成药害。

（2）对鱼高毒，应远离河塘等水域施药，避免药液流入湖泊、河流或鱼塘中污染水源。

339. 氯氟吡氧乙酸（fluroxypyr）

其他名称　使它隆、氟草定

主要制剂　200g/L、20％乳油。

毒性　鼠急性经口 LD_{50}＞2000mg/kg；鱼急性 LC_{50} 为 14.3mg/L（96h）；蜜蜂急性接触 LD_{50}＞180μg/只（48h）。

作用特点　氯氟吡氧乙酸属于吡啶氧乙酸类内吸传导型除草剂，能迅速被植物叶和根吸收，并在体内传导。作用于核酸代谢，使植物产生过量的核酸，使一些组织转变成分生组织，造成叶片、茎和根生长畸形，出现典型激素类除草剂的受害症状，最终贮藏物质耗尽，维管束组织被栓塞或破裂，植物逐渐死亡。

防治对象　适用于小麦、玉米等作物田防除播娘蒿、猪殃殃、卷茎蓼、繁缕、大巢菜、雀舌草、鼬瓣花、酸模叶蓼、柳叶辣蓼、反枝苋、马齿苋、田旋花、鸭跖草、野豌豆等阔叶杂草，对禾本科杂草和大部分莎草科杂草无效。

使用方法

（1）防除小麦田阔叶杂草　在小麦 2～4 叶期，杂草出齐后，冬小麦田每亩用 200g/L 氯氟吡氧乙酸乳油 50～62.5mL，春小麦田每亩用 200g/L 氯氟吡氧乙酸乳油 62.5～75mL，对水茎叶喷雾施药 1 次。最大残留限量为 0.2mg/kg。

（2）防除玉米田阔叶杂草　在玉米田杂草 2～5 叶期，每亩用 200g/L 氯氟吡氧乙酸乳油 50～70mL，对水茎叶喷雾施药 1 次。

（3）防除水田畦畔阔叶杂草　空心莲子等阔叶杂草出土高峰期后，每亩用 200g/L 氯氟吡氧乙酸乳油 50mL，对水茎叶喷雾施药 1 次。最大残留限量为 0.2mg/kg。

（4）可与烟嘧磺隆、硝磺草酮等药剂复配混用。

注意事项

（1）对鱼类有害，在田间使用时应避免污染水体。远离水产养殖区施药，禁止在河塘等水体中清洗施药器具。

（2）为易燃品，应置于远离火源的地方。

340. 氯氟吡啶酯（florpyrauxifen-benzyl）

其他名称　灵斯科·丹

主要制剂　3%乳油。

毒性　对哺乳动物和水生动物毒性极低，为微毒等级。

作用特点　广谱、高效、速效、用量低，芽后茎叶处理可通过植物的叶片和根部吸收，具有内吸性，可经木质部和韧皮部传导并积累在杂草的分生组织，从而发挥除草活性。

防治对象　用于包括水稻在内的多作物、多地区防除禾本科杂草，阔叶杂草和莎草，如稗草、光头稗、稻稗、千金子等禾本科杂草，异型莎草、油莎草、碎米莎草、香附子、日照飘拂草等莎草科杂草，苘麻、泽泻、水苋菜、苋菜、豚草、藜、小飞蓬、母草、水丁香、雨久花、野慈姑、苍耳等阔叶杂草。

使用方法

（1）防除水稻直播田杂草　应于秧苗 4.5 叶即 1 个分蘖可见时，同时稗草不超过 3 个分蘖时期施药。每亩用 3%氯氟吡啶酯乳油 50～60mL，茎叶喷雾。

（2）防除水稻移栽田杂草　应于秧苗充分返青后 1 个分蘖可见时，同时稗草不超过 3 个分蘖时期施药。每亩用 3%氯氟吡啶酯乳油 50～60mL，茎叶喷雾。

注意事项

（1）茎叶喷雾时，用水量 15～30L/亩，施药时可以有浅水层，需确保杂草茎叶 2/3 以上露出水面。施药后 24～72h 内灌水，保持浅水层 5～7d，注意水层勿淹没水稻心叶以避免药害。

（2）施药量按稗草密度和叶龄确定，稗草密度大、草龄大，使用上限用药量。

（3）预计 2h 内有降雨请勿施药。

（4）每季最多使用 1 次。最后一次施药至收获间隔期 60d。

341. 氯氟吡氧乙酸异辛酯（fluroxypyr-meptyl）

主要制剂　20%、288g/L 乳油。

毒性　大鼠急性经口 LD_{50} 为 2405mg/kg；虹鳟鱼急性 LC_{50}＞100mg/L（96h）；对蜜蜂无毒，LD_{50}＞25μg/只（48h，接触）。

作用特点　属内吸传导型苗后茎叶处理除草剂，通过在植株体内快速水解为母体物质氯氟吡氧乙酸，并迅速传导到植株各个部位，诱导植物畸形和扭曲来发挥除草活性，进而使杂草死亡。敏感杂草受药 2～3d 后顶端萎蔫，出现典型激素类除草剂反应。对作物安全，在耐药作物体内，可结合轭合物而失去毒性。在土壤中易降解，半衰期较短，不会对后茬作物造成药害。

防治对象　防除阔叶杂草，如猪殃殃、卷茎蓼、马齿苋、龙葵、田旋花、蓼、苋等，对禾本科杂草无效，适用于小麦、大麦、玉米等禾本科作物田。

使用方法

（1）防除小麦田阔叶杂草　在冬小麦冬后返青期或分蘖盛期至拔节前期，春小麦 3～5 叶期，阔叶杂草 2～4 叶期，每亩用 20%氯氟吡氧乙酸异辛酯乳油 50～66.7mL，对水喷雾。与其他除草剂混用，可扩大杀草谱，降低成本。在小麦田每亩用 20%乳油 30～40mL 加 72%2,4-滴丁酯乳油 35mL 或加 20% 2 甲 4 氯水剂 150mL 可有效防除婆婆纳、泽漆、荠菜、碎米荠、离蕊芥、藜、问荆、苣荬菜、田旋花、薸草、苍耳、苘麻等杂草，每亩用 20%乳油 50～66.7mL 加 6.9%骠马水乳剂 50～67mL 可有效防除野燕麦、看麦娘、硬草、棒头草、稗草、马唐、千金子等禾本科杂草。每季使用 1 次。我国规定其在小麦、稻谷中的最大残留限量为 0.2mg/kg。

（2）防除玉米田阔叶杂草　在玉米苗后 6 叶期之前，杂草 2～5 叶期，每亩用 20%氯氟吡氧乙酸异辛酯乳油 50～66.7mL，对水喷雾。防除田旋花、小旋花、马齿苋等难治杂草，每亩用 20%乳油 66.7～100mL。每季使用 1 次。我国规定其在玉米中的最大残留限量（暂定）为 0.05mg/kg。

（3）防除葡萄等果园、非耕地及水稻田埂阔叶杂草　在杂草 2～5 叶期，每亩用

20％氯氟吡氧乙酸异辛酯乳油 75～150mL，对水喷雾。防除水稻田埂空心莲子菜每亩用 20％氯氟吡氧乙酸异辛酯乳油 50mL，或 20％氯氟吡氧乙酸异辛酯乳油 20mL 与 41％草甘膦水剂 200mL 混用，或 20％氯氟吡氧乙酸异辛酯乳油 30mL 与 41％草甘膦水剂 150mL 混用。防除如薂草、火炭母草、茅莓、鸭跖草等难治杂草，每亩用 20％氯氟吡氧乙酸异辛酯乳油 80～100mL 与 41％草甘膦水剂 100～150mL 混用。

注意事项

（1）施药时，在氯氟吡氧乙酸异辛酯乳油药液中加入喷药量 0.2％的非离子表面活性剂，可提高药效。

（2）应在气温低、风速小时喷施药剂，空气相对湿度低于 65％、气温高于 28℃、风速超过 4m/s 时停止施药。

（3）在果园施药，避免将氯氟吡氧乙酸异辛酯乳油药液直接喷到果树上，避免在茶园和香蕉园及其附近地块使用。

（4）喷过氯氟吡氧乙酸异辛酯的喷雾器，应在彻底清洗干净后方可用于阔叶作物田喷施其他农药。

342. 二氯喹啉酸（quinclorac）

其他名称　快杀稗

主要制剂　50％可湿性粉剂，50％、45％可溶粉剂，90％、75％、50％水分散粒剂，30％、25％悬浮剂，25％泡腾粒剂等。

毒性　鼠急性经口 LD_{50} 为 2680mg/kg；鱼急性 LC_{50} 为 1000mg/L（96h）；蜜蜂急性接触 LD_{50} 为 181μg/只（48h）。

作用特点　二氯喹啉酸属于喹啉羧酸类激素型选择性除草剂，可以有效地促进乙烯的生物合成，导致大量脱落酸的积累，使气孔缩小、水分蒸发减少、二氧化碳吸收减少、植物生长减慢。

防治对象　可用于水稻秧田、直播田和移栽田，能杀死 1～7 叶期的稗草，对 4～7 叶期的高龄稗草药效优良，对田菁、决明、雨久花、鸭舌草、水芹、茨藻等也有一定防效。具有用药适期长、对 2 叶期以后水稻安全性高的特点。对二氯喹啉酸敏感的作物包括茄科作物（番茄、烟草、马铃薯、茄子、辣椒等）、伞形花科作物（胡萝卜、荷兰芹、芹菜、欧芹、芫荽等）、藜科作物（菠菜、甜菜等）、锦葵科作物（棉花、秋葵等）、葫芦科作物（黄瓜、甜瓜、西瓜、南瓜等）、豆科作物（青豆、紫花苜蓿等）、菊科作物（莴苣、向日葵等）、旋花科作物（甘薯等）。用过此药剂的田水流到作物田中或用田水灌溉，或喷雾时雾滴飘移到以上作物上，也会造成药害。二氯喹啉酸在土壤中有积累作用，可能对后茬敏感作物产生残留积累药害。因此，后茬不能种植甜菜、茄子、烟草等作物，番茄、胡萝卜等则需用药两年才可以种植。

使用方法

（1）防除水稻田稗草　水稻移栽田、抛秧田、直播田、秧田均可使用，在水稻插秧或抛秧后 5～10d，或水稻直播田秧苗 3 叶期后，稗草 1～7 叶期（以 2～3 叶期为佳），每亩用 50％二氯喹啉酸可湿性粉剂 30～50g，对水茎叶喷雾施药 1 次。用药前排干田水，药后 1d 灌水，保持 5～7d，水层勿超过水稻心叶。最大残留限量为 1mg/kg。

（2）混用　可与苄嘧磺隆、氰氟草酯、双草醚等药剂复配混用。

注意事项

（1）浸种和露芽种子对该药敏感，不能在此时期施药。水稻 2 叶期前勿用。薄膜育秧田需炼苗 1～2d 后施药。

（2）在移栽田按推荐剂量用药，不受水稻品种及秧龄大小的影响，机插有浮苗现象且施药又早时，水稻会发生暂时性药害，遇高温天气会加重对水稻的伤害。

（3）因多种蔬菜对二氯喹啉酸敏感，因此不可用稻田水浇菜。

（4）在番茄上使用的安全间隔期为 14d。

343. 二氯喹啉草酮（quintrione）

其他名称　金稻亿

主要剂型　20％悬浮剂。

作用特点　二氯喹啉草酮影响乙烯合成及其介导的调控途径是其关键作用机理之一，抗氧化防御系统相关指标也发挥一定功能。杀草谱广、安全性佳。对稻田一年生禾本科杂草、阔叶类杂草和莎草科杂草具有较高的生物活性。

防治对象　对主要秋熟杂草无芒稗、稗、西来稗、光头稗、硬稃稗、马唐、鳢肠、陌上菜、异型莎草、碎米莎草生物活性高，对鸭舌草、耳叶水苋有一定的抑制作用，对千金子防治效果稍差，对大多数的恶性夏熟杂草生物活性稍低。主要应用于稻田除草。

使用方法　主要用于水稻田防除一年生禾本科杂草、阔叶类杂草和莎草科杂草。二氯喹啉草酮可在稻田杂草 2～3 叶期以 450～600g(a.i.)/hm^2 剂量喷雾法施用，防除稻田多种恶性杂草，但由于其对千金子防治效果稍差，可与氰氟草酯等对千金子特效的除草剂混用，从而有效控制稻田草害。

十四、其他类

344. 野燕枯（difenzoquat）

主要制剂 40%水剂。

毒性 鼠急性经口 LD_{50} 为 470mg/kg；鱼急性 LC_{50} 为 76mg/L（96h）。

作用特点 野燕枯是一种内吸传导型选择性野燕麦苗期茎叶处理除草剂，药剂通过茎叶吸收，破坏生长点细胞分裂。

防治对象 用于防治小麦田野燕麦。

使用方法 用 40%野燕枯水剂每亩 200~250mL 于野燕麦 3~5 叶期茎叶喷雾 1 次。

注意事项

（1）选择晴天无风时喷药，避免药液飘移到附近其他作物上。

（2）日平均温度 10℃，相对湿度 70℃以上，土壤墒情较好，药效更佳。

（3）推荐剂量下对小麦安全，不同品种小麦耐药性有差异，用药后可能会出现暂时褪绿现象，20d 后可恢复正常，不影响产量。

（4）本品在 -5℃以下贮存会有白色晶体析出，温热溶解后使用，不影响药效。

（5）不可与防除阔叶杂草的钠盐、钾盐除草剂或其他碱性农药混用。

（6）本品可与 72%的 2,4-滴丁酯混合使用，兼除阔叶杂草且有相互增效作用，但 2,4-滴丁酯亩用量不得超过 50mL。

345. 噁嗪草酮（oxaziclomefone）

主要制剂 1%、10%、30%悬浮剂。

毒性 鼠急性经口 LD_{50} >5000mg/kg；鱼急性 LC_{50} 为 5mg/L（96h）。

作用特点 噁嗪草酮是内吸传导型水稻田除草剂，主要由杂草的根部和茎叶基部吸收。杂草接触药剂后茎叶部失绿、停止生长，直至枯死。

防治对象 用于防除直播水稻田稗草、千金子、异型莎草及部分阔叶杂草。

使用方法

（1）防除直播水稻田稗草、千金子等禾本科杂草 用 1%噁嗪草酮悬浮剂每亩 2.7~3.3mL 茎叶喷雾。

（2）防除水稻移栽田一年生杂草 用 10%噁嗪草酮悬浮剂每亩 2.7~3.3mL 喷雾。

（3）防除直播水稻田稗草、千金子、异型莎草及部分阔叶杂草 用 30%噁嗪草酮悬浮剂每亩 1.5~3mL 茎叶喷雾。

注意事项

（1）不要污染河流、池塘及水源。

（2）泄漏处理。隔离污染区，限制出入，应急处理人员戴防尘口罩、手套，穿防护服，不要直接接触泄漏物，收集运往废物处理场所处置。不慎发生着火应立即切断火源，应用干粉灭火器、泡沫灭火器或沙土灭火；或拨打火警电话求救，消防人员须穿戴防毒面具与防护服。

346. 环庚草醚（cinmethylin）

其他名称　艾割、噁庚草烷、仙治

主要制剂　10％、82％乳油。

毒性　大鼠急性经口 LD_{50} 为 4553mg/kg；虹鳟鱼急性 LC_{50} 为 6.6mg/L（96h）；水蚤 LC_{50} 为 7.2mg/L（48h）。

作用特点　属于络氨酸氨基转移酶抑制剂，可通过代谢作用激活，切断苄基醚键后形成天然存在的1,4-桉叶素，后者抑制天冬酰胺合成酶的活性。该药剂为选择性内吸传导型芽前土壤处理剂，可被水田中萌发和成苗的杂草根部和芽根吸收，向上传导，抑制根和芽生长点的分生组织发育，抑制分生组织的生长。水稻对该药的耐药力强，进入作物体内被代谢成羟基衍生物，并与植物体内的糖苷结合成共轭化合物而失去毒性。另外水稻根插入泥土，生长点在土中还具有位差选择性。在无水层情况下，易被蒸发和光解，并能被土壤微生物分解。有水层情况下，分解速度减慢。

防治对象　防除水稻田稗草、鸭舌草、异型莎草、碎米莎草、慈姑、萤蔺等　在水稻移栽后使用。

使用方法

防除水稻田稗草、鸭舌草、异型莎草、碎米莎草、慈姑、萤蔺等　在水稻移栽后使用，在稗草2叶期以前施药除草效果最好，即水稻插秧后5～7d，缓苗后。施药期较宽，从稗草芽前期至3叶期施药均可。10％环庚草醚乳油一次性施药，每亩用药25～35mL。两次施药，第一次每亩用15mL，第二次每亩用10～15mL。鸭舌草、节节菜和一年生莎草科杂草对本品也敏感，在插秧后施药（施药量 200mL/hm²）对移栽水稻安全。在水稻田有效期为35d左右，温度高持效期短，温度低持效期长。除草的最佳时期是杂草处于幼芽或幼嫩期，草龄越大，效果越差。东北如黑龙江省稗草发生高峰期在5月末6月初，阔叶杂草发生高峰期在6月上旬，插秧在5月中下旬，施药应该在5月下旬至6月上旬。可与防治阔叶杂草的除草剂混用，如环丙嘧磺隆、苄嘧磺隆、乙氧嘧磺隆、吡嘧磺隆等。采用毒土、毒沙法施药，每亩用湿润的沙或土15～20kg拌匀撒于稻田，喷雾法也可，但不如毒土法方便。日本规定其在大米（糙米）中的最大残留限量为0.1mg/kg。

注意事项

（1）在南方水稻田使用剂量超过 2.67g(a.i.)/hm² 时，水稻可能会出现滞生矮化现象。

（2）对水层要求严格，施药时应有3～5cm水层，水深不要没过水稻心叶，保持水层5～7d，只灌不排。

（3）当水稻根露在土表或生长在沙质土田、漏水田可能受药害。

347. 异噁酰草胺（isoxaben）

其他名称　异噁草胺

主要制剂　颗粒剂，可湿性粉剂，悬浮剂。

毒性　大鼠急性经口 $LD_{50}>10000mg/kg$；虹鳟鱼急性 $LC_{50}>1.1mg/L$（96h）；田间条件下，对蜜蜂无明显伤害，$LD_{50}>100\mu g/$只。

作用特点　细胞壁（纤维素）生物合成抑制剂，抑制蛋白质合成。内吸选择性除草剂，主要通过杂草根吸收并传导，传导至茎和叶片，干扰发芽种子的根、茎生长，最后导致死亡。

防治对象　主要用于防除阔叶杂草，如繁缕、母菊、蓼属杂草、婆婆纳、堇菜属杂草等，适用于冬小麦田、春小麦田、冬大麦田和春大麦田除草，也可用于蚕豆、豌豆、果园、草坪、观赏植物、洋葱、大蒜等田地。

使用方法

（1）防除麦田阔叶杂草　麦田苗前除草，施药剂量为 $50\sim125g(a.i.)/hm^2$。要防除早熟禾等杂草需与其他除草剂混用。每季使用 1 次。澳大利亚规定其在小麦、大麦中的最大残留限量（临时）为 0.01mg/kg。

（2）防除蚕豆、豌豆、果园、草坪、观赏植物、洋葱、大蒜等田地阔叶杂草　因用途不同，使用剂量也不同，施药剂量为 $50\sim1000g(a.i.)/hm^2$。每季使用 1 次。美国规定在苹果中的最大残留限量为 0.01mg/kg，在树坚果中的最大残留限量为 0.02mg/kg。

注意事项　如果使用药剂后立刻种植一些轮作作物可能产生药害。

348. 磺草灵（asulam）

其他名称　黄草灵

主要制剂　20%、33.3%水剂，可溶液剂。

毒性　大鼠急性经口 $LD_{50}>4000mg/kg$；虹鳟鱼急性 $LC_{50}>5000mg/L$（96h）；<2%（质量浓度）浓度下对蜜蜂无毒（直接接触或经口）。

作用特点　抑制二氢蝶酸合成酶，抑制细胞分裂和光合作用中的希尔反应，影响蛋白质的合成。选择性内吸性除草剂，它通过杂草植株的叶面、芽和根吸收，通过共质体和质外体系统传导至植株其他部位，引起植株缓慢褪绿黄化，停止生长，逐渐干枯死亡。茎叶吸收后能传导至地下根茎的生长点，并使地下根茎呼吸受抑制，丧失繁殖能力。

防治对象　防除一年生、多年生禾本科杂草和阔叶杂草，用于菠菜、油菜、罂粟、苜蓿、观赏植物、甘蔗、香蕉、茶树、可可、椰子、橡胶园等中。也可用来防除亚麻地的野燕麦和草场、果园、非农地区的酸模属杂草，以及草场、非农地区和林地的凤尾草等。

使用方法

（1）防除甘蔗田一年生、多年生禾本科杂草和阔叶杂草　甘蔗田除草，应在甘蔗高20～40cm，杂草正处生长旺盛期施药。防除一年生杂草用 20% 水剂 9000～18000mL/hm²，防除多年生杂草用 20% 水剂 18000～27000mL/hm²，均加水稀释喷雾于杂草茎叶及土表。在阔叶杂草发生密度较大的甘蔗田，可与莠去津混用。其药效表现较为缓慢，一般喷药 5d 以后双子叶杂草心叶开始变黄，停止生长，以后逐渐褪绿黄化。而单子叶杂草的这些变化过程要比双子叶杂草慢 3～5d，药后 15d 敏感杂草整株黄化，并逐渐枯死。每季使用 1 次。日本规定其在甘蔗上的最大残留限量为 0.5mg/kg。

（2）防除菠菜、油菜等作物田一年生、多年生禾本科杂草和阔叶杂草　用于菠菜、油菜、罂粟、苜蓿、观赏植物、香蕉、茶树、可可、椰子、橡胶园等中，施药剂量为1～10 kg(a.i.)/hm²。每季使用 1 次。日本规定在可可豆、茶叶中的最大残留限量为0.02mg/kg，在菠菜、香蕉、芹菜等上为 0.2mg/kg。

注意事项

（1）在进行茎叶处理时，加入中性洗衣粉等湿润剂 3～4.5g 可提高防除效果。

（2）对甘蔗有一定的药害表现，药后 10～15d 甘蔗叶出现黄化现象，可很快恢复正常生长。

（3）施药液量要充足，喷头最好装保护罩，使甘蔗叶尽量少接触药液。

349. 氟吡草腙（diflufenzopyr）

其他名称　氟吡酰草腙、二氟吡隆

主要制剂　70% 水分散粒剂（20% 氟吡草腙＋50% 麦草畏）。

毒性　大鼠急性经口 LD₅₀＞5000mg/kg；虹鳟鱼急性 LC₅₀ 为 106mg/L（96h）；蜜蜂急性接触 LD₅₀＞90μg/只。

作用特点　生长素转移（吲哚乙酸转运）抑制剂，通过与质膜上的载体蛋白结合，抑制生长素的转移。内吸性苗后除草剂，敏感的阔叶植物在几小时内表现为偏上发育，敏感杂草生长被阻。在与麦草畏的混剂中，麦草畏直接传导到生长点，增加了对阔叶杂草的防效。玉米的耐药性，归因于快速代谢。

防治对象　可用于防除众多的阔叶杂草和禾本科杂草，文献报道其除草谱优于目前所有玉米田除草剂。主要适用于禾谷类作物、草坪和非耕地除草。

使用方法　玉米田苗后防除阔叶杂草和禾本科杂草，施药剂量为 $200\sim400g(a.i.)/hm^2$。氟吡草腙与麦草畏以 $1:2.5$ 混用除草效果最佳，使用剂量为 $100\sim300g(a.i.)/hm^2$，其中含氟吡草腙 $30\sim90g$，麦草畏 $70\sim210g$。每季使用 1 次。日本规定其在玉米中的最大残留限量为 $0.05mg/kg$，加拿大规定其在饲料玉米、爆米花颗粒上的最高残留限量值为 $0.02mg/kg$。

第六章 >>>>

杀线虫剂

一、乙酰胆碱酯酶抑制剂

（1）作用机理　乙酰胆碱酯酶（AChE）是中枢神经系统中的关键酶，参与细胞的发育和成熟，能促进神经元发育和神经再生，在神经冲动传递过程中执行重要的生理功能，它的主要作用是催化中枢神经系统胆碱能突触中的神经递质乙酰胆碱的水解。乙酰胆碱酯酶抑制剂通过抑制神经系统传导中乙酰胆碱酯酶的活性，从而使神经递质乙酰胆碱无法分解成胆碱和乙酸，阻断神经传导而使线虫死亡。

（2）化学结构类型　有机磷酸酯类、氨基甲酸酯类。

（3）通性　有机磷类和氨基甲酸酯类杀线虫剂杀线虫谱较广；多数品种在植物体内可以上下传导，同时也能良好分布于土壤中；由于水溶性较高，可借助雨水或灌溉水进入作物的根层，对线虫的防治提供了双重的保护作用；可用于柑橘、棉花、观赏植物、马铃薯、大豆、烟草、果树、花生和蔬菜上防治多种线虫，并兼治多种害虫；该类杀线虫剂多为高毒品种，使用时应注意防护。

350. 灭线磷（ethoprophos）

其他名称　丙线磷、虫线磷、灭克磷、益收宝、益舒宝

主要制剂　5%、10%颗粒剂，40%乳油。

毒性　鼠急性经口 LD_{50} 为 40mg/kg；鱼急性 LC_{50} 为 0.32mg/L（96h）；蜜蜂急性接触 LD_{50} 为 5.56μg/只（48h）。

作用特点　有机磷酸酯类杀线虫剂和杀虫剂，无熏蒸和内吸作用，具有触杀作用。可防治多种线虫，对大部分地下害虫也具有良好的防效。半衰期在不同的土质、不同有机质含量的土壤中，及不同温度和湿度条件下有很大变化，一般为14～28d左右。

防治对象　对花生、菠萝、香蕉、烟草及观赏植物线虫及地下害虫有效，如麦类孢囊线虫、花生根结线虫、花卉线虫、蔬菜线虫、马铃薯线虫、甘薯线虫等，对马陆、蜈蚣等多足动物也有效。

使用方法

（1）防治甘薯茎线虫　播种前穴施，施药后应先覆盖一层薄土，避免种薯直接接触

药品。每亩用10%虫线磷颗粒剂1000～1500g，安全间隔期为30d，每季最多使用一次，最高残留限量为0.02mg/kg。

（2）防治花生根结线虫病　花生播种前施药，施药时先平整好地面，开好播种沟，把药施在种子沟内，然后覆土再播种。施药时注意药剂不要与种子直接接触，以免发生药害。每亩用10%虫线磷颗粒剂3000～3500g，或者使用40%虫线磷乳油650～800mL。安全间隔期为30d，每季最多使用一次。最高残留限量为0.02mg/kg。

（3）防治水稻稻瘿蚊　水稻稻瘿蚊成虫盛发期进行施药，处于返青分蘖的迟中稻和晚稻本田或晚稻秧田，在卵孵化高峰期（即成虫盛期后4～5d）至一、二龄幼虫盛发期用药，将药剂与足量的细沙土拌匀后撒施，施药后保水7～10d，每亩用10%虫线磷颗粒剂1000～1200g。每季最多使用一次。最高残留限量为0.02mg/kg。

注意事项

（1）有些作物对虫线磷敏感，播种时药剂不能与种子直接接触，否则易发生药害。在穴内或沟内施后要覆盖一薄层有机肥料或土，然后再播种覆土。

（2）注意与不同作用机制杀线虫剂轮换使用。

（3）该药剂对蜜蜂、家蚕高毒，花期蜜源作物周围禁用，施药期间应密切注意对附近蜂群的影响，蚕室及桑园附近禁用。

（4）农业部第199号公告规定（自2002年6月5日），虫线磷不得用于蔬菜、果树、茶树、草药上。

351. 氯唑磷（isazofos）

其他名称　米乐尔、异唑磷

主要制剂　3%颗粒剂。

毒性　鼠急性经口$LD_{50}>40mg/kg$；鱼急性LC_{50}为0.006mg/L（96h）；对蜜蜂无毒。

作用特点　有机磷类杀虫、杀线虫剂，抑制乙酰胆碱酯酶活性，主要干扰线虫神经系统的协调作用而使其死亡。具有内吸、触杀和胃毒作用。

防治对象　用于防治根结线虫、孢囊线虫、穿孔线虫、半穿刺线虫、茎线虫、纽带线虫、螺旋线虫、刺线虫、针线虫、长针线虫、肾形线虫、剑线虫、轮线虫等。

使用方法

（1）防治甘蔗害虫　每亩用3%颗粒剂400～600g，在种植时沟施。

（2）防治香蕉线虫　每亩用3%颗粒剂450～600g，在香蕉根部表土周围撒施，施药后混土。

（3）防治花生、胡萝卜线虫　每亩用3%颗粒剂450～600g，在种植时沟施。

注意事项

（1）为了避免产生抗性，注意与不同作用机制的其他杀线虫剂轮换使用。

（2）本品不能与碱性农药等物质混用。

352. 噻唑膦（fosthiazate）

其他名称　福气多、伏线宝、代线仿

主要制剂　10％颗粒剂。

毒性　鼠急性经口 $LD_{50}>40mg/kg$；鳟鱼急性经口 LC_{50} 为 114mg/L（96h）；蜜蜂急性接触 LC_{50} 为 $0.256\mu g/$只（48h）。

作用特点　具有触杀和内吸作用，杀死根结线虫主要通过两种方式。速效性好，持效期长，使用后 2 个月后土壤中噻唑膦仍能达到根结线虫致死浓度，3 个月后仍能降低线虫活动强度。噻唑膦有向上传导特性，由作物根部向叶片传导强，由叶片向花传导弱，基本不由花向果实传导。

防治对象　可广泛应用于蔬菜、香蕉及其他果树、药材等作物防治根结线虫、根腐（短体）线虫、孢囊线虫、茎线虫等。

使用方法　在黄瓜、番茄移栽前，采用全面土壤混合施药方法，每亩用 10％噻唑膦颗粒剂 1.5～2kg 拌土 5kg，均匀撒施于土壤表面，然后将 10％噻唑膦颗粒剂和土壤充分混合于 15～20cm 土层处。也可均匀撒在沟内或定植穴内，再浅覆土。施药后当日即可播种或定植。持效期可达 2～3 个月，施用效果不受土壤条件的影响。

注意事项

（1）土壤水分过多时，容易引起药害。

（2）对蚕有毒，注意不要让药液飞散到桑园。

（3）施药与播种、定植的间隔时间应尽可能短。

（4）施药后各种工具要注意清洗。洗后的污水和废药液应妥善处理。包装物也需及时回收，并妥善处理。

353. 杀线威（oxamyl）

主要制剂　10％颗粒剂。

毒性　鼠急性经口 LD_{50} 3.1mg/kg（雄）；鱼急性 LC_{50} 为 5.6mg/L（96h）；对蜜蜂有毒。

作用特点　具有触杀和内吸作用，能通过根和叶部吸收，叶面喷施可向下输导至根部。

防治对象　可广泛应用于棉花、马铃薯、柑橘等多种作物，防治根结线虫、根腐（短体）线虫、孢囊线虫、茎线虫等。

使用方法 在作物播种或移栽前，采用全面土壤混合施药方法，每亩用10％杀线威颗粒剂1.5～2kg拌土5kg，均匀撒施于土壤表面，然后将10％杀线威颗粒剂和土壤充分混合于15～20cm土层处。也可均匀撒在沟内或定植穴内，再浅覆土。施药后当日即可播种或定植。

注意事项

(1) 不可在结实期使用。

(2) 急性毒性高，注意防护。

(3) 施药后各种工具要注意清洗。洗后的污水和废药液应妥善处理。包装物也需及时回收，并妥善处理。

二、线虫核糖体活性抑制剂

354. tioxazafen

其他名称 3-苯基-5-(噻吩-2-基)-1,2,4-噁二唑

主要制剂 10％颗粒剂，悬浮剂。

作用特点 二取代噁二唑类化合物，通过干扰线虫核糖体的活性而发挥药效。由于tioxazafen悬浮剂水溶性较低，可长时间滞留在植物根部，提供长达75d的持效作用，从而可以防治两代线虫。

防治对象 用于玉米、大豆和棉花。对孢囊线虫、根结线虫、肾形线虫、根腐线虫、针线虫等都具有优异防效。

三、线虫线粒体呼吸链的复合体Ⅱ抑制剂

355. 氟吡菌酰胺（fluopyram）

主要制剂 41.7％悬浮剂。

毒性 急性经口毒性（鼠）LD_{50} ＞2000mg/kg；急性经皮毒性（鼠）LD_{50} ＞2000mg/kg；对兔皮肤无刺激性，对兔眼睛无刺激性；鹌鹑急性经口LD_{50} ＞2000mg/kg；鲤鱼LC_{50} ＞0.98 mg/L（96h）。

作用特点 氟吡菌酰胺为琥珀酸脱氢酶抑制剂（SDHI）类杀菌剂，具有很强的杀线虫活性，是第一个通过抑制复合体Ⅱ而起作用的杀线虫剂。当线虫经氟吡菌酰胺处理后，虫体僵直成针状，活动力急剧下降。氟吡菌酰胺在土壤中表现出明显不同的移动

性，它能够在土壤中缓慢而均匀地分布在上层，使其在根际范围内能够有效而长时间地保护根系免于线虫侵染。

防治对象 用于番茄根结线虫病的防治。

使用方法 按 0.024～0.03 mL/株剂量加水进行灌根，每株用药液量 400 mL。也可滴灌、冲施、土壤混施、沟施等。可以在多种种植环境（大棚/露天）中使用。

注意事项

（1）每季最多施用 1 次。

（2）有效成分在土壤中活化需要充足的土壤湿度，施用时水量一定要足，并保持地块的土壤湿度。

四、其他类

356. 棉隆（dazomet）

其他名称 必速灭

主要制剂 98％微粒剂。

毒性 鼠急性经口 LD_{50} 为 415mg/kg；鱼急性 LC_{50} 为 0.3mg/L（96h）；蜜蜂急性接触 LD_{50}＞24μg/只（48h）。

作用特点 棉隆是一种广谱的熏蒸性杀线虫剂，并兼治土壤真菌、地下害虫及杂草。施用于潮湿的土壤中时，在土壤中分解成有毒的异硫氰酸甲酯、甲醛和硫化氢等，迅速扩散至土壤颗粒间，有效地杀灭土壤中各种线虫、病原菌、地下害虫及萌发的杂草种子，从而达到清洁土壤的效果。该药剂使用范围广，能防治多种线虫，不会在植物体内残留。

防治对象 用于防治草莓、番茄、花卉、烟草等植株上的线虫。

使用方法

（1）**防治草莓线虫病** 于种植草莓前进行土壤处理，每亩用98％棉隆微粒剂160～240g。施药按以下步骤进行。①整地。施药前先松土，然后浇水湿润土壤，并且保湿3～4d（湿度以手捏成团，掉地后能散开为标准）。②施药。施药方法根据不同需要，可撒施、沟施、条施等。③混土。施药后马上与土壤混匀，深度为20cm，用药到位。④密闭消毒。混土后再次浇水，湿润土壤，浇水后立即覆以不透气塑料膜并用新土封严实，避免药剂产生的气体泄漏。密闭消毒时间、松土通气时间与土壤温度有关。⑤发芽试验。在施药处理的土壤内，随机取土样，装半玻璃瓶，在瓶内撒需种植的草莓种子，用湿润棉花团保湿，然后立即密封瓶口，放在温暖的室内48h；同时取未施药的土壤作对照。如果施药处理的土壤有抑制发芽的情况，需松土通气，当通过发芽安全测试，才可栽种作物。最高残留限量为 0.02mg/kg（欧盟）。

（2）**防治番茄（保护地）线虫病** 种植番茄前进行土壤处理，每亩用98％棉隆微粒剂180～240g，使用方法同草莓。最高残留限量为 0.02mg/kg（欧盟）。

（3）防治花卉线虫病　种植花卉前进行土壤处理，每亩用98％棉隆微粒剂180～240g，使用方法同草莓。最高残留限量为0.02mg/kg（欧盟）。

（4）防治烟草（苗床）根结线虫病　种植烟草前进行土壤处理，每亩用98％棉隆微粒剂130～249g，使用方法同草莓。

（5）混用　可与不同作用机制的杀线虫剂和其他药剂复配、混合或轮换使用。

注意事项

（1）棉隆为土壤消毒剂，对植物有杀伤作用，绝不可施于作物表面或拌种。棉隆施入土壤后，受土壤温度、湿度及土壤结构影响甚大，为了保证获得良好的防效并避免产生药害，土壤温度应保持在6℃以上，以12～18℃最适宜，土壤的含水量应保持在40％～70％。

（2）为避免处理后土壤第二次感染线虫，基肥一定要在施药前加入，撒膜时不要将未消毒的土壤带入，并避免通过鞋、衣服或劳动工具将未消毒的土块或杂物带入而引起再次感染。

（3）该药剂对鱼有毒性，且易污染地下水，南方地区应慎用。

357. 威百亩（metam）

其他名称　斯美地

主要制剂　35％、42％水剂。

毒性　鼠急性经口 LD_{50} 为896mg/kg；鱼急性 $LC_{50} > 0.175$mg/L（96h）；蜜蜂急性接触 $LD_{50} > 36.2\mu g$/只（48h）。

作用特点　威百亩属二硫代氨基甲酸酯类杀线虫剂，具有内吸作用，通过产生异硫氰酸甲酯而发挥毒杀作用，杀灭土壤中线虫。

防治对象　用于防治黄瓜、番茄、烟草等作物上的线虫。

使用方法

（1）防治黄瓜、番茄根结线虫　于播种前至少20d，在地面开沟施药，沟深20cm，沟距20cm。每亩用35％威百亩水剂4000～6000mL对水喷施于沟内，盖土压实后（不要太实），覆盖地膜进行熏蒸处理，15d后去掉地膜，翻耕透气，再播种或移栽。在黄瓜上最高残留限量为0.05mg/kg。

（2）防治烟草（苗床）猝倒病　烟草播前苗床使用，每平方米苗床用35％威百亩水剂50～75mL，对水土壤浇洒一次。药后立即用聚乙烯地膜覆盖，10d后除去地膜，将土壤表层耙松，使残留气体充分挥发5～7d，待剩余药气散尽后整平，即可播种或种植。

（3）防治烟草（苗床）杂草　烟草播前苗床使用，每平方米使用35％威百亩水剂50～75mL，对水土壤喷雾或浇洒一次。药后立即用聚乙烯地膜覆盖，10d后除去地膜，将土壤表层耙松，使残留气体充分挥发5～7d，待剩余药气散尽后整平，即可播种或种植。

（4）混用　可与不同作用机制的杀线虫剂和其他药剂复配、混合或轮换使用。

注意事项

（1）使用该药剂时地温 15℃ 以上较好，地温低时熏蒸时间需加长。

（2）地面平整，施药均匀，保持潮湿有助于药效发挥。

（3）该药剂不可与酸性铜制剂以及碱性金属、重金属类农药等物质混合使用。

358. 氰氨化钙（calcium cyanamide）

$$N\!\!\equiv\!\!C\!-\!N^{2-}\quad Ca^{2+}$$

其他名称　石灰氮、碳氮化钙、氰胺化钙、氨腈钙

主要制剂　50％ 颗粒剂。

毒性　鼠急性经口 $LD_{50}>1400mg/kg$。

作用特点　能有效杀灭根结线虫，供给作物所需氮素及钙素营养，抑制硝化反应，综合提高氮素利用率，调节土壤酸碱度，改良土壤性状，加速作物秸秆、家畜粪便的腐热，增强堆沤效果。

防治对象　根结线虫、福寿螺。

使用方法

（1）防治番茄根结线虫　每亩用 50％ 氰氨化钙颗粒剂 48～64kg，沟施。

（2）防治黄瓜根结线虫　每亩用 50％ 氰氨化钙颗粒剂 48～64kg，沟施。

（3）防治水稻福寿螺　每亩用 50％ 氰氨化钙颗粒剂 33～55kg，撒施。

注意事项

（1）严禁用于养鱼田，谨防含有氰氨化钙的水流入鱼池、鱼塘，禁止在河塘等水域内清洗施药器具。

（2）本产品对鱼类低毒，但施药后水体环境 pH 值较高，水体不能做人工鱼卵、蟹苗和蚌苗孵化水的循环水。

（3）池塘、沟渠灭螺水体至少 15d 后方可用于作物灌溉。

359. 二氯异丙醚（DCIP）

$$CH_3\!-\!CH\!-\!CH_2\!-\!Cl$$
$$|$$
$$O$$
$$|$$
$$CH_3\!-\!CH\!-\!CH_2\!-\!Cl$$

主要制剂　80％、85％ 乳油，95％ 油剂。

毒性　鼠急性经口 LD_{50} 为 295mg/kg；鱼急性 $LC_{50}>40mg/L$（96h）。

作用特点　具有熏蒸作用的杀线虫剂，气体在土壤中挥发缓慢，对作物安全。

防治对象　根结线虫、短体线虫、半穿刺线虫、孢囊线虫、剑线虫和毛刺线虫等。

使用方法　在播种前 7～20d 进行土壤处理，也可以在播种后或植物生长期使用，用药剂量为 40～240kg/hm²。

360. 氟噻虫砜 (fluensulfone)

主要制剂 480g/L 乳油。

毒性 原药具有中等经口毒性，低等经皮和吸入毒性，对兔皮肤有轻微的刺激性，对兔眼睛没有刺激作用，但对豚鼠皮肤有致敏性。鲤鱼 LC_{50} 为 41.0 mg/L（96h）。对蜜蜂、鸟和蚯蚓无毒。

作用特点 通过触杀作用于线虫，线虫接触到此物质后活动减少，进而麻痹，暴露 1h 后停止取食，侵染能力下降，产卵能力下降，卵孵化率下降，孵化的幼虫不能成活，其不可逆的杀线虫作用可使线虫死亡，而有机磷类和氨基甲酸酯类杀线虫剂只暂时起作用。氟噻虫砜对线虫的多个生理过程有作用，这表明此物质具有新的作用机理，被认为与当前的杀线虫剂和杀虫剂不同。其具体的作用机理尚不清楚，需要进一步研究。

防治对象 能防治爪哇根结线虫、南方根结线虫、北方根结线虫、刺线虫、马铃薯白线虫、哥伦比亚根结线虫、玉米短体线虫、花生根结线虫。

使用方法 用于水果和瓜类蔬菜，用量 $2\sim4kg/hm^2$，可在种植前滴灌或撒播使用，施用方法简单，易被土壤吸收。

注意事项 种植时使用对线虫的防效不能维持整个生长季，但能保护作物直至建立好的根系。

第七章 »»»

植物生长调节剂

一、生长素类

生长素即吲哚乙酸，分子式为 $C_{10}H_9NO_2$，是最早发现的促进植物生长的激素。英文来源于希腊文 auxein。吲哚乙酸的纯品为白色结晶，难溶于水，易溶于乙醇、乙醚等有机溶剂。在光下易被氧化而变为玫瑰红色，生理活性也降低。植物体内的吲哚乙酸有呈自由状态的，也有呈结合（被束缚）状态的。后者多是酯的或肽的复合物。植物体内自由态吲哚乙酸的含量很低，每千克鲜重约为 $1 \sim 100 \mu g$，因存在部位及组织种类而异，生长旺盛的组织或器官如生长点、花粉中的含量较多。

1880 年 C. R. 达尔文及其子在著作《植物运动的本领》中阐明，禾本科的加那利草的胚芽鞘被切去顶端就失去向光性响应能力。1928 年 F. W. 温特用实验证明胚芽鞘尖端有一种促进生长的物质，称之为生长素。它能扩散到琼脂小方块中，将所得小方块放回到切去顶端的胚芽鞘切面的一侧，可以引起胚芽鞘向另一侧弯曲。而且弯曲度大致与所含促进生长的物质的量成正比。这个实验不但证明了促进生长物质的存在，而且创造了著名的测定生长素的"燕麦试法"。1933 年 F. 克格尔从人尿和酵母中分离出吲哚乙酸，它在燕麦试法中能引起胚芽鞘弯曲以后，证明吲哚乙酸即是生长素，普遍存在于各种植物组织之中。

生长素是一种重要的植物激素，能影响植物生长和发展的每个方面，一般生长素调控细胞的分化、伸长和发育过程，包括微观组织、花粉组织的分化、叶的形成以及花序、衰老和根的形成。在向性反应中，生长素起着重要的作用。目前生长素类植物生长调节剂应用较多，主要有萘乙酸、4-氯苯氧乙酸、增产灵、复硝钾、复硝酚钠、复硝铵等。

361. 萘乙酸（naphthylacetic acid）

1-isomer   2-isomer

其他名称　花果宝、植根源
主要制剂　20％粉剂，40％、1％可溶粉剂，5％水剂，10％泡腾片剂等。
毒性　大鼠急性经口 LD_{50} 为 1000mg/kg；对蜜蜂无毒害；对鱼低毒。

作用特点　萘乙酸是类生长素物质，是广谱性植物生长调节剂。它有着内源生长素吲哚乙酸的作用特点和生理功能，如促进细胞分裂和扩大，诱导形成不定根，增加坐果，防止落果，改变雌花、雄花比例等。萘乙酸可经由叶片、树枝的嫩表皮、种子进入到植物体内，随营养流运输到起作用的部位。

防治对象　用于番茄等作物的生长调节。

使用方法

（1）用于增加番茄雌花数，提高坐果率　在番茄开花期，使用5％萘乙酸水剂4000～5000倍液均匀喷花处理。安全间隔期为14d。最高残留限量为0.1mg/kg。

（2）混用　可与氯化胆碱、吲哚乙酸、邻硝基苯酚钠、甲基硫菌灵、吲哚丁酸、乙烯利等不同作用机制的植物生长调节剂和其他药剂复配、混合或轮换使用。

注意事项

（1）使用时不得随意提高浓度。

（2）施药时只喷花，每花只喷1次，不得喷在叶片和未开的花蕾上。

（3）对家蚕、蜜蜂、鱼低毒，使用时应远离蜂源、蚕室等地区。

362. 增产灵（4-iodophenoxyacetic acid）

其他名称　保棉铃

主要制剂　95％粉剂。

毒性　小白鼠急性经口 LD_{50} 为1872mg/kg。

作用特点　增产灵为内吸性植物生长调节剂，能加速细胞分裂，增强光合作用，提高根系活力，促进生长，防止落花落果，促使提早成熟和增加产量。

防治对象　用于水稻、小麦、大豆等作物的生长调节。

使用方法

（1）用于水稻　降低秕谷率，使提前4～5d成熟，增产7％～10％。在扬花期，用有效浓度40～50mg/kg液喷雾穗部。

（2）用于小麦　增加千粒重，增产10％左右。在扬花期，用有效浓度15～20mg/kg液喷洒全株。

（3）用于大豆　增加结荚率，提高产量。用药量，始花期喷10倍液药液，盛花期喷15～20mg/kg浓度的药液。

（4）用于棉花　减少蕾、铃脱落，增加成铃率和霜前花，增产15％以上。成花期用15～20mg/kg浓度的药液，间隔10～15d再用20～30mg/kg浓度的药液喷一次。

（5）用于葡萄、番茄、黄瓜、白菜等作物上　用30～50mg/kg浓度的药液可减少落花、落果，使果实肥大，增加产量。

注意事项

（1）喷药后 6h 内降雨，要补喷一次。

（2）药液如有沉淀，可加入少量纯碱促使溶解。

（3）注意喷药时期，不能过早，浓度也不能过高，以免发生倒伏。

（4）增产灵水溶液稳定，可与其他农药、化肥混用。

363. 复硝酚钠（sodium nitrophenolate）

①　②　③

其他名称　爱多收

主要制剂　1.8%水剂。

毒性　对硝基苯酚钠对雌、雄大鼠急性经口 LD_{50} 分别为 482mg/kg 和 1250mg/kg，邻硝基苯酚钠对雌、雄大鼠急性经口 LD_{50} 分别为 1460mg/kg 和 2050mg/kg，5-硝基邻甲氧基苯酚钠对雌、雄大鼠急性经口 LD_{50} 分别为 3100mg/kg 和 1270mg/kg。

作用特点　复硝酚钠为单硝化愈创木酚钠盐类活性物质。能迅速渗透到植物体内，可以促进细胞的原生质流动，对植物发根、生长、生殖及结果等发育阶段均有程度不同的促进作用。尤其对花粉管伸长的促进，帮助受精结实的作用尤为明显。可用于加快植物发根速度，促进植物生长发育，促使提早开花；打破休眠，促进发芽；防止落花、落果；改良植物产品的品质，提高产量，提高作物的抗逆能力等。

防治对象　用于番茄等作物的生长调节。

使用方法

（1）用于促进番茄生长、增产　在番茄苗期（苗期缓苗后）、花蕾期、幼果期，用 1.8%复硝酚钠水剂 2000～3000 倍液，各对水喷雾施药 1 次。

（2）混用　可与萘乙酸等不同作用机制的植物生长调节剂和其他药剂复配、混合或轮换使用。

注意事项

（1）复硝酚钠的浓度过高时，将会对作物幼芽及生长有抑制作用。

（2）复硝酚钠可与一般农药混用，包括波尔多液等碱性药液。

二、赤霉素类

1926 年日本黑泽英一发现，当水稻感染了赤霉菌后，会出现植株疯长的现象，病株往往比正常植株高 50% 以上，而且结实率大大降低，因而称之为"恶苗病"。科学家将赤霉菌培养基的滤液喷施到健康水稻幼苗上，发现这些幼苗虽然没有感染赤霉菌，却出现了与"恶苗病"同样的症状。1938 年日本薮田贞治郎和住木谕介从赤霉菌培养基的滤液中分离出这种活性物质，并鉴定了它的化学结构，命名为赤霉酸。1956 年 C. A. 韦斯特和 B. O. 菲尼分别证明在高等植物中普遍存在着一些类似赤霉酸的物质。到 1983

年已分离和鉴定出 60 多种。一般分为自由态及结合态两类，统称赤霉素，分别被命名为 GA_1、GA_2 等。

赤霉素都含有赤霉素烷骨架，它的化学结构比较复杂，是双萜化合物。赤霉素的基本结构是赤霉素烷，有 4 个环。在赤霉素烷上，由于双键、羟基数目和位置不同，形成了各种赤霉素。

赤霉素广泛分布于被子植物、裸子植物、蕨类植物、褐藻、绿藻、真菌和细菌中，多存在于生长旺盛部分，如茎端、嫩叶、根尖和果实种子。每个器官或组织都含有两种以上的赤霉素，而且赤霉素的种类、数量和状态（自由态或结合态）都因植物发育时期而异，赤霉酸（GA_3）的活性最高。活性高的化合物必须有一个赤霉环系统（环ABCD），在 C_7 上有羧基，在 A 环上有一个内酯环。植物各部分的赤霉素含量不同，种子里最丰富，特别是在成熟期。

赤霉素可刺激叶和芽的生长。赤霉素可用于马铃薯、番茄、稻、麦、棉花、大豆、烟草、果树等作物，促进其生长、发芽、开花结果。赤霉素能刺激果实生长，提高结实率，对水稻、棉花、蔬菜、瓜果、绿肥等有显著的增产效果。赤霉素能诱导 α-淀粉酶形成，促进麦芽糖的转化；可以提高植物体内生长素的含量，调节细胞的伸长，促进细胞分裂，促进细胞的扩大；还可以抑制成熟，使侧芽休眠，使衰老，使块茎形成。目前最常用的赤霉素类植物生长调节剂主要是赤霉酸。

364. 赤霉酸（gibberellic acid）

其他名称 兆丰

主要制剂 20%可溶粉剂，75%结晶粉，4%乳油。

毒性 大鼠急性经口 LD_{50}＞5000mg/kg；对鱼低毒。

作用特点 赤霉酸属植物内源激素，其原药主要采用微生物发酵生产，作用广谱，是多效唑、矮壮素等生长抑制剂的拮抗剂。可促进细胞生长，使茎伸长，叶片扩大，促使单性结实和果实生长，打破种子休眠，改变雌花、雄花比例，影响开花时间，减少花、果的脱落。赤霉酸主要经叶片、嫩枝、花、种子或果实进入到植株体内，然后传导到生长活跃的部位起作用。

防治对象 用于葡萄、菠萝、棉花等作物的生长调节。

使用方法

（1）用于调节葡萄生长 在葡萄谢花后果粒 10～12mm 时，用 20%赤霉酸可溶粉剂 10000～13333 倍液蘸果穗 1 次。最高残留限量为 5mg/kg（欧盟）。

（2）用于促进菠萝果实生长、增加产量 在菠萝谢花后，用 75%赤霉酸结晶粉 9500～19000 倍液，对水喷花 2 次，每次施药间隔期为 20d。最高残留限量为 5mg/kg（欧盟）。

（3）用于调节棉花生长、增产 在棉花盛花期，用 4%赤霉酸乳油 2000～4000 倍液，对水全株喷雾施药。最高残留限量为 5mg/kg（欧盟）。

（4）混用　可与胺鲜酯、芸苔素内酯、苄氨基嘌呤、吲哚乙酸等药剂复配、混合或轮换使用。

注意事项

（1）用药前后加强田间管理，保持水足肥饱、植株健壮。

（2）施用时气温在 18℃ 以上为好。

（3）应现配现用，稀释用水宜用冷水，不可用热水，水温超过 50℃ 会失去活性。勿与碱性农药或肥料混用，用药后 6h 内遇雨会影响药效。

（4）最佳使用时间及对水量受品种特性、气温、栽培管理水平的影响，可根据实际情况调整。

三、细胞分裂素类

细胞分裂素（cytokinin，CTK）以前被称为"细胞激动素"，是一类植物激素。1955 年美国斯库格（Skoog）等在研究植物组织培养时，发现了一种促进细胞分裂的物质（化学名称为 6-糠基氨基嘌呤），被命名为激动素。之后在植物中分离出了十几种具有激动素生理活性的物质。现把凡是和激动素具有相同生理活性的物质，不管是天然的还是人工合成的植物生长调节剂，统称为细胞分裂素。

细胞分裂素的基本结构是有一个 6-氨基嘌呤环。植物体内天然的细胞分裂素有玉米素（ZT）、二氢玉米素、异戊烯腺嘌呤、玉米素核苷、异戊烯腺苷等。它们在体内合成的部位主要是根尖。人工合成的细胞分裂素除了激动素外，还有 6-苄氨基嘌呤（6-BA）等。

细胞分裂素一般在植物根部产生，与植物生长素有协同作用。最明显的生理作用有两种。一是促进细胞分裂和调控其分化。在组织培养中，细胞分裂素和生长素的比例影响着植物器官分化：通常比例高时，有利于芽的分化；比例低时，有利于根的分化。二是延缓蛋白质和叶绿素的降解，延迟衰老。

除了天然的促进细胞分裂的物质外，还有用化学方法人工合成的一些类似激动素的物质，通常也统称为细胞分裂素。其中活性较强，也最常用的是苄氨基嘌呤。目前最常用的细胞分裂素类植物生长调节剂有糠氨基嘌呤、植物细胞分裂素、苄氨基嘌呤、Zip、PBA、噻苯隆等。

365. 苄氨基嘌呤（6-benzylaminopurine）

其他名称　农实多

主要制剂　1% 可溶粉剂，2% 可溶液剂。

毒性　雄、雌大鼠急性经口 LD_{50} 分别为 2125mg/kg 和 2130mg/kg；鱼急性 $LC_{50} > 40mg/L$（48h）；蜜蜂急性经口 LD_{50} 为 400μg/只。

作用特点　为带嘌呤环的人工合成的细胞分裂素类植物生长调节剂，具有较高的细胞分裂素活性，主要可促进细胞分裂、增大和伸长；抑制叶绿素降解，提高氨基酸含量，延缓叶片变黄变老；诱导组织（形成层）的分化和器官（芽和根）的分化，促进侧芽萌发，促进分枝；提高坐果率，使形成无核果实；调节叶片气孔开放，延长叶片寿命，有利于保鲜。

防治对象　用于白菜、柑橘等作物的生长调节。

使用方法

（1）用于促进白菜生长、增产　在白菜定苗后、团棵期、莲座期，用1%苄氨基嘌呤可溶粉剂500～1000倍液对水喷雾施药2～3次，每次间隔10～15d。

（2）用于调节柑橘树生长，提高坐果率　在柑橘树花谢后5～7d，用2%苄氨基嘌呤可溶液剂400～600倍液对水喷施幼果，15d左右再施药1次。

（3）混用　可与芸苔素内酯、赤霉酸等不同作用机制的植物生长调节剂和其他药剂复配、混合或轮换使用。

注意事项

（1）宜在上午10时前或下午4时后喷施，施后6h内遇雨影响效果。

（2）即配即用，开袋后未用完的产品应及时密封以免吸潮。

366. 噻苯隆（thidiazuron）

其他名称　脱落宝

主要制剂　50%可湿性粉剂，50%悬浮剂，0.1%可溶液剂。

毒性　大鼠急性经口 LD_{50} >4000mg/kg，小鼠急性经口 LD_{50} >5000mg/kg。

作用特点　噻苯隆是一种取代脲类植物生长调节剂，在棉花上做落叶剂使用。被棉株叶片吸收后，可促进落叶，有利于机收并可使收获提前10d左右。低浓度具有细胞分裂素活性，能促进芽形成，提高植物光合作用，增产。

防治对象　用于棉花等植物的生长调节。

使用方法

（1）用于促棉花脱叶　在棉铃60%～90%开裂时，每亩用50%噻苯隆可湿性粉剂20～40g，对水喷施棉株叶面。最高残留限量为1mg/kg（棉籽）。

（2）混用　可与乙烯利等不同作用机制的植物生长调节剂和其他药剂复配、混合或轮换使用。

注意事项

（1）施药时不宜早于棉铃开裂率60%，以免影响产量和纤维品质。

（2）施药后2d内暴雨会影响药效。

（3）施药效果与气候有关，气温应该在14～22℃较好。

四、甾醇类

芸苔素内酯（brassinolide）于1979年被Grove等从油菜花粉中分离并经X射线衍射和超微量分析确定出结构，目前超过30种的类似物从植物中分离出来，它们被总称为芸苔素甾醇类似物（brassinosteroids，BRs）。BRs 的生理功能不同于其他植物激素，是一类活性极高的新型植物内源激素。BRs 广泛存在于被子植物、裸子植物及某些低等植物中，其中芸苔素甾酮及芸苔素内酯的分布比较广。它们存在于根、茎、叶、花粉、雌蕊、果实和种子中。BRs 可能普遍存在于植物界和植物的所有部位，但是，花粉仍然是 BRs 丰富的来源。

甾醇类的生理机制普遍认为是通过参与组织生长过程的 DNA 和 RNA 复制和转录，增加 DNA 和 RNA 的含量而促进组织生长，可能还通过选择性地促进特殊蛋白质（酶）的合成而影响植物代谢。

高效、安全、多功能的 BRs 目前在农业上得到了广泛的应用，其有效用途包括：可增加叶绿素含量，增强光合作用；通过协调植物体内其他内源激素水平，刺激多种酶系活力，促进作物生长；增加对外界不利影响（温度、病害、农药等）的抵抗能力及在低浓度下可明显增加植物的营养体生长；促进受精作用；插枝生根和花卉保鲜上的应用等。目前最常用的甾醇类植物生长调节剂有丙酰芸苔素内酯、表高芸苔素内酯、表芸苔素内酯等。

367. 丙酰芸苔素内酯（brassinolide-propionyl）

其他名称 加乐好

主要制剂 0.003%水剂。

毒性 大鼠急性经口 $LC_{50}>5000mg$；蜜蜂 $LC_{50}>1065mg/L$（48h）。

作用特点 丙酰芸苔素内酯可促进植物三羧酸循环，提高蛋白质合成能力，促进细胞分裂和伸长、生长，促进花芽分化；提高叶绿素含量，提高光合效率，增加光合作用；增加作物产量，改善作物品质；提高作物对低温、干旱、药害、病害及盐碱的抵抗力。

防治对象 用于葡萄等作物的生长调节。

使用方法

（1）用于调节葡萄生长，保花保果　在葡萄开花前 1 周，使用 0.003%丙酰芸苔素内酯水剂 3000～5000 倍液对水喷雾施药。

（2）混用　可与其他不同作用机制的植物生长调节剂和其他药剂复配、混合或轮换使用。

注意事项

（1）安全间隔期为 30d。

（2）按照规定用量施药，严禁随意加大用量。

（3）不可与碱性物质混用。

（4）现配现用，喷药 6h 内遇雨效果降低。

五、乙烯类

乙烯类植物生长调节剂可分为乙烯释放剂和乙烯合成或作用抑制剂。乙烯释放剂是指在植物体内释放出乙烯或促进植物产生乙烯的植物生长调节剂。乙烯合成抑制剂是指在植物体内通过抑制乙烯的合成，而达到调节植物生长发育的作用。实际上，乙烯类植物生长调节剂不仅促进果实的成熟、叶片的衰老、离层的形成、诱导不定根和根毛的发生，而且还具有延缓生长作用。

乙烯（$CH_2\!=\!CH_2$）是最早发现的植物激素之一。1901 年，俄罗斯植物生理学家 Neljubov 就发现照明气中的乙烯会引起黑暗中生长的豌豆幼苗产生"三重反应"（Neljubov，1901）。1934 年，英国人 Gane 研究发现植物能自身产生乙烯，因此说明了乙烯是植物生长发育的内源调节剂。1965 年 Burg 和 Burg 提出，乙烯是一种植物激素。乙烯是一种具有生物活性的简单气体分子，它调节着植物生长发育和许多生理过程，如种子萌发、根毛发育、植物开花、果实成熟、器官衰老及植物对生物和逆境胁迫的反应等。典型的乙烯反应是"三重反应"，即：乙烯处理的暗生长的植物幼苗会表现出下胚轴变短和横向膨大；根伸长受到抑制；顶钩弯曲度增大。乙烯几乎参与了植物生长发育直至衰老死亡的全部过程。

乙烯的生理作用是破除休眠芽，促进发芽及生根；抑制植株生长及矮化；引起叶子的偏上生长；促进果实成熟；促进器官脱落。此外对花的影响是：诱导苹果幼苗提早进入开花期；使葫芦科植物性别转化，诱导多生雌花，从而增加前期雌花数，降低雌花着花节位，提高早期产量。目前最常用的乙烯类植物生长调节剂是乙烯利等。

368. 乙烯利（ethephon）

$$Cl\text{---}CH_2\text{---}H_2C\text{---}P(=O)(OH)(OH)$$

其他名称　天环

主要制剂　54％水剂，10％可溶粉剂，5％膏剂。

毒性　大鼠急性经口 LD_{50} 为 4229mg/kg；鲤鱼 TLm 为 290mg/L（72h）；对蜜蜂低毒。

作用特点　乙烯利是一种乙烯释放剂。在酸性介质中十分稳定，而在 pH4 以上，则分解放出乙烯。一般植物细胞液的 pH 皆在 4 以上，乙烯利经由植物的叶片、树皮、果实或种子进入植物体内，然后传导到起作用的部位，便释放出乙烯，能起内源激素乙烯所起的生理功能，如促进果实成熟及叶片、果实的脱落等。

防治对象　用于棉花、番茄、香蕉、橡胶树等作物的生长调节。

使用方法

（1）用于促进棉花提早成熟　在棉花吐絮率达 70％～80％时，用 40％乙烯利水剂 300～500 倍液，对水喷雾施药。最高残留限量为 2mg/kg（棉籽）。

（2）用于促进番茄果实成熟　在番茄转色期，用 40％乙烯利水剂 800～1000 倍液喷、涂果实；或在番茄采收后，用 40％乙烯利水剂 800～1000 倍液喷施果实，可促进成熟、提早着色。避免番茄植株、叶片或尚未进入白熟期的番茄果实着药，否则易造成药害。最高残留限量为 2mg/kg。

（3）用于促进香蕉果实成熟　在香蕉采收后，用 40％乙烯利水剂 400～500 倍液浸果或喷果。最高残留限量为 2mg/kg。

（4）用于增加橡胶树胶乳产量　在橡胶树割胶期，用 40％乙烯利水剂 5～10 倍液，均匀涂抹于橡胶树割胶面。

（5）混用　可与噻苯隆、敌草隆、胺鲜酯、芸苔素内酯、羟烯腺嘌呤、萘乙酸等药剂复配、混合或轮换使用。

注意事项

（1）药液应随配随用，勿与碱性物质混用，以免分解失效。

（2）具有刺激性，其蒸气与空气可形成爆炸性混合物，当达到一定浓度时，遇火星会发生爆炸。受高热分解放出有毒的气体。

（3）含有少量沉淀，不影响药效，贮存过程中勿与碱金属的盐类接触。

六、脱落酸类

脱落酸（abscisic acid，ABA）是一种植物体内存在的具有倍半萜结构的植物内源激素，具有控制植物生长、抑制种子萌发及促进衰老等效应。随着研究的不断深入，发现 ABA 在植物干旱、高盐、低温等逆境胁迫反应中起重要作用，它是植物的抗逆诱导因子，因而被称为植物的"胁迫激素"。1963 年美国艾迪科特等从棉铃中提纯了一种物质，该物质能显著促进棉苗外植体叶柄脱落，称为脱落素Ⅱ。英国韦尔林等也从短日照条件下的槭树叶片提纯了一种物质，能控制落叶树木的休眠，称为休眠素。1965 年证实，脱落素Ⅱ和休眠素为同一种物质，统一命名为脱落酸。ABA 主要在叶绿体中合成，然后转移到其他组织中积累起来。研究发现不仅植物的叶片、立体的根系，特别是根尖也能合成大量的脱落酸。进一步研究发现，植物的其他器官，特别是花、果实、种子也能合成。

脱落酸有右旋脱落酸和左旋脱落酸 2 种，合成的脱落酸为两者的混合物，其作用是：促进植物休眠；促进器官脱落；促进气孔关闭与提高抗逆性；在多数情况下抑制植物胚芽鞘、嫩枝、根、胚轴的生长。但到目前为止还没有找到一种合成的比脱落酸更强的类脱落酸物质，因而限制了它的应用。目前常用的脱落酸类植物生长调节剂主要是 S-诱抗素。

369. S-诱抗素（abscisic acid）

其他名称　天然脱落酸

主要制剂　1％可湿性粉剂，0.006％、0.25％水剂，1％可溶剂。

毒性　大鼠急性经口 LD_{50} ＞2500mg/kg；对生物和环境无副作用。

作用特点　S-诱抗素是一种天然植物生长调节剂，能抑制生长素、赤霉素、细胞分裂素所调节的生理功能。在植物的生长发育过程中，其主要功能是诱导植物在逆境条件下产生抗逆性；能促进种子发芽，缩短发芽时间，提高发芽率；促进秧苗根系发达，使移栽秧苗早生根、提早返青；增加有效分蘖数，促进灌浆；防止果树生理落果，促进果实成熟；还有诱导某些短日照植物开花的功能。

防治对象　用于水稻、番茄等作物的生长调节。

使用方法

（1）用于提高水稻发芽率，促根系生长，促分蘖　用0.006％S-诱抗素水剂150～200倍液浸种24h，捞出沥干，催芽露白，常规播种。

（2）用于促进番茄生长　在番茄移栽后10～15d，用1％S-诱抗素可溶粉剂1000～3000倍液对水喷雾施药，植株弱小时慎用。

（3）混用　可与吲哚丁酸等不同作用机制的植物生长调节剂和其他药剂复配、混合或轮换使用。

注意事项

（1）S-诱抗素对光敏感，易失活，在紫外线下会缓慢转换为 R-体而失去活性，因而产品应避光贮存，田间使用宜在傍晚。

（2）每季作物施药1次。

（3）忌与碱性农药混用，忌用碱性水（pH＞7.0）稀释本产品。稀释液中加入少量的食醋，效果会更好。

（4）宜在阴天或晴天傍晚喷施，喷药后6h内下雨影响效果。

七、植物生长抑制物质

植物生长抑制物质是指对营养生长有抑制作用的化合物，根据其抑制生长的作用方式不同，可分为生长延缓剂和生长抑制剂，前者抑制或破坏顶端分生组织的分裂与膨大，后者抑制亚顶端分生组织的分裂与伸长。生长延缓剂的生化功能主要是抑制赤霉素（GA）的生物合成，根据抑制部位的不同，可分为镒类化合物、酰基环己烷二酮（抑制 GA_{12} 醛转变为 GA_8）。因此，镒类化合物的主要生理作用是抑制GA和甾醇的合成，含氮杂环类主要是抑制GA合成，同时对脱落酸、细胞分裂素、乙烯、多胺均有影响。

植物生长抑制剂不抑制顶端分生组织的生长，而对茎部亚顶端分生组织的分裂和扩大有抑制作用，因而它只使节间缩短、叶色浓绿、植株变矮，而植株形态正常，叶片数目、节数及顶端优势保持不变。外使赤霉素可逆转植物生长抑制剂的效应。

370. 矮壮素（chlormequat chloride）

其他名称　典激、石墩

主要制剂　50％水剂，80％可溶粉剂。

毒性　大鼠急性经口 LD_{50} 为 996mg/kg；对鱼、蜜蜂低毒。

作用特点　矮壮素是一种赤霉素生物合成抑制剂。可经由叶片、幼枝、芽、根系和种子进入到植株体内，生理功能是控制植株的徒长，促进生殖生长，使植株节间缩短、矮、壮、抗倒伏，同时叶色加深，叶片增厚，叶绿素含量增多，光合作用增强，从而提高某些作物的坐果率，也能改善品质，提高产量。

防治对象　用于棉花、小麦等作物的生长调节。

使用方法

（1）用于防止棉花植株徒长，使株形紧凑　在棉花初花期，用50％矮壮素水剂8000～10000倍液，对水喷雾施药，旺长田在封行期可再喷1次。最高残留限量为0.5mg/kg（棉籽）。

（2）用于防止小麦倒伏，提高小麦产量　在小麦返青后拔节前，使用50％矮壮素水剂200～400倍液，对水喷雾施药。最高残留限量为5mg/kg。

（3）混用　可与甲哌鎓、多效唑等药剂复配、混合或轮换使用。

注意事项

（1）水肥条件好，群体有徒长趋势时使用效果好。而地理条件差，长势不旺地块不能使用，不能封垄的棉田不宜使用。

（2）喷雾矮壮素的田块要加强田间管理，做好肥水调节，一般作物施药后叶色深绿，但仍应适当追肥以免植株早衰。

（3）不能与碱性农药等物质混用，施药后6d内降水，影响效果。

（4）棉花上易引起铃壳加厚和畸形，使叶柄变脆。

371. 丁酰肼（daminozide）

其他名称　比久

主要制剂　50％可溶粉剂。

毒性　大鼠急性经口 LD_{50} > 8400mg/kg；蜜蜂 LD_{50} > 100μg/只（48h）；对鱼微毒。

作用特点　生长抑制剂，可以抑制内源赤霉素的生物合成。主要作用为抑制新梢徒长，缩短节间长度，增加叶片厚度及叶绿素含量，防止落花，促进坐果，诱导不定根形成，刺激根系生长，提高抗寒能力。主要用于调节花卉生长，如促进插条生根，化学整形，调节花旗，切花保鲜等。

防治对象　用于观赏菊花等作物的生长调节。

使用方法

（1）用于降低观赏菊花株高、改善花形、增大花茎、延长观赏期　在菊花移栽后1～2周，用50％可溶粉剂125～250倍液，对水全株喷雾施药，连续喷施2～3次，每次间隔10d。

（2）混用　可与其他不同作用机制的生长调节剂和其他药剂复配、混合或轮换使用。

注意事项

（1）严格遵循推荐剂量均匀喷雾，超量使用会有抑制过度的风险，每季最多施用3次。

（2）制剂施用时随配随用，不可久置，如变褐色就不能使用。不能与碱性物质、油类物质及铜制剂混用。开袋后未用完产品应及时密封，以免吸潮。

（3）不能和铜质容器接触，以防止产品变质，喷后6h降雨降低效果。

（4）处理后的植物任何部分都严禁食用、饲用。

372. 甲哌鎓（mepiquat chloride）

$$\text{H}_3\text{C} \quad \text{CH}_3$$

其他名称　缩节安

主要制剂　25%、250g/L、50g/L水剂，8%、10%、96%、98%可溶粉剂。

毒性　雄、雌大鼠急性经口 LD_{50} 分别为740mg/kg和840mg/kg。

作用特点　甲哌鎓是一种赤霉素合成抑制剂，可协调作物营养生长和生殖生长的关系。主要用于控制棉花株形，防止徒长。使用后棉花叶片变小，果枝变短，延缓主茎和侧枝的生长，使棉花株形紧凑，呈宝塔形，改善群体通风透光条件，增加叶片叶绿素含量，使气孔增多且开度提高，从而提高光合作用效率。另外，用药后棉花输导组织发达，维管束、导管和筛管细胞发达，有利于光合产物向蕾、花、铃等生殖器官转移，增加生殖器官生长势，从而提高产量，并提高棉花纤维强度、整齐度、单纤强度、断裂强度等品质指标。

防治对象　用于棉花等作物的生长调节。

使用方法

（1）用于增加棉花结铃率，减少脱落率，增加伏前铃数　在棉花盛蕾期至盛花期，即棉株高50～60cm、10个果枝以上、30%～50%棉株开始开花时，每亩用250g/L水剂12～16mL，对水喷雾施药1次。易早衰品种施药期应适当偏晚。

（2）混用　可与胺鲜酯、多效唑、矮壮素、芸苔素内酯、烯效唑等药剂复配、混合或轮换使用。

注意事项

（1）按最佳浓度施用，浓度过大、过小或施药期过早影响营养生长，都不利于增产。

（2）严格控制用药剂量，剂量高对棉株抑制过度，使植株过分矮小，蕾花脱落较多，应及时灌水、追肥，并喷施30～50mg/L浓度的赤霉素药液进行补救，以减轻损失。

373. 多效唑（paclobutrazol）

$(\alpha R, \beta R)$-isomer

其他名称　速壮

主要制剂　15％、10％可湿性粉剂，0.4％、25％、240 g/L悬浮剂，5％乳油。

毒性　雄、雌大鼠急性经口 LD_{50} 为 2000mg/kg 和 1300mg/kg；对鱼低毒；对蜜蜂低毒，$LD_{50}>0.002$mg/只。

作用特点　多效唑是一种三唑类植物生长调节剂，是内源赤霉素合成的抑制剂。多效唑可使稻苗根、叶鞘、叶的细胞变小，各器官的细胞层数增加，秧苗外观表现为矮壮多蘖，叶色浓绿，根系发达。示踪分析表明，水稻种子、叶、根都能吸收多效唑。叶片吸收的多效唑大部分滞留在吸收部位，很少向外运输。多效唑低浓度时增进秧苗的光合效率，高浓度时抑制光合效率。多效唑还可提高根系呼吸强度，降低地上部分呼吸强度，提高叶片气孔抗阻，降低叶面蒸腾作用。多效唑可控制作物生长，如可控制水稻节间伸长，使株形紧凑，因而防止水稻倒伏的效果较好。

防治对象　用于水稻、油菜、花生等作物的生长调节。

使用方法

（1）用于培育水稻矮壮秧　在水稻秧苗 1 叶 1 心期放干秧田水，用15％多效唑可湿性粉剂 500~750 倍液，均匀喷雾施药。可控苗促蘖，使能够带蘖壮秧移栽，并有矮化防倒、增产的作用。药后不可大水漫灌和过量使用氮肥，播种量过高时（每亩大于 30~40kg），效果降低。最高残留限量为 0.5mg/kg（稻谷）。

（2）用于培育油菜壮秧　在油菜 3 叶期，每亩用 15％多效唑可湿性粉剂 750~1500 倍液，对水喷雾施药。可使油菜秧苗矮壮，茎粗根壮，能显著提高移栽成苗率。在用药 3d 后，就能明显看出叶色转深，新生叶柄伸长受到抑制。最高残留限量为 0.2mg/kg（油菜籽）。

（3）用于抑制花生旺长　在花生初花期至盛花期，使用 15％多效唑可湿性粉剂 1000~1500 倍液，对水喷雾施药。可抑制植株旺长，促进扎针结荚，增加荚果产量。最高残留限量为 0.5mg/kg（花生仁）。

（4）混用　可与甲哌鎓、赤霉酸、矮壮素等药剂复配、混合或轮换使用。

注意事项

（1）多效唑在稻田应用最易出现残留药害，危害后茬作物。同一地块不能一年多次或连年使用；用过药的秧田，应翻耕暴晒后，方可插秧或种其他作物；可与生长延缓剂或生根剂混用，以减少多效唑的用量。

（2）油菜施药过早时苗尚小，易控制过头，不利于培养壮秧。

（3）只起到调控作用，不起肥水作用，使用本品后应注意肥水管理。如用量过多，过度抑制作物生长时，可喷施氮肥解救。

（4）不宜与波尔多液等铜制剂及酸性农药合用。

（5）花生上使用，易引起叶片大量脱落和植株早衰。

（6）土壤中残留时间长，易造成对后茬作物的残效，应严格控制用药时期和用量。

374. 烯效唑（uniconazole）

其他名称　特效唑

主要制剂　5％可湿性粉剂，5％乳油。

毒性　大鼠急性经口 $LD_{50} > 4642mg/kg$。

作用特点　烯效唑为三唑类植物生长调节剂，是赤霉酸生物合成的拮抗剂，对草本或木本的单子叶、双子叶植物均有较强的生长抑制作用，主要抑制节间细胞的伸长，使植物生长延缓。药剂被植物的根吸收，在植物体内进行传导；茎叶喷雾时，可向上内吸传导，但没有向下传导的作用。同时，烯效唑又是麦角甾醇生物合成抑制剂，它有4种立体异构体。烯效唑异型结构的活性是多效唑的10倍以上。若烯效唑的4种异构体混合在一起，则活性大大降低。烯效唑主要具有矮化植株、使谷类作物抗倒伏、促进花芽形成、提高作物产量等作用。

防治对象　用于水稻等作物的生长调节。

使用方法

（1）用于水稻控长、促蘖、增穗和增产　早稻用5％烯效唑可湿性粉剂333～500倍液浸种，晚稻的常规粳稻、糯稻等杂交稻用5％烯效唑可湿性粉剂833～1000倍液浸种，种子量与药液量比为1:（1～1.2）。浸种时间为36～48h，杂交稻为24h，整个浸种过程中要搅拌2次，以便使种子均匀着药。

（2）混用　可与二甲戊灵、芸苔素内酯、甲哌鎓等药剂复配、混合或轮换使用。

注意事项

（1）用药量过高，作物受抑制过度，可增施氮肥或用赤霉素补救。

（2）严格掌握使用量和使用时期。种子处理时，要平整好土地，浅播浅覆土，墒情要好。

参 考 文 献

[1] 陈万义，屠予钦，钱传范主编. 农药与应用. 北京：化学工业出版社，1991.

[2] 韩熹莱主编. 中国农业百科全书——农药卷. 北京：中国农业出版社，1995.

[3] 康卓主编. 农药商品信息手册. 北京：化学工业出版社，2017.

[4] 刘长令主编. 世界农药大全——除草剂卷. 北京：化学工业出版社，2002.

[5] 刘长令主编. 世界农药大全——杀虫剂卷. 北京：化学工业出版社，2012.

[6] 刘长令主编. 世界农药大全——杀菌剂卷. 北京：化学工业出版社，2006.

[7] 农业部种植业管理局，农业部农药检定所主编. 新编农药手册. 北京：中国农业出版社，2015.

[8] 农业农村部农药检定所编. 新编农药经营人员读本. 北京：化学工业出版社，2018.

[9] 孙家隆，齐军山主编. 现代农药应用技术丛书——杀菌剂卷. 北京：化学工业出版社，2014.

[10] 吴文君，罗万春主编. 农药学. 北京：中国农业出版社，2008.

[11] 徐汉虹主编. 植物化学保护学. 第 4 版. 北京：中国农业出版社，2007.

[12] 徐映明，朱文达主编. 农药问答. 第 4 版. 北京：化学工业出版社，2005.

索 引

一、农药中文通用名称索引

二、农药英文通用名称索引